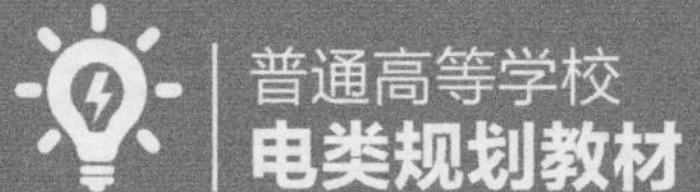

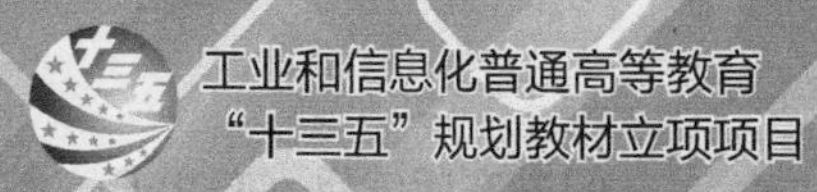

数字逻辑与EDA设计

◎丁磊 主编

◎张海笑 冯永晋 江志文 编著

人民邮电出版社

北京

图书在版编目（CIP）数据

数字逻辑与EDA设计 / 丁磊主编 ； 张海笑，冯永晋，江志文编著. -- 北京 ： 人民邮电出版社，2018.9
普通高等学校电类规划教材
ISBN 978-7-115-45934-3

Ⅰ. ①数… Ⅱ. ①丁… ②张… ③冯… ④江… Ⅲ. ①数字电路－高等学校－教材②逻辑电路－高等学校－教材③电子电路－电路设计－计算机辅助设计－高等学校－教材 Ⅳ. ①TN79②TN702

中国版本图书馆CIP数据核字(2018)第149825号

内 容 提 要

本书以数字逻辑设计为主线，重点介绍了数字逻辑设计的基础理论和基本方法，并介绍了如何使用 Verilog HDL 进行数字电路设计、仿真和验证。全书共分三个部分：经典篇、现代篇及实验篇。经典篇（第 1～3 章）主要介绍数字电路的基本概念、基础知识以及组合与时序逻辑电路的分析和设计方法；现代篇（第 4～7 章）介绍 Verilog HDL 的基本语法以及基于 Verilog HDL 和 EDA 工具的数字电路设计方法；实验篇（第 8 章）是配合第 1～7 章的实验部分，主要介绍自主研发的能完全满足本课程实验需求的实验箱，基于此实验箱的数字逻辑实验，以及用 EDA 工具进行数字逻辑设计、仿真，并在实验箱上进行验证。

本书适合作为计算机、信息、自动化、电子专业的本科生及研究生的教材，也可供从事数字电路设计的工程人员阅读参考。

◆ 主　　编　丁　磊
　编　　著　张海笑　冯永晋　江志文
　责任编辑　张　斌
　责任印制　彭志环

◆ 人民邮电出版社出版发行　　北京市丰台区成寿寺路 11 号
　邮编　100164　　电子邮件　315@ptpress.com.cn
　网址　http://www.ptpress.com.cn
　北京捷迅佳彩印刷有限公司印刷

◆ 开本：787×1092　1/16
　印张：19.75　　　　2018 年 9 月第 1 版
　字数：547 千字　　　2024 年 7 月北京第 6 次印刷

定价：56.00 元

读者服务热线：(010)81055256　印装质量热线：(010)81055316
反盗版热线：(010)81055315

前 言

数字逻辑电路主要用于通信、计算机、自动控制等领域，是进行系统电路设计的基础。从数字电话到数字电视，从家用娱乐设备到军用雷达、医疗仪器，数字电路的应用随处可见。基于数字技术在处理和传输信息方面的各种优点，数字电路得到了越来越广泛的应用。

数字逻辑电路经历了从简单到复杂、从小规模到超大规模的发展过程，数字电路与系统设计方法也发生了很大的变化。利用 EDA 设计工具和可编程逻辑器件，采用标准的硬件描述语言已经成为数字逻辑设计技术的主流。

对于计算机、自动化、电子等专业，“数字逻辑与 EDA 设计”是一门非常重要的专业基础课。编者根据当前数字技术迅猛发展和工科院校实际的教学情况，结合自身多年从事本学科的教学实践经验，在编写本书时主要体现了以下特色。

（1）本书在介绍经典数字电子技术的基本概念、分析及设计理论的前提下，以现代数字电子技术设计流程为主线，利用先进的集成设计环境，对组合及时序等实用电路进行综合、简化和验证，通过大量完整实例描述了使用 Verilog HDL 进行超大规模集成电路设计的关键步骤以及设计验证方法等，并配套了由浅至深的实验题，旨在鼓励读者精通描述和验证自己的设计。

（2）注重验证及测试环节的学习，注重方法论的学习，强调理论与实际应用的结合，学有所用、学以致用是本书追求的目标。在读者初步掌握逻辑设计方法的基础上，本书进一步充实设计背景，鼓励读者精炼、明晰化并验证自己的设计。

（3）许多有关 HDL 的参考书都非常好，但其中多数定位于对语言语法的讲解，不太适合于课堂教学。而我们的着眼点主要放在使用 HDL 的设计方法上，这是本书的独特之处。

本书集中而有重点地介绍 Verilog HDL 语言，仅仅是为了满足设计实例的需要，书中列举的实例表明了在使用 Verilog HDL 的超大规模集成电路设计方法中如何应用关键步骤进行设计。

本书的主要内容如下：

① 讲解组合、时序逻辑的基本原理；

② 讲解基本组合、时序逻辑芯片的使用方法；

③ 介绍 Verilog HDL 的基本语法；

④ 介绍 Verilog HDL 在数字系统设计中的应用；

⑤ 着重讨论能使读者快速设计适于 FPGA 实现的电路描述方式；

⑥ 提供使用现代 EDA 设计工具进行高层次设计的实例。

本书由丁磊担任主编，张海笑、冯永晋、江志文也参与了本书的编写工作，其中丁磊统稿并负责第 6、7 章的编写，张海笑负责第 1～3 章的编写，冯永晋负责第 4、5 章的编写，江志文负责第 8 章的编写及全书的整理工作。林小平、邓杰航、李峥、张静、侯艳均对本书中的错漏提出了精准的修改意见，学生彭永李、叶钰羽、叶湖倩也参与了校稿工作。

本书编写过程中参考了国内外同行的大量文献，在此一并感谢。

由于编者的水平及能力所限，书中难免存在错漏之处，恳请读者批评指正。

编者邮箱：gzeking@sina.com。

编者

2018 年 4 月于广州

目　录

经典篇

现代篇

实验篇

经典篇

第 1 章 数字逻辑基础

学习基础

数字逻辑是数字电路逻辑设计的简称，其研究的是应用数字电路实现数字逻辑关系的设计方法。本章介绍数字逻辑的基础知识，读者应在学习“电工与电子技术”课程的基础上学习本章，可更方便地理解数字电路的实现原理。

阅读指南

本章讲述数字信号、数制与码制、逻辑代数、逻辑函数表示方法、逻辑函数化简等数字逻辑基础知识，为后续章节的学习打下基础。

1.1 节讲述了数字信号的概念及其表示方式。

1.2 节介绍了数制的基本概念、数制的转换以及常用的编码。

1.3 节作为本章重点，介绍数字逻辑设计的基础，包括逻辑代数的基本公式和定理、逻辑函数的表示方法、逻辑函数的化简以及逻辑门电路的基本结构和常用的集成门电路。

1.1 概述

1.1.1 模拟信号及数字信号

客观世界中存在着各种各样的物理量，用于量度物体属性或描述物体运动状态及其变化过程。根据各物理量变化规律的特点可将它们划分为两大类。

（1）有些物理量的变化在时间和数值上都是连续的，这一类物理量叫作模拟量，如电压、频率、压力、温度等。时间上的“连续”是指在一个指定的时间范围里，物理量的数值个数有无穷多个；而数值上的“连续”是指物理量的数值本身有无穷多个。我们把在时间上和数值上都是连续的物理量称为模拟物理量，表示模拟量的信号叫作模拟信号，如图 1-1（a）所示，而处理模拟信号的电子电路被称为模拟电路。

（2）有些物理量的变化在时间上和数值上都是离散的，例如产品的数量、学生的成绩、开关的状态等，它们的值都是离散值。时间上的“离散”是指在一个指定的时间范围里，物理量的数值的个数是有限的；而数值上的“离散”是指物理量的数值本身的数目是有限的。我们把在时间上和数值上都是离散的物理量称为数字量，表示数字量的信号称为数字信号，如图 1-1（b）所示，直接对数字量进行处理的电子电路被称为数字电路。

由于数字电路中存储、处理和传输的信号都是数字信号，因而对于模拟信号而言，需要将其转换为数字信号，才能在数字电路中进行存储、处理和传输。图 1-1 显示出了这种转换的方法。图 1-1 中，经过了采样、量化和编码后，模拟信号转换成了数字信号。所谓采样，是指以相等的时间间隔，将时间上连续的模拟信号截取成时间上离散的数字信号，也就是在时间上将模拟信号离散化。量化是指将采样得到的瞬间幅度值离散化，也就是用有限个幅度值近似表示原来连续变化的幅度值，即把模拟信号的连续幅度值变为有限数量的有一定间隔的离散值。例如，用离散值-5 V，-4 V，…，4 V，5 V 表示电压的幅度值，当采样得到的幅度值是 1.23V 时，量化后的值取 1V；当采样得到的幅度值是-2.68 V 时，量化后的值取-3 V。编码则是按照一定的规律，把量化后的值用二进制数字表示。例如，1 V 用二进制数 0001 表示，-3 V 用二进制数 1101 表示。

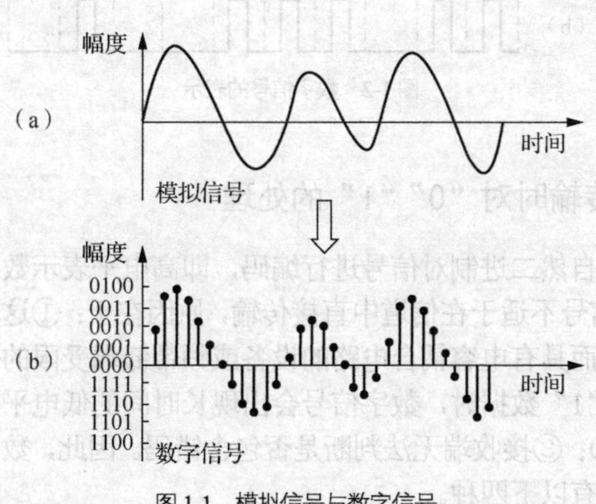

图 1-1 模拟信号与数字信号

1.1.2 数字抽象

数字系统是一个能对数字信号进行处理和传输的实体，由各种能实现特定功能的数字逻辑电路相互连接组合而成。在数字系统中，表示信息所使用的信号都是离散型的。

早期机械式的数字系统，如查尔斯·巴贝奇（Charles Babbage）设计的分析机（现代电子计算机的前身），使用蒸汽作动力，用 10 个齿轮分别表示 0～9 十个数字，是一个具有 10 个离散值变量的数字系统。

现在，大部分数字系统使用二进制处理信息，主要有以下几点原因。

（1）电路容易实现。二进制只有两个数码，在电路中用高、低电平分别表示“1”和“0”两种状态，区分两种电压值要比区分 10 种电压值容易得多。

（2）物理上容易实现存储。二进制数值在物理上最容易实现存储，如通过磁极的取向、表面的凹凸等来记录“0”“1”信息。

（3）便于运算。与十进制数相比，二进制数的运算规则要简单得多（例如二进制乘法只有 4 条规则）。这不仅可使运算器的硬件结构大大简化，而且有利于运算速度的提高。

（4）便于逻辑判断。二进制中的 0 和 1 两个数码，正好与逻辑命题中的“真（True）”“假（False）”相对应，为逻辑运算提供了便利。

目前，在计算机、数字通信及其他数字设备中，都是用两个电平状态来表示数字信号的。采用的两个状态符号就是 0 和 1（在二进制中，它们表示两个数字信号），它们是构成数字信息的基本元素。也就是说，不论数字系统处理的信息是表示一个数，还是表示某个控制命令，也都不过是 0 和 1 的某种形式的组合。

对于 0 和 1 来说，既可以用电位的高低来表示，也可以用脉冲信号的有无来表示。例如在图

1-2 中，为表示 1101110010 这样的数字信号，用电位的高低来表示的信号波形如图 1-2（a）所示，以高电平表示 1，低电平表示 0；若以脉冲信号有无表示，信号波形如图 1-2（b）所示，以有脉冲表示 1，无脉冲表示 0。目前的数字系统中，常用前一种方式表示数字信号。

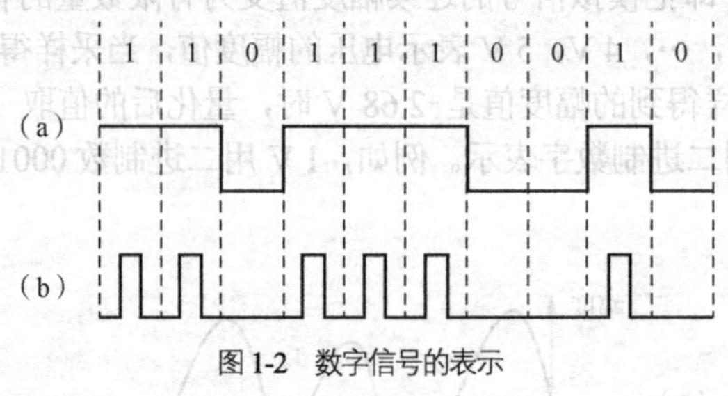

图 1-2 数字信号的表示

1.1.3 数字信号传输时对“0”“1”的处理

在数字系统中，常用自然二进制对信号进行编码，即高电平表示数据“1”，低电平表示数据“0”。但这种类型的数字信号不适于在信道中直接传输，原因在于：①这种类型的数字信号往往存在直流分量和低频分量，而具有电容耦合电路的设备或频带低端受限的信道会过滤掉这些分量；②当出现连续的“0”或“1”数据时，数字信号会出现长时间的低电平或高电平，接收端无法获取定时信息（即同步信息）；③接收端无法判断是否包含错码。因此，数字信号在传输时需要选择其他的编码方式，常用的有以下四种。

1. 不归零编码

不归零编码（Non Return Zero，NRZ）的编码规则是：“1”和“0”都分别由不同的电平状态来表现，用正电平表示“1”，用负电平表示“0”，除此之外，没有中性状态及其他状态。图 1-3 所示为不归零编码示意图。不归零编码发送能量大，直流分量小，抗干扰能力比较强，但使用这种编码需要另外传输同步信号。

2. 翻转不归零编码

翻转不归零编码（NRZ-Inverted，NRZI）的编码规则是：如果输入为 0，则输出保持它的前一个值；如果输入为 1，则输出为前一个输出值的相反值。因此，只要输入为 0，输出就会保持不变；如果输入为 1，输出就会发生翻转。图 1-4 所示为 NRZI 编码示意图。使用这种编码也同样需要另外传输同步信号。

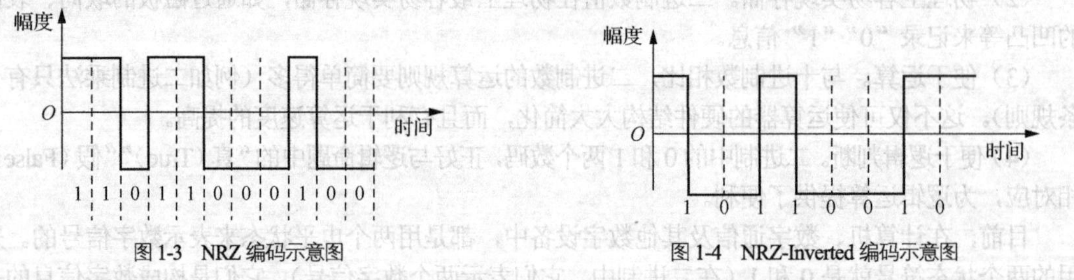

图 1-3 NRZ 编码示意图　　图 1-4 NRZ-Inverted 编码示意图

3. 归零编码

归零编码（Return to Zero，RZ）的编码规则是：高电平表示“1”，低电平表示“0”，但整个码元分两部分，前半部分用高低电平表示数据，后半部分则归零位。显然，信号“0”在整个位的时间内以低电平发送；信号“1”在前半个位时间内以高电平发送，在剩余位时间内以低电平发送。图 1-5 所示为归零编码示意图。归零编码自带了同步信号，但当出现长串“0”时，将丢失同步信号。

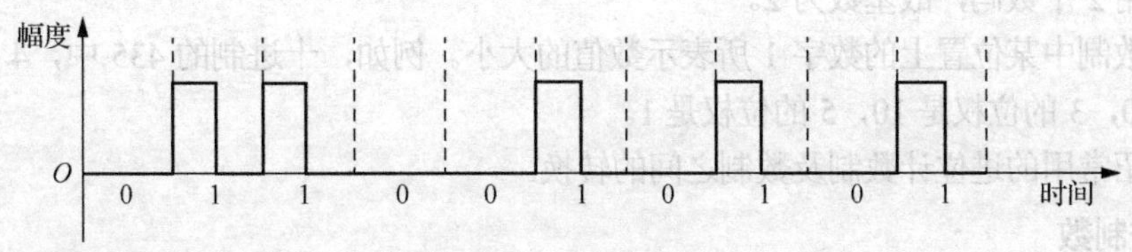

图 1-5 归零编码示意图

4. 曼彻斯特编码

曼彻斯特编码（Manchester Encoding）也叫作相位编码（Phase Encoding），是一种用电平跳变来表示 1 或 0 的编码，这种编码带同步信号，即时钟同步信号就隐藏在数据波形中。在曼彻斯特编码中，每一位的中间有一电平的跳变，位中间的跳变既作时钟信号，又作数据信号；从高到低跳变表示“0”，从低到高跳变表示“1”。

还有一种是差分曼彻斯特编码，每位中间的跳变仅提供同步信号，而用每位开始时有无跳变表示“0”或“1”，如果有跳变则表示“0”，如果无跳变则表示“1”。

两种曼彻斯特编码将时钟同步信号和数据包含在数据流中，在传输代码信息的同时，也将时钟同步信号一起传输到对方，每位编码中有一跳变，不存在直流分量，因此具有自同步能力和良好的抗干扰性能。但每一个码元都被调成两个电平，所以数据传输速率只有调制速率的 1/2。图 1-6 所示为两种曼彻斯特编码示意图。

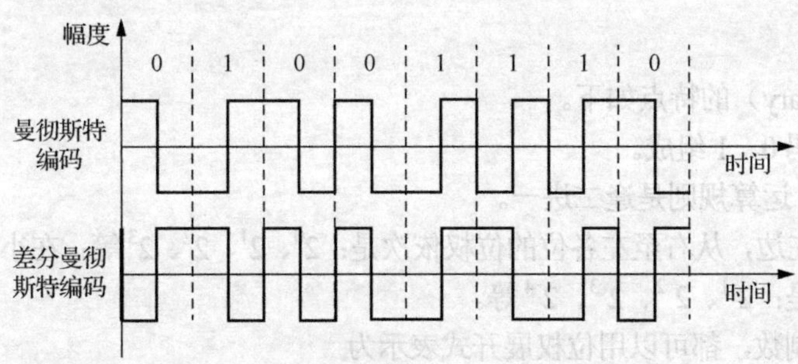

图 1-6 两种曼彻斯特编码示意图

1.2 数制与码制

1.2.1 数制

数制也称计数制，是指用一组固定的符号和统一的规则来表示数值的方法。由于按进位的方法进行计数，故也称进位计数制。在日常生活中，人们普遍采用十进制计数方式，而在数字系统中，最广泛使用的是二进制计数方式。

学习数制，必须首先掌握数码、基数和位权这三个概念。

数码：数制中为表示基本数值大小所使用的不同数字符号。例如，十进制有 10 个有效数字：0，1，2，3，4，5，6，7，8，9。二进制有 2 个有效数字：0 和 1。

基数：数制中所使用数码的个数。例如，十进制计数制使用 10 个数码，故基数为 10；二进制计数制使用 2 个数码，故基数为 2。

位权：数制中某位置上的数字 1 所表示数值的大小。例如，十进制的 435 中，4 所在位置上的位权是 100，3 的位权是 10，5 的位权是 1。

下面介绍常用的进位计数制及数制之间的转换。

1．十进制数

十进制数（Decimal）的特点如下。

（1）由 10 个数码 0～9 组成。

（2）基数是 10，运算规则是逢十进一。

（3）在小数点左边，从右至左各位的位权依次是：10^0、10^1、10^2、10^3 等；在小数点右边，从左至右各位的位权依次是：10^{-1}、10^{-2}、10^{-3}、10^{-4} 等。

任意一个十进制数，都可以用位权展开式表示为

$$\begin{aligned}&(d_n \cdots d_1 d_0 . d_{-1} d_{-2} \cdots d_{-m})_{10}\\&= d_n \times 10^n + \cdots + d_1 \times 10^1 + d_0 \times 10^0 + d_{-1} \times 10^{-1} + d_{-2} \times 10^{-2} + \cdots + d_{-m} \times 10^{-m}\\&= \sum_{i=-m}^{n} d_i \times 10^i\end{aligned}$$

其中：d_i 表示各个位置上的十进制数码。例如，十进制数 826.78 的位权展开式为

$$(826.78)_{10}=8\times10^2+2\times10^1+6\times10^0+7\times10^{-1}+8\times10^{-2}$$

2．二进制数

二进制数（Binary）的特点如下。

（1）由两个数码 0、1 组成。

（2）基数是 2，运算规则是逢二进一。

（3）在小数点左边，从右至左各位的位权依次是：2^0、2^1、2^2、2^3 等；在小数点右边，从左至右各位的位权依次是：2^{-1}、2^{-2}、2^{-3}、2^{-4} 等。

任意一个二进制数，都可以用位权展开式表示为

$$\begin{aligned}&(b_n \cdots b_1 b_0 . b_{-1} b_{-2} \cdots b_{-m})_2\\&= b_n \times 2^n + \cdots + b_1 \times 2^1 + b_0 \times 2^0 + b_{-1} \times 2^{-1} + b_{-2} \times 2^{-2} + \cdots + b_{-m} \times 2^{-m}\\&= \sum_{i=-m}^{n} b_i \times 2^i\end{aligned}$$

其中：b_i 表示各个位置上的二进制数码。例如，二进制数 1011.101 的位权展开式为

$$(1011.101)_2=1\times2^3+0\times2^2+1\times2^1+1\times2^0+1\times2^{-1}+0\times2^{-2}+1\times2^{-3}$$

3．八进制数

八进制数（Octal）的特点如下。

（1）由 8 个数码 0～7 组成。

（2）基数是 8，运算规则是逢八进一。

（3）在小数点左边，从右至左各位的位权依次是：8^0、8^1、8^2、8^3等；在小数点右边，从左至右各位的位权依次是：8^{-1}、8^{-2}、8^{-3}、8^{-4}等。

任意一个八进制数，都可以用位权展开式表示为

$$
\begin{aligned}
&(o_n \cdots o_1 o_0 . o_{-1} o_{-2} \cdots o_{-m})_8 \\
&= o_n \times 8^n + \cdots + o_1 \times 8^1 + o_0 \times 8^0 + o_{-1} \times 8^{-1} + o_{-2} \times 8^{-2} + \cdots + o_{-m} \times 8^{-m} \\
&= \sum_{i=-m}^{n} o_i \times 8^i
\end{aligned}
$$

其中：o_i表示各个位置上的八进制数码。例如，八进制数 723.24 的位权展开式为

$$(723.24)_8=7\times8^2+2\times8^1+3\times8^0+2\times8^{-1}+4\times8^{-2}$$

4．十六进制数

十六进制数（Hexadecimal）的特点如下。

（1）由 16 个数码 0～9 及 A～F 组成。

（2）基数是 16，运算规则是逢十六进一。

（3）在小数点左边，从右至左各位的位权依次是：16^0、16^1、16^2、16^3等；在小数点右边，从左至右各位的位权依次是：16^{-1}、16^{-2}、16^{-3}、16^{-4}等。

任意一个十六进制数，都可以用位权展开式表示为

$$
\begin{aligned}
&(x_n \cdots x_1 x_0 . x_{-1} x_{-2} \cdots x_{-m})_{16} \\
&= x_n \times 16^n + \cdots + x_1 \times 16^1 + x_0 \times 16^0 + x_{-1} \times 16^{-1} + x_{-2} \times 16^{-2} + \cdots + x_{-m} \times 16^{-m} \\
&= \sum_{i=-m}^{n} x_i \times 16^i
\end{aligned}
$$

其中：x_i表示各个位置上的十六进制数码。例如，十六进制数 2D9.A8 的位权展开式为

$$(2D9.A8)_{16}=2\times16^2+13\times16^1+9\times16^0+10\times16^{-1}+8\times16^{-2}$$

5．数制之间的转换

1）十进制数与非十进制数之间的转换

（1）非十进制数转换成十进制数。非十进制数转换成十进制数的方法是：将非十进制数按位权展开后求和。

【例 1-1】 将$(1011.101)_2$、$(723.24)_8$、$(2D9.A8)_{16}$分别转换成十进制数。

解
$$
\begin{aligned}
(1011.101)_2 &= 1\times2^3+0\times2^2+1\times2^1+1\times2^0+1\times2^{-1}+0\times2^{-2}+1\times2^{-3} \\
&= 8+0+2+1+0.5+0+0.125=11.625 \\
(723.24)_8 &= 7\times8^2+2\times8^1+3\times8^0+2\times8^{-1}+4\times8^{-2} \\
&= 448+16+3+0.25+0.0625=467.3125 \\
(2D9.A8)_{16} &= 2\times16^2+13\times16^1+9\times16^0+10\times16^{-1}+8\times16^{-2} \\
&= 512+208+9+0.625+0.03125=729.65625
\end{aligned}
$$

（2）十进制数转换成非十进制数。十进制数转换成非十进制数，需要分别对整数部分和小数部分进行转换。

① 整数部分的转换方法：不断除以基数取余数，直到商为 0，从下到上读取余数。

【例 1-2】 将$(179)_{10}$分别转换成二进制、八进制、十六进制数。

解

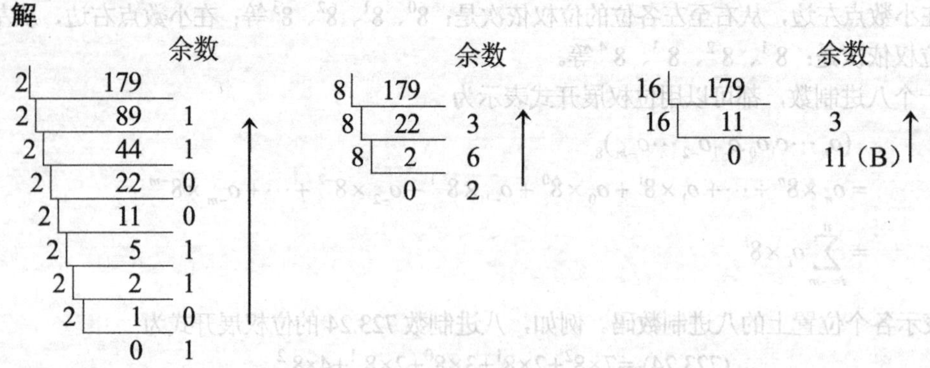

结果：$(179)_{10}=(10110011)_2=(263)_8=(B3)_{16}$

② 小数部分的转换方法：不断乘以基数取整数，从上到下读取整数，直到满足精度要求为止。

【例 1-3】 将$(0.6875)_{10}$分别转换成二进制、八进制、十六进制数。

解

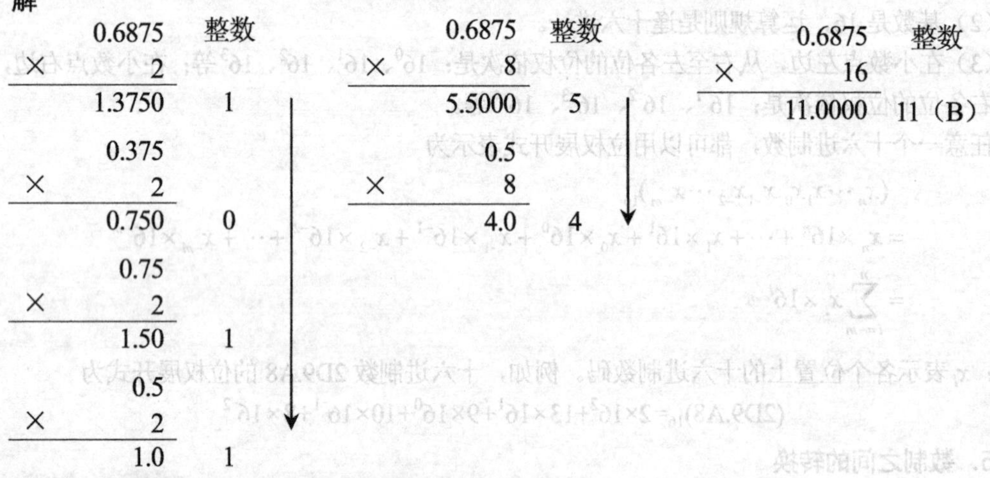

结果：$(0.6875)_{10}=(0.1011)_2=(0.54)_8=(0.B)_{16}$

2）二进制数与八进制或十六进制数之间的转换

虽然在数字系统中使用的是二进制数，但由于二进制数往往很长，不便书写及识别，因此常使用八进制数或十六进制数来表示二进制数，以减少书写的长度。

由于八进制数、十六进制数的基数都是2^n(n=3，4)，因此 1 位2^n进制数所能表示的数值能恰好用n位二进制数表示，即八进制（2^3）数中的数码 0～7 与 3 位二进制数 000～111 一一对应，十六进制（2^4）数中的数码 0～9、A～F 与 4 位二进制数 0000～1111 一一对应。所以，二进制数与2^n进制数之间可以按位进行转换。

（1）二进制数转换成八进制、十六进制数。将二进制数转换成2^n(n=3，4)进制数的方法是：以小数点为界，分别向左、右两个方向按n位进行分组，左右两端不足n位的，分别用 0 补够n位，再将每组二进制数转换为对应的2^n进制数。

【例 1-4】 将二进制数$(11010101001101.11001)_2$分别转换为八进制数及十六进制数。

解

二进制数	011	010	101	001	101	.	110	010
八进制数	3	2	5	1	5	.	6	2

二进制数	0011	0101	0100	1101	.	1100	1000
十六进制数	3	5	4	D	.	C	8

结果：$(11010101001101.11001)_2=(32515.62)_8=(354D.C8)_{16}$

（2）八进制数或十六进制数转换成二进制数。将 $2^n(n=3，4)$进制数转换成二进制数的方法与上面正好相反，将 2^n 进制数中的每一位直接转换成 n 位二进制数即可。

【例 1-5】 将八进制数$(3701.24)_8$、十六进制数$(4A3.E6)_{16}$分别转换成二进制数。

解

八进制数	3	7	0	1	.	2	4
二进制数	011	111	000	001	.	010	100

结果：$(3701.24)_8=(11111000001.0101)_2$

十六进制数	4	A	3	.	E	6
二进制数	0100	1010	0011	.	1110	0110

结果：$(4A3.E6)_{16}=(10010100011.1110011)_2$

1.2.2 码制

1. 数字的存储形式

前面所提到的二进制数，没有考虑符号问题，所指的都是无符号数。但实际上数字是有正、负符号的，那么在数字系统中对数字进行运算操作时，正负符号该如何表示呢？

以数字 6 为例，数学的习惯写法上，正 6 的十进制数写为+6，用二进制数表示则写为+110；负 6 的十进制数写为−6，用二进制数表示则写为−110，这种在二进制数之前用“+”“−”表示正、负数的有符号数称为真值。

但在数字系统中，符号“+”“−”也需要数字化，常用的方法是将数的最高位定义为符号位，用“0”表示“+”号、用“1”表示“−”号，即

+6	→	+110	→	0110
−6	→	−110	→	1110
（十进制数）		（真值）		（机器数）

这种将“+”“−”符号数字化的二进制数称为机器数。机器数常用的编码方式有原码、反码、补码等。下面以有符号整数为例介绍原码、反码及补码的定义规则。

2. 原码

将数的真值形式中正数符号用符号位 0 表示，负数符号用符号位 1 表示，叫作数的原码形式，简称原码。原码的定义可用下式表示

$$A_{原}=\begin{cases}A & 2^{n-1}>A\geqslant 0\\ 2^{n-1}+|A| & 0\geqslant A>-2^{n-1}\end{cases}$$

式中：A 为真值，$|A|$为 A 的绝对值的真值，$A_{原}$为 A 的原码，n 为二进制数码的位数。

例如，绝对值为 9 的数，它的真值形式和原码形式如下所示（用 8 位数码表示，最高位为符号位）：

数	真值	原码
+9	+0001001	0 0001001
−9	−0001001	1 0001001

原码的优点是易于辨认，因为它的数值部分就是该数的绝对值，而且与真值和十进制数的转换十分方便，但在采用原码进行运算时，运算较复杂。例如当两个数相加时，需要先判断符号位是否相同，如果相同则数值直接相加，如果不同，则进行减法运算。做减法运算前，需要先比较哪个数的绝对值大，绝对值大的作为被减数，小的作为减数，差值的符号与绝对值大的数符号一

致。机器要实现这样的运算需要增加判定数大小的设备以及减法器，这显然增加了设备量，是不经济实用的。为了减少设备，解决负数参加运算的问题，将减法运算变成加法运算，这就引进了反码和补码这两种机器数。

3．反码

与原码相比较，反码也是在数码左边加上一位符号位，0 代表正数，1 代表负数。与原码不一样的是，反码的数码与它的符号位有关：对于正数，反码与原码相同；对于负数，反码的数码由原码逐位求反而得（不包括符号位）。反码定义可用下式表示

$$A_{反}=\begin{cases} A & 2^{n-1}>A\geqslant 0 \\ (2^n-1)-|A| & 0\geqslant A>-2^{n-1} \end{cases}$$

式中：A 为原码，$|A|$为 A 的绝对值的原码，$A_{反}$为 A 的反码，n 为二进制数码的位数。

例如，绝对值为 9 的数，如用 8 位二进制反码表示，则+9 的反码为

$$A_{反}=A=0\ 0001001$$

−9 的反码为

$$A_{反}=2^8-1-|A|\ =(100000000-1)-(00001001)=11110110$$

即

数	真值	原码	反码
+9	+0001001	0 0001001	0 0001001
−9	−0001001	1 0001001	1 1110110

由此可看出：正数的反码与原码相同；负数的反码为其绝对值的原码按位取反。

4．补码

机器数的第三种表示是补码形式。对于正数来说，其原码、反码和补码的表示是相同的；对于负数来说，表示则不相同。补码的最高位仍然是符号位，0 表示正数，1 表示负数。

补码定义可用下式表示

$$A_{补}=\begin{cases} A & 2^{n-1}>A\geqslant 0 \\ 2^n-|A| & 0\geqslant A\geqslant -2^{n-1} \end{cases}$$

式中：A 为原码，$|A|$为 A 的绝对值的原码，$A_{补}$为 A 的补码，n 为二进制数码的位数。

例如，绝对值为 9 的数，如用 8 位二进制补码表示，则+9 的补码为

$$A_{补}=A=0\ 0001001$$

−9 的补码为

$$A_{补}=2^8-|A|=100000000-00001001=11110111$$

即

数	真值	原码	反码	补码
+9	+0001001	0 0001001	0 0001001	0 0001001
−9	−0001001	1 0001001	1 1110110	1 1110111

由此可看出：正数的补码与原码相同；负数的补码为其绝对值的原码按位取反之后加 1，即反码加 1。

机器数使用补码表示后，可将减法运算变成加法运算，补码数做运算时，其符号位与数值部分一起参加运算，运算结果也为补码数，补码的符号位相加后，如果有进位出现，要把这个进位舍去。

【例 1-6】 使用 8 位补码数计算：（1）73−51；（2）40−78。

解（1）将 73 和−51 都转换为补码数

数	真值	原码	反码	补码
+73	+1001001	01001001	01001001	01001001
−51	−0110011	10110011	11001100	11001101

将两个补码数相加得到

01001001+11001101=1 00010110

将符号位相加后的进位舍去，得到和为：00010110，由于符号位是 0，表示正数，转换成十进制数后得+22，即

01001001（+73）+11001101（−51）=00010110（+22）

（2）将 40 和−78 都转换为补码数

数	真值	原码	反码	补码
+40	+0101000	00101000	00101000	00101000
−78	−1001110	11001110	10110001	10110010

将两个补码数相加

00101000+10110010=11011010

由于和 11011010 的符号位是 1，表示负数，转换成十进制数是

补码	反码	原码	真值	十进制数
11011010	11011001	10100110	−0100110	-38

即

00101000（+40）+10110010（−78）=11011010（−38）

1.2.3 常用编码

用代码表示信息的过程称为编码。在数字系统中，由于二进制数用电路实现起来比较容易，因此在编码中广泛使用的是二进制数。我们将用二进制数表示文字、符号等信息的过程称为二进制编码。

常用的二进制编码如下。

1．顺序二进制编码

将十进制数转换成二进制数所得到的二进制编码就是顺序二进制码，简称二进制码。其特点是相邻的两个数之间的差值为 1。表 1-1 中列出了十进制数 0～15 所对应的二进制码。按上一节中所介绍的进制数转换法可以得到某一个数的顺序二进制编码。

表 1-1　顺序二进制编码及格雷码编码表

十进制数	二进制码	格雷码	十进制数	二进制码	格雷码
0	0000	0000	8	1000	1100
1	0001	0001	9	1001	1101
2	0010	0011	10	1010	1111
3	0011	0010	11	1011	1110
4	0100	0110	12	1100	1010
5	0101	0111	13	1101	1011
6	0110	0101	14	1110	1001
7	0111	0100	15	1111	1000

2. 格雷码

顺序二进制编码简单且容易转换，但在相邻的两个编码之间，可能同时有多个二进制位发生变化，例如代码 0111 变化为 1000 时，4 个二进制位均发生了变化。在数字系统中，常常需要代码按一定顺序变化，但如果多个位同时发生变化，由于各个位变化在时间上的差异，往往会出现短暂的其他代码，例如代码 0111 变化为 1000 时，可能会出现短暂的 1111、1011 等，这有可能会导致严重的电路状态错误。使用格雷码可以避免这种错误的发生。

格雷码（Gray Code）又称为循环码，它的主要特点是相邻两个编码之间只有一个位不相同，但它不够直观。常用的典型格雷码编码规则如表 1-1 所示。

顺序二进制码与格雷码之间可以通过公式进行转换。设 n 位二进制数的顺序二进制码为 $B = B_{n-1}\cdots B_{i+1}B_i\cdots B_0$，其对应的格雷码为 $G = G_{n-1}\cdots G_{i+1}G_i\cdots G_0$，格雷码编码规则可表示为

$$G_{n-1} = B_{n-1},\quad G_i = B_i \oplus B_{i+1}$$

反之，典型二进制格雷码也可转换成二进制数，其公式为：

$$B_{n-1} = G_{n-1}\text{，}\quad B_i = B_{i+1} \oplus G_i$$

3. 独热码

只有一个二进制位为 1，其他全为 0 的编码叫作独热码。这种编码方式中，编码的二进制位数与需要进行编码的对象的个数相等。例如，对 8 个对象进行编码，这 8 个编码分别是：00000001、00000010、00000100、00001000、00010000、00100000、01000000、10000000。独热码常用于时序逻辑电路中状态机的设计。

4. 二—十进制编码

日常生活中最常使用的是十进制数。在数字系统中，为了既满足系统中使用二进制数的要求，又适应人们使用十进制数的习惯，常需要用二进制数来表示十进制数，即用二进制数对十进制数中的 10 个数符进行编码，简称二—十进制编码，又称 BCD 码（Binary Coded Decimal），BCD 码通常都是 4 位编码。

二—十进制编码（BCD 码）有多种不同的编码规则，常用的有 8421BCD 码、2421BCD 码、5211BCD 码、余 3BCD 码、余 3 格雷码等，见表 1-2。其中 8421 码、2421 码、5211 码都属于位权码，即编码中每 1 位对应一个位权值，如 8421BCD 码中，各位的位权依次是 8、4、2、1，编码 1001 对应的十进制数符是 8+0+0+1=9。余 3 码是由二进制码加 3（0011）后形成的，即余 3 码从二进制码的 3 开始编码。余 3 格雷码是由格雷码加 3 后形成的，即余 3 格雷码从格雷码的 3(0010) 开始编码。

表 1-2　　常用的二—十进制编码

十进制数	8421 码	2421 码	5211 码	余 3 码	余 3 格雷码
0	0000	0000	0000	0011	0010
1	0001	0001	0001	0100	0110
2	0010	0010	0100	0101	0111
3	0011	0011	0101	0110	0101
4	0100	0100	0111	0111	0100
5	0101	1011	1000	1000	1100
6	0110	1100	1001	1001	1101
7	0111	1101	1100	1010	1111
8	1000	1110	1101	1011	1110
9	1001	1111	1111	1100	1010

【例 1-7】 用 8421BCD 码对十进制数 407.86 进行编码。

解 按 8421BCD 码编码规则对十进制数中的每个数符进行编码，得到

$$407.86=(0100\ 0000\ 0111.\ 1000\ 0110)_{8421BCD}$$

5. ASCII 码

前面介绍的只是对数字的编码，在数字系统中，字符、文字以及一些特殊符号也都必须用二进制代码来表示。用于表示各种字符（包括文字、字母、数字、标点符号、运算符及其他特殊字符等）的二进制代码称为字符编码。

ASCII（American Standard Code for Information Interchange）是美国信息交换标准代码，是目前国际通用的字符代码。ASCII 码常见于通信设备和计算机中，采用 7 位二进制编码，共表示 2^7（即 128）个字符，其中包括 0～9 十个数码、大小写各 26 个英文字母、标点符号、运算符、一些常用符号及 33 个控制字符。ASCII 码的编码规则见表 1-3。

表 1-3 ASCII 码表

高 3 位 $b_6b_5b_4$ / 低 4 位 $b_3b_2b_1b_0$	000	001	010	011	100	101	110	111
0000	NUL	DLE	SP	0	@	P	`	p
0001	SOH	DC1	!	1	A	Q	a	q
0010	STX	DC2	"	2	B	R	b	r
0011	ETX	DC3	#	3	C	S	c	s
0100	EOT	DC4	$	4	D	T	d	t
0101	ENQ	NAK	%	5	E	U	e	u
0110	ACK	SYN	&	6	F	V	f	v
0111	BEL	ETB	'	7	G	W	g	w
1000	BS	CAN	(	8	H	X	h	x
1001	HT	EM	)	9	I	Y	i	y
1010	LF	SUB	*	:	J	Z	j	z
1011	VT	ESC	+	;	K	[	k	{
1100	FF	FS	,	<	L	\	l	|
1101	CR	GS	−	=	M	]	m	}
1110	SO	RS	.	>	N	^	n	~
1111	SI	US	/	?	O	_	o	DEL

1.3 数字逻辑设计基础

1.3.1 逻辑代数

逻辑代数是分析和设计逻辑电路的基本数学工具。逻辑代数是英国数学家乔治·布尔（George Boole）于 19 世纪中叶创立的，因此也叫布尔代数。当时，这种代数纯粹是一种数学游戏，没有任何物理与现实意义。直到 20 世纪 30 年代，美国人克劳德·香农（Claude E.Shannon）在开关电路中才找到了它的应用价值，其很快成为分析和设计开关电路的重要数学工具，故又

称为开关代数。

与普通代数类似，在逻辑代数中，参与逻辑运算的变量也用字母 A、B…表示，称为逻辑变量。每个变量的取值不是 0 就是 1。0 和 1 不表示数值的大小，而是代表两种不同的逻辑状态。

例如，用 1 和 0 分别表示是与非、真与假、有与无、电平的高与低、开关的通与断、灯的亮与灭等。

1. 基本及常用的逻辑运算

在逻辑代数中，基本逻辑运算有与、或、非，常用的复合逻辑运算有与非、或非、异或等。

1）与运算

当决定一件事情的各个条件全部具备时，这件事才会发生，这样的因果关系称为与逻辑关系。

如果用变量 A 和 B 分别表示决定这件事情的两个条件，用 Y 表示这件事情的结果，则 A、B 和 Y 的与逻辑关系如表 1-4 所示。

对于 A、B 变量来说，如果用二进制数码 1 表示条件成立，用 0 表示条件不成立；对于结果 Y，如果值为 1 表示事情发生，值为 0 表示事情不发生，则表 1-4 可转换为表 1-5。这种使用 1 和 0 表达逻辑关系的表格被称为真值表。

表 1-4　与逻辑关系表

条件 A	条件 B	结果 Y
不成立	不成立	不发生
不成立	成立	不发生
成立	不成立	不发生
成立	成立	发生

表 1-5　与逻辑关系的真值表

A	B	Y
0	0	0
0	1	0
1	0	0
1	1	1

在逻辑代数中，使用运算符“·”表示与逻辑关系，上述 Y 和变量 A、B 之间的关系被记为

$$Y = A \cdot B$$

书写时，常省略与运算符，写为

$$Y = AB$$

在数字系统的电路图中，需要使用逻辑符号来表示各种逻辑关系。图 1-7 所示为与逻辑关系的逻辑图形符号，其中图 1-7（a）是 IEEE（Institute of Electrical and Electronics Engineers，电气和电子工程师协会）标准的图形符号，图 1-7（b）是我国国家标准的图形符号。由于一般 EDA 工具所设计的电路较多采用了 IEEE 标准的图形符号，且本书第 4～7 章中电路设计案例均使用了 IEEE 标准的图形符号，因此在本书的逻辑图中均采用 IEEE 标准的图形符号。图 1-8～图 1-10 的图形符号中，位置在前边的为 IEEE 标准的图形符号。

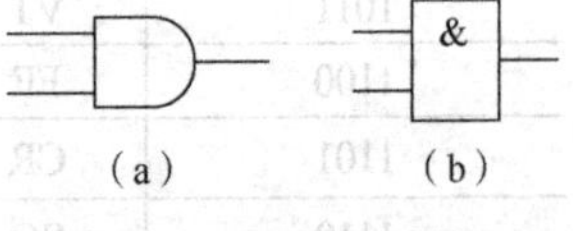

图 1-7　与逻辑图形符号

2）或运算

若决定一件事情的各个条件中，只要有一个条件具备，事情就会发生，则这样的因果关系称为或逻辑关系。

表示或逻辑关系的真值表如表 1-6 所示。

在逻辑代数中，使用运算符“+”表示或逻辑关系，因而上述真值表中 Y 和变量 A、B 之间的关系被记为

$$Y = A + B$$

图1-8所示为或逻辑关系的图形符号，本书的逻辑图形符号中均采用图1-8（a）的符号形式。

表1-6　　或逻辑关系真值表

A	B	Y
0	0	0
0	1	1
1	0	1
1	1	1

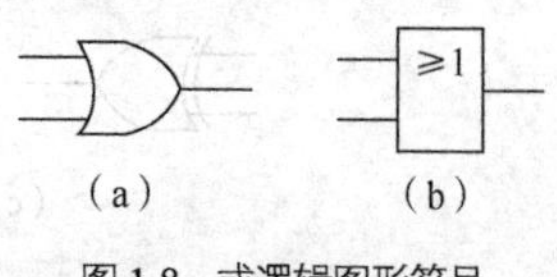

图1-8　或逻辑图形符号

3）非运算

非就是反，即为否定，表示若条件成立，事件不会发生；若条件不成立，事件才发生这样的逻辑关系。

非逻辑关系的真值表如表1-7所示。

在逻辑代数中，在变量或表达式上加反号“-”表示非逻辑关系，因而上述真值表中Y和变量A之间的关系被记为

$$Y=\overline{A}$$

图1-9所示为非逻辑关系的图形符号，本书的逻辑图形符号中均采用图1-9（a）的符号形式。

表1-7　　非逻辑关系真值表

A	Y
0	1
1	0

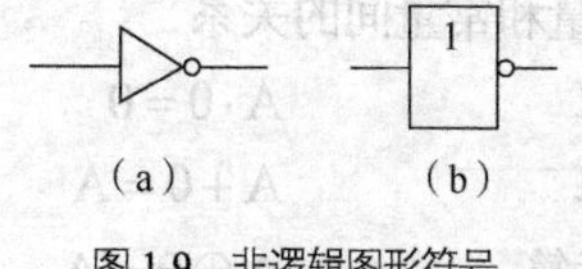

图1-9　非逻辑图形符号

4）与非、或非及异或运算

在逻辑代数中，与非、或非、异或、异或非运算都属于复合逻辑运算，即由2个或2个以上逻辑运算组成，它们的表达式分别为

与非运算　$Y=\overline{A\cdot B}=\overline{AB}$

或非运算　$Y=\overline{A+B}$

异或运算　$Y=\overline{A}B+A\overline{B}=A\oplus B$

异或非（同或）运算　$Y=\overline{\overline{A}B+A\overline{B}}=\overline{A\oplus B}=\overline{A}\,\overline{B}+AB=A\odot B$

其中异或运算使用运算符“⊕”，同或运算符为“⊙”。

这4种复合逻辑关系的真值表如表1-8所示。

表1-8　　与非、或非、异或、异或非逻辑关系真值表

A	B	与非 $Y=\overline{A\cdot B}$	或非 $Y=\overline{A+B}$	异或 $Y=\overline{A}B+A\overline{B}$	异或非 $Y=\overline{A}\,\overline{B}+AB$
0	0	1	1	0	1
0	1	1	0	1	0
1	0	1	0	1	0
1	1	0	0	0	1

图1-10所示为这4种复合逻辑关系的图形符号，本书的逻辑图形符号中均采用每组符号左图的形式。

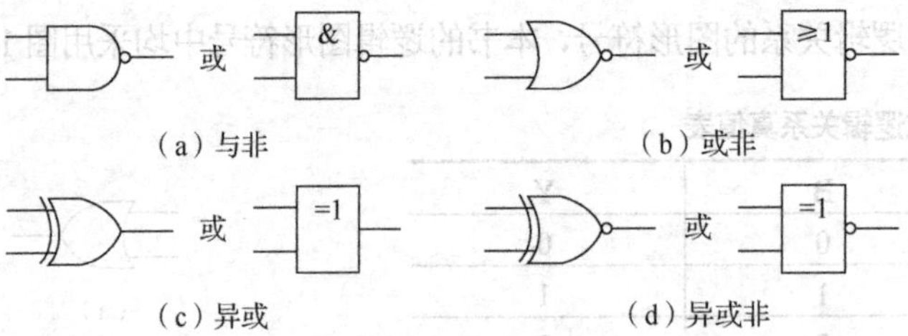

（a）与非　（b）或非

（c）异或　（d）异或非

图 1-10　4 种复合逻辑关系的逻辑符号

注意：在逻辑图中，图形符号输出端的小圆圈所表示的含义为反相输出，即在原有逻辑关系的基础上再进行非逻辑运算，如图 1-10（a）、（b）、（d）中的图形符号所示。

2．逻辑运算的公式及定理

1）常量之间的关系

因为二进制逻辑中只有 0 和 1 两个常量，所以常量之间的逻辑关系只有以下几种：

与运算　$0\cdot 0=0$　$0\cdot 1=0$　$1\cdot 1=1$

或运算　$0+0=0$　$0+1=1$　$1+1=1$

异或运算　$0\oplus 0=0$　$0\oplus 1=1$　$1\oplus 1=0$

非运算　$\overline{0}=1$　$\overline{1}=0$

2）变量和常量间的关系

与运算　$A\cdot 0=0$　$A\cdot 1=A$　$A\cdot A=A$　$A\cdot\overline{A}=0$

或运算　$A+0=A$　$A+1=1$　$A+A=A$　$A+\overline{A}=1$

异或运算　$A\oplus 0=A$　$A\oplus 1=\overline{A}$　$A\oplus A=0$　$A\oplus\overline{A}=1$

非运算　$\overline{\overline{A}}=A$

3）定理

交换律　$A\cdot B=B\cdot A$　$A+B=B+A$　$A\oplus B=B\oplus A$

结合律　$(A\cdot B)\cdot C=A\cdot(B\cdot C)$　$(A+B)+C=A+(B+C)$

$(A\oplus B)\oplus C=A\oplus(B\oplus C)$

分配律　$A(B+C)=AB+AC$　$A+BC=(A+B)(A+C)$

德・摩根定理　$\overline{AB}=\overline{A}+\overline{B}$　$\overline{A+B}=\overline{A}\cdot\overline{B}$

【例 1-8】　证明德・摩根定理：（1）$\overline{AB}=\overline{A}+\overline{B}$；（2）$\overline{A+B}=\overline{A}\cdot\overline{B}$。

解　使用真值表证明。

(1）列出 $\overline{AB}$ 与 $\overline{A}+\overline{B}$ 的真值表如下。

A	B	$\overline{AB}$	$\overline{A}$	$\overline{B}$	$\overline{A}+\overline{B}$
0	0	1	1	1	1
0	1	1	1	0	1
1	0	1	0	1	1
1	1	0	0	0	0

对比 $\overline{AB}$ 与 $\overline{A}+\overline{B}$ 列可看到，在 A、B 为任何一种取值组合时，$\overline{AB}$ 与 $\overline{A}+\overline{B}$ 的运算值都完全相等，由此可证，$\overline{AB}=\overline{A}+\overline{B}$。

（2）列出$\overline{A+B}$与$\overline{A}\cdot\overline{B}$的真值表如下。

A	B	$\overline{A+B}$	$\overline{A}$	$\overline{B}$	$\overline{A}\cdot\overline{B}$
0	0	1	1	1	1
0	1	0	1	0	0
1	0	0	0	1	0
1	1	0	0	0	0

对比$\overline{A+B}$与$\overline{A}\cdot\overline{B}$列可看到，在 A、B 为任何一种取值组合时，$\overline{A+B}$与$\overline{A}\cdot\overline{B}$的运算值都完全相等，由此可证，$\overline{A+B}=\overline{A}\cdot\overline{B}$。

3．一些常用公式

利用以上公式及定理，可以推导出如下公式。

（1）$A\overline{B}+AB=A$

证明：$A\overline{B}+AB=A(\overline{B}+B)=A\cdot 1=A$

（2）$A+\overline{A}B=A+B$

证明：$A+\overline{A}B=(A+\overline{A})\cdot(A+B)=1\cdot(A+B)=A+B$

（3）$AB+\overline{A}C+BC=AB+\overline{A}C$

证明：

$$\begin{aligned}&AB+\overline{A}C+BC\\=&AB+\overline{A}C+BC\cdot(A+\overline{A})\\=&AB+\overline{A}C+ABC+\overline{A}BC\\=&AB\cdot(1+C)+\overline{A}C\cdot(1+B)\\=&AB+\overline{A}C\end{aligned}$$

1.3.2 逻辑函数的表示方法

前面提到的$Y=A\cdot B$、$Y=A+B$、$Y=\overline{A}$等式子称为逻辑表达式，式中 A、B 称为输入逻辑变量，Y 称为输出逻辑变量。在逻辑变量中，形如 A、B 的变量称为原变量，形如$\overline{A}$、$\overline{B}$的变量称为反变量。在逻辑关系中，如果输入逻辑变量 A、B、…的取值确定后，输出逻辑变量 Y 的值也被唯一地确定了，那么就称 Y 是 A、B、…的逻辑函数，并写为

$$Y=F(A,B,\cdots)$$

常用的表示逻辑函数的方法有逻辑表达式、真值表、卡诺图、逻辑图等。

1．逻辑表达式

用与、或、非等运算表示函数中各个变量及常量之间逻辑关系的代数式，称为逻辑表达式，如$Y=A\overline{B}+B\overline{C}+(A\oplus C)$。

逻辑表达式的优点是书写简洁、方便，可利用公式和定理进行运算和变换。其缺点是当逻辑函数比较复杂时，很难直接从变量的取值情况看出函数的值，不够直观。

2．真值表

把变量的各种可能取值与相应的函数值用表格的形式一一列举出来，这种表格就称为真值表。真值表可以直观明了地反映出函数输入、输出变量之间的逻辑关系，它和逻辑表达式之间可以直

接进行转换。

列函数真值表的方法是：在真值表的左边列出逻辑变量取值的所有组合，由于 1 个变量有 0、1 两种取值，2 个变量有 00、01、10、11 四种取值，因此，以此类推，n 个变量有 2^n 种变量取值。为了不漏掉任何一种取值组合，逻辑变量的取值应按顺序二进制码的顺序排列。真值表右边列出每一种逻辑变量取值组合所对应的逻辑函数值。

【例 1-9】 列出函数 $Y = A\overline{B} + B\overline{C} + (A \oplus C)$ 的真值表。

解 由于函数有 A、B、C 三个输入变量，因而有 8 种不同的取值组合，分别是 000、001、010、011、100、101、110、111，将这 8 种取值组合填入真值表中左边 3 列；然后计算每一种取值组合所对应的 $A\overline{B}$、$B\overline{C}$ 及 $A \oplus C$ 的值；最后计算 Y 的值，分别填入真值表相应的列中。结果如表 1-9 所示。

表 1-9 函数 $Y = A\overline{B} + B\overline{C} + (A \oplus C)$ 真值表

A	B	C	$A\overline{B}$	$B\overline{C}$	$A \oplus C$	Y
0	0	0	0	0	0	0
0	0	1	0	0	1	1
0	1	0	0	1	0	1
0	1	1	0	0	1	1
1	0	0	1	0	1	1
1	0	1	1	0	0	1
1	1	0	0	1	1	1
1	1	1	0	0	0	0

真值表的优点是直观明了，当输入变量的取值确定时，可从表中查出相应的函数值，是一种十分有用的逻辑工具。在许多集成电路手册中，常常通过给出电路的真值表来描述其功能。在进行逻辑电路的设计时，设计的第一步往往就是通过分析电路所需的逻辑功能列出真值表。

真值表的缺点是难以用逻辑代数的公式和定理进行运算和变换，并且当变量比较多时，真值表的规模会非常大，十分烦琐。

3. 卡诺图

卡诺图是 1953 年由美国工程师卡诺（Karnaugh）提出的一种描述逻辑函数的特殊方法。卡诺图实质上是真值表的方格图表示方式，也就是将真值表中每一种变量取值组合对应的函数值填入卡诺图的每一个方格中。有关卡诺图的使用将在下一小节中介绍。

使用卡诺图的目的在于化简逻辑函数。由于卡诺图是用几何相邻形象直观地表示了函数各个最小项在逻辑上的相邻性，因此便于求出逻辑函数的最简与或表达式。

卡诺图的缺点是只适用于表示和化简逻辑变量个数比较少的逻辑函数，当变量个数超过 6 个时，不适合用卡诺图化简。此外，卡诺图也不便于用公式和定理进行运算和变换。

4. 逻辑图

由于每一种基本和常用的逻辑关系都有其相应的逻辑符号，因此，逻辑函数也可以通过图形的方式将逻辑符号相互连接，从而反映出各个变量之间的运算关系，这就是逻辑图（即用逻辑门电路符号组成的电路图）。逻辑图与逻辑表达式有着十分简单而准确的对应关系。

【例 1-10】 画出函数 $Y = A\overline{B} + B\overline{C} + (A \oplus C)$ 的逻辑图。

解 由表达式可以看到，函数中有 2 个非运算、2 个与运算、1 个异或运算、2 个或运算，根据表达式内容，将每一个运算用对应的逻辑符号表示，可逐级画出函数的逻辑图，如图 1-11 所示，图中最右边的或运算采用了 3 输入的或运算逻辑符号。

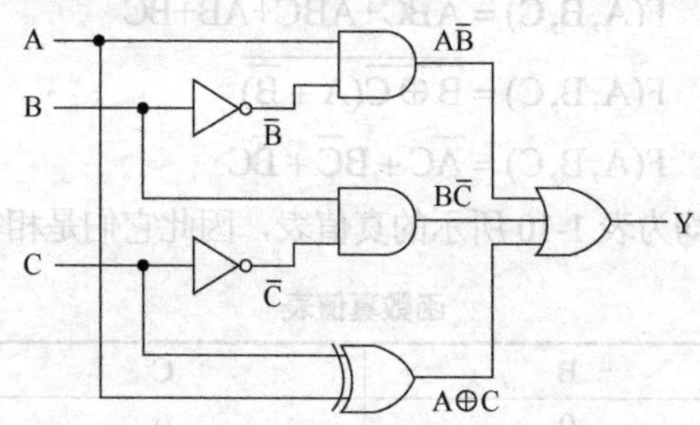

图 1-11　$Y = A\overline{B} + B\overline{C} + (A\oplus C)$ 函数的逻辑图

逻辑图中的逻辑符号，都有与之对应的被称为门电路的实际电路器件存在，所以逻辑图接近工程实际。在实际应用中，当要分析了解某个数字电路的逻辑功能时，需要从逻辑图入手，通过将逻辑图转换为逻辑表达式，最终获得逻辑函数的真值表；另外，在设计数字电路时，常常也要通过逻辑设计，画出逻辑图，最终再把逻辑图变成实际电路。

逻辑图的缺点是不能用公式和定理进行运算和变换，所表示的逻辑关系不如真值表和卡诺图直观。

1.3.3　逻辑函数的化简

在逻辑设计中，逻辑函数的化简是十分重要的课题。化简的方法有代数法和卡诺图法两种。

我们从实际问题中概括出来的逻辑函数，需要落实到实现该函数的逻辑图，最后才能转换为电路图来实现其功能。由于逻辑图与逻辑函数有直接关系，因此函数式越简单，实现该逻辑函数式所需要的门电路数量就越少，这样既可以节省器材，又可提高电路的可靠性。

通常，从逻辑问题概括出来的逻辑函数式不一定是最简的。例如函数 $F = AB\overline{C} + A\overline{B}C + \overline{A}BC + \overline{A}B + B + BC$，直接由该函数式得到的逻辑电路图如图 1-12 所示，此图用了 5 个与门、3 个或门和 3 个非门电路。但如果将函数化简，化简后的函数式为 F=AC+B。显然，要实现此逻辑函数只需要 2 个门电路，如图 1-13 所示。

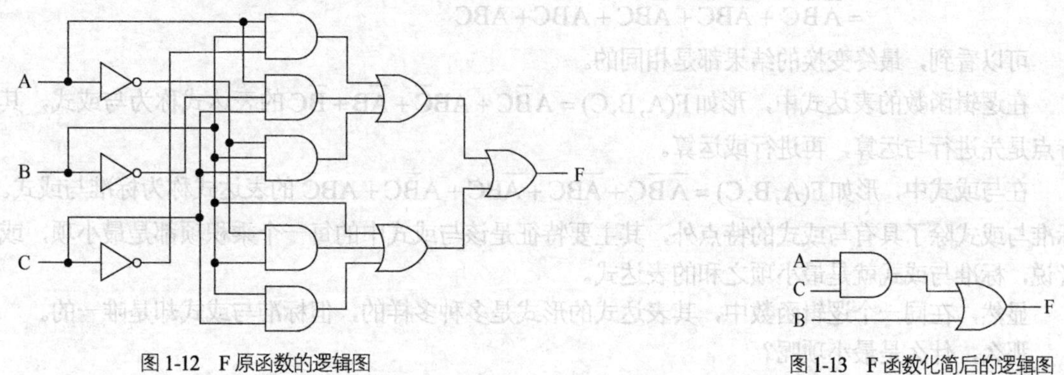

图 1-12　F 原函数的逻辑图

图 1-13　F 函数化简后的逻辑图

由此可以看到，函数化简是为了简化电路，以便用最少的门电路来实现，从而降低系统的成本，提高电路的可靠性。

在了解函数化简方法之前，首先应掌握最小项及标准与或式的概念。

1．最小项及标准与或式

同一个逻辑函数，其逻辑表达式的形式是多种多样的。例如下面 3 个函数表达式

$$F(A,B,C)=A\overline{B}C+AB\overline{C}+\overline{A}B+\overline{B}C$$

$$F(A,B,C)=\overline{\overline{B\oplus C}(A+\overline{B})}$$

$$F(A,B,C)=\overline{A}C+B\overline{C}+\overline{B}C$$

它们的真值表都相同，均为表 1-10 所示的真值表，因此它们是相等的。

表 1-10　　函数真值表

A	B	C	Y
0	0	0	0
0	0	1	1
0	1	0	1
0	1	1	1
1	0	0	0
1	0	1	1
1	1	0	1
1	1	1	0

如果将 3 个表达式都变换成每一个乘积项都包含所有变量的与或式形式，则

$$\begin{aligned}F(A,B,C)&=A\overline{B}C+AB\overline{C}+\overline{A}B+\overline{B}C=A\overline{B}C+AB\overline{C}+\overline{A}B(C+\overline{C})+\overline{B}C(A+\overline{A})\\&=A\overline{B}C+AB\overline{C}+\overline{A}BC+\overline{A}B\overline{C}+\overline{B}CA+\overline{B}C\overline{A}\\&=\overline{A}\,\overline{B}C+\overline{A}B\overline{C}+\overline{A}BC+A\overline{B}C+AB\overline{C}\end{aligned}$$

$$\begin{aligned}F(A,B,C)&=\overline{\overline{B\oplus C}(A+\overline{B})}=B\oplus C+\overline{A+\overline{B}}=B\overline{C}+\overline{B}C+\overline{A}B\\&=B\overline{C}(A+\overline{A})+\overline{B}C(A+\overline{A})+\overline{A}B(C+\overline{C})\\&=\overline{A}\,\overline{B}C+\overline{A}B\overline{C}+\overline{A}BC+A\overline{B}C+AB\overline{C}\end{aligned}$$

$$\begin{aligned}F(A,B,C)&=\overline{A}C+B\overline{C}+\overline{B}C\\&=\overline{A}C(B+\overline{B})+B\overline{C}(A+\overline{A})+\overline{B}C(A+\overline{A})\\&=\overline{A}\,\overline{B}C+\overline{A}B\overline{C}+\overline{A}BC+A\overline{B}C+AB\overline{C}\end{aligned}$$

可以看到，最终变换的结果都是相同的。

在逻辑函数的表达式中，形如 $F(A,B,C)=A\overline{B}C+AB\overline{C}+\overline{A}B+\overline{B}C$ 的表达式称为与或式，其特点是先进行与运算，再进行或运算。

在与或式中，形如 $F(A,B,C)=\overline{A}\,\overline{B}C+\overline{A}B\overline{C}+\overline{A}BC+A\overline{B}C+AB\overline{C}$ 的表达式称为标准与或式。标准与或式除了具有与或式的特点外，其主要特征是该与或式中的每一个乘积项都是最小项，或者说，标准与或式就是最小项之和的表达式。

显然，在同一个逻辑函数中，其表达式的形式是多种多样的，但标准与或式却是唯一的。

那么，什么是最小项呢？

在逻辑函数中，最小项就是包含着函数所有变量的乘积项，而且每一变量在该乘积项中均以原变量或反变量的形式出现且仅出现一次。

如果一个逻辑函数有 n 个变量，则有 2^n 个最小项。例如：1 个变量 A 有 2 个最小项：$\overline{A}$，A；

2 个变量 AB 有 4 个最小项：$\overline{A}\,\overline{B}$，$\overline{A}B$，$A\overline{B}$，AB；3 个变量 A、B、C 有 8 个最小项：$\overline{A}\,\overline{B}\,\overline{C}$，$\overline{A}\,\overline{B}C$，$\overline{A}B\overline{C}$，$\overline{A}BC$，$A\overline{B}\,\overline{C}$，$A\overline{B}C$，$AB\overline{C}$，ABC。以此类推，4个变量A、B、C、D共有 2^4=16 个最小项，*n* 个变量有 2^n个最小项。

最小项的性质是：在真值表中，每一个最小项都与一组变量取值一一对应，所有最小项对应全部变量取值。表 1-11 中显示了 3 个变量的函数最小项与变量取值之间的对应关系。例如：

变量取值　　对应最小项

ABC=000　　$\overline{A}\,\overline{B}\,\overline{C}$

ABC=101　　$A\overline{B}C$

其对应规律是：变量取值中的 1 与原变量对应，变量取值中的 0 与反变量对应。

表 1-11　　3 变量函数最小项的真值表

输入变量			最小项							
A	B	C	$\overline{A}\,\overline{B}\,\overline{C}$	$\overline{A}\,\overline{B}C$	$\overline{A}B\overline{C}$	$\overline{A}BC$	$A\overline{B}\,\overline{C}$	$A\overline{B}C$	$AB\overline{C}$	ABC
0	0	0	1	0	0	0	0	0	0	0
0	0	1	0	1	0	0	0	0	0	0
0	1	0	0	0	1	0	0	0	0	0
0	1	1	0	0	0	1	0	0	0	0
1	0	0	0	0	0	0	1	0	0	0
1	0	1	0	0	0	0	0	1	0	0
1	1	0	0	0	0	0	0	0	1	0
1	1	1	0	0	0	0	0	0	0	1

由于标准与或式是最小项之和的形式，而最小项与函数取值之间有一一对应的关系，因此，标准与或式也可以直接从真值表中得到。例如，在表 1-10 的真值表中，使输出变量 Y 的值为 1 的输入变量的取值有 001、010、011、101、110，其对应的最小项是$\overline{A}\,\overline{B}C$、$\overline{A}B\overline{C}$、$\overline{A}BC$、$A\overline{B}C$、$AB\overline{C}$，显然只要其中一个最小项的运算值为 1，函数的值为 1。由此可写出标准与或式为

$$Y=\overline{A}\,\overline{B}C+\overline{A}B\overline{C}+\overline{A}BC+A\overline{B}C+AB\overline{C}$$

标准与或式在书写时往往比较长且烦琐，为简化书写方式，常将最小项以编号的形式表示。最小项的编号就是它所对应变量取值组合的十进制数。

例如，最小项$\overline{A}\,\overline{B}C$，对应变量的取值组合为二进制数 001，二进制数 001 对应的十进制数是 1，则该最小项的编号是 1，该最小项记作 m_1。显然最小项$\overline{A}B\overline{C}$、$\overline{A}BC$、$A\overline{B}C$、$AB\overline{C}$可分别用 m_2、m_3、m_5、m_6 表示。

标准与或式$Y=\overline{A}\,\overline{B}C+\overline{A}B\overline{C}+\overline{A}BC+A\overline{B}C+AB\overline{C}$可表示为

$$Y=m_1+m_2+m_3+m_5+m_6$$

或写成$Y=\sum_i m_i\quad(i=1,2,3,5,6)=\sum_m(1,2,3,5,6)$

【例 1-11】　写出逻辑函数$Y=A\overline{B}+B\overline{C}+(A\oplus C)$的标准与或式。

解

方法一：通过公式和定理，变换表达式得到

$$
\begin{aligned}
Y &= A\overline{B}+B\overline{C}+(A\oplus C)\\
&= A\overline{B}+B\overline{C}+\overline{A}C+A\overline{C}\\
&= A\overline{B}(\overline{C}+C)+B\overline{C}(\overline{A}+A)+\overline{A}C(\overline{B}+B)+A\overline{C}(\overline{B}+B)\\
&= A\overline{B}\,\overline{C}+A\overline{B}C+B\overline{C}\,\overline{A}+B\overline{C}A+\overline{A}CB+\overline{A}C\overline{B}+A\overline{C}\,\overline{B}+A\overline{C}B\\
&= A\overline{B}\,\overline{C}+A\overline{B}C+\overline{A}B\overline{C}+AB\overline{C}+\overline{A}\,\overline{B}C+\overline{A}BC+A\overline{B}\,\overline{C}+AB\overline{C}\\
&= \overline{A}\,\overline{B}C+\overline{A}B\overline{C}+\overline{A}BC+A\overline{B}\,\overline{C}+A\overline{B}C+AB\overline{C}\\
&= m_1+m_2+m_3+m_4+m_5+m_6\\
&= \sum\nolimits_m(1,2,3,4,5,6)
\end{aligned}
$$

方法二：先列出函数真值表，再写出标准与或式。该函数的真值表如表 1-12 所示。

由真值表可直接写出标准与或式为

$$Y=\overline{A}\,\overline{B}C+\overline{A}B\overline{C}+\overline{A}BC+A\overline{B}\,\overline{C}+A\overline{B}C+AB\overline{C}$$

表 1-12　　函数真值表

A	B	C	Y
0	0	0	0
0	0	1	1
0	1	0	1
0	1	1	1
1	0	0	1
1	0	1	1
1	1	0	1
1	1	1	0

【例 1-12】 写出函数 $Y=(A\overline{B}+D)(AB+C)$ 的标准与或式。

解　利用公式和定理，将函数表达式进行变换

$$
\begin{aligned}
Y &= (A\overline{B}+D)(AB+C)\\
&= A\overline{B}AB+A\overline{B}C+ABD+CD\\
&= A\overline{B}C(\overline{D}+D)+AB(\overline{C}+C)D+(\overline{A}\,\overline{B}+\overline{A}B+A\overline{B}+AB)CD\\
&= \overline{A}\,\overline{B}CD+\overline{A}BCD+A\overline{B}C\overline{D}+A\overline{B}CD+AB\overline{C}D+ABCD\\
&= m_3+m_7+m_{10}+m_{11}+m_{13}+m_{15}\\
&= \sum\nolimits_m(3,7,10,11,13,15)
\end{aligned}
$$

2. 逻辑函数的最简与或式

逻辑函数的最简表达式指的是逻辑表达式最简单、运算量最少的表达式。由于运算量越少，实现逻辑关系所需要的门电路就越少，成本降低，可靠性相对就高，因此在设计逻辑电路时，需要求出逻辑函数的最简表达式。

一个函数的最简表达式，根据变量之间运算关系的不同，分为最简与或式、最简与非-与非式、最简或与式、最简或非-或非式等。关于它们的定义如下。

最简与或式：是指乘积项最少，每个乘积项中变量的个数也最少的与或表达式，例如 $Y=A\overline{B}+\overline{A}C$。

最简与非-与非式：是指只有与非运算，同时非号个数最少，每个非号下面的乘积项中变量的个数也最少的逻辑表达式，例如 $Y=\overline{\overline{A\overline{B}}\cdot\overline{\overline{A}C}}$。

最简或与式：是指先进行或运算，再进行与运算，同时与运算的次数最少，或运算中变量的个数也最少的逻辑表达式，例如 $Y=(A+C)(\overline{A}+\overline{B})$。

最简或非-或非式：是指只有或非运算，同时非号个数最少，每个非号下面的或运算中变量的个数也最少的逻辑表达式，例如 $Y=\overline{\overline{A+C}+\overline{\overline{A}+\overline{B}}}$。

注：以上运算中不包括单个变量上面的非号，因为已将其当作反变量。

在以上最简表达式中，最简与或式是核心，因为可以由它转换为其他最简表达式。

【例 1-13】 求逻辑函数 $F(A,B,C)=A\overline{B}C+AB\overline{C}+\overline{A}B+\overline{B}C$ 的最简表达式。

解 先求出最简与或式

$$F(A,B,C)=A\overline{B}C+AB\overline{C}+\overline{A}B+\overline{B}C=\overline{B}C(A+1)+B(A\overline{C}+\overline{A})$$

$$=\overline{B}C+B(\overline{C}+\overline{A})=\overline{B}C+B\overline{C}+B\overline{A}$$

将最简与或式取两次反，去掉下面的反号，得到最简与非-与非式

$$F(A,B,C)=\overline{\overline{\overline{B}C+B\overline{C}+B\overline{A}}}=\overline{\overline{\overline{B}C}\cdot\overline{B\overline{C}}\cdot\overline{B\overline{A}}}$$

将最简与非-与非式中大反号下面的函数式化简，再去掉大反号，可得到最简或与式

$$F(A,B,C)=\overline{\overline{\overline{B}C}\cdot\overline{B\overline{C}}\cdot\overline{B\overline{A}}}=\overline{(B+\overline{C})\cdot(\overline{B}+C)\cdot(\overline{B}+A)}=\overline{BCA+\overline{B}\,\overline{C}}=(\overline{B}+\overline{C}+\overline{A})(B+C)$$

将最简或与式取两次反，去掉下面的反号，得到最简或非-或非式

$$F(A,B,C)=\overline{\overline{(\overline{B}+\overline{C}+\overline{A})(B+C)}}=\overline{\overline{\overline{B}+\overline{C}+\overline{A}}+\overline{B+C}}$$

3. 利用公式和定理化简逻辑函数

逻辑函数公式化简的原理就是反复使用逻辑代数的基本公式定理和常用公式，消去函数式中多余的乘积项和多余的因子，以求得函数式的最简形式。需要说明的是，同一个逻辑函数，有时候可能会有复杂程度相同的多个最简表达式，这和化简时所使用的方法有关。公式化简法没有固定的步骤，现将经常使用的方法归纳如下。

1）并项法

运用公式：$AB+A\overline{B}=A$。

【例 1-14】 试用并项法化简下列逻辑函数。

$$Y_1=A\overline{\overline{B}CD}+A\overline{B}CD$$

$$Y_2=A\overline{B}+ACD+\overline{A}\,\overline{B}+\overline{A}CD$$

解 $Y_1=A\overline{\overline{B}CD}+A\overline{B}CD=A(\overline{\overline{B}CD}+\overline{B}CD)=A$

$$Y_2=A\overline{B}+ACD+\overline{A}\,\overline{B}+\overline{A}CD=A(\overline{B}+CD)+\overline{A}(\overline{B}+CD)=\overline{B}+CD$$

2）吸收法

运用公式：$A+AB=A$。

【例 1-15】 试用吸收法化简下列逻辑函数。

$$Y_1=(\overline{\overline{A}B}+C)ABD+AD$$

$$Y_2=AB+AB\overline{C}+ABD+AB(\overline{C}+\overline{D})$$

解 $Y_1=(\overline{\overline{A}B}+C)ABD+AD=AD(\overline{\overline{A}B}+C)B+AD=AD$

$$Y_2 = AB + AB\overline{C} + ABD + AB(\overline{C} + \overline{D}) = AB(1 + \overline{C} + D + \overline{C} + \overline{D}) = AB$$

3）消项法

运用公式：$AB + \overline{A}C + BC = AB + \overline{A}C$。

【例 1-16】 试用消项法化简下列逻辑函数。

$$Y_1 = AC + \overline{A}\,\overline{B} + \overline{B + \overline{C}}$$

$$Y_2 = A\overline{B}C\overline{D} + \overline{A}E + BE + C\overline{D}E$$

解 $Y_1 = AC + \overline{A}\,\overline{B} + \overline{B + \overline{C}} = AC + \overline{A}\,\overline{B} + \overline{B}C = AC + \overline{A}\,\overline{B}$

$$\begin{aligned}
Y_2 &= A\overline{B}C\overline{D} + \overline{A}E + BE + C\overline{D}E \\
&= A\overline{B}C\overline{D} + (\overline{A} + B)E + C\overline{D}E \\
&= A\overline{B}C\overline{D} + \overline{A\overline{B}}E + C\overline{D}E \\
&= A\overline{B}C\overline{D} + \overline{A\overline{B}}E \\
&= A\overline{B}C\overline{D} + (\overline{A} + B)E \\
&= A\overline{B}C\overline{D} + \overline{A}E + BE
\end{aligned}$$

4）消因子法

运用公式：$A + \overline{A}B = A + B$。

【例 1-17】 试用消因子法化简下列逻辑函数。

$$Y_1 = \overline{AB} + AC + BD$$

$$Y_2 = A + \overline{A}CD + \overline{A}B\overline{C}$$

解
$$\begin{aligned}
Y_1 &= \overline{AB} + AC + BD \\
&= \overline{A} + \overline{B} + AC + BD \\
&= (\overline{A} + AC) + (\overline{B} + BD) \\
&= \overline{A} + C + \overline{B} + D
\end{aligned}$$

$$Y_2 = A + \overline{A}CD + \overline{A}B\overline{C} = A + CD + \overline{A}B\overline{C} = A + B\overline{C} + CD$$

5）配项法

运用公式 $A + A = A$、$A + \overline{A} = 1$ 及 $AB + \overline{A}C + BC = AB + \overline{A}C$，适当配项，从而达到进一步化简的目的。

【例 1-18】 试化简下列逻辑函数。

$$Y_1 = \overline{A}B\overline{C} + \overline{A}BC + ABC$$

$$Y_2 = A\overline{B} + \overline{A}B + B\overline{C} + \overline{B}C$$

$$Y_3 = \overline{A}B + B\overline{C} + \overline{B}C + AC$$

解
$$\begin{aligned}
Y_1 &= \overline{A}B\overline{C} + \overline{A}BC + ABC \\
&= \overline{A}B\overline{C} + \overline{A}BC + \underline{\overline{A}BC} + ABC \\
&= \overline{A}B(\overline{C} + C) + BC(\overline{A} + A) \\
&= \overline{A}B + BC
\end{aligned}$$

$$
\begin{aligned}
Y_2 &= A\overline{B} + \overline{A}B + B\overline{C} + \overline{B}C \\
&= A\overline{B} + \overline{A}B\underline{(C + \overline{C})} + B\overline{C} + \underline{(A + \overline{A})}\overline{B}C \\
&= A\overline{B} + \overline{A}BC + \overline{A}B\overline{C} + B\overline{C} + A\overline{B}C + \overline{A}\,\overline{B}C \\
&= A\overline{B}(1 + C) + B\overline{C}(\overline{A} + 1) + \overline{A}C(B + \overline{B}) \\
&= A\overline{B} + B\overline{C} + \overline{A}C
\end{aligned}
$$

$$
\begin{aligned}
Y_3 &= \overline{A}B + B\overline{C} + \overline{B}C + AC \\
&= \overline{A}B + AC + B\overline{C} + \overline{B}C \\
&= \overline{A}B + AC + \underline{BC} + B\overline{C} + \overline{B}C \\
&= \overline{A}B + AC + B + \overline{B}C \\
&= AC + B + C \\
&= B + C
\end{aligned}
$$

在化简复杂的逻辑函数时，往往需要交替综合运用上述方法，才能得到最后的化简结果。而且，能否较快地获得满意结果，与对逻辑代数公式、定理的熟悉程度和运算技巧有关。

【例 1-19】 试化简以下逻辑函数。

$$Y = AD + A\overline{D} + AB + \overline{A}C + BD + ACEG + \overline{B}EG + DEGH$$

解

$$
\begin{aligned}
Y &= AD + A\overline{D} + AB + \overline{A}C + BD + ACEG + \overline{B}EG + DEGH \\
&= A + \overline{A}C + BD + \overline{B}EG + DEGH \\
&= A + C + BD + \overline{B}EG + \underline{DEG} + DEGH \\
&= A + C + BD + \overline{B}EG + DEG \\
&= A + C + BD + \overline{B}EG
\end{aligned}
$$

4．卡诺图的构成

卡诺图是一种平面方格图，每个小方格代表一个最小项，故又称为最小项方格图。显然：

1 个变量逻辑函数的卡诺图有 2 个最小项，就有 2 个方格；

2 个变量逻辑函数的卡诺图有 4 个最小项，就有 4 个方格；

3 个变量逻辑函数的卡诺图有 8 个最小项，就有 8 个方格；

n 个变量逻辑函数的卡诺图有 2^n 个最小项，就有 2^n 个方格。

图 1-14 所示为 1～5 个变量的逻辑函数的卡诺图。

画卡诺图时，首先应根据变量的个数确定卡诺图的规模，设定变量的排列顺序，然后在相应的行列前面按格雷码的顺序排列变量的取值。例如 5 个变量的卡诺图，应画 32 个格式，即 4 行 8 列，行由 A、B 变量控制，列由 C、D、E 变量控制，行的左端 A、B 变量的取值按格雷码的顺序排列为 00、01、11、10，列的顶端 C、D、E 变量的取值按格雷码的顺序排列为 000、001、011、010、110、111、101、100，卡诺图中每一个格子根据其变量的取值对应一个最小项，如图 1-14（e）所示。

卡诺图的特点是利用卡诺图中变量最小项在几何位置上的相邻关系表示最小项在逻辑上的相邻关系。卡诺图中，凡是几何相邻的最小项，它们在逻辑上也都是相邻的。之所以采用格雷码，就是为了保证几何相邻即逻辑相邻这个特点。

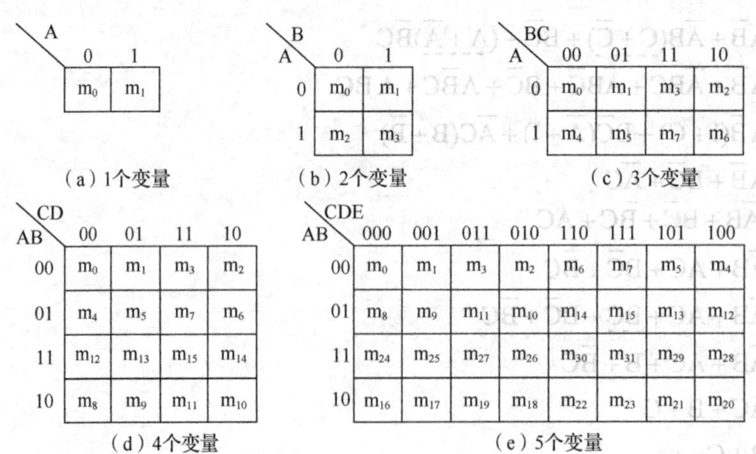

（a）1个变量

A	0	1
	m_0	m_1

（b）2个变量

A \ B	0	1
0	m_0	m_1
1	m_2	m_3

（c）3个变量

A \ BC	00	01	11	10
0	m_0	m_1	m_3	m_2
1	m_4	m_5	m_7	m_6

（d）4个变量

AB \ CD	00	01	11	10
00	m_0	m_1	m_3	m_2
01	m_4	m_5	m_7	m_6
11	m_{12}	m_{13}	m_{15}	m_{14}
10	m_8	m_9	m_{11}	m_{10}

（e）5个变量

AB \ CDE	000	001	011	010	110	111	101	100
00	m_0	m_1	m_3	m_2	m_6	m_7	m_5	m_4
01	m_8	m_9	m_{11}	m_{10}	m_{14}	m_{15}	m_{13}	m_{12}
11	m_{24}	m_{25}	m_{27}	m_{26}	m_{30}	m_{31}	m_{29}	m_{28}
10	m_{16}	m_{17}	m_{19}	m_{18}	m_{22}	m_{23}	m_{21}	m_{20}

图 1-14 1~5 个变量的逻辑函数卡诺图

所谓几何相邻指的是以下 3 种情况。

① 相接，也就是紧挨着的最小项方格。凡是紧挨着的最小项，都是几何相邻。例如图 1-15 中的 m_2 和 m_6、m_{15} 和 m_{31} 最小项。

② 相对，也就是行列两头的最小项。凡是行、列两头相对的最小项，都是几何相邻。例如图 1-15 中的 m_1 和 m_{17}、m_{24} 和 m_{28} 最小项。

③ 相重，指的是卡诺图对折后位置重合的最小项。凡是具有这一特征的最小项，也都是几何相邻。例如图 1-15 中的 m_1 和 m_5、m_{11} 和 m_{15} 最小项。

所谓逻辑相邻指的是两个最小项中，只有一个变量形式不同，其余都相同。例如 3 个变量的最小项 $A\overline{B}\,\overline{C}$ 和 $AB\overline{C}$，这两个最小项只有 B 变量的形式不同，其余都相同，那么它们是逻辑相邻的。凡是逻辑相邻的最小项都可以合并起来，消去变量，例如 $A\overline{B}\,\overline{C}+AB\overline{C}=A\overline{C}$，消去了 B 变量。

AB \ CDE	000	001	011	010	110	111	101	100
00		m_1		m_2	m_6		m_5	
01			m_{11}			m_{15}		
11	m_{24}					m_{31}		m_{28}
10		m_{17}						

图 1-15 最小项的几个相邻性

在图 1-15 中：

m_2 和 m_6，即 $\overline{A}\,\overline{B}\,\overline{C}D\overline{E}$ 和 $\overline{A}\,\overline{B}CD\overline{E}$ 最小项，它们是逻辑相邻的；

m_{24} 和 m_{28}，即 $AB\overline{C}\,\overline{D}\,\overline{E}$ 和 $ABC\overline{D}\,\overline{E}$ 最小项，它们是逻辑相邻的；

m_{11} 和 m_{15}，即 $\overline{A}B\overline{C}DE$ 和 $\overline{A}BCDE$ 最小项，它们也是逻辑相邻的。

显然，卡诺图中几何相邻的最小项一定逻辑相邻，而逻辑相邻最小项能够合并起来消去变量。因此，几何相邻的最小项可以合并起来消去变量，这就是卡诺图的化简作用。

卡诺图最大的缺点，就是当函数变量多于 6 个时，不仅画起来非常麻烦，而且其优点也不再显现，已无实用价值。

5. 用卡诺图表示逻辑函数

用卡诺图表示逻辑函数时，可在函数与或表达式或者真值表的基础上，按以下步骤进行。

（1）根据逻辑函数中变量的个数画出卡诺图的方格，分配好变量，并按格雷码顺序在行顶端及列左端处写出变量的取值。

（2）将表达式中每一个乘积项所包含的最小项在卡诺图中相应的最小项位置填 1，剩下的填 0 或不填，可得到函数的卡诺图。如果利用真值表画卡诺图，则将真值表中输出值为 1 的最小项在卡诺图中相应的最小项位置填 1，其余的填 0 或不填。

【例 1-20】　画出表 1-13 所示的真值表对应的卡诺图。

解　由于真值表中的每一行变量取值对应一个最小项，因此直接将真值表中的输出值填入卡诺图即可，如图 1-16 所示。

表 1-13　　　　函数真值表

A	B	C	Y
0	0	0	1
0	0	1	1
0	1	0	0
0	1	1	1
1	0	0	0
1	0	1	1
1	1	0	1
1	1	1	0

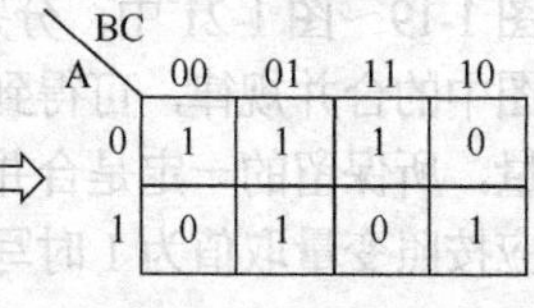

A \ BC	00	01	11	10
0	1	1	1	0
1	0	1	0	1

图 1-16　例 1-20 的卡诺图

【例 1-21】　画出函数 $F(A,B,C)=\overline{A}\,\overline{B}C+\overline{A}BC+AB\overline{C}+ABC$ 的卡诺图。

解　（1）首先画出 3 变量逻辑函数的卡诺图方格。

（2）将表达式中所包含的最小项填入卡诺图中。由于函数表达式是标准与或式，即

$$F(A,B,C)=\overline{A}\,\overline{B}C+\overline{A}BC+AB\overline{C}+ABC$$
$$=m_1+m_3+m_6+m_7$$

则在卡诺图中的 m_1、m_3、m_6、m_7 位置填 1，其余填 0，即可得到函数的卡诺图，如图 1-17 所示。

【例 1-22】　画出函数 $F(A,B,C,D)=ABCD+\overline{A}\,\overline{C}D+C\overline{D}+\overline{B}CD+B\overline{C}$ 的卡诺图。

解　（1）首先画出 4 变量逻辑函数的卡诺图方格。

（2）将表达式中所包含的最小项填入卡诺图中。由于函数表达式是一般与或式，因此应分别找出表达式中每一个乘积项所包含的所有最小项。

乘积项 $ABCD$：在 ABCD 值为 1111 的方格中填 1，即 m_{15}；

乘积项 $\overline{A}\,\overline{C}D$：在 A=0、CD=01 的对应方格中填 1，即 m_1、m_5；

乘积项 $C\overline{D}$：在 CD=10 的对应方格中填 1，即 m_2、m_6、m_{14}、m_{10}；

乘积项 $\overline{B}CD$：在 B=0、CD=11 的对应方格中填 1，即 m_3、m_{11}；

乘积项 $B\overline{C}$：在 B=1、C=0 的对应方格中填 1，即 m_4、m_5、m_{12}、m_{13}。

其余的格子填 0 或不填，结果如图 1-18 所示。

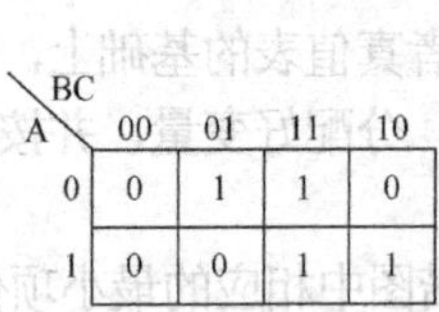

BC
A
00 01 11 10
0 0 1 1 0
1 0 0 1 1

图 1-17　例 1-21 的卡诺图

CD
AB
00 01 11 10
00 1 1 1
01 1 1 1
11 1 1 1 1
10 1 1

图 1-18　例 1-22 的卡诺图

6. 利用卡诺图化简逻辑函数

在变量卡诺图中，凡是逻辑相邻的最小项均可合并，合并时可消去有关变量。总结起来有如下规律：

2 个最小项合并成一项时，可消去 1 个变量；

4 个最小项合并成一项时，可消去 2 个变量；

8 个最小项合并成一项时，可消去 3 个变量；

即 2^n 个最小项合并成一项时，可消去 n 个变量。

图 1-19～图 1-21 中，分别画出了 2 个、4 个、8 个最小项合并成一项的合并情况。通过仔细观察图中的合并规律，可得到：合并后所消去的变量一定是那些在合并包围圈中变量取值不一致的变量，所保留的一定是合并包围圈中变量取值一致的变量。在书写合并包围圈所对应的表达式时，应按照变量取值为 1 时写成原变量、变量取值为 0 时写成反变量的规则书写。

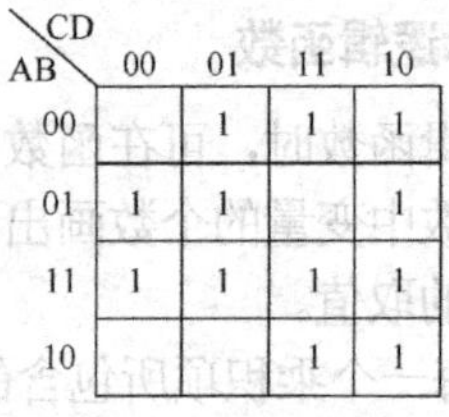

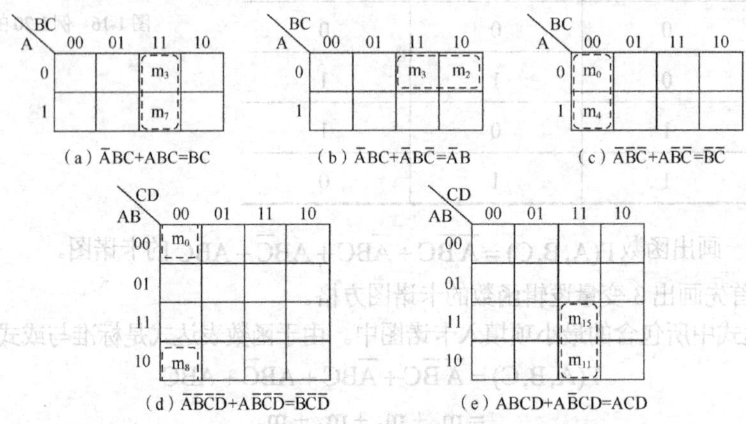

（a）$\overline{A}BC+ABC=BC$　（b）$\overline{A}BC+\overline{A}B\overline{C}=\overline{A}B$　（c）$\overline{A}\overline{B}\overline{C}+A\overline{B}\overline{C}=\overline{B}\overline{C}$

（d）$\overline{A}\overline{B}\overline{C}\overline{D}+A\overline{B}\overline{C}\overline{D}=\overline{B}\overline{C}\overline{D}$　（e）$ABCD+A\overline{B}CD=ACD$

图 1-19　两个最小项的合并

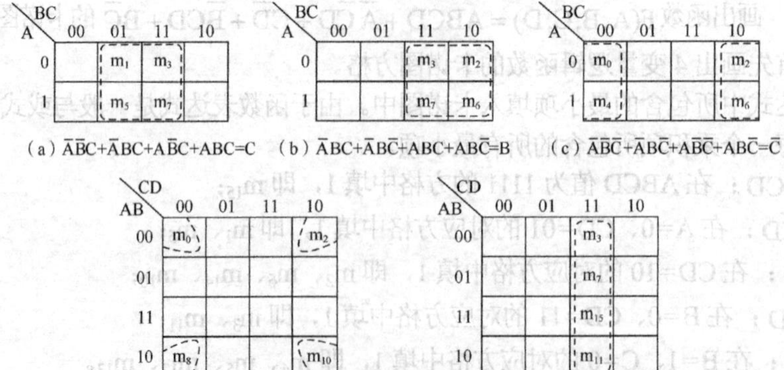

（a）$\overline{A}\overline{B}C+\overline{A}BC+A\overline{B}C+ABC=C$　（b）$\overline{A}BC+\overline{A}B\overline{C}+ABC+AB\overline{C}=B$　（c）$\overline{A}\overline{B}\overline{C}+\overline{A}B\overline{C}+A\overline{B}\overline{C}+AB\overline{C}=\overline{C}$

（d）$\overline{A}\overline{B}\overline{C}\overline{D}+\overline{A}\overline{B}C\overline{D}+A\overline{B}\overline{C}\overline{D}+A\overline{B}C\overline{D}=\overline{B}\overline{D}$　（e）$\overline{A}\overline{B}CD+\overline{A}BCD+ABCD+A\overline{B}CD=CD$

图 1-20　四个最小项的合并

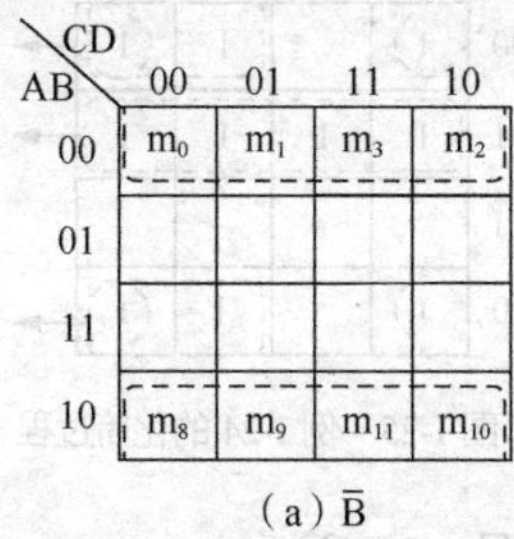

（a）$\overline{B}$

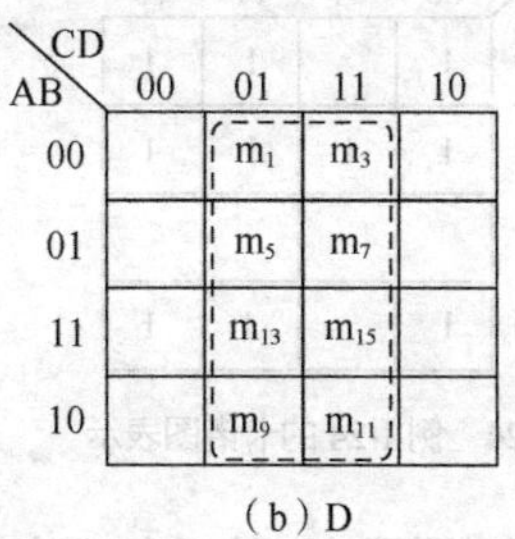

（b）D

图 1-21　八个最小项的合并

利用卡诺图化简逻辑函数的步骤如下：

（1）画出逻辑函数的卡诺图；

（2）为几何相邻的值为 1 的最小项画包围圈；

（3）写出每一个包围圈对应的乘积项表达式；

（4）将所有写出的乘积项表达式用“+”连接，写出最简与或式。

在上述步骤中，显然为最小项画包围圈是最重要的，在画包围圈时，应注意以下原则：

（1）包围圈中只能包围那些值为 1 的最小项，每个包围圈中只能包含 2^n 个最小项；

（2）包围圈应尽可能大，这样才能消去更多变量，使对应的乘积项表达式简单；

（3）包围圈的数量应尽可能少，这样才能使最终的表达式中或运算最少；

（4）最小项可重复被圈，但应保证每一个圈中至少有一个新的、未被包围的最小项；

（5）画完包围圈后，应反复检查，去掉多余的包围圈。为避免重复画圈，画包围圈时，应尽可能从只有较少合并方式的最小项圈起。

【例 1-23】　用卡诺图化简 $F = A\overline{B}C + \overline{A}\ \overline{C}D + \overline{B}CD + B\overline{C}$。

解　（1）画出逻辑函数的卡诺图，将乘积项 $A\overline{B}C$、$\overline{A}\ \overline{C}D$、$\overline{B}CD$、$B\overline{C}$ 所对应的最小项在卡诺图中填入 1，其余不填，如图 1-22 所示。

（2）在卡诺图中为几何相邻的最小项画包围圈，如图 1-23 所示。

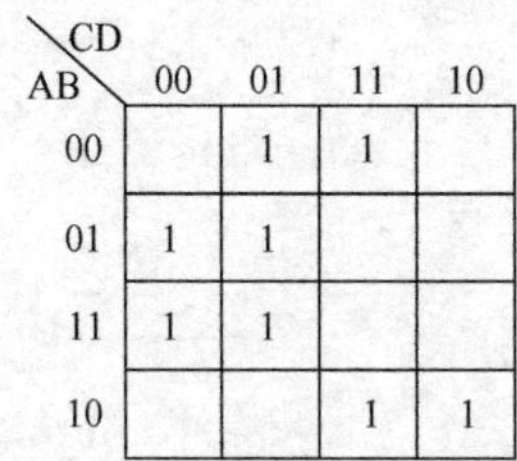

图 1-22　例 1-23 的卡诺图表示

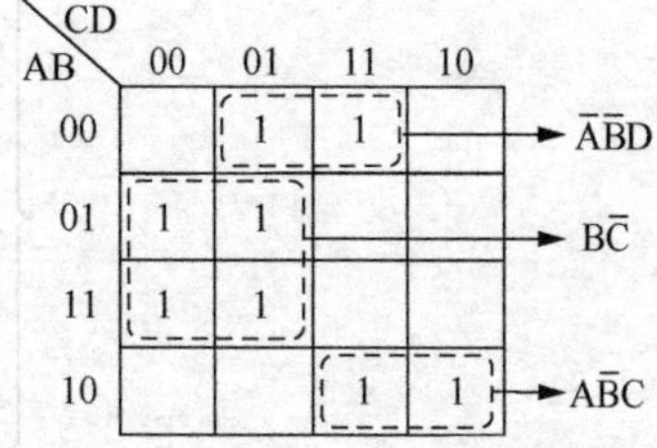

图 1-23　例 1-23 的化简过程

（3）写出每一个包围圈对应的乘积项表达式，如图 1-23 所示。

（4）将所有写出的乘积项表达式用“+”连接，写出最简与或式，化简结果是

$$F = \overline{A}\ \overline{B}D + B\overline{C} + A\overline{B}C$$

【例 1-24】　用卡诺图化简逻辑函数 $F(A,B,C,D) = \sum_m (0,2,3,4,5,6,7,8,10,11)$。

解　（1）画出 4 变量逻辑函数的卡诺图。由于该函数表达式为标准与或式，因此直接将表达式中的最小项填入卡诺图中，如图 1-24 所示。

（2）为几何相邻的最小项画包围圈，如图 1-25 所示。

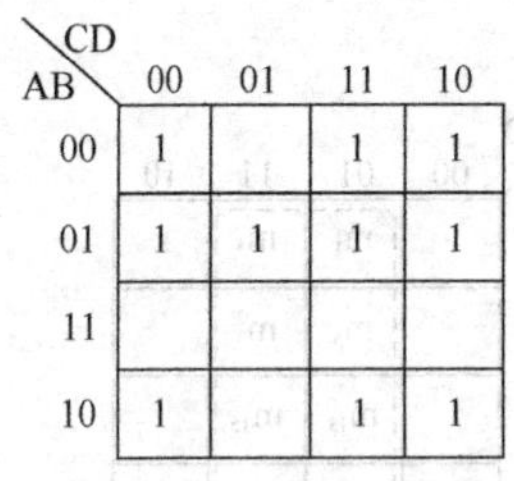

图 1-24　例 1-24 的卡诺图表示

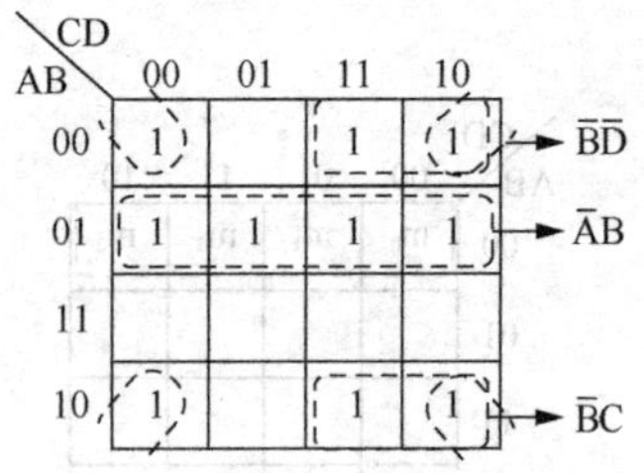

图 1-25　例 1-24 的化简过程

（3）写出每一个包围圈对应的乘积项表达式，如图 1-25 所示。

（4）写出最简与或式。由卡诺图可写出最简与或表达式为

$$F(A,B,C,D)=\overline{A}B+\overline{B}C+\overline{B}\,\overline{D}$$

7. 有无关项的逻辑函数的化简

1）逻辑函数的无关项

日常生活中许多具体的逻辑函数，输入变量的取值受一定条件限制，这种对输入变量取值所加的限制称为约束。

例如，用 3 个输入变量 A、B、C 分别表示电梯的上升、下降和停止这 3 种工作状态，并规定 A=1 表示电梯处在上升的工作状态，B=1 表示电梯处在下降的工作状态，C=1 表示电梯处在停止的工作状态。因电梯在任何时候只能处在一个特定的工作状态下，所以，不允许同时有两个或两个以上的输入变量为 1，即 ABC 的取值只能是 100、010、001 当中的某一种，而不能出现 000、011、101、110、111 中的任何一种，因此 A、B、C 是一组具有约束的变量。

在具有约束的逻辑关系中，不能出现的变量取值所对应的最小项称为约束项。在上例中，不能出现的变量取值有 000、011、101、110、111，则对应的约束项为 $\overline{A}\,\overline{B}\,\overline{C}$、$\overline{A}BC$、$A\overline{B}C$、$AB\overline{C}$、$ABC$。

在具有约束的逻辑函数中，通常用约束条件来描述约束的具体内容。由于每一个约束项对应的变量取值都是不能出现的，因此可用约束项恒等于 0 来表示约束条件。故上例中约束条件可写为

$$\begin{cases}\overline{A}\,\overline{B}\,\overline{C}=0\\ \overline{A}BC=0\\ A\overline{B}C=0\\ AB\overline{C}=0\\ ABC=0\end{cases}$$

或
$$\overline{A}\,\overline{B}\,\overline{C}+\overline{A}BC+A\overline{B}C+AB\overline{C}+ABC=0$$

或
$$\sum(0,3,5,6,7)=0$$

或
$$\sum\nolimits_{d}(0,3,5,6,7)$$

有时还会遇到某些最小项的取值是 1 或是 0，对逻辑函数最终的逻辑状态没有影响的情况，具有这种特性的最小项称为逻辑函数的任意项。

逻辑函数的约束项和任意项统称为无关项。无关项在真值表或卡诺图中用符号“×”来表示。

2）无关项在逻辑函数化简中的作用

当逻辑函数带有无关项时，因为无关项的值取“1”或是“0”对逻辑函数最终的逻辑状态没

有影响，所以，可根据需要选择合适的无关项，帮助逻辑函数进行化简。

对带无关项的逻辑函数进行化简时，可将合并到包围圈中的无关项视为 1，包围圈以外的无关项视为 0 进行化简。究竟把无关项视为 1 还是视为 0，应以得到的包围圈最大且包围圈个数最少为原则。下面举例说明带约束关系的逻辑函数式化简方法。

【例 1-25】 用卡诺图化简具有约束关系的逻辑函数$Y=\overline{A}\,\overline{B}\,\overline{C}\,\overline{D}+\overline{A}\,\overline{B}C\overline{D}+A\overline{B}\,\overline{C}\,\overline{D}$。已知约束条件为$AB\overline{C}\,\overline{D}+\overline{A}BC\overline{D}+A\overline{B}C\overline{D}=0$。

解 该逻辑函数的卡诺图如图 1-26 所示。按图 1-26 所示的圆圈合并最小项，可得最简与或式为

$$Y=\overline{B}\,\overline{C}\,\overline{D}+\overline{A}\,\overline{B}\,\overline{D}$$

利用无关项的性质，取无关项中的$A\overline{B}C\overline{D}$为 1，其余的两个无关项为 0，可得图 1-27 所示的卡诺图。按图 1-27 所示的包围圈合并最小项，则化简后的逻辑表达式为

$$\begin{cases}Y=\overline{B}\,\overline{D}\\ AB\overline{C}\,\overline{D}+\overline{A}BC\overline{D}+A\overline{B}C\overline{D}=0\end{cases}$$

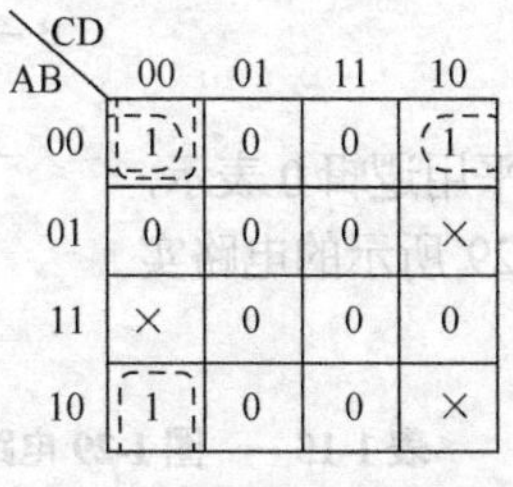

AB \ CD	00	01	11	10
00	1	0	0	1
01	0	0	0	×
11	×	0	0	0
10	1	0	0	×

图 1-26 仅包围最小项的卡诺图

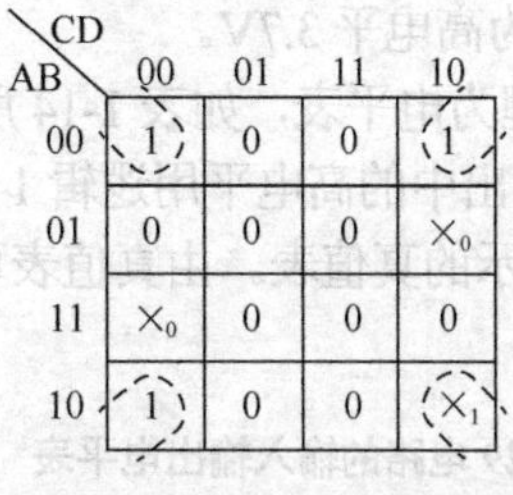

AB \ CD	00	01	11	10
00	1	0	0	1
01	0	0	0	$\times_0$
11	$\times_0$	0	0	0
10	1	0	0	$\times_1$

图 1-27 无关项确定后的卡诺图

由上面化简的过程可见，合理设置无关项的值对化简逻辑函数有帮助，有可能达到更为简单的结果。

【例 1-26】 用卡诺图化简具有约束关系的逻辑函数

$$Y(A,B,C,D)=\sum\nolimits_m(0,1,2,8,9)+\sum\nolimits_d(10,11,12,13,14,15)$$

解 该逻辑函数表达式中第 1 个求和号表示 5 个最小项的和，第 2 个求和号表示约束条件，对应的最小项为约束项。在卡诺图中最小项m_0、m_1、m_2、m_8、m_9的位置填“1”，约束项m_{10}、m_{11}、m_{12}、m_{13}、m_{14}、m_{15}在卡诺图中填“×”，如图 1-28 所示，按图中的包围圈合并最小项，可得最简与或式为

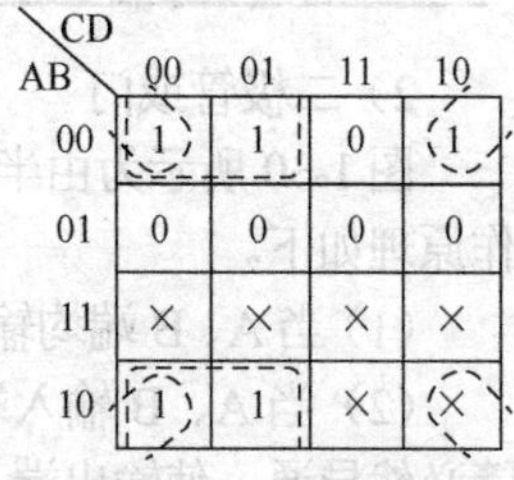

图 1-28 例 1-26 的卡诺图

$$\begin{cases}Y=(A,B,C,D)=\overline{B}\,\overline{C}+\overline{B}\,\overline{D}\\ \sum(10,11,12,13,14,15)=0\end{cases}$$

注意：图中最后两行虽然可以画一个包含 8 个最小项的包围圈，但这是多余的，因为最后两行的所有 1 已经被其他包围圈包围了。

1.3.4 逻辑门电路

前面介绍了与、或、非三种基本逻辑运算，以及与非、或非、异或、异或非等常用的复合逻辑运算。在数字系统中，能实现基本和常用逻辑运算的电子电路称为逻辑门电路。能实现与运算的逻辑门电路称为与门，能实现或运算的逻辑门电路称为或门，能实现非运算的逻辑门电路称为

非门或反相器。此外，还有与非门、或非门、异或门、异或非门等。

组成门电路的基本半导体元器件有二极管、三极管及金属氧化物半导体（Metal Oxide Semiconductor，MOS）管，它们在一定条件下均具有导通及截止两种状态，可实现电子开关的功能。本节简单介绍门电路的基本构成。

1．简单的分立元件门电路

1）二极管与门

由半导体二极管构成的与门电路如图 1-29 所示。电路中 A、B 为输入端，Y 为输出端。其工作原理如下。

（1）当 A、B 端均输入低电平 0V 时，两个二极管均正向导通，输出端 Y 的输出电压为二极管的正向导通压降 0.7V，此为低电平。

（2）当 A、B 输入端一个输入低电平 0V，另一个输入高电平 3V 时，输入低电平 0V 的二极管必然导通，使输出端 Y 的输出电压为低电平 0.7V。

（3）当 A、B 端均输入高电平 3V 时，两个二极管均正向导通，输出端 Y 的输出电压为高电平 3.7V。

上述关系可整理为电平表，如表 1-14 所示。

如果将输入、输出中的高电平用逻辑 1 表示，低电平用逻辑 0 表示，则可得到表 1-15 所示的真值表。由真值表可见，图 1-29 所示的电路实现了与逻辑关系。

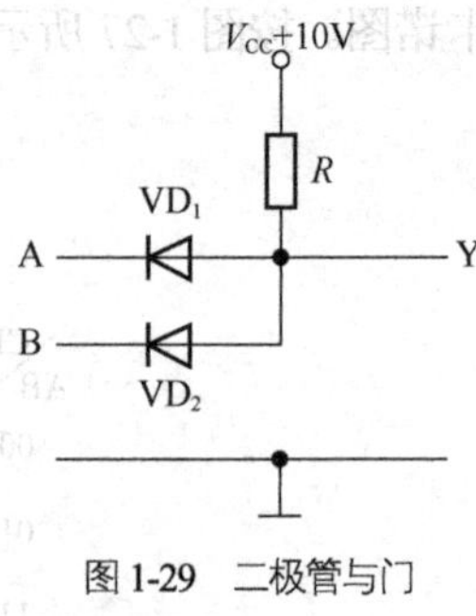

图 1-29　二极管与门

表 1-14　图 1-29 电路的输入输出电平表

输入 A	输入 B	输出 Y
0V	0V	0.7V
0V	3V	0.7V
3V	0V	0.7V
3V	3V	3.7V

表 1-15　图 1-29 电路的真值表

输入 A	输入 B	输出 Y
0	0	0
0	1	0
1	0	0
1	1	1

2）二极管或门

图 1-30 所示为由半导体二极管构成的或门电路。电路中 A、B 为输入端，Y 为输出端。其工作原理如下。

（1）当 A、B 端均输入低电平 0V 时，两个二极管均截止，输出端 Y 的输出电压为低电平 0V。

（2）当 A、B 输入端一个输入低电平 0V，另一个输入高电平 3V 时，输入高电平 3V 的二极管必然导通，使输出端 Y 的输出电压为高电平 2.3V。

（3）当 A、B 端均输入高电平 3V 时，两个二极管均正向导通，输出端 Y 的输出电压为高电平 2.3V。

上述关系可整理为电平表，见表 1-16。

如果将输入、输出中的高电平用逻辑 1 表示，低电平用逻辑 0 表示，则可得到表 1-17 所示的真值表。由真值表可见，图 1-30 所示的电路实现了或逻辑关系。

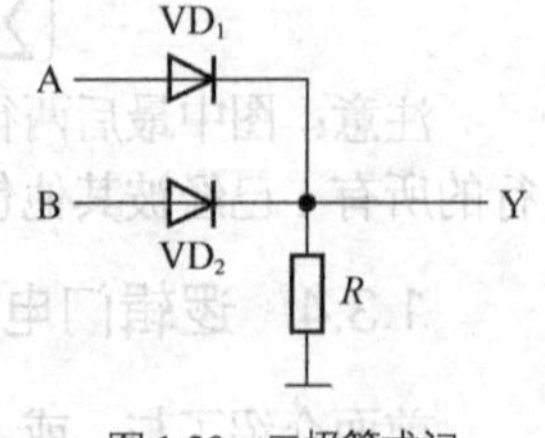

图 1-30　二极管或门

表 1-16 图 1-30 电路的输入输出电平表

输入 A	输入 B	输出 Y
0V	0V	0V
0V	3V	2.3V
3V	0V	2.3V
3V	3V	2.3V

表 1-17 图 1-30 电路的真值表

输入 A	输入 B	输出 Y
0	0	0
0	1	1
1	0	1
1	1	1

3）三极管非门（反相器）

图 1-31 所示为由三极管构成的非门电路。图中 A 为信号输入端，Y 为输出端。其工作原理如下。

（1）当 A 端输入低电平 0V 时，三极管截止，$i_c \approx 0$，Y 端输出高电平 5V。

（2）当 A 端输入高电平 5V 时，三极管饱和导通，导通后 $V_{ce} \leqslant 0.3V$，故 Y 端输出低电平。

上述关系可整理为电平表，见表 1-18。

如果将输入、输出中的高电平用逻辑 1 表示，低电平用逻辑 0 表示，则可得到表 1-19 所示的真值表。由真值表可见，图 1-31 所示的电路实现了非逻辑关系。

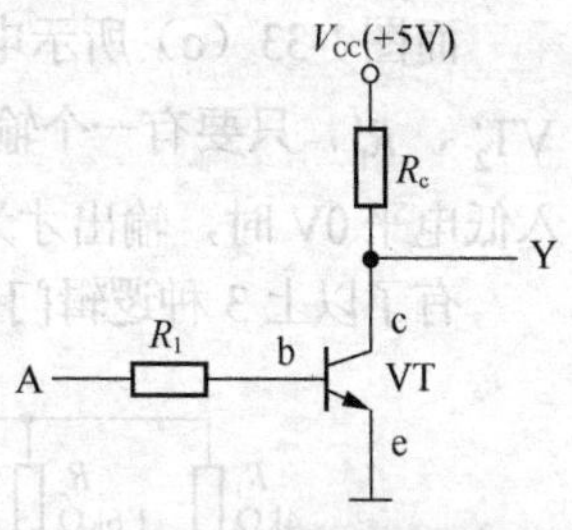

图 1-31 三极管反相器

表 1-18 图 1-31 电路的输入输出电平表

输入 A	输出 Y
0V	5V
5V	0.3V

表 1-19 图 1-31 电路的真值表

输入 A	输出 Y
0	1
1	0

4）MOS 三极管非门

图 1-32 所示为由 N 沟道 MOS 三极管非门构成的电路图。图中 A 为信号输入端，Y 为输出端。其工作原理如下。

（1）当 A 端输入低电平 0V 时，MOS 管截止，电流为 0，Y 端输出高电平 10V。

（2）当 A 端输入高电平 10V 时，MOS 管饱和导通，Y 端输出低电平。

显然，图 1-32 所示的电路实现了非逻辑关系。

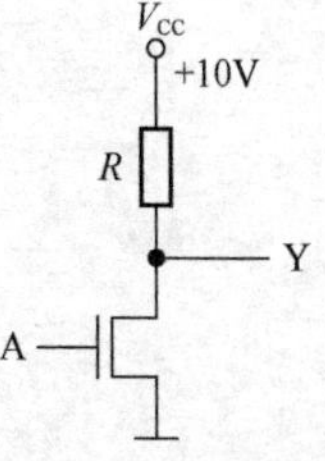

图 1-32 NMOS 反相器

2. TTL 集成门电路

集成门电路是指将构成门电路的元器件和连线都制作在一块半导体芯片上再封装起来的门电路芯片。

按集成度划分，集成门电路可分为小规模集成电路（SSI）、中规模集成电路（MSI）、大规模集成电路（LSI）、超大规模集成电路（VLSI）。

按构成集成门电路的主要元器件划分，可分为 TTL 集成门电路及 CMOS 集成门电路。

TTL 是晶体管—晶体管逻辑电路的简称。TTL 集成电路的输入级和输出级都采用半导体三极管。

图 1-33 所示为 TTL 反相器、TTL 与非门、TTL 或非门的典型电路图。

其中 TTL 反相器的工作原理如下。

（1）当输入端 A 输入低电平 0V 时，VT_1 的基极电流 i_{B1} 流入发射极，即由 A 端流出，因此 VT_2 的基极电流 i_{B2} 为 0，VT_2 截止，因而 VT_4 的基极也无电流，VT_4 也截止，而此时 VT_3 和二极管 VD 导通，输出端 Y 输出高电平 3.6V。

（2）当输入端 A 输入高电平 3.6V 时，VT_1 倒置（即发射极和集电极颠倒），i_{b1} 流入 VT_2 基极，使 VT_2 饱和导通，进而使 VT_4 饱和导通，而 VT_3 和 VD 将截止。由于 VT_4 饱和导通，从而使输入端 Y 输出≤0.3V 的低电平。

从以上分析可看出图 1-33（a）所示的电路实现了反相器功能。

不难分析，图 1-33（b）所示电路中，VT_1 使用多发射极三极管，只要有一个输入端输入低电平 0V，就会输出高电平 3.6V，只有所有输入端都输入高电平 3.6V，VT_4 才饱和导通，输出低电平。因而电路具有了与非逻辑功能。

而图 1-33（c）所示电路中，两个输入端分别各自拥有 VD_1、VT_1、VT_2、R_1 和 VD_1'、VT_1'、VT_2'、R_1'，只要有一个输入端输入高电平，VT_4 就能导通，输出低电平，只有当所有输入端均输入低电平 0V 时，输出才为高电平。因而电路具有或非逻辑功能。

有了以上 3 种逻辑门电路，不难组合得到与门、或门、异或门等其他逻辑门电路。

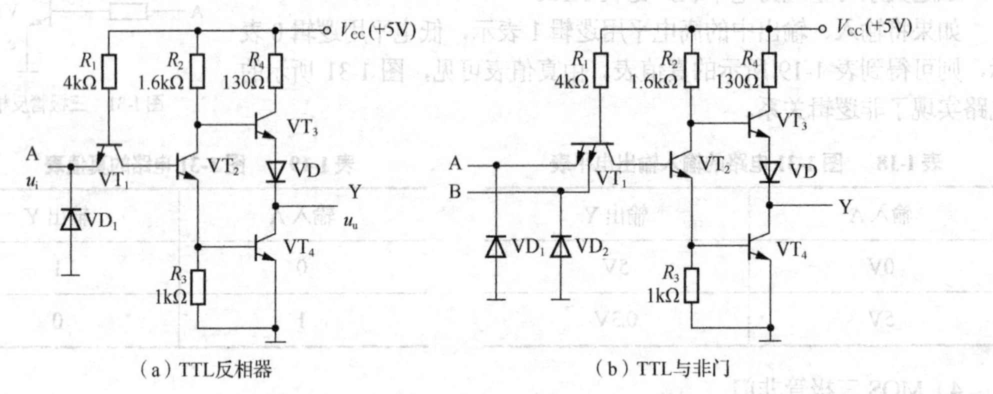

（a）TTL反相器　　（b）TTL与非门

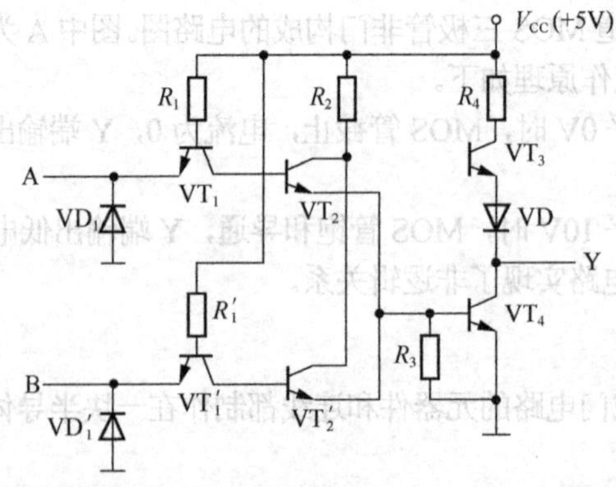

（c）TTL或非门

图 1-33　TTL 反相器、与非门、或非门电路图

3. CMOS 集成门电路

CMOS 集成电路中的基本逻辑单元是 PMOS 管和 NMOS 管，它们按互补对称的形式连接起

来，因而称为CMOS。

图1-34所示为CMOS非门（反相器）的典型电路图，电路中V_{CC}接+5V。电路由一个PMOS晶体管（VT_1）和一个NMOS晶体管（VT_2）互补连接组成。其工作原理如下。

（1）当u_A=0V（低电平）时，VT_1导通，VT_2截止，于是$u_Y=V_{CC}$=5V（高电平）。

（2）当u_A=5V（高电平）时，VT_1截止，VT_2导通，于是u_Y=0V（低电平）。

显然，图1-34所示电路实现了非门逻辑功能。

图1-35所示为CMOS与非门电路图。图中VT_1、VT_2为PMOS晶体管，VT_3、VT_4为NMOS晶体管。通过电路分析不难得到表1-20所示的在不同输入下4个晶体管开关状态及电路的输出值。可看出，该电路实现了与非逻辑功能。

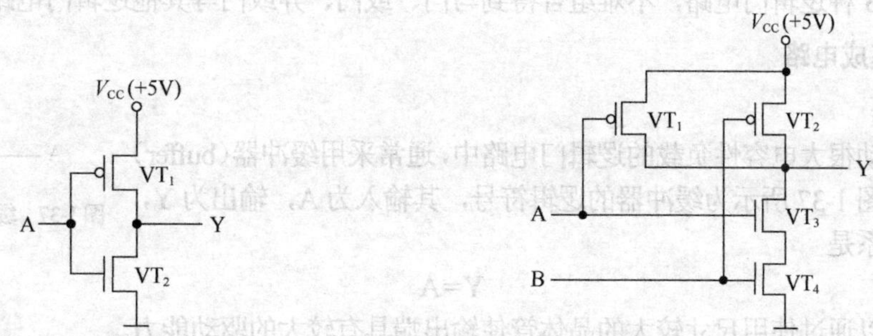

图1-34 CMOS非门电路

图1-35 CMOS与非门电路

表1-20 图1-35所示电路的晶体管状态和真值表

输入		晶体管状态				输出
A	B	VT_1	VT_2	VT_3	VT_4	Y
0	0	on	on	off	off	1
0	1	on	off	off	on	1
1	0	off	on	on	off	1
1	1	off	off	on	on	0

注：表中on表示晶体管导通；off表示晶体管截止。

图1-36所示为CMOS或非门电路图。图中VT_1、VT_2为PMOS晶体管，VT_3、VT_4为NMOS晶体管。通过电路分析不难得到表1-21所示的在不同输入下4个晶体管开关状态及电路的输出值。可看出，该电路实现了或非逻辑功能。

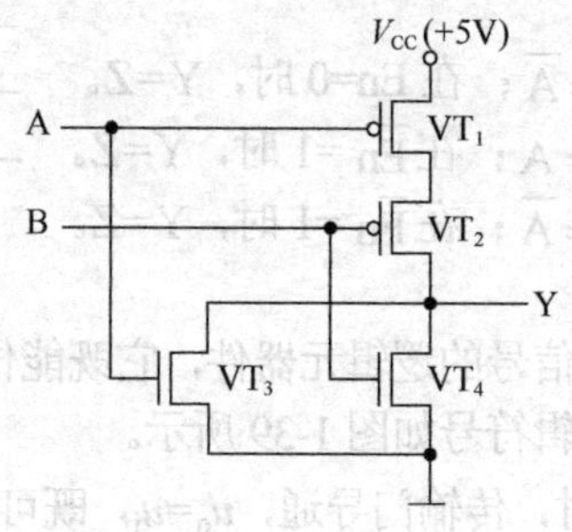

图1-36 CMOS或非门电路

表 1-21　　图 1-36 所示电路的晶体管状态和真值表

输入		晶体管状态				输出
A	B	VT_1	VT_2	VT_3	VT_4	Y
0	0	on	on	off	off	1
0	1	on	off	off	on	0
1	0	off	on	on	off	0
1	1	off	off	on	on	0

注：表中 on 表示晶体管导通；off 表示晶体管截止。

有了以上 3 种逻辑门电路，不难组合得到与门、或门、异或门等其他逻辑门电路。

4．其他集成电路

1）缓冲器

在必须驱动很大电容性负载的逻辑门电路中，通常采用缓冲器（buffer）来改善性能。图 1-37 所示为缓冲器的逻辑符号，其输入为 A，输出为 Y，实现的逻辑关系是

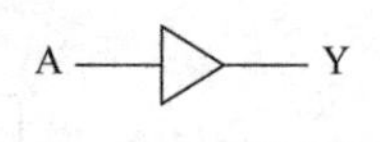

图 1-37　缓冲器的逻辑符号

$$Y=A$$

缓冲器可以通过使用尺寸较大的晶体管使输出端具有较大的驱动能力。

2）三态门

三态门又称三态缓冲器，是指除了能输出两种正常状态 0 和 1 外，还可输出第三种状态 Z（高阻态）的逻辑元器件。其中高阻态 Z 是不产生输出信号的一种状态。图 1-38 所示为 4 种不同类型的三态门的逻辑符号，其中 A 为信号输入端，Y 为输出端，En 为使能控制端。

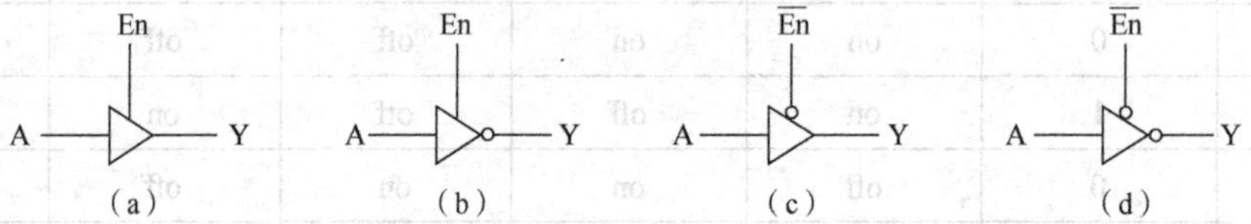

图 1-38　4 种类型的三态门

图中，输出端 Y 上带圆圈的表示反相输出，使能控制端 En 上带圆圈的表示输入信号低电平有效，即 $\overline{En}=0$ 时，三态门有输出。

图（a）中，在 En=1 时，$Y=A$；在 En=0 时，Y=Z。真值表如表 1-22 所示。

表 1-22　图 1-38（a）真值表

En	A	Y
0	0	Z
0	1	Z
1	0	0
1	1	1

图（b）中，在 En=1 时，$Y=\overline{A}$；在 En=0 时，Y=Z。

图（c）中，在 $\overline{En}=0$ 时，$Y=A$；在 $\overline{En}=1$ 时，Y=Z。

图（d）中，在 $\overline{En}=0$ 时，$Y=\overline{A}$；在 $\overline{En}=1$ 时，Y=Z。

3）传输门

传输门是一种能实现双向传输信号的逻辑元器件，它既能传输模拟信号，也能传输数字信号。传输门逻辑符号如图 1-39 所示。

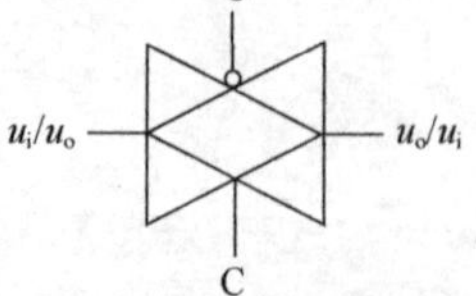

图 1-39　传输门逻辑符号

图中，当控制端 C=1，$\overline{C}=0$ 时，传输门导通，$u_o=u_i$，既可左边输入、右边输出，也可右边输入、左边输出；当控制端 C=0，$\overline{C}=1$ 时，传输门

截止，输入和输出之间是断开的。

4）具有施密特特性的门电路

普通门电路只有一个阈值电压，当输入信号从低到高上升到阈值电压或从高到低下降到阈值电压时，电路的状态将发生变化。而具有施密特特性的门电路，却有两个阈值电压，分别是上限阈值电压（u_{T+}）和下限阈值电压（u_{T-}）。图 1-40 所示为施密特反相器的逻辑符号，图 1-41 所示为该反相器的工作波形图。由图可以看到，当输入信号由低变高时，输入信号与上限阈值电压（u_{T+}）比较，高于 u_{T+}时，开始输出低电平；当输入信号由高变低时，输入信号与下限阈值电压（u_{T-}）比较，低于u_{T-}时，开始输出高电平。显然，施密特反相器与普通反相器相比，会出现输出信号变化滞后的现象。

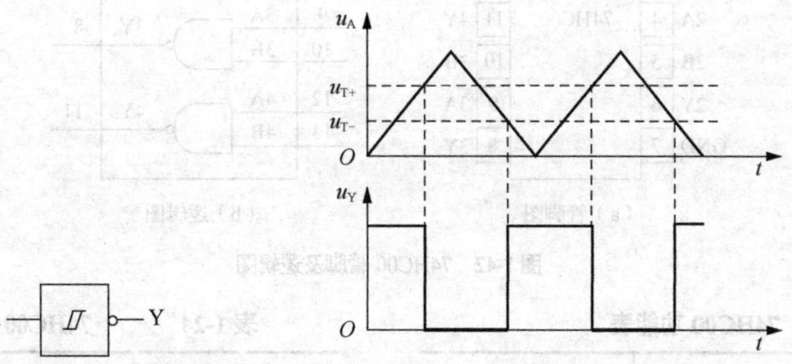

图 1-40 施密特反相器逻辑符号

图 1-41 施密特反相器工作波形

具有施密特特性的门电路的主要应用如下。

（1）波形变换：可将三角波、正弦波等变成矩形波。

（2）脉冲整形：由于矩形脉冲在传输过程中会发生波形畸变，可用施密特反相器整形后获得理想的矩形脉冲。

（3）幅值探测：当幅度不同的不规则脉冲信号输入施密特门电路时，能选择幅度大于预设值的脉冲信号进行输出。

5. 常用的集成门电路芯片

常用的集成门电路芯片中，以 74 系列的使用最为普遍。74 系列集成电路分为 TTL 及 CMOS 两大类。其中 74 系列 TTL 集成电路的工作电平为 5V，大致可分为以下 6 类：

① 74××（标准型）；

② 74S××（肖特基型）；

③ 74LS××（低功耗肖特基型）；

④ 74AS××（改进肖特基型）；

⑤ 74ALS××（改进低功耗肖特基型）；

⑥ 74F××（高速肖特基型）。

74 系列的高速 CMOS 电路可分为以下 3 类：

① 74HC××（带缓冲输出的高速 COMS 电路，使用 COMS 工作电平，为 2～6V）；

② 74HCT××（与 TTL 系列兼容的高速 CMOS 电路，使用 TTL 工作电平）；

③ 74HCU××（无缓冲级的高速 CMOS 电路，使用 CMOS 工作电平）。

这 9 种 74 系列产品，只要后边的标号相同，其逻辑功能和引脚排列就相同。根据不同的条件和要求可选择不同类型的 74 系列产品，比如电路的供电电压为 3V，就应选择 74HC 系列的产品。本书所介绍的集成电路芯片均为 74HC 系列。

下面介绍常用的 74HC 系列门电路的逻辑功能。

1）74HC00——2 输入与非门

74HC00 芯片有 4 个与非门，每个与非门有 2 个输入端。其管脚图与逻辑图如图 1-42 所示，其功能表见表 1-23。将功能表中低电平（L）用 0 表示，高电平（H）用 1 表示，该功能表可以转换成真值表，如表 1-24 所示。

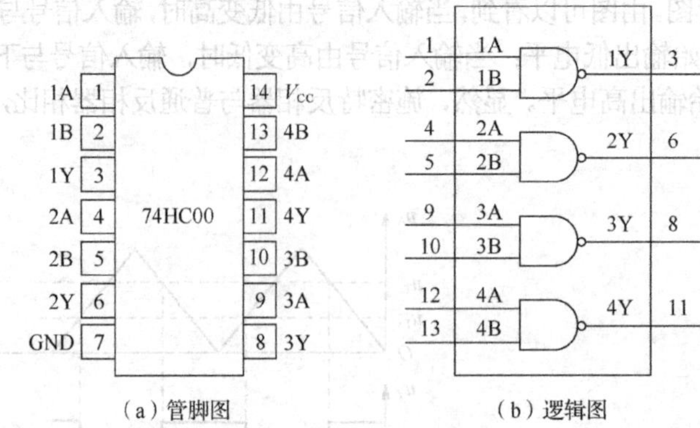

（a）管脚图　　（b）逻辑图

图 1-42　74HC00 管脚及逻辑图

表 1-23　74HC00 功能表

输入		输出
nA	nB	nY
L	L	H
L	H	H
H	L	H
H	H	L

注：H 为高电平，L 为低电平。

表 1-24　74HC00 真值表

输入		输出
nA	nB	nY
0	0	1
0	1	1
1	0	1
1	1	0

由此可看到，该芯片实现的是与非逻辑功能。

有关 74HC00 芯片的信息请扫描二维码阅读由芯片生产厂家提供的资料。

74HC00 datasheet

2）74HC02——2 输入或非门

74HC02 芯片的管脚图与逻辑图如图 1-43 所示，其功能表见表 1-25，对应真值表略。

（a）管脚图　　（b）逻辑图

图 1-43　74HC02 管脚及逻辑图

表 1-25 **74HC02 功能表**

输入		输出
nA	nB	nY
L	L	H
L	H	L
H	L	L
H	H	L

注：H 为高电平，L 为低电平。

有关 74HC02 芯片的信息请扫描二维码阅读由芯片生产厂家提供的资料。

74HC02 datasheet

3）74HC04——非门（六反相器）

74HC04 芯片的管脚图与逻辑图如图 1-44 所示，其功能表见表 1-26，对应真值表略。

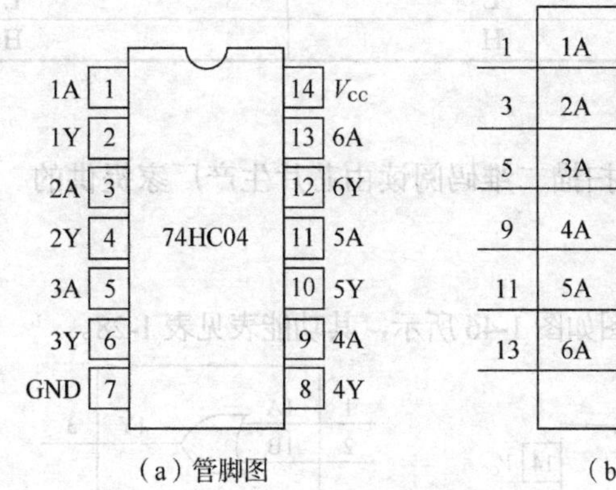

（a）管脚图 （b）逻辑图

图 1-44 74HC04 管脚及逻辑图

表 1-26 **74HC04 功能表**

输入	输出
nA	nY
L	H
H	L

注：H 为高电平，L 为低电平。

有关 74HC04 芯片的信息请扫描二维码阅读由芯片生产厂家提供的资料。

74HC04 datasheet

4）74HC08——2 输入与门

74HC08 芯片的管脚图与逻辑图如图 1-45 所示，其功能表见表 1-27。

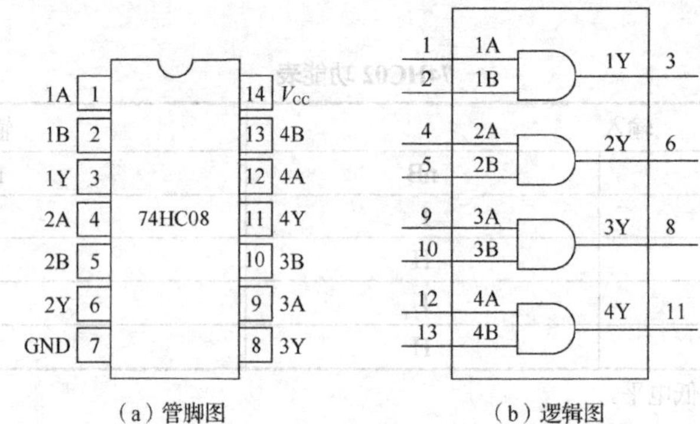

（a）管脚图　（b）逻辑图

图 1-45　74HC08 管脚及逻辑图

表 1-27　74HC08 功能表

输入		输出
nA	nB	nY
L	L	L
L	H	L
H	L	L
H	H	H

注：H 为高电平，L 为低电平。

有关 74HC08 芯片的信息请扫描二维码阅读由芯片生产厂家提供的资料。

5）74HC32——2 输入或门

74HC32 芯片的管脚图与逻辑图如图 1-46 所示，其功能表见表 1-28。

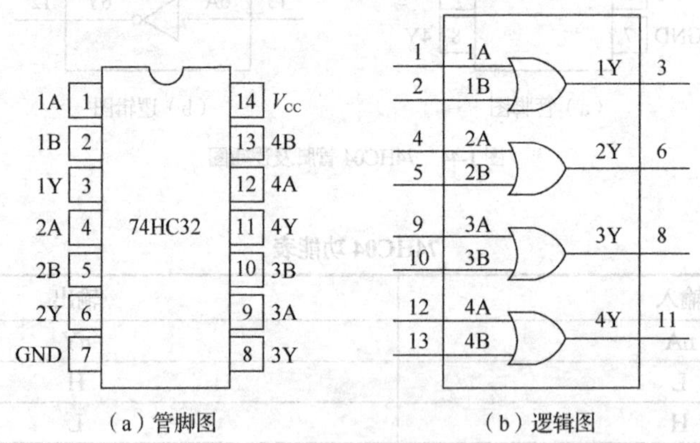

（a）管脚图　（b）逻辑图

图 1-46　74HC32 管脚及逻辑图

表 1-28　74HC32 功能表

输入		输出
nA	nB	nY
L	L	L
L	H	H
H	L	H
H	H	H

注：H为高电平，L为低电平。

有关 74HC32 芯片的信息请扫描二维码阅读由芯片生产厂家提供的资料。

74HC32 datasheet

6）74HC86——2 输入异或门

74HC86 芯片的管脚图与逻辑图如图 1-47 所示，其功能表见表 1-29。

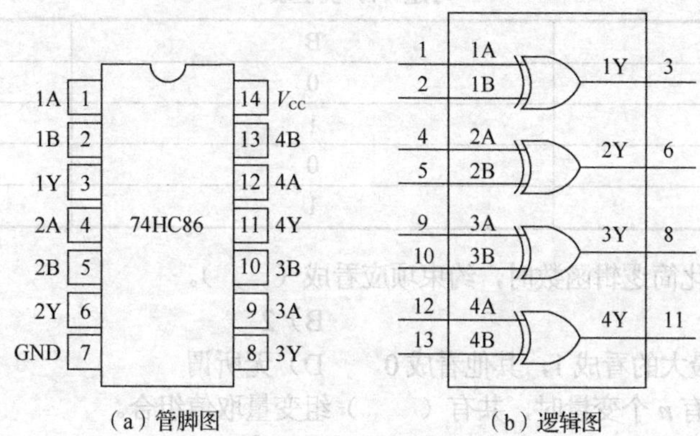

（a）管脚图 （b）逻辑图

图 1-47 74HC86 管脚及逻辑图

表 1-29 74HC86 功能表

输入		输出
nA	nB	nY
L	L	L
L	H	H
H	L	H
H	H	L

注：H 为高电平，L 为低电平。

有关 74HC86 芯片的信息请扫描二维码阅读由芯片生产厂家提供的资料。

74HC86 datasheet

习题

一、单选题

（1）以下代码中为位权码的是（　　）。

A）余 3 循环码　　B）5211 码　　C）余 3 码　　D）右移码

（2）一位八进制数可以用（　　）位二进制数来表示。

A）1　　B）2　　C）3　　D）4

（3）十进制数 43 用 8421BCD 码表示为（　　）。

A）10011　　B）0100 0011　　C）1000011　　D）101011

（4）A+BC=（　　）。

A）AB+AC　　B）ABC　　C）(A+B)(A+C)　　D）BC

（5）−7 的 4 位二进制补码数为（　　）。

A）0111　　B）1111　　C）1000　　D）1001

（6）在函数 F(A，B，C，D) = AB + CD 的真值表中，F=1 的状态有（　　）。

A）2 个　　B）4 个　　C）6 个　　D）7 个

（7）已知 2 输入逻辑变量 AB 和输出结果 Y 的真值表如表 1-30 所示，则 AB 的逻辑关系为（　　）。

A）同或　　B）异或　　C）与非　　D）或非

表 1-30　　习题（7）真值表

A	B	Y
0	0	0
0	1	1
1	0	1
1	1	0

（8）利用约束项化简逻辑函数时，约束项应看成（　　）。

A）1　　B）2

C）能使圈最大的看成 1，其他看成 0　　D）无所谓

（9）当逻辑函数有 *n* 个变量时，共有（　　）组变量取值组合。

A）n　　B）$2n$　　C）n^2　　D）2^n

（10）利用卡诺图化简逻辑函数时，8 个相邻的最小项可消去（　　）个变量。

A）1　　B）2　　C）3　　D）4

（11）将图 1-48 所示的卡诺图化简，应画（　　）个包围圈。

A）2　　B）3

C）4　　D）5

AB \ CD	00	01	11	10
00			1	
01	1	1	1	
11		1	1	1
10		1		

图 1-48　习题（11）卡诺图

（12）卡诺图中，变量的取值按（　　）规律排列。

A）ASCII 码　　B）8421BCD 码

C）余 3 码　　D）格雷码

（13）4 变量逻辑函数的真值表，表中的输入变量的取值应有（　　）种。

A）2　　B）4　　C）8　　D）16

（14）TTL 逻辑电路是以（　　）为基础的集成电路。

A）三极管　　B）二极管　　C）场效应管　　D）晶闸管

（15）CMOS 逻辑电路是以（　　）为基础的集成电路。

A）三极管　　B）NMOS 管　　C）PMOS 管　　D）NMOS 管和 PMOS 管

二、判断题

（1）十进制数$(64.5)_{10}$与十六进制数$(40.8)_{16}$等值。（　　）

（2）在任一输入为 1 的情况下，“或非”运算的结果是逻辑 0。（　　）

（3）逻辑变量的取值，1 比 0 大。（　　）

（4）4 位二进制数补码，1101 比 1100 大。（　　）

（5）4 位二进制数原码，1101 比 1100 大。（　　）

（6）如果 A+B=A+C，则 B=C。（　　）

（7）十进制数$(5)_{10}$比十六进制数$(5)_{16}$小。（　　）

（8）若两个逻辑函数具有不同的表达式，则两个逻辑函数必然不相等。（　　）

（9）若两个逻辑函数具有不同的真值表，则两个逻辑函数必然不相等。（　　）

（10）函数 F(A,B,C,D)中，最小项 $A\overline{B}CD$ 对应的最小项编号是 m_{13}。（　　）

三、填空题

（1）$135.625 = (\qquad\qquad)_2 = (\qquad)_8 = (\qquad)_{16}$

（2）$(10111001.11)_2 = (\qquad)_{10}$

（3）$94 = (\qquad\qquad)_{8421BCD}$

（4）德 · 摩根定理是：$\overline{A+B} =$ ____________

$\overline{A \cdot B} =$ ____________

异或的定义为：$A \oplus B =$ ________

同或的定义为：$A \odot B =$ ________

（5）逻辑表达式 $AB + A\overline{C}$ 对应的标准与或表达式是______。

（6）最简与或式 $AD + A\overline{C}$ 对应的最简与非-与非式是_____。

（7）函数 $Y = AB + \overline{A} \cdot \overline{B}$ 的反函数是______。

（8）某函数有 *n* 个变量，则共有______个最小项。

（9）当 ABCD 的值分别为 1100 时，表达式 $AD + A\overline{C} + BC$ 的运算值为______。

（10）当 ABCD 的值分别为 1100 时，表达式 $A \oplus B \oplus C \oplus D \oplus 1$ 的运算值为____。

四、综合题

（1）使用 8 位二进制补码数计算：

① 49+37　　　　② 56−103

（2）用公式法化简函数为最简与或式：

① $Y = A(\overline{A}C + BD + \overline{B}) + B(C + DE) + B\overline{C}$

② $Y = (AB + A\overline{B} + \overline{A}B)(A + B + D + \overline{A}\,\overline{B}\,\overline{D})$

③ $Y = AC + \overline{B}C + B\overline{D} + C\overline{D} + A(B + \overline{C}) + \overline{A}BC\overline{D} + A\overline{B}DE$

（3）用卡诺图将下列函数化简为最简与或式：

① $Y = A\overline{B}\,\overline{C}\,\overline{D} + \overline{A}B + \overline{A}\,\overline{B}\,\overline{D} + B\overline{C} + BCD$

② $F(A,B,C,D)=\sum_m (0,2,4,5,6,7,8,10,12,14)$

③ $F(A,B,C,D)=\sum_m (1,2,6,7,10,11)+\sum_d (3,4,5,13,15)$

（4）写出图 1-49 所示逻辑图的表达式，并列出真值表，写出标准与或式。

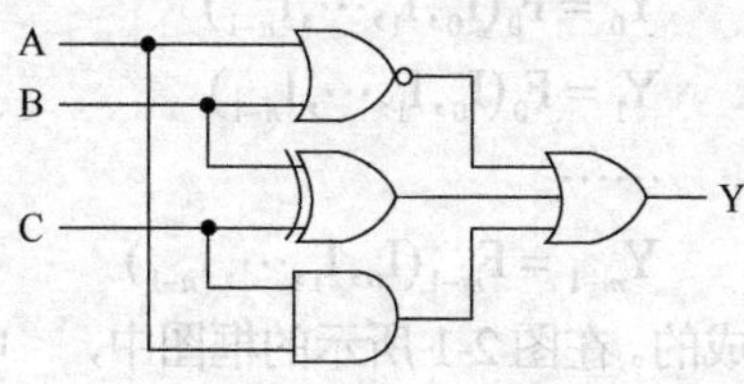

图 1-49　习题（4）逻辑图

（5）画出以下逻辑表达式对应的逻辑图（注意不要化简）。

$$Y = A\overline{B} + (A \oplus B)BC$$

第2章 组合逻辑电路

学习基础

第1章介绍了数字逻辑的基础知识，并介绍了逻辑代数以及逻辑函数的表示方法。在学习本章之前，应先掌握第1章的知识。

阅读指南

根据电路及逻辑功能特点的不同，数字逻辑电路分为两大类：一类叫作组合逻辑电路（简称组合电路）；另一类叫作时序逻辑电路（简称时序电路）。本章介绍组合电路的基本概念及常用组合电路。

2.1 节介绍组合电路的基本概念及逻辑功能表示方法。

2.2 节介绍组合电路的分析步骤及方法。

2.3 节介绍编码器、译码器、数据选择器、数值比较器、加法器等常用组合电路。

2.4 节介绍组合电路的设计步骤及方法。

2.5 节介绍组合电路时序分析的基本方法、竞争冒险的概念及解决方案。

2.1 概述

1. 组合逻辑电路的特点

组合逻辑电路的结构示意图如图2-1所示。图中，I_0、I_1、…、I_{n-1}是输入逻辑变量，Y_0、Y_1、…、Y_{m-1}是输出逻辑变量。输出变量与输入变量的逻辑关系可以用一组逻辑函数表示为

$$
\begin{aligned}
Y_0 &= F_0(I_0, I_1, \cdots, I_{n-1}) \\
Y_1 &= F_0(I_0, I_1, \cdots, I_{n-1}) \\
&\cdots\cdots \\
Y_{m-1} &= F_{m-1}(I_0, I_1, \cdots, I_{n-1})
\end{aligned}
$$

图2-1 组合逻辑电路结构示意图

组合电路是由各种逻辑门构成的。在图2-1所示的框图中，n个来自外部的输入信号，经过各种逻辑门进行信息处理，转换成了需要的输出信息，送到输出端。每一个输入或输出信号都是用高、低电平表示的二进制数据1或0。对于有n个输入变量的组合电路，一共有2^n种输入组合，每一种输入组合仅有一种可能的输出值与其相对应。

（1）逻辑功能上的特点。组合电路在逻辑功能上的特点是：任意时刻的电路输出，仅取决于

该时刻各个输入变量的取值，与电路原来的工作状态无关。

凡是符合以上特点的数字电路都是组合逻辑电路，这也是组合逻辑电路的定义。

显然，第 1 章中所介绍的逻辑函数均属于组合逻辑函数。

（2）电路结构上的特点。组合电路在电路结构上的特点是：电路中输出到输入之间无反馈连接；电路由逻辑门电路组成，不包含任何可以存储信息的具有记忆功能的逻辑元器件。

2．组合逻辑电路逻辑功能的表示方法

在第 1 章中已经介绍了逻辑函数功能的表示方法。描述组合逻辑电路的逻辑功能，同样有如下几种方法。

（1）逻辑表达式。逻辑表达式是指用与、或、非等逻辑运算符表示组合逻辑电路中各输入及输出信号之间的逻辑关系的代数式子。其书写简洁，可以方便地进行运算及表达式的变换，并可较容易地将逻辑关系转换成真值表或卡诺图，通过逻辑表达式还可直接画出电路的逻辑图。

（2）真值表。真值表将组合逻辑电路中输入信号的各种取值与对应的输出信号值通过表格的形式一一列出，直观地反映出了输入信号与输出信号之间的对应关系，有利于分析组合逻辑电路的功能。真值表可以直接转换成卡诺图及逻辑表达式（标准与或式）。真值表的主要缺点在于当输入信号数量较多时，列真值表会变得非常烦琐。

（3）卡诺图。卡诺图是逻辑函数中的最小项方格图。在卡诺图中，每一个方格都对应一种输入信号的取值组合，方格内的值为输出信号值。卡诺图用于逻辑表达式的化简。但卡诺图只适用于输入信号较少的组合逻辑电路，当输入信号数量大于 6 时，不能使用卡诺图进行表达式化简。

（4）逻辑图。逻辑图与实际电路最为接近，在进行组合逻辑电路的设计时，需要先画出逻辑图，然后再转化为实际电路图。逻辑图与逻辑表达式之间可以相互转换。

2.2 组合逻辑电路的分析

对于给定的组合逻辑电路，找出其输出与输入之间的逻辑关系的过程称为组合电路的分析。

2.2.1 组合逻辑电路的分析方法

1．分析的目的

逻辑电路分析的目的如下。

（1）确定电路的功能。

（2）在设计完成后，确定输入变量在不同取值下，功能是否能够满足设计要求。

（3）变换逻辑表达式，以便用不同的电路结构实现同一逻辑功能要求，或者得到最简的逻辑表达式以便简化电路。

（4）把表达式转换成标准形式，以便用电路实现。

（5）获得表示其功能的逻辑描述，以便在分析更大的包含此电路的逻辑系统时能利用此电路的逻辑描述。

2．分析方法

组合逻辑电路的分析步骤如下。

（1）根据给定的逻辑电路，写出输出函数的逻辑表达式。

（2）进行表达式的变换及化简。直接利用公式或定理对表达式进行变换，也可通过卡诺图的方法进行化简。

（3）根据表达式列出真值表。真值表能直接反映出输入变量的取值和输出结果之间的逻辑关系，它直观地描述了电路的逻辑功能。

（4）对给定电路的功能进行逻辑描述。根据所得到的表达式和真值表，就可以用文字描述出给定电路的逻辑功能，可以判断出该功能是否满足设计要求。

2.2.2 组合逻辑电路的分析举例

利用上面给出的分析方法，可以对各种组合电路进行分析。

【例 2-1】 分析图 2-2 所示的组合逻辑电路，并说明其功能。

解 （1）写逻辑表达式。根据给定的逻辑电路图，写出输出函数的逻辑表达式

$$Y = \overline{\overline{A\overline{AB}} \cdot \overline{B\overline{AB}}}$$

（2）变换并化简表达式。

$$Y = \overline{\overline{A\overline{AB}} \cdot \overline{B\overline{AB}}} = A\overline{AB} + B\overline{AB} = A(\overline{A} + \overline{B}) + B(\overline{A} + \overline{B}) = A\overline{A} + A\overline{B} + \overline{A}B + B\overline{B} = A\overline{B} + \overline{A}B$$

（3）列出真值表。根据逻辑表达式，列出该函数的真值表，如表 2-1 所示。

（4）电路功能逻辑描述。由真值表可知，该电路当输入变量 A、B 取值相同时，输出变量 Y 的值为 0；当 A、B 取值不同时，Y 的值为 1。由常用逻辑关系可知，该电路实现了“异或”逻辑功能。

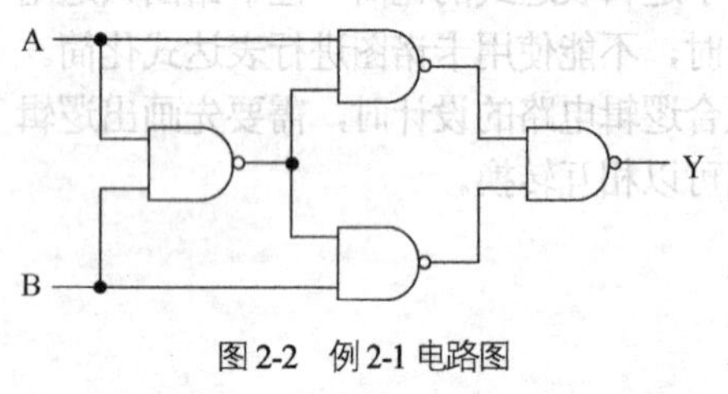

图 2-2 例 2-1 电路图

表 2-1 例 2-1 真值表

输入		输出
A	B	Y
0	0	0
0	1	1
1	0	1
1	1	0

【例 2-2】 分析图 2-3 所示电路，说明其功能。

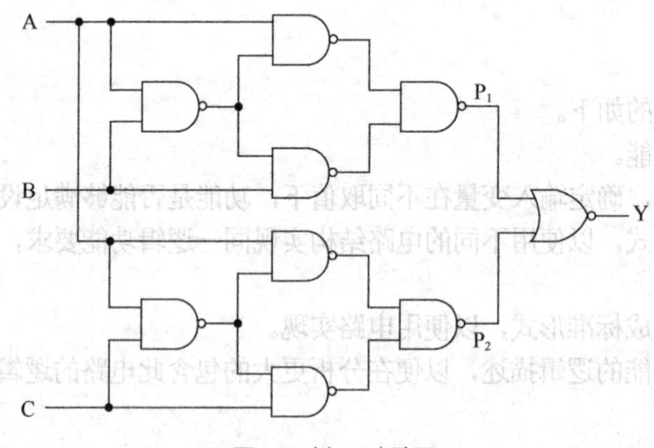

图 2-3 例 2-2 电路图

解 （1）写逻辑表达式。根据给定的逻辑电路图，写出输出函数的逻辑表达式。由于电路较复杂，可采用分级写逻辑表达式的方法，设定中间变量 P_1 和 P_2，由例 2-1 可知

$$P_1 = A \oplus B,\ P_2 = A \oplus C$$

由电路图可得

$$Y = \overline{P_1 + P_2}$$

（2）化简表达式。

$$\begin{aligned} Y &= \overline{P_1 + P_2} \\ &= \overline{A \oplus B + A \oplus C} \\ &= (\overline{A}\,\overline{B} + AB)(\overline{A}\,\overline{C} + AC) \\ &= \overline{A}\,\overline{B}\,\overline{A}\,\overline{C} + \overline{A}\,\overline{B}AC + AB\overline{A}\,\overline{C} + ABAC \\ &= \overline{A}\,\overline{B}\,\overline{C} + ABC \end{aligned}$$

（3）列出真值表。根据逻辑表达式，列出该函数的真值表，如表 2-2 所示。

表 2-2　例 2-2 真值表

输入			输出
A	B	C	Y
0	0	0	1
0	0	1	0
0	1	0	0
0	1	1	0
1	0	0	0
1	0	1	0
1	1	0	0
1	1	1	1

（4）电路功能逻辑描述。由真值表可知，该电路当输入变量 A、B、C 取值一致时，输出变量 Y 的值为 1；当 A、B、C 取值不完全一致时，Y 的值为 0。

该电路实现了测试输入信号是否一致的逻辑功能，当输出为 1 时，表明 3 个输入信号完全一致。具有这种功能的电路被称为“符合”电路。

2.3　常用的组合逻辑电路

在实践中，有一些组合逻辑电路经常被使用，如编码器、译码器、数据选择器、数值比较器、加法器等。下面分别介绍这些常用的组合逻辑电路的工作原理和设计方法。

2.3.1　编码器

1．编码原理

编码是指用代码表示文字、符号或数字等特定对象的过程。在日常生活中，诸如身份证号码、学生的学号等都是编码。在数字系统中，由于使用的是二进制数，因此编码的结果是一些二进制代码。

编码器就是实现编码操作的电路。编码器的结构框图如图 2-4 所示。其中 I_0～I_{m-1} 对应于 m 个需要编码的信号，它们是输入信号，Y_{n-1}～Y_0 对应 n 位的编码输出。

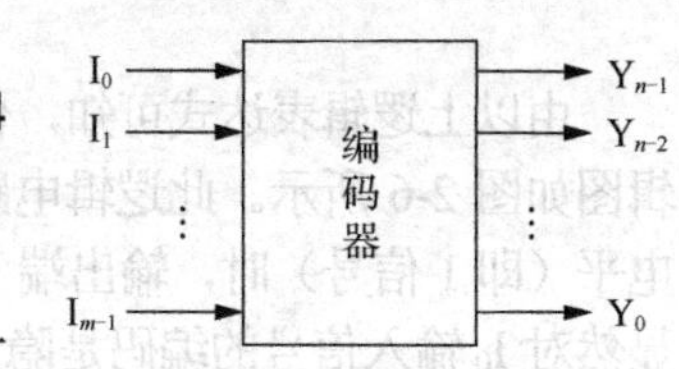

图 2-4　编码器结构框图

通常情况下，为了保证编码的位数最短（输出最少），且每一个输入信号都对应一个唯一的编码，n 和 m 之间的关系应满足如下

关系式

$$2^{n-1} < m \leqslant 2^n$$

设计编码器的关键在于编码规则，编码规则不同，设计的结果也完全不同。

2. 二进制普通编码器

用 n 位二进制代码对 $m=2^n$ 个信号进行编码的电路称为二进制编码器。二进制编码器分为普通编码器与优先编码器两种类别，其中普通编码器中的输入信号为一组互相排斥的输入信号。所谓互相排斥是指在任何时刻，不允许两个或两个以上的输入信号同时出现。下面以 3 位二进制编码器为例分析二进制编码器的结构。

3 位二进制编码器需要进行编码的输入信号有 $2^3=8$ 个，输出的是 3 位二进制代码。因此，3 位二进制编码器为 8 个输入、3 个输出的组合逻辑电路，简称 8 线-3 线编码器，或 8-3 编码器。图 2-5 所示为 8-3 编码器示意框图。

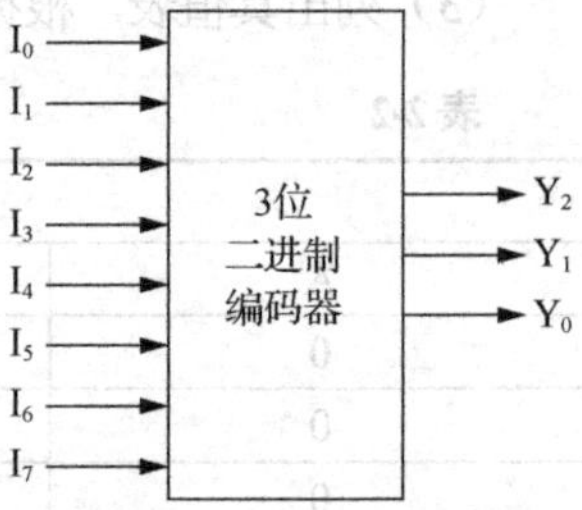

根据常用的二进制数规律，其编码规则如下：用 000、001、010、011、100、101、110、111 这 8 个编码分别表示输入信号 I_0、I_1、…、I_7。

I_0 I_1 I_2 I_3 I_4 I_5 I_6 I_7 3位二进制编码器 Y_2 Y_1 Y_0

图 2-5　3 位二进制编码器示意框图

3 位二进制普通编码器的输入输出关系已经确定，可列出真值表。但由于编码器有 8 个输入信号，真值表中 8 个输入变量的不同取值达 $2^8=256$ 种，这样规模的真值表显然是非常烦琐的。通过分析，由于普通编码器中的输入信号为一组互相排斥的输入信号，因此真值表可以采用简化的编码表替代。表 2-3 所示为 3 位二进制普通编码器的编码表。

表 2-3　3 位二进制普通编码器的编码表

输入	输出		
	Y_2	Y_1	Y_0
I_0	0	0	0
I_1	0	0	1
I_2	0	1	0
I_3	0	1	1
I_4	1	0	0
I_5	1	0	1
I_6	1	1	0
I_7	1	1	1

由表 2-3 可得输出信号的最简与或表达式为

$$Y_2 = I_4 + I_5 + I_6 + I_7$$
$$Y_1 = I_2 + I_3 + I_6 + I_7$$
$$Y_0 = I_1 + I_3 + I_5 + I_7$$

由以上逻辑表达式可知，使用或门电路可实现 3 位二进制普通编码器的逻辑功能，相应的逻辑图如图 2-6 所示。此逻辑电路实现的功能是：在 I_0~I_7 这 8 个输入端中，当某一输入端输入高电平（即 1 信号）时，输出端 Y_2～Y_0 输出相应的编码值。图中，电路并未从 I_0 输入端接收信号，显然对 I_0 输入信号的编码是隐含的。当 I_0 输入有效信号高电平时，I_1～I_7 均输入低电平（即 0 信号），编码器输出端 Y_2～Y_0 输出 000 就是 I_0 的编码。

使用与非门也可实现 3 位二进制普通编码器。将上面输出信号的最简与或表达式变换为与非-与非式。变换过程如下

$$Y_2 = \overline{\overline{I_4 + I_5 + I_6 + I_7}} = \overline{\bar{I}_4 \bar{I}_5 \bar{I}_6 \bar{I}_7}$$

$$Y_1 = \overline{\overline{I_2 + I_3 + I_6 + I_7}} = \overline{\bar{I}_2 \bar{I}_3 \bar{I}_6 \bar{I}_7}$$

$$Y_0 = \overline{\overline{I_1 + I_3 + I_5 + I_7}} = \overline{\bar{I}_1 \bar{I}_3 \bar{I}_5 \bar{I}_7}$$

根据上述各表达式，可画出由与非门实现的 3 位二进制普通编码器逻辑图，如图 2-7 所示。与图 2-6 结果不同的是，输入变量为反变量，意味着输入信号低电平（即 0 信号）有效，即 8 个输入信号中仅有一个为 0 信号，编码器对输入信号为 0 的输入端编码。

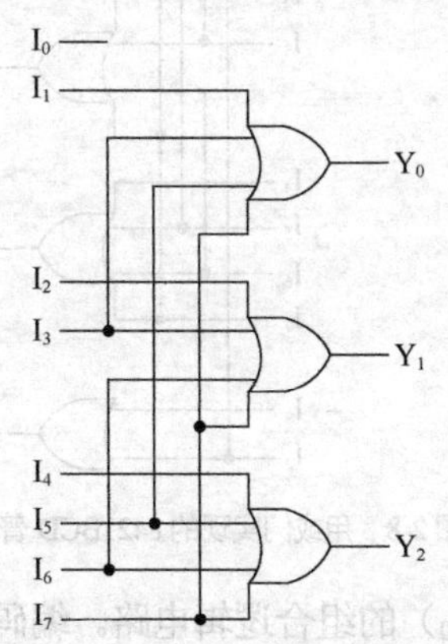

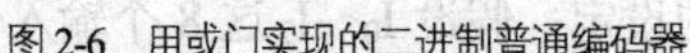

图 2-6　用或门实现的二进制普通编码器

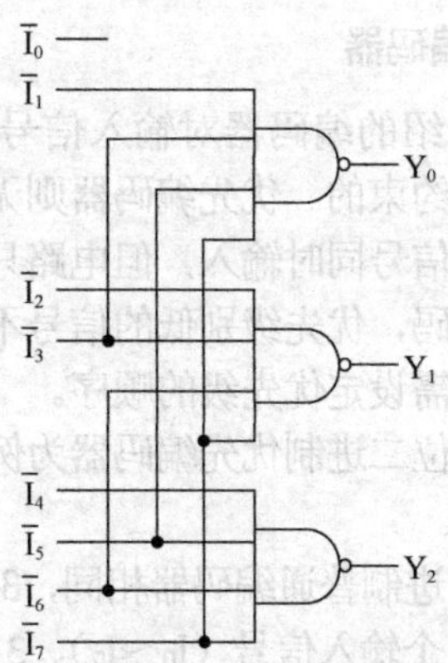

图 2-7　用与非门实现的二进制普通编码器

3. 二—十进制普通编码器

二—十进制编码器实现的功能是将十进制数 0～9 转换为二进制代码。在设计二—十进制编码器前首先要选择编码规则。表 1-2 中给出了常用的二—十进制编码。下面以 8421BCD 码为例分析二—十进制普通编码器的结构。二—十进制普通编码器需要进行编码的输入信号有 10 个，输出的是 4 位二进制代码。因此，二—十进制编码器为 10 个输入（I_0～I_9）、4 个输出的组合逻辑电路（Y_3～Y_0）。根据 8421BCD 码编码规则，可列出如表 2-4 所示的 8421BCD 码编码表。

表 2-4　**8421BCD 编码器的编码表**

输入	输出			
	Y_3	Y_2	Y_1	Y_0
I_0	0	0	0	0
I_1	0	0	0	1
I_2	0	0	1	0
I_3	0	0	1	1
I_4	0	1	0	0
I_5	0	1	0	1
I_6	0	1	1	0
I_7	0	1	1	1
I_8	1	0	0	0
I_9	1	0	0	1

由于 I_0～I_9 是一组互相排斥的变量，因此可以直接写出每一个输出信号的最简与或表达式

$$Y_3 = I_8 + I_9$$
$$Y_2 = I_4 + I_5 + I_6 + I_7$$
$$Y_1 = I_2 + I_3 + I_6 + I_7$$
$$Y_0 = I_1 + I_3 + I_5 + I_7 + I_9$$

显然，使用或门可实现 8421BCD 编码器，根据以上表达式，可得到图 2-8 所示的逻辑图。

与前面相同，图中的电路并未从 I_0 输入端接收信号，对 I_0 输入信号的编码是隐含的。

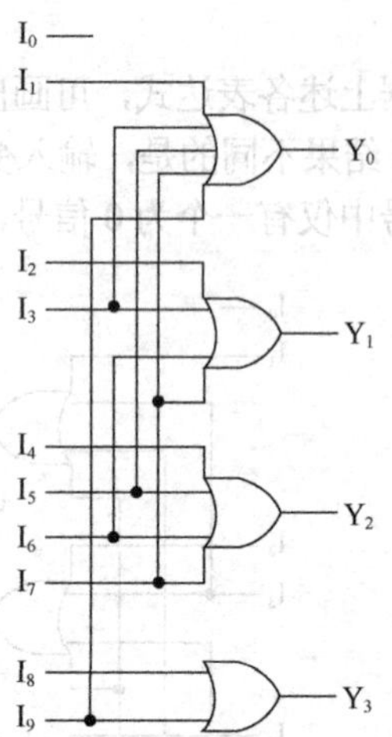

图 2-8　用或门实现的 8421BCD 普通编码器逻辑图

4．优先编码器

前面所介绍的编码器对输入信号的要求是互相排斥，显然是有约束的。优先编码器则无此约束，优先编码器允许多个信号同时输入，但电路只对优先级别最高的信号进行编码，优先级别低的信号不起作用。显然，优先编码器还需设定优先级的顺序。

下面以 3 位二进制优先编码器为例分析二进制优先编码器的结构。

与 3 位二进制普通编码器相同，3 位二进制优先编码器仍然是 8 个输入信号（I_0～I_7）、3 个输出信号（Y_2～Y_0）的组合逻辑电路。编码规则与前面介绍的 3 位二进制普通编码器的编码规则一致。优先级的设定：假设 I_0～I_7 这 8 个输入信号中，I_7 的优先级别最高，I_0 的优先级最低。

表 2-5 所示为根据 3 位二进制优先编码器的编码规则和优先规则所制的简化真值表，表中“×”表示此输入信号的值为 0 或 1 均可。简化的真值表反映出当级别较高的输入信号值为 1 时，编码器对级别低的输入信号是屏蔽的，输出结果是多个输入信号中级别最高的信号的编码值。

表 2-5　　3 位二进制优先编码器简化真值表

输入								输出		
I_0	I_1	I_2	I_3	I_4	I_5	I_6	I_7	Y_2	Y_1	Y_0
1	0	0	0	0	0	0	0	0	0	0
×	1	0	0	0	0	0	0	0	0	1
×	×	1	0	0	0	0	0	0	1	0
×	×	×	1	0	0	0	0	0	1	1
×	×	×	×	1	0	0	0	1	0	0
×	×	×	×	×	1	0	0	1	0	1
×	×	×	×	×	×	1	0	1	1	0
×	×	×	×	×	×	×	1	1	1	1

依据真值表可得到输出函数的表达式

$$Y_2 = \bar{I}_7\bar{I}_6\bar{I}_5 I_4 + \bar{I}_7\bar{I}_6 I_5 + \bar{I}_7 I_6 + I_7$$
$$Y_1 = \bar{I}_7\bar{I}_6\bar{I}_5\bar{I}_4\bar{I}_3 I_2 + \bar{I}_7\bar{I}_6\bar{I}_5\bar{I}_4 I_3 + \bar{I}_7 I_6 + I_7$$
$$Y_0 = \bar{I}_7\bar{I}_6\bar{I}_5\bar{I}_4\bar{I}_3\bar{I}_2 I_1 + \bar{I}_7\bar{I}_6\bar{I}_5\bar{I}_4 I_3 + \bar{I}_7\bar{I}_6 I_5 + I_7$$

化简表达式可得

$$
\begin{aligned}
Y_2 &= \bar{I}_7\bar{I}_6\bar{I}_5I_4 + \bar{I}_7\bar{I}_6I_5 + \bar{I}_7I_6 + I_7 \\
&= I_4 + I_5 + I_6 + I_7 \\
Y_1 &= \bar{I}_7\bar{I}_6\bar{I}_5\bar{I}_4\bar{I}_3I_2 + \bar{I}_7\bar{I}_6\bar{I}_5\bar{I}_4I_3 + \bar{I}_7I_6 + I_7 \\
&= \bar{I}_5\bar{I}_4I_2 + \bar{I}_5\bar{I}_4I_3 + I_6 + I_7 \\
Y_0 &= \bar{I}_7\bar{I}_6\bar{I}_5\bar{I}_4\bar{I}_3\bar{I}_2I_1 + \bar{I}_7\bar{I}_6\bar{I}_5\bar{I}_4I_3 + \bar{I}_7\bar{I}_6I_5 + I_7 \\
&= \bar{I}_6\bar{I}_4\bar{I}_2I_1 + \bar{I}_6\bar{I}_4I_3 + \bar{I}_6I_5 + I_7
\end{aligned}
$$

由上述表达式可得 3 位二进制优先编码器的逻辑图，如图 2-9 所示。

5．编码器集成电路

集成的 74HC 系列编码器有 8 线-3 线优先编码器（74HC148）及 10 线-4 线优先编码器（74HC147）等。下面介绍 74HC148 的功能及使用。

74HC148 是 8 线-3 线优先编码器，图 2-10 所示为该芯片的引脚图。74HC148 的输入端有：8 个信号输入端（$\bar{I}_0$～$\bar{I}_7$）、使能输入端（$\overline{EI}$）；输出端有：3 个编码输出端（$\bar{A}_2$、$\bar{A}_1$、$\bar{A}_0$）、使能输出端（$\overline{EO}$）、优先级标志输出端（$\overline{GS}$）。

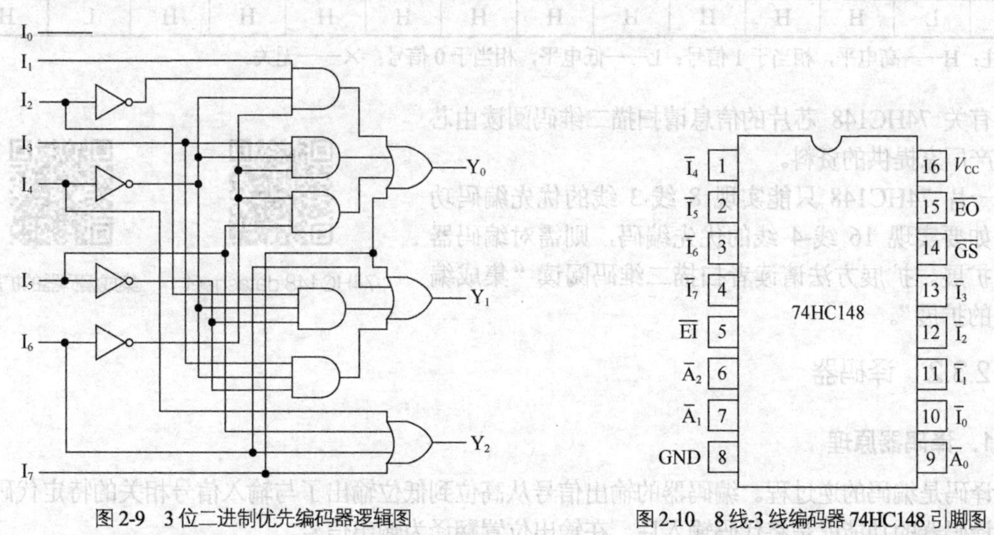

图 2-9　3 位二进制优先编码器逻辑图　　图 2-10　8 线-3 线编码器 74HC148 引脚图

表 2-6 所示为集成芯片 74HC148 的功能表。由功能表可得到以下结论。

（1）$\overline{EI}$ 为使能输入端，低电平有效。当 $\overline{EI}$ 输入高电平时（1 信号），编码器不工作，不论 $\bar{I}_0$～$\bar{I}_7$ 端有无信号输入，所有输出端均输出高电平（1 信号）；当 $\overline{EI}$ 输入低电平（0 信号）时，编码器工作。

（2）编码器工作（$\overline{EI}$ 输入低电平）时，输入端 $\bar{I}_0$～$\bar{I}_7$ 的输入信号以低电平（0 信号）为有效信号。端口 $\bar{I}_7$ 的优先级最高，端口 $\bar{I}_0$ 的优先级最低。$\bar{A}_2$～$\bar{A}_0$ 为编码输出，输出的是对优先级较高的输入信号的编码，编码值为输入端口编号所对应二进制值的反码。例如，$\bar{I}_6$ 对应的二进制数为 110，当对端口 $\bar{I}_6$ 的输入信号进行编码时，输出的是 110 的反码 001。

（3）输出端 EO 为使能输出端。编码器工作（$\overline{EI}$=0）时，若 $\bar{I}_0$～$\bar{I}_7$ 所有输入端均无有效输入信号（即所有输入端输入高电平），则 $\overline{EO}$ 输出低电平；若 $\bar{I}_0$～$\bar{I}_7$ 输入端有端口输入有效信号，则

$\overline{EO}$ 输出高电平。$\overline{EO}$ 端一般在级联扩展时使用。

（4）输出端 $\overline{GS}$ 用于标识本芯片是否产生编码输出。当 $\overline{GS}$ 输出低电平（0 信号）时，表明输出的信号为编码信号；当 $\overline{GS}$ 输出高电平（1 信号）时，表明输出信号非编码信号。

表 2-6　　8 线-3 线编码器 74HC148 功能表

输入									输出				
$\overline{EI}$	$\overline{I_0}$	$\overline{I_1}$	$\overline{I_2}$	$\overline{I_3}$	$\overline{I_4}$	$\overline{I_5}$	$\overline{I_6}$	$\overline{I_7}$	$\overline{A_2}$	$\overline{A_1}$	$\overline{A_0}$	$\overline{GS}$	$\overline{EO}$
H	×	×	×	×	×	×	×	×	H	H	H	H	H
L	H	H	H	H	H	H	H	H	H	H	H	H	L
L	×	×	×	×	×	×	×	L	L	L	L	L	H
L	×	×	×	×	×	×	L	H	L	L	H	L	H
L	×	×	×	×	×	L	H	H	L	H	L	L	H
L	×	×	×	×	L	H	H	H	L	H	H	L	H
L	×	×	×	L	H	H	H	H	H	L	L	L	H
L	×	×	L	H	H	H	H	H	H	L	H	L	H
L	×	L	H	H	H	H	H	H	H	H	L	L	H
L	L	H	H	H	H	H	H	H	H	H	H	L	H

注：H——高电平，相当于 1 信号；L——低电平，相当于 0 信号；×——无关。

有关 74HC148 芯片的信息请扫描二维码阅读由芯片生产厂家提供的资料。

74HC148 datasheet

集成编码器的扩展

一片 74HC148 只能实现 8 线-3 线的优先编码功能，如要实现 16 线-4 线的优先编码，则需对编码器进行扩展。扩展方法请读者扫描二维码阅读“集成编码器的扩展”。

2.3.2　译码器

1．译码器原理

译码是编码的逆过程。编码器的输出信号从高位到低位输出了与输入信号相关的特定代码。那么译码器的功能就是将代码输入后，在输出位置翻译为输出信号。

译码器的结构示意框图如图 2-11 所示。在译码器中，一般情况下，输入信号和输出信号数量的关系为

$$2^{n-1} < m \leqslant 2^n$$

译码器设计的关键也同样在于译码的规则。本小节中将对二进制译码器及显示译码器的结构进行分析。

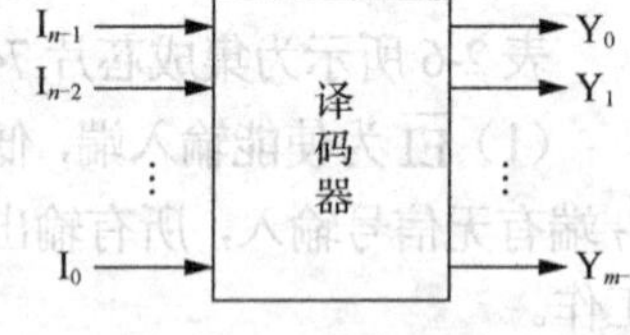

图 2-11　译码器结构示意框图

2．二进制译码器

二进制译码器与二进制编码器的功能刚好相反，其功能是将所输入的各种二进制代码信号翻译成对应的输出信号。

二进制译码器如有 n 个输入变量（I_{n-1}～I_0），对应 n 位二进制代码，则输出变量（Y_0～Y_{m-1}）的个数 $m=2^n$。

下面以 3 位二进制译码器为例分析二进制译码器的逻辑结构。

3 位二进制译码器有 3 个输入变量，2^3=8 个输出变量，又被称为 3 线-8 线译码器。该译码器按照二进制编码器的编码规则进行译码，即当输入变量 I_2、I_1、I_0 的值分别为 000、001、…、111 时，对应的输出端 Y_0、Y_1、…、Y_7 产生输出信号（1 信号）。

表 2-7 所示是 3 位二进制译码器的真值表。

表 2-7　　3 位二进制译码器真值表

输入			输出							
I_2	I_1	I_0	Y_0	Y_1	Y_2	Y_3	Y_4	Y_5	Y_6	Y_7
0	0	0	1	0	0	0	0	0	0	0
0	0	1	0	1	0	0	0	0	0	0
0	1	0	0	0	1	0	0	0	0	0
0	1	1	0	0	0	1	0	0	0	0
1	0	0	0	0	0	0	1	0	0	0
1	0	1	0	0	0	0	0	1	0	0
1	1	0	0	0	0	0	0	0	1	0
1	1	1	0	0	0	0	0	0	0	1

由真值表可写出输出函数的表达式

$$Y_0 = \bar{I}_2\bar{I}_1\bar{I}_0 \quad Y_1 = \bar{I}_2\bar{I}_1 I_0 \quad Y_2 = \bar{I}_2 I_1\bar{I}_0 \quad Y_3 = I_2 I_1 I_0$$

$$Y_4 = I_2\bar{I}_1\bar{I}_0 \quad Y_5 = I_2\bar{I}_1 I_0 \quad Y_6 = I_2 I_1\bar{I}_0 \quad Y_7 = I_2 I_1 I_0$$

由上述表达式可见，由与门及非门可构成二进制译码器，逻辑图如图 2-12 所示。

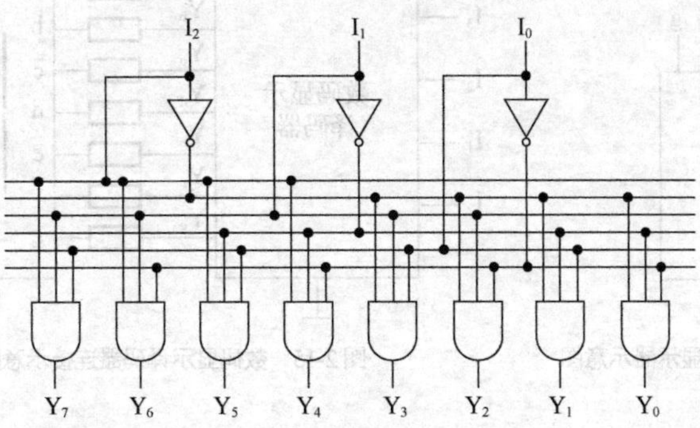

图 2-12　3 位二进制译码器逻辑图

图 2-12 所示的译码器输出的有效信号是高电平（1 信号）。在有些情况下，要求二进制译码器输出的有效信号是低电平（0 信号），这时只需将与门换成与非门即可，逻辑图如图 2-13 所示。

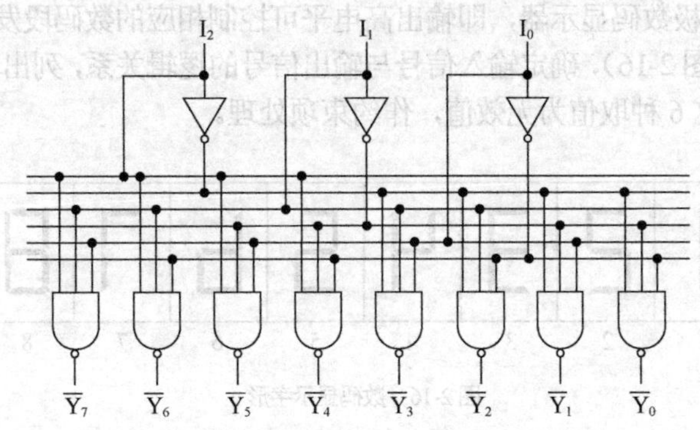

图 2-13　输出低电平有效的 3 位二进制译码器

图 2-13 所对应的输出函数表达式是

$$\overline{Y}_0=\overline{\overline{I}_2\overline{I}_1\overline{I}_0}\qquad \overline{Y}_1=\overline{\overline{I}_2\overline{I}_1I_0}\qquad \overline{Y}_2=\overline{\overline{I}_2I_1\overline{I}_0}\qquad \overline{Y}_3=\overline{\overline{I}_2I_1I_0}$$

$$\overline{Y}_4=\overline{I_2\overline{I}_1\overline{I}_0}\qquad \overline{Y}_5=\overline{I_2\overline{I}_1I_0}\qquad \overline{Y}_6=\overline{I_2I_1\overline{I}_0}\qquad \overline{Y}_7=\overline{I_2I_1I_0}$$

3．数码显示译码器

在数字系统中，常常需要把文字、数字等以人们习惯的符号形式显示出来，这就需要相应的驱动电路去驱动这些显示器件。驱动电路的输入信号就是所需显示的字符或数字的编码，显然这种驱动电路以译码器为主。下面介绍最简单的 LED 七段数码显示器的驱动电路——数码显示译码器。

数码显示译码器是指直接用于驱动数码显示器的译码器。常见的 LED 数码显示器是由 7 个 LED 发光二极管封装成的显示器件，图 2-14 所示为共阴极七段数码显示器示意图。所谓共阴极是指显示器中 7 个 LED 发光二极管的阴极相连，阳极分别连接端口 a～g。若要数码显示器显示出某一数字，应控制好相应的 LED 发光二极管。

数码显示译码器与共阴极数码显示器的连接示意图如图 2-15 所示，图中的电阻 R 为限流电阻。下面分析数码显示译码器的逻辑结构。

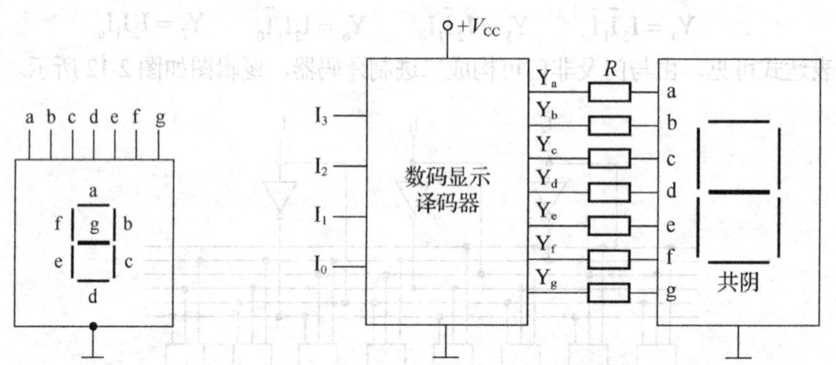

图 2-14 共阴极七段数码显示器示意图　　图 2-15 数码显示译码器连接示意图

数码显示译码器的输入信号为数字 0～9 的编码，如采用 8421BCD 编码方式，则数字 0～9 所对应的编码为 0000、0001、…、1001，显然输入信号有 4 位，译码器有 4 个输入变量（I_3、I_2、I_1、I_0）。由于共阴极 LED 七段数码显示器有 7 个发光二极管的阳极需要控制，故译码器的输出信号有 7 个，分别定义为 Y_a、Y_b、Y_c、Y_d、Y_e、Y_f、Y_g。

由于采用的是共阴极数码显示器，即输出高电平可控制相应的数码段发光，故根据每一个数字需显示出的字形（见图 2-16），确定输入信号与输出信号的逻辑关系，列出真值表如表 2-8 所示，真值表中 1010～1111 这 6 种取值为无效值，作约束项处理。

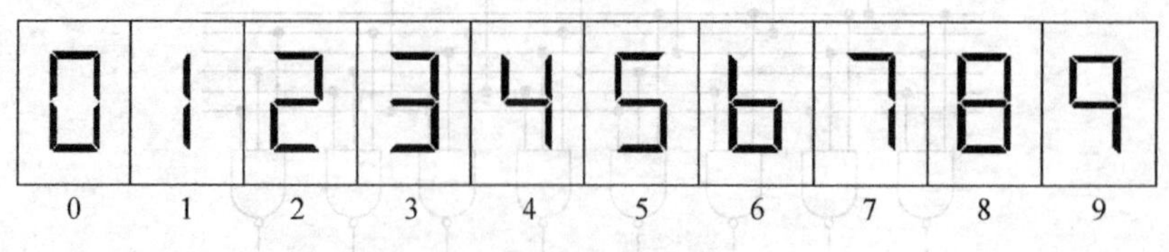

图 2-16 数码显示字形

表 2-8　　数码显示译码器的真值表

输入				输出							字形
I_3	I_2	I_1	I_0	Y_a	Y_b	Y_c	Y_d	Y_e	Y_f	Y_g	
0	0	0	0	1	1	1	1	1	1	0	0
0	0	0	1	0	1	1	0	0	0	0	1
0	0	1	0	1	1	0	1	1	0	1	2
0	0	1	1	1	1	1	1	0	0	1	3
0	1	0	0	0	1	1	0	0	1	1	4
0	1	0	1	1	0	1	1	0	1	1	5
0	1	1	0	0	0	1	1	1	1	1	6
0	1	1	1	1	1	1	0	0	0	0	7
1	0	0	0	1	1	1	1	1	1	1	8
1	0	0	1	1	1	1	0	0	1	1	9
1	0	1	0	×	×	×	×	×	×	×	未定义
1	0	1	1	×	×	×	×	×	×	×	未定义
1	1	0	0	×	×	×	×	×	×	×	未定义
1	1	0	1	×	×	×	×	×	×	×	未定义
1	1	1	0	×	×	×	×	×	×	×	未定义
1	1	1	1	×	×	×	×	×	×	×	未定义

根据上述真值表，采用卡诺图化简法，可得到输出函数 Y_a～Y_g 的最简与或表达式。

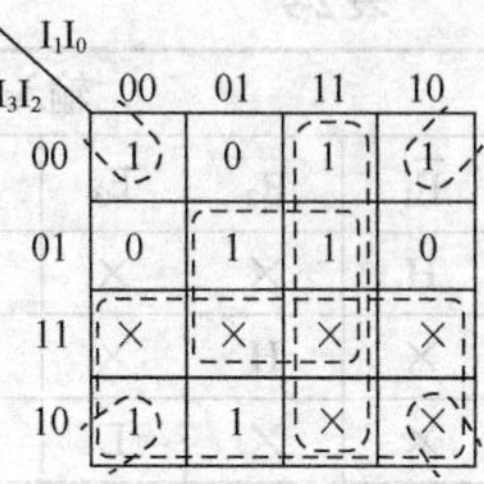

图 2-17　Y_a的卡诺图

以 Y_a 为例，图 2-17 所示为输出变量 Y_a 的卡诺图。由卡诺图可得 Y_a 的最简与或表达式

$$Y_a = I_3 + I_1I_0 + I_2I_0 + \bar{I}_2\bar{I}_0$$

用同样的方法可求出 Y_b～Y_g 的最简与或表达式

$$Y_b = \bar{I}_2 + I_1I_0 + \bar{I}_1\bar{I}_0$$

$$Y_c = I_2 + \bar{I}_1 + I_0$$

$$Y_d = \bar{I}_2\bar{I}_0 + \bar{I}_2I_1 + I_1\bar{I}_0 + I_2\bar{I}_1I_0$$

$$Y_e = \bar{I}_2\bar{I}_0 + I_1\bar{I}_0$$

$$Y_f = I_3 + I_2\bar{I}_1 + I_2\bar{I}_0 + \bar{I}_1\bar{I}_0$$

$$Y_g = I_3 + I_2\bar{I}_1 + \bar{I}_2I_1 + I_2\bar{I}_0$$

根据上述表达式，可画出数码显示译码器逻辑图，如图 2-18 所示。

4. 译码器集成电路

1）集成 3 线-8 线译码器

图 2-19 所示为集成 3 线-8 线译码器 74HC138 的引脚图。74HC138 的输入端有：3 个二进制代码输入端（A_2～A_0）、3 个使能输入端（$\overline{E}_1$、$\overline{E}_2$ 和 E_3）；输出端有：8 个译码输出端（$\overline{Y}_0$～$\overline{Y}_7$）。

表 2-9 为该集成芯片的功能表，由功能表可得如下结论。

（1）$\overline{E}_1$、$\overline{E}_2$ 和 E_3 为输入使能控制端，当 $\overline{E}_1 = \overline{E}_2 = 0$，且 $E_3 = 1$ 时，译码器工作；当 $\overline{E}_1 = 1$ 或 $\overline{E}_2 = 1$ 或 $E_3 = 0$ 时，译码器不工作，所有输出端均输出高电平。利用使能控制端可实现译码器的级联扩展。

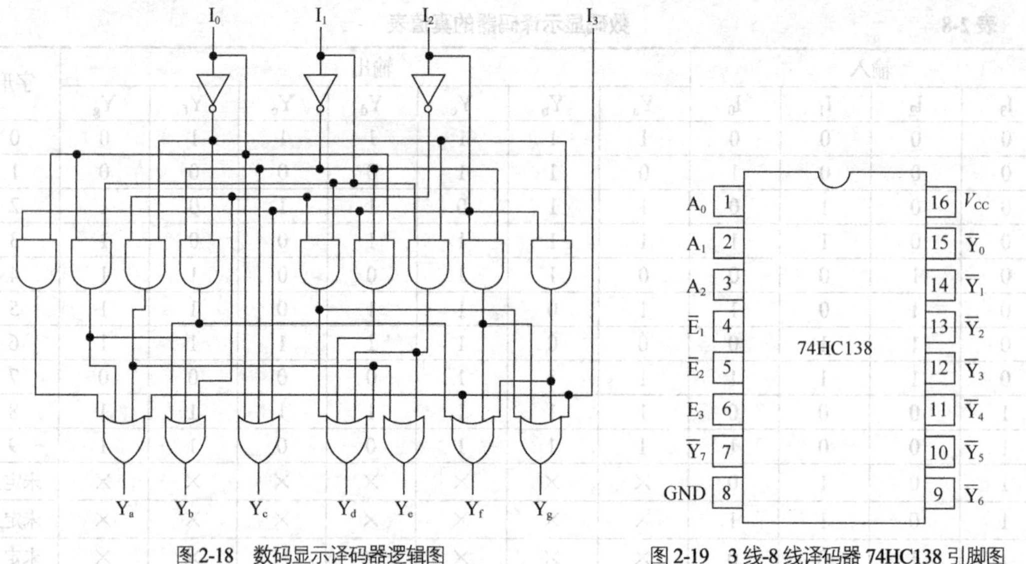

图 2-18 数码显示译码器逻辑图

图 2-19 3 线-8 线译码器 74HC138 引脚图

（2）译码器工作时，A_2～A_0 为编码信号输入端，$\overline{Y}_0$～$\overline{Y}_7$ 为译码信号输出端，输出信号低电平有效，即编码输入时，对应的输出端输出 0 信号，其余输出端均输出 1 信号。

表 2-9 3 线-8 线译码器 74HC138 功能表

输入						输出							
$\overline{E}_1$	$\overline{E}_2$	E_3	A_2	A_1	A_0	$\overline{Y}_7$	$\overline{Y}_6$	$\overline{Y}_5$	$\overline{Y}_4$	$\overline{Y}_3$	$\overline{Y}_2$	$\overline{Y}_1$	$\overline{Y}_0$
H	×	×	×	×	×	H	H	H	H	H	H	H	H
×	H	×	×	×	×	H	H	H	H	H	H	H	H
×	×	L	×	×	×	H	H	H	H	H	H	H	H
L	L	H	L	L	L	H	H	H	H	H	H	H	L
L	L	H	L	L	H	H	H	H	H	H	H	L	H
L	L	H	L	H	L	H	H	H	H	H	L	H	H
L	L	H	L	H	H	H	H	H	H	L	H	H	H
L	L	H	H	L	L	H	H	H	L	H	H	H	H
L	L	H	H	L	H	H	H	L	H	H	H	H	H
L	L	H	H	H	L	H	L	H	H	H	H	H	H
L	L	H	H	H	H	L	H	H	H	H	H	H	H

注：H——高电平；L——低电平；×——无关。

有关 74HC138 芯片的信息请扫描二维码阅读由芯片生产厂家提供的资料。

一片 74HC138 芯片只能实现 3 线-8 线的译码器功能，如要实现 4 线-16 线译码器，则需对译码器进行扩展。将两片 74HC138 芯片级联起来，便可实现 4 线-16 线译码器。扩展方法请读者扫描二维码阅读“集成译码器的扩展”。

74HC138 datasheet

集成译码器的扩展

2）集成数码显示译码器

图 2-20 所示为集成数码显示译码器 74HC4511 的引脚图。74HC4511 一共有 4 个二进制代码

输入端（A、B、C、D），7 个译码输出端（a～g）。此外还有 3 个控制输入端，分别是锁存使能输入端（LE）、空白输入控制端（$\overline{BI}$）以及全亮测试控制端（$\overline{LT}$）。

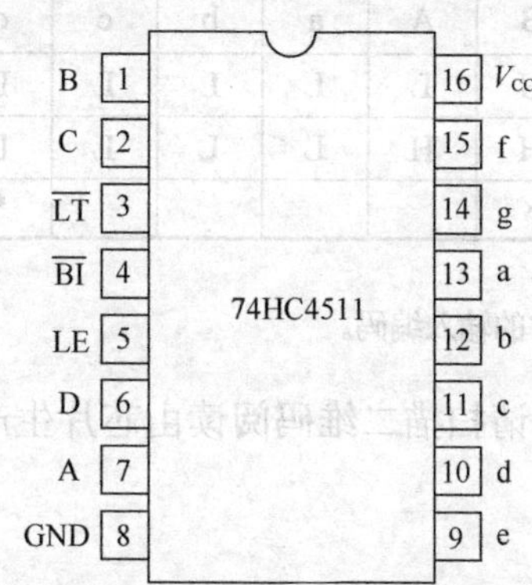

图 2-20 数码显示译码器引脚图

表 2-10 为 74HC4511 功能表，其基本功能如下。

（1）当 LE=0、$\overline{BI}$ =1、$\overline{LT}$ =1 时，输出端（a～g）输出的是输入信号（D～A）的译码信号，外接的数码显示器将显示相应的数码符号。

（2）$\overline{BI}$ 是空白输入控制端。当 $\overline{BI}$ =0 且 $\overline{LT}$ =1 时，输出端（a～g）全部输出 0 信号，使外接的数码显示器无显示。

（3）$\overline{LT}$ 是全亮测试控制端。当 $\overline{LT}$ =0 时，输出端（a～g）全部输出 1 信号，使外接的数码显示器显示字符“8”，该功能用于测试显示器是否正常。

（4）在 $\overline{BI}$ =1、$\overline{LT}$ =1 时，LE 由 0 变 1 使输入信号锁存，LE 为 1 时不再接收输入信号，译码器的输出取决于 LE 由 0 变 1 时刻的输入信号。

表 2-10　74HC4511 功能表

输入							输出							
LE	$\overline{BI}$	$\overline{LT}$	D	C	B	A	a	b	c	d	e	f	g	显示字符
×	×	L	×	×	×	×	H	H	H	H	H	H	H	8
×	L	H	×	×	×	×	L	L	L	L	L	L	L	无显示
L	H	H	L	L	L	L	H	H	H	H	H	H	L	0
L	H	H	L	L	L	H	L	H	H	L	L	L	L	1
L	H	H	L	L	H	L	H	H	L	H	H	L	H	2
L	H	H	L	L	H	H	H	H	H	H	L	L	H	3
L	H	H	L	H	L	L	L	H	H	L	L	H	H	4
L	H	H	L	H	L	H	H	L	H	H	L	H	H	5
L	H	H	L	H	H	L	L	L	H	H	H	H	H	6
L	H	H	L	H	H	H	H	H	H	L	L	L	L	7
L	H	H	H	L	L	L	H	H	H	H	H	H	H	8
L	H	H	H	L	L	H	H	H	H	L	L	H	H	9
L	H	H	H	L	H	L	L	L	L	L	L	L	L	无显示
L	H	H	H	L	H	H	L	L	L	L	L	L	L	无显示
L	H	H	H	H	L	L	L	L	L	L	L	L	L	无显示
L	H	H	H	H	L	H	L	L	L	L	L	L	L	无显示

续表

输入							输出							
LE	$\overline{BI}$	$\overline{LT}$	D	C	B	A	a	b	c	d	e	f	g	显示字符
L	H	H	H	H	H	L	L	L	L	L	L	L	L	无显示
L	H	H	H	H	H	H	L	L	L	L	L	L	L	无显示
H	H	H	×	×	×					*				*

① ×：无关；

② *：其值取决于 LE 由 0 变为 1 时的输入编码。

有关 74HC4511 芯片的信息请扫描二维码阅读由芯片生产厂家提供的资料。

74HC4511 datasheet

2.3.3 数据选择器

1．数据选择器原理

数据选择器（MUX）又称多路选择器或多路开关，是一种多路输入、单路输出的组合逻辑电路。其逻辑功能是从多路输入中选择其中一路送至输出端，对多路输入的选择由控制变量进行控制。数据选择器作为一种多路开关通常用于将并行数据转换为串行数据输出。

通常，一个 2^n 路输入 1 路输出的多路选择器有 n 个选择控制变量，如图 2-21 所示，控制变量的每一种取值对应选中一路输入送至输出端。常见的数据选择器有 2 选 1 数据选择器、4 选 1 数据选择器、8 选 1 数据选择器、16 选 1 数据选择器等，这些数据选择器对应的选择控制变量的个数分别为 1 个、2 个、3 个、4 个。

下面以 4 选 1 数据选择器为例分析数据选择器的逻辑结构。

2．4 选 1 数据选择器

4 选 1 数据选择器有 4 路数据输入信号、1 路输出信号、2 位选择控制信号。

4 选 1 数据选择器的输入信号有两类：一是数据输入信号，共 2^2=4 个，分别用 D_0、D_1、D_2、D_3 表示；二是选择控制输入信号，有 2 个，分别用 S_1、S_0 表示。输出信号只有 1 个，用 Y 表示。图 2-22 所示为 4 选 1 数据选择器的电路逻辑符号。

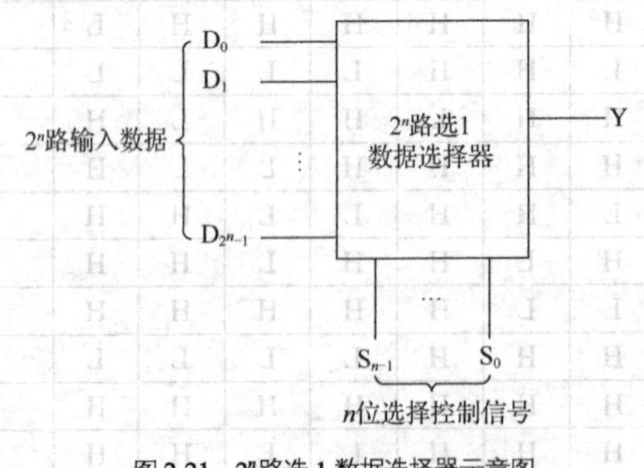

图 2-21 2^n 路选 1 数据选择器示意图

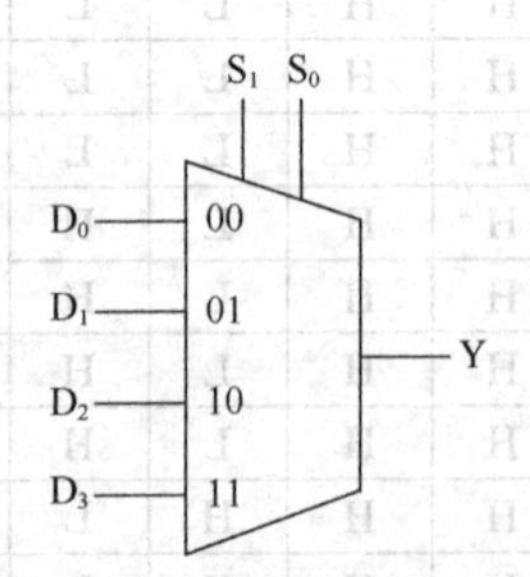

图 2-22 4 选 1 数据选择器符号

对于 4 路输入数据的控制选择，由选择控制端 S_1S_0 的值决定。定义如下：当 S_1S_0=00 时，Y=D_0；当 S_1S_0=01 时，Y=D_1；当 S_1S_0=10 时，Y=D_2；当 S_1S_0=11 时，Y=D_3。

根据数据选择器的概念和上述对 S_1S_0 状态的约定，可列出简化的真值表，如表 2-11 所示。真值表中的“×”表示不论值为 0 或 1，均对输出结果无影响。

表 2-11　　4 选 1 数据选择器真值表

输入						输出
S_1	S_0	D_0	D_1	D_2	D_3	Y
0	0	0	×	×	×	0
0	0	1	×	×	×	1
0	1	×	0	×	×	0
0	1	×	1	×	×	1
1	0	×	×	0	×	0
1	0	×	×	1	×	1
1	1	×	×	×	0	0
1	1	×	×	×	1	1

由上述真值表可得输出函数的逻辑表达式

$$Y = D_0\overline{S}_1\overline{S}_0 + D_1\overline{S}_1S_0 + D_2S_1\overline{S}_0 + D_3S_1S_0$$

由上述逻辑表达式可画出图 2-23 所示的逻辑图。

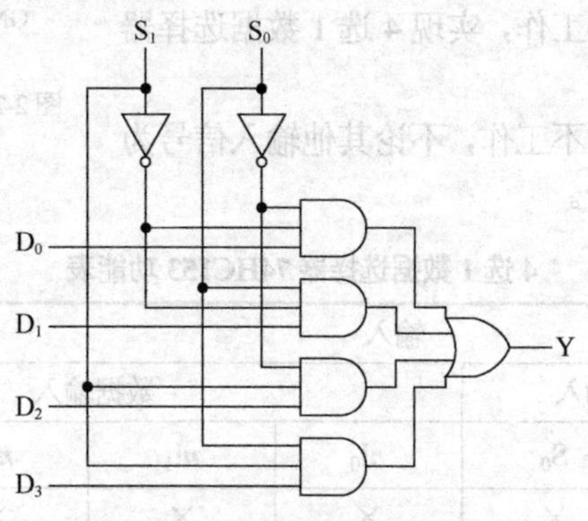

图 2-23　4 选 1 数据选择器逻辑图

3．数据选择器的设计规律

由 4 选 1 数据选择器输出逻辑函数的与或表达式可见，表达式中包含了选择控制信号的全部最小项，每一个乘积项均为选择控制信号的最小项与相应数据输入信号的乘积，即

$$Y = D_0\overline{S}_1\overline{S}_0 + D_1\overline{S}_1S_0 + D_2S_1\overline{S}_0 + D_3S_1S_0 = D_0m_0 + D_1m_1 + D_2m_2 + D_3m_3$$

其中 m_0～m_3 为选择控制变量 S_1S_0 的最小项。按此规律可推出其他数据选择器输出函数的逻辑表达式。

8 选 1 数据选择器的逻辑表达式为

$$\begin{aligned}Y &= D_0\overline{S}_2\overline{S}_1\overline{S}_0 + D_1\overline{S}_2\overline{S}_1S_0 + D_2\overline{S}_2S_1\overline{S}_0 + D_3\overline{S}_2S_1S_0 \\ &\quad + D_4S_2\overline{S}_1\overline{S}_0 + D_5S_2\overline{S}_1S_0 + D_6S_2S_1\overline{S}_0 + D_7S_2S_1S_0 \\ &= D_0m_0 + D_1m_1 + D_2m_2 + D_3m_3 + D_4m_4 + D_5m_5 + D_6m_6 + D_7m_7\end{aligned}$$

16 选 1 数据选择器的逻辑表达式为

$$Y = D_0\overline{S_3}\,\overline{S_2}\,\overline{S_1}\,\overline{S_0} + D_1\overline{S_3}\,\overline{S_2}\,\overline{S_1}S_0 + \cdots + D_{15}S_3S_2S_1S_0$$
$$= D_0m_0 + D_1m_1 + \cdots + D_{15}m_{15}$$

2^n选 1 数据选择器的逻辑表达式可归纳为

$$Y = \sum_{i=0}^{2^n-1} D_i m_i$$

4．数据选择器集成电路

集成的 74HC 系列数据选择器有 4 选 1 数据选择器（74HC153）、8 选 1 数据选择器（74HC151）。下面介绍双 4 选 1 数据选择器 74HC153。

1）数据选择器 74HC153

图 2-24 所示为集成 4 选 1 数据选择器 74HC153 的引脚图。一个 74HC153 芯片中包含两个 4 选 1 的数据选择器。芯片的输入端有：每个数据选择器各有 4 个数据输入端（nI_3～nI_0）、1 个输出使能控制端（$n\overline{E}$）（n=1，2），两个数据选择器共用数据选择控制端（S_1、S_0）；芯片的输出端有：每个数据选择器各有 1 个数据输出端（nY）。

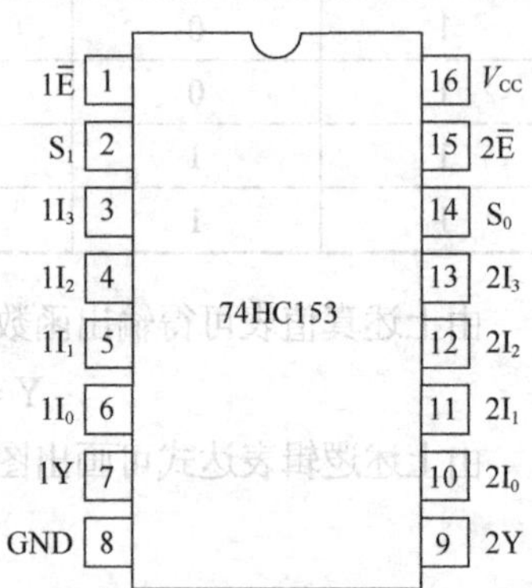

图 2-24　4 选 1 数据选择器 74HC153 引脚图

表 2-12 为 74HC153 的功能表。由功能表可知该芯片的功能如下。

（1）$\overline{E}$=0 时，数据选择器工作，实现 4 选 1 数据选择器功能。

（2）$\overline{E}$=1 时，数据选择器不工作，不论其他输入信号为何值，输出端 Y 均输出 0 信号。

表 2-12　4 选 1 数据选择器 74HC153 功能表

输入							输出
输出使能	选择信号输入		数据输入				
$n\overline{E}$	S_1	S_0	nI_0	nI_1	nI_2	nI_3	nY
H	×	×	×	×	×	×	L
L	L	L	L	×	×	×	L
L	L	L	H	×	×	×	H
L	L	H	×	L	×	×	L
L	L	H	×	H	×	×	H
L	H	L	×	×	L	×	L
L	H	L	×	×	H	×	H
L	H	H	×	×	×	L	L
L	H	H	×	×	×	H	H

注：H——高电平；L——低电平；×——无关。

2）由 74HC153 构造 8 选 1 数据选择器

由于一片 74HC153 芯片包含两个 4 选 1 的数据选择器，可由其构造一个 8 选 1 的数据选择器。图 2-25 所示为一片 74HC153 芯片构成 8 选 1 数据选择器的电路连线图。其工作原理如下。

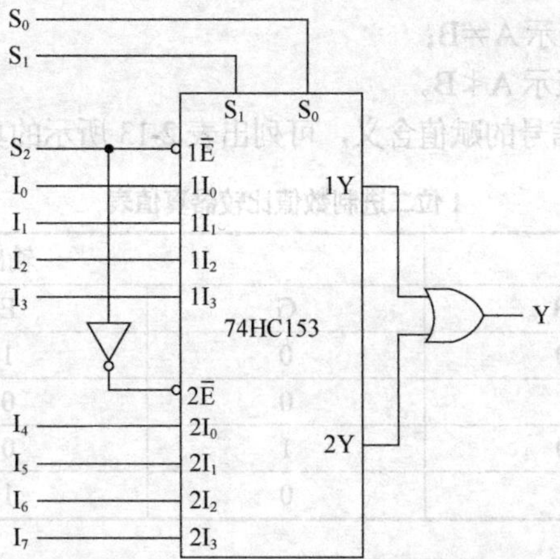

图 2-25　用 74HC153 构造 8 选 1 数据选择器

（1）当选择输入端 $S_2S_1S_0$ 的输入信号为 000～011 时，由于 S_2=0，第 1 个 4 选 1 数据选择器工作，其输出端 1Y 输出 I_0～I_3 中的信号，此时第 2 个 4 选 1 数据选择器被禁止，其输出端 2Y 输出低电平（0 信号），故输出端的或门输出 1Y 的信号。

（2）当选择输入端 $S_2S_1S_0$ 的输入信号为 100～111 时，由于 S_2=1，第 2 个 4 选 1 数据选择器工作，其输出端 2Y 输出 I_4～I_7 中的信号，此时第 1 个 4 选 1 数据选择器被禁止，其输出端 1Y 输出低电平（0 信号），故输出端的或门输出 2Y 的信号。

2.3.4　数值比较器

1. 数值比较器原理

数值比较器是用于比较两个数的数值大小的逻辑元器件。它的基本功能是，输入 2 个位数相同的数 A 和 B，比较大小后，输出数值比较的结果：A 大于 B、A 小于 B 或 A 等于 B。

数值比较器的示意框图如图 2-26 所示。图中 A 和 B 是 2 组位数相同的输入信号，输出变量 G 表示 A 大于 B，变量 E 表示 A 等于 B，变量 S 表示 A 小于 B。

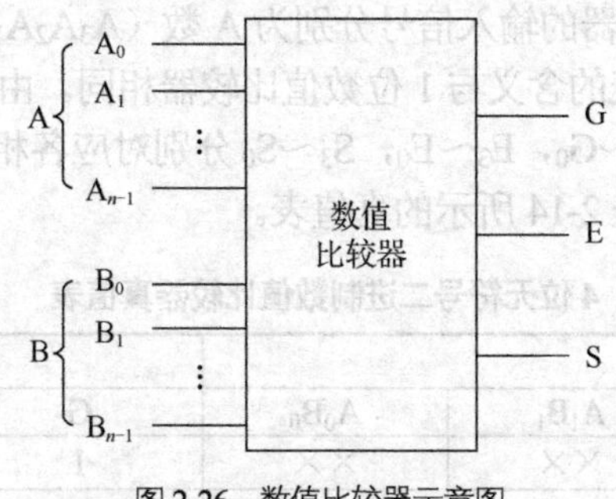

图 2-26　数值比较器示意图

下面首先分析 1 位二进制数的数值比较器的结构，再对多位数值比较器进行分析。

2. 1 位二进制数值比较器

1 位二进制数值比较器的输入有 2 个信号，分别是 2 个 1 位二进制数，因而输入变量有 2 个，分别用 A、B 表示；输出信号有 3 个，分别用 G、E、S 代表大于、等于、小于的比较结果。其中：

G=1 表示 A＞B，G=0 表示 A≯B；

E=1 表示 A=B，E=0 表示 A≠B；

S=1 表示 A<B，S=0 表示 A≮B。

根据比较的概念和输出信号的赋值含义，可列出表 2-13 所示的真值表。

表 2-13　　　1 位二进制数值比较器真值表

输入		输出		
A	B	G	E	S
0	0	0	1	0
0	1	0	0	1
1	0	1	0	0
1	1	0	1	0

由以上真值表不难得到输出函数的逻辑表达式

$$G = A\overline{B}$$

$$E = \overline{A}\,\overline{B} + AB = \overline{A \oplus B}$$

$$S = \overline{A}B$$

显然 S 的值也可由其他两个值的输出得到，表达式为

$$S = \overline{G + E}$$

由以上表达式可画出 1 位二进制数值比较器的逻辑电路图，如图 2-27 所示。

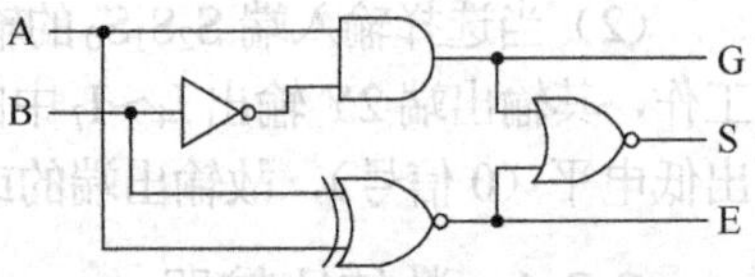

图 2-27　1 位二进制数值比较器逻辑图

3．多位二进制数值比较器

多位二进制数分为两种情况：一是多位无符号二进制数，二是多位有符号二进制数。针对这两种多位二进制数，比较器的结构有所不同。

1）多位无符号二进制数值比较器

多位无符号二进制数值比较器随着被比较的数的位数增加，输入信号成倍增加。比较的方法是从高位向低位逐位依次进行比较，当被比较的两个高位数字不等时，即可得到比较结果，只有当两个高位的数字相同时，才比较较低位的数字。下面分析 4 位无符号二进制数值比较器的结构。

4 位无符号二进制数值比较器的输入信号分别为 A 数（$A_3A_2A_1A_0$）、B 数（$B_3B_2B_1B_0$），输出信号仍然是 G、E、S，各自代表的含义与 1 位数值比较器相同。由于比较的方法是从高位向低位逐位比较，故设定中间变量 G_3～G_0，E_3～E_0，S_3～S_0 分别对应各相同位置二进制数的比较结果。

依据比较原理，可列出如表 2-14 所示的真值表。

表 2-14　　　4 位无符号二进制数值比较器真值表

输入				输出		
A_3B_3	A_2B_2	A_1B_1	A_0B_0	G	E	S
$A_3>B_3$	××	××	××	1	0	0
$A_3=B_3$	$A_2>B_2$	××	××	1	0	0
$A_3=B_3$	$A_2=B_2$	$A_1>B_1$	××	1	0	0
$A_3=B_3$	$A_2=B_2$	$A_1=B_1$	$A_0>B_0$	1	0	0
$A_3=B_3$	$A_2=B_2$	$A_1=B_1$	$A_0=B_0$	0	1	0
$A_3<B_3$	××	××	××	0	0	1
$A_3=B_3$	$A_2<B_2$	××	××	0	0	1
$A_3=B_3$	$A_2=B_2$	$A_1<B_1$	××	0	0	1
$A_3=B_3$	$A_2=B_2$	$A_1=B_1$	$A_0<B_0$	0	0	1

在上述真值表中，同位置的输入变量的比较结果各对应一个中间变量，例如 $A_3>B_3$ 对应 G_3，$A_3=B_3$ 对应 E_3，$A_3<B_3$ 对应 S_3，以此类推。这样，可得到输出变量 G、E、S 的逻辑表达式为

$$G = G_3 + E_3G_2 + E_3E_2G_1 + E_3E_2E_1G_0$$

$$E = E_3E_2E_1E_0$$

$$S = S_3 + E_3S_2 + E_3E_2S_1 + E_3E_2E_1S_0$$

由前面介绍的 1 位比较器可知

$$G_i = A_i\overline{B}_i$$

$$E_i = \overline{A}_i\overline{B}_i + A_iB_i = \overline{A_i \oplus B_i}$$

$$S_i = \overline{A}_iB_i$$

则 4 位无符号数值比较器的输出函数表达式可写成

$$\begin{aligned} G &= G_3 + E_3G_2 + E_3E_2G_1 + E_3E_2E_1G_0 \\ &= A_3\overline{B}_3 + \overline{A_3 \oplus B_3}A_2\overline{B}_2 + \overline{A_3 \oplus B_3}\,\overline{A_2 \oplus B_2}A_1\overline{B}_1 + \overline{A_3 \oplus B_3}\,\overline{A_2 \oplus B_2}\,\overline{A_1 \oplus B_1}A_0\overline{B}_0 \end{aligned}$$

$$\begin{aligned} E &= E_3E_2E_1E_0 \\ &= \overline{A_3 \oplus B_3}\,\overline{A_2 \oplus B_2}\,\overline{A_1 \oplus B_1}\,\overline{A_0 \oplus B_0} \end{aligned}$$

$$\begin{aligned} S &= S_3 + E_3S_2 + E_3E_2S_1 + E_3E_2E_1S_0 \\ &= \overline{A}_3B_3 + \overline{A_3 \oplus B_3}\,\overline{A}_2B_2 + \overline{A_3 \oplus B_3}\,\overline{A_2 \oplus B_2}\,\overline{A}_1B_1 + \overline{A_3 \oplus B_3}\,\overline{A_2 \oplus B_2}\,\overline{A_1 \oplus B_1}\,\overline{A}_0B_0 \end{aligned}$$

显然 S 的值也可由其他两个值的输出得到，表达式为

$$S = \overline{G + E}$$

根据以上表达式，结合 1 位二进制数值比较器的设计结果，可得到 4 位无符号二进制数值比较器的逻辑图，如图 2-28 所示。

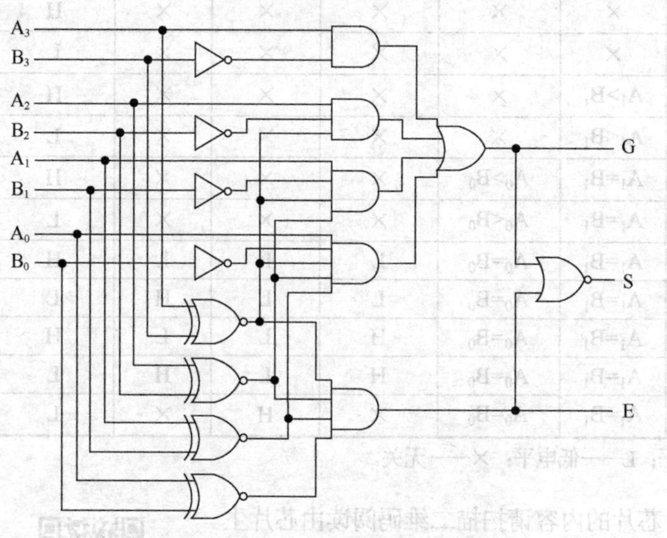

图 2-28 4 位无符号二进制数值比较器逻辑图

2）多位有符号二进制数值比较器

有符号二进制数一般采用补码的形式进行编码。当对两个有符号二进制数进行大小比较时，应首先比较最高位（即符号位），如果两个数的符号位不相同，说明两个数为一个正数一个负数，则可确定符号位为“0”的那个数大；当两个数的符号位相同时，应从高位到低位对符号位之后的

数值位进行逐个比较。对于正数来说，数值位所对应的二进制数较大的那个数大；对于负数来说，由于采用补码编码，同样也是数值位所对应的二进制数较大的那个数大。关于有符号二进制数值比较器的结构，读者可以依照前面的方法自己分析。

4．数值比较器集成电路

集成的数值比较器有 4 位数值比较器 74HC85，图 2-29 所示为 74HC85 的引脚图。74HC85 的输入端有：A 数、B 数各 4 位数据输入端，$I_{A<B}$、$I_{A=B}$、$I_{A>B}$ 三个级联输入端；输出端有 $Q_{A<B}$、$Q_{A=B}$、$Q_{A>B}$ 三个比较结果输出端。

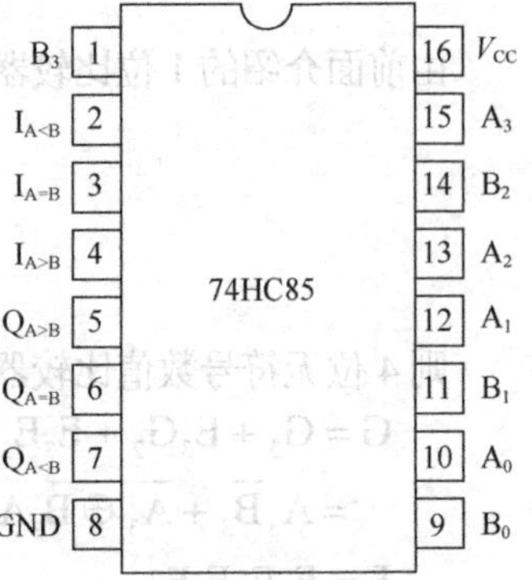

图 2-29　4 位比较器 74HC85 引脚图

表 2-15 为 74HC85 的功能表。通过分析功能表可得出以下结论。

（1）当 A 数（$A_3A_2A_1A_0$）和 B 数（$B_3B_2B_1B_0$）不相等时，比较器按两数的比较结果输出 A>B 或 A<B 的信息。

（2）当 A 数和 B 数相等时，由级联输入信号 $I_{A<B}$、$I_{A=B}$、$I_{A>B}$ 决定数值比较器的输出结果。$I_{A<B}$、$I_{A=B}$、$I_{A>B}$ 通常用于级联扩展时，输入低位数据的比较结果。

表 2-15　　4 位比较器 74HC85 功能表

输入							输出		
数据				级联输入					
A_3B_3	A_2B_2	A_1B_1	A_0B_0	$I_{A>B}$	$I_{A=B}$	$I_{A<B}$	$Q_{A>B}$	$Q_{A=B}$	$Q_{A<B}$
$A_3>B_3$	×	×	×	×	×	×	H	L	L
$A_3<B_3$	×	×	×	×	×	×	L	L	H
$A_3=B_3$	$A_2>B_2$	×	×	×	×	×	H	L	L
$A_3=B_3$	$A_2<B_2$	×	×	×	×	×	L	L	H
$A_3=B_3$	$A_2=B_2$	$A_1>B_1$	×	×	×	×	H	L	L
$A_3=B_3$	$A_2=B_2$	$A_1<B_1$	×	×	×	×	L	L	H
$A_3=B_3$	$A_2=B_2$	$A_1=B_1$	$A_0>B_0$	×	×	×	H	L	L
$A_3=B_3$	$A_2=B_2$	$A_1=B_1$	$A_0<B_0$	×	×	×	L	L	H
$A_3=B_3$	$A_2=B_2$	$A_1=B_1$	$A_0=B_0$	L	L	L	H	L	H
$A_3=B_3$	$A_2=B_2$	$A_1=B_1$	$A_0=B_0$	L	L	H	L	L	H
$A_3=B_3$	$A_2=B_2$	$A_1=B_1$	$A_0=B_0$	H	L	L	H	L	L
$A_3=B_3$	$A_2=B_2$	$A_1=B_1$	$A_0=B_0$	H	L	H	L	L	L
$A_3=B_3$	$A_2=B_2$	$A_1=B_1$	$A_0=B_0$	×	H	×	L	H	L

注：H——高电平；L——低电平；×——无关。

有关 74HC85 芯片的内容请扫描二维码阅读由芯片生产厂家提供的资料。

一片 74HC85 芯片只能实现 4 位数值的比较，如要实现 4 位以上的数值比较，则需对数值比较器进行扩展。将两片 74HC85 芯片级联起来，便可实现 8 位数值比较器，扩展方法请扫描二维码阅读“集成数值比较器的扩展”。

74HC85 datasheet

集成数值比较器的扩展

2.3.5 加法器

1. 加法器原理

加法器是进行算数加法运算的逻辑元器件，其功能是实现 2 个二进制数的加法操作。因而加法器是一个具有多个输入信号、多个输出信号的组合逻辑电路。

图 2-30 所示为加法器的示意框图。图中可见，加法器的输入信号是 2 个位数相同的加数 A 和 B；输出信号有 2 种，一个是和 S（位数与加数 A、B 相同），一个是向高位的进位 C。

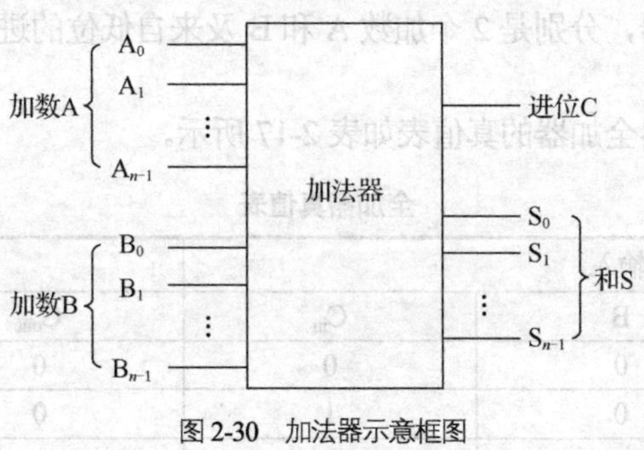

图 2-30 加法器示意框图

加法器的加法原理与数学上的加法运算方法相同，即从低位向高位逐位进行加法运算。显然，1 位二进制数的加法是多位二进制数加法的基础。这里，首先分析 1 位二进制加法器，进而对多位二进制加法器进行分析。

2. 1 位二进制加法器

两个 1 位二进制数的加法运算有两种：一种只考虑两个加数本身，而不考虑由低位来的进位，这种加法运算称为半加运算；另一种除了考虑两个加数外，还考虑由低位来的进位，这种加法运算称为全加运算。实现半加运算的逻辑电路称为半加器；实现全加运算的逻辑电路称为全加器。

1）半加器

半加器有 2 个输入信号，分别是 2 个加数 A 和 B；输出信号也有 2 个，分别是和 S 和进位 C_{out}。

加法法则：0+0=0，0+1=1，1+0=1，1+1=10。

依据加法法则，可列出表 2-16 所示的真值表。

表 2-16　　半加器真值表

输入		输出	
A	B	S	C_{out}
0	0	0	0
0	1	1	0
1	0	1	0
1	1	0	1

根据上述真值表，可写出输出变量 S 及 C_{out} 的函数逻辑表达式

$$S = \overline{A}B + A\overline{B} = A \oplus B$$

$$C_{out} = AB$$

依据上述逻辑表达式，可画出逻辑图，图 2-31 所示是半加器的逻辑图及逻辑符号。

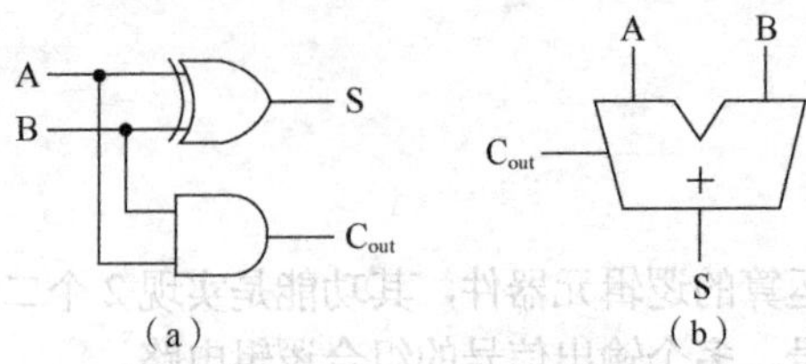

图 2-31　半加器逻辑图及逻辑符号

2）全加器

全加器有 3 个输入信号，分别是 2 个加数 A 和 B 及来自低位的进位 C_{in}；输出信号有 2 个，分别是和 S 和进位 C_{out}。

根据加法法则，可列出全加器的真值表如表 2-17 所示。

表 2-17　　**全加器真值表**

输入			输出	
A	B	C_{in}	C_{out}	S
0	0	0	0	0
0	0	1	0	1
0	1	0	0	1
0	1	1	1	0
1	0	0	0	1
1	0	1	1	0
1	1	0	1	0
1	1	1	1	1

根据表 2-17 所示的真值表可分别画出 S 和 C_{out} 的卡诺图，如图 2-32 所示。

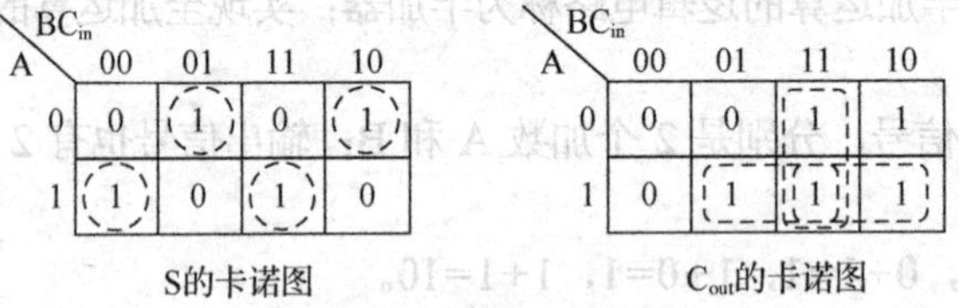

图 2-32　全加器输出函数的卡诺图

由图可得到输出函数的逻辑表达式

$$S = \overline{A}\,\overline{B}C_{in} + \overline{A}B\overline{C}_{in} + A\overline{B}\,\overline{C}_{in} + ABC_{in}$$

$$C_{out} = AB + AC_{in} + BC_{in}$$

S 函数的表达式可变换为

$$\begin{aligned} S &= \overline{A}\,\overline{B}C_{in} + \overline{A}B\overline{C}_{in} + A\overline{B}\,\overline{C}_{in} + ABC_{in} \\ &= \overline{A}(\overline{B}C_{in} + B\overline{C}_{in}) + A(\overline{B}\,\overline{C}_{in} + BC_{in}) \\ &= \overline{A}(B \oplus C_{in}) + A(\overline{B \oplus C_{in}}) \\ &= A \oplus B \oplus C_{in} \end{aligned}$$

用与门、或门及异或门实现，可画出上述表达式对应的逻辑图及逻辑符号，如图 2-33 所示。

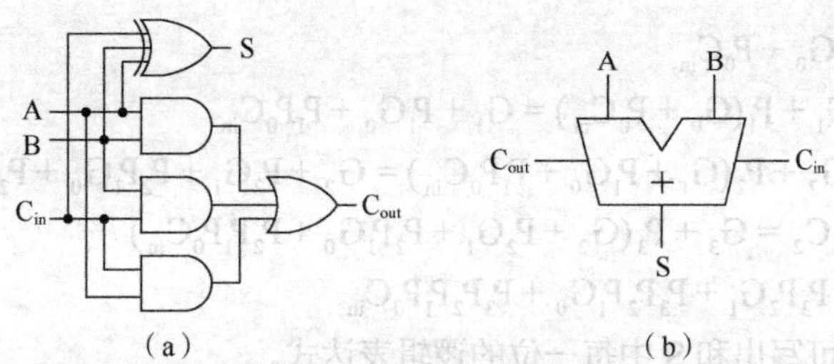

图 2-33 全加器逻辑图及逻辑符号

3．多位二进制进位加法器

1）串行（行波）进位加法器

在 1 位加法器的基础上，可实现多位二进制数的加法运算。由于两个多位数相加时，每 1 位置上的数都是带进位相加的，因此须使用全加器。线路连接时，只需将低位全加器的进位输出端 C_{out} 接到高位全加器的进位输入端 C_{in}，就可以构成多位二进制进位加法器了。这种结构的加法器被称为串行进位加法器（也称行波进位加法器）。图 2-34 所示的是根据上述原理连接的 4 位串行加法器电路，图中加数 A（$A_3A_2A_1A_0$）、加数 B（$B_3B_2B_1B_0$）以及低位进位 C_{in} 是输入信号，和 S（$S_3S_2S_1S_0$）及向高位的进位 C_{out} 是输出信号。

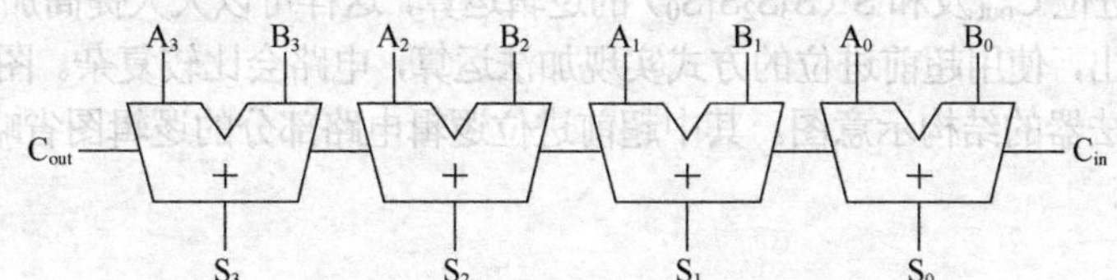

图 2-34 4 位串行进位加法器电路

串行进位加法器的优点是电路简单、连接方便。但由于高位相加必须等到低位相加完成，形成进位后才能进行，因而会导致运算速度较慢，特别是位数较多时，这个缺点尤其突出。为了提高加法器的运算速度，可采用超前进位的方式。

2）超前进位加法器

所谓超前进位，是指来自低位的进位信号直接通过逻辑电路获得，无需再从最低位开始向高位逐位传递进位信号，这样就可以大大提高运算速度。下面以 4 位超前进位加法器为例介绍超前进位信号的原理。

设加法器的两个加数分别为 A（$A_3A_2A_1A_0$）及 B（$B_3B_2B_1B_0$），低位向 0 位的进位为 C_{in}，相加后的和为 S（$S_3S_2S_1S_0$），进位为 C_{out}，再设各个位置上的数相加后所输出的进位为 C_3、C_2、C_1、C_0，显然 C_3 也就是 C_{out}。

由之前所学的全加器逻辑表达式可写出第 i 位上的全加器的逻辑表达式

$$S_i = A_i \oplus B_i \oplus C_{i-1}$$

$$\begin{aligned}C_i &= A_iB_i + A_iC_{i-1} + B_iC_{i-1} = A_iB_i + A_i(B_i + \overline{B}_i)C_{i-1} + (A_i + \overline{A}_i)B_iC_{i-1} \\ &= A_iB_i + A_i\overline{B}_iC_{i-1} + \overline{A}_iB_iC_{i-1} = A_iB_i + (A_i\overline{B}_i + \overline{A}_iB_i)C_{i-1} = A_iB_i + (A_i \oplus B_i)C_{i-1}\end{aligned}$$

将上式中的 A_iB_i 定义为生成函数 G_i，$A_i \oplus B_i$ 定义为进位传送函数 P_i，则上述表达式可写为

$$S_i = P_i \oplus C_{i-1}$$

$$C_i = G_i + P_iC_{i-1}$$

对于 4 位加法器，可按上式展开得到各进位的逻辑表达式

$$C_0 = G_0 + P_0C_{-1} = G_0 + P_0C_{in}$$

$$C_1 = G_1 + P_1C_0 = G_1 + P_1(G_0 + P_0C_{in}) = G_1 + P_1G_0 + P_1P_0C_{in}$$

$$C_2 = G_2 + P_2C_1 = G_2 + P_2(G_1 + P_1G_0 + P_1P_0C_{in}) = G_2 + P_2G_1 + P_2P_1G_0 + P_2P_1P_0C_{in}$$

$$\begin{aligned} C_{out} = C_3 &= G_3 + P_3C_2 = G_3 + P_3(G_2 + P_2G_1 + P_2P_1G_0 + P_2P_1P_0C_{in}) \\ &= G_3 + P_3G_2 + P_3P_2G_1 + P_3P_2P_1G_0 + P_3P_2P_1P_0C_{in} \end{aligned}$$

由$S_i = P_i \oplus C_{i-1}$，可写出和 S 中每一位的逻辑表达式。

$$\begin{aligned} S_0 &= P_0 \oplus C_{-1} \\ &= P_0 \oplus C_{in} \end{aligned}$$

$$\begin{aligned} S_1 &= P_1 \oplus C_0 \\ &= P_1 \oplus (G_0 + P_0C_{in}) \end{aligned}$$

$$\begin{aligned} S_2 &= P_2 \oplus C_1 \\ &= P_2 \oplus (G_1 + P_1G_0 + P_1P_0C_{in}) \end{aligned}$$

$$\begin{aligned} S_3 &= P_3 \oplus C_2 \\ &= P_3 \oplus (G_2 + P_2G_1 + P_2P_1G_0 + P_2P_1P_0C_{in}) \end{aligned}$$

由上述表达式可看出，只要输入了两个加数 A（$A_3A_2A_1A_0$）、B（$B_3B_2B_1B_0$）和 C_{in}后，通过门电路，便可实现进位 C_{out}及和 S（$S_3S_2S_1S_0$）的逻辑运算，这样可以大大提高加法器的运算速度。但从表达式也可看出，使用超前进位的方式实现加法运算，电路会比较复杂。图 2-35 所示为 4 位二进制超前进位加法器的结构示意图。其中超前进位逻辑电路部分的逻辑图省略，读者只需正确理解设计思想即可。

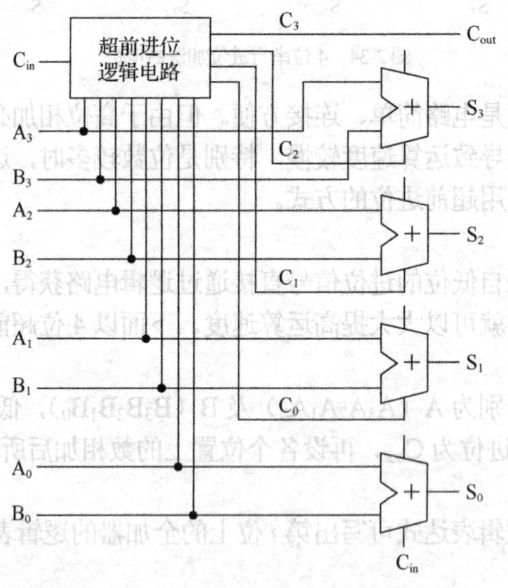

图 2-35　4 位二进制超前进位加法器结构示意图

3）有符号二进制数加法器

加法分无符号数加法和有符号数加法两种。

无符号数加法往往以原码进行运算，将进位作为结果的最高位即可，前面介绍的加法器，处理的就是无符号数。

而有符号数的加法往往以补码进行运算，因为补码可以将减法转换为加法，所以利用补码可以统一加减法运算。

设：加数　$A=A_{n-1}\cdots A_1A_0$　（A_{n-1}为符号位）

　　　　　$B=B_{n-1}\cdots B_1B_0$　（B_{n-1}为符号位）

和　　　$S=S_{n-1}\cdots S_1S_0$　（S_{n-1}为符号位）

（1）当 A 和 B 的符号相异时，|A+B|（A+B 的绝对值）必小于|A|、|B|中的大者，求和结果 S 的值总是正确的。

例如，4 位有符号二进制补码数 1101（−3）与 0110（+6）相加时，由于

$$\begin{array}{r} 1101 \\ +\quad 0110 \\ \hline 1\,0011 \end{array}$$

即 S=0011，对应的十进制数为+3，结果是正确的。

（2）A 和 B 的符号相同（同为正数或同为负数）时，由于|A+B|比|A|和|B|中的大者还大，所以结果有可能是正确的，也有可能不正确。

例如，4 位有符号二进制数 1110（−2）与 1101（−3）相加时，由于

$$\begin{array}{r} 1110 \\ +\quad 1101 \\ \hline 1\,1011 \end{array}$$

即 S=1011，对应的十进制数为−5，此结果是正确的。类似的，二进制补码数 0011+0100=0111，即 3+4=7，运算结果也是正确的。

再例，4 位有符号二进制数 1010（−6）与 1001（−7）相加时，由于

$$\begin{array}{r} 1010 \\ +\quad 1001 \\ \hline 1\,0011 \end{array}$$

即 S=0011，对应的十进制数为+3，此结果显然是不正确的。类似的，二进制补码数 0110+0101=1011，及 6+5=−5，结果也是不正确的。

结果不正确的原因是溢出造成的。所谓溢出是指运算结果超出了固定的位数所能表达的数值范围。由于 4 位二进制补码数所能表示的数值范围为−8～+7，显然（−6）+（−7）的结果−13 和 6+5 的结果 11 均超出了此范围，故产生溢出，运算结果不正确。

那么如何判断是否有溢出呢？

对于 n 位有符号二进制补码数加法器，令 C_{n-2} 表示符号位低一位向符号位的进位，C_{n-1} 表示符号位向符号位高一位的进位，定义

$$C_{n-2}=\begin{cases}0\text{：表示符号位低一位向符号位无进位}\\1\text{：表示符号位低一位向符号位有进位}\end{cases}$$

$$C_{n-1}=\begin{cases}0\text{：表示符号位向符号位高一位无进位}\\1\text{：表示符号位向符号位高一位有进位}\end{cases}$$

则溢出标志 OF 定义为：$OF=C_{n-2}\oplus C_{n-1}$。

① $C_{n-2}C_{n-1}$=(00)或(11)，OF＝0，表示无溢出；

② $C_{n-2}C_{n-1}$=(01)或(10)，OF＝1，表示有溢出。

在加法运算中，没有溢出时，加法结果一定是正确的。但是，当有溢出时，结果如何就要看针对溢出的处理方法。当产生溢出时，如果和的位数可以扩展，即扩大了和的数值范围，则结果

是正确的。如果和的位数不能扩展，运算结果一定是不正确的。在设计电路的时候，应根据不同的溢出处理规则进行设计。

对于溢出的处理方法有以下几种。

（1）扩展和 S 的位数。如果可以扩展加法器和的位数，可保证运算结果正确。图 2-36 所示为扩展和的位数的 4 位有符号加法器逻辑图。注意和 S 是二进制补码形式，S_4 为和的符号位。

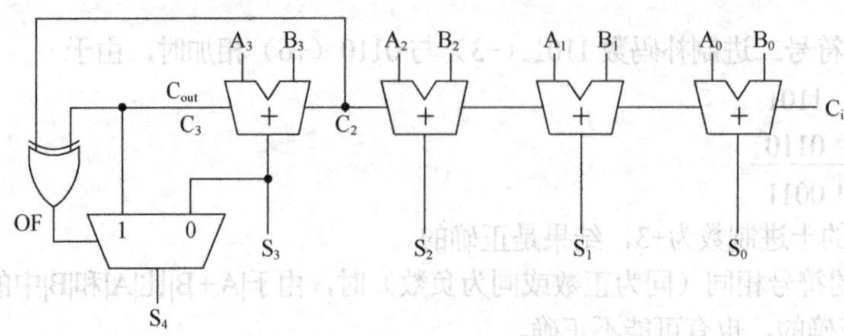

图 2-36　扩展位数的有符号加法器

【例 2-3】 用图 2-36 所示电路计算：（a）7+5；（b）−6−2。设图中 C_{in} 输入 0。

解　（a）将 A=+7、B=+5 转换为二进制补码数，得 $A_3A_2A_1A_0$=0111，$B_3B_2B_1B_0$=0101。

将 A 数、B 数及 C_{in} 代入图中，得：$S_3S_2S_1S_0$=1100，C_3=0，C_2=1。

计算溢出标志 $OF=C_3 \oplus C_2=0 \oplus 1=1$。

则图中 2 选 1 数据选择器输出 $S_4=C_3=0$。

则求和的结果是 $S_4S_3S_2S_1S_0$=01100（+12），显然结果是正确的。

（b）将 A=−6、B=−2 转换为二进制补码数，得 $A_3A_2A_1A_0$=1010，$B_3B_2B_1B_0$=1110。

将 A 数、B 数及 C_{in} 代入图中，得：$S_3S_2S_1S_0$=1000，C_3=1，C_2=1。

计算溢出标志 $OF=C_3 \oplus C_2=1 \oplus 1=0$。

2 选 1 数据选择器输出 $S_4=S_3=1$。

则求和的结果是 $S_4S_3S_2S_1S_0$=11000（−8），显然结果也是正确的。

（2）如果不能扩展加法器和 S 的位数，则常用的处理方法有以下几种。

① 饱和（saturation）法：溢出时计算结果为最大值（$2^{n-1}-1$）或最小值（-2^{n-1}），电路逻辑图如图 2-37 所示。

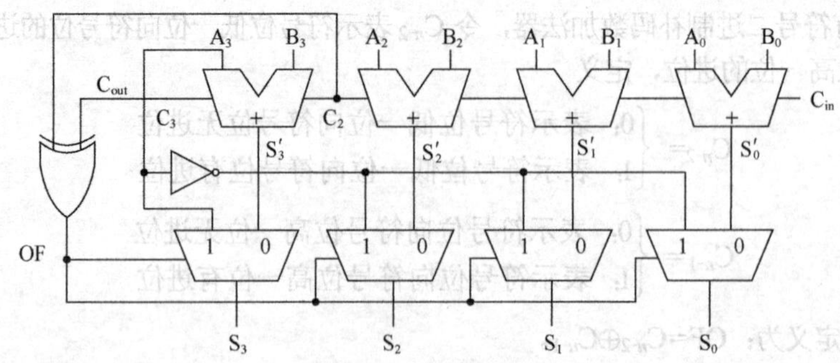

图 2-37　饱和法处理溢出的加法器

【例 2-4】 用图 2-37 所示电路计算：（a）6−3；（b）6+5；（c）−6−5。设图中 C_{in} 输入 1。

解　（a）将 A=+6、B=−3 转换为二进制补码数，得 $A_3A_2A_1A_0$=0110，$B_3B_2B_1B_0$=1101。

将A数、B数及C_{in}代入图中，得：$S'_3S'_2S'_1S'_0$=0100，C_3=1，C_2=1。

计算溢出标志OF=$C_3 \oplus C_2$=1⊕1=0，无溢出。

由于OF=0，图中4个2选1数据选择器输出$S'_3S'_2S'_1S'_0$的值，即$S_3S_2S_1S_0$=$S'_3S'_2S'_1S'_0$=0100(+4)。

（b）将A=+6、B=+5转换为二进制补码数，得$A_3A_2A_1A_0$=0110，$B_3B_2B_1B_0$=0101。

将A数、B数及C_{in}代入图中，得：$S'_3S'_2S'_1S'_0$=1100，C_3=0，C_2=1。

计算溢出标志OF=$C_3 \oplus C_2$=0⊕1=1，有溢出。

由于A_3=0，图中4个2选1数据选择器输出为0111，即求和的结果是$S_3S_2S_1S_0$=0111(+7)，也就是4位有符号二进制数的最大值。

（c）将A=−6、B=−5转换为二进制补码数，得$A_3A_2A_1A_0$=1010，$B_3B_2B_1B_0$=1011。

将A数、B数及C_{in}代入图中，得：$S'_3S'_2S'_1S'_0$=0110，C_3=1，C_2=0。

计算溢出标志OF=$C_3 \oplus C_2$=1⊕0=1，有溢出。

由于A_3=1，图中4个2选1数据选择器输出为1000，即求和的结果是$S_3S_2S_1S_0$=1000(−8)，也就是4位有符号二进制数的最小值。

② 移位法：溢出时，将进位及和依次右移作为加法的结果，电路逻辑图如图2-38所示。

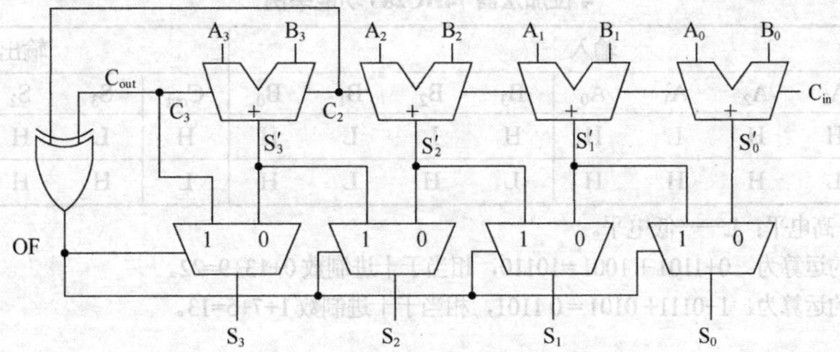

图2-38　右移法处理溢出的加法器

【例2-5】　用图2-38所示电路计算：（a）6−3；（b）6+5；（c）−6−5。设图中C_{in}输入1。

解　（a）将A=+6、B=−3转换为二进制补码数，得$A_3A_2A_1A_0$=0110，$B_3B_2B_1B_0$=1101。

将A数、B数及C_{in}代入图中，得：$S'_3S'_2S'_1S'_0$=0100，C_3=1，C_2=1。

计算溢出标志OF=$C_3 \oplus C_2$=1⊕1=0，无溢出。

由于OF=0，图中4个2选1数据选择器输出$S'_3S'_2S'_1S'_0$的值，即$S_3S_2S_1S_0$=$S'_3S'_2S'_1S'_0$=0100(+4)。

（b）将A=+6、B=+5转换为二进制补码数，得$A_3A_2A_1A_0$=0110，$B_3B_2B_1B_0$=0101。

将A数、B数及C_{in}代入图中，得：$S'_3S'_2S'_1S'_0$=1100，C_3=0，C_2=1。

计算溢出标志OF=$C_3 \oplus C_2$=0⊕1=1，有溢出。

由于OF=1，图中4个2选1数据选择器输出$C_3S'_3S'_2S'_1$，即$S_3S_2S_1S_0$=$C_3S'_3S'_2S'_1$=0110(+6)。

（c）将A=−6、B=−5转换为二进制补码数，得$A_3A_2A_1A_0$=1010，$B_3B_2B_1B_0$=1011。

将A数、B数及C_{in}代入图中，得：$S'_3S'_2S'_1S'_0$=0110，C_3=1，C_2=0。

计算溢出标志OF=$C_3 \oplus C_2$=1⊕0=1，有溢出。

由于OF=1，图中4个2选1数据选择器输出$C_3S'_3S'_2S'_1$，即$S_3S_2S_1S_0$=$C_3S'_3S'_2S'_1$=1011(−5)。

需要说明的是，为了便于理解，这里仅在串行进位加法器的基础上介绍有符号数加法器的结构，如果设计有符号数的超前进位加法器，原理是相同的。

4．加法器集成电路

常用的74HC系列加法器有74HC83、74HC283，它们都是4位二进制超前进位加法器。图

2-39 所示为 74HC283 的引脚图，该芯片实现了 2 个 4 位二进制数求和运算的功能。表 2-18 所示为 74HC283 的功能应用举例。

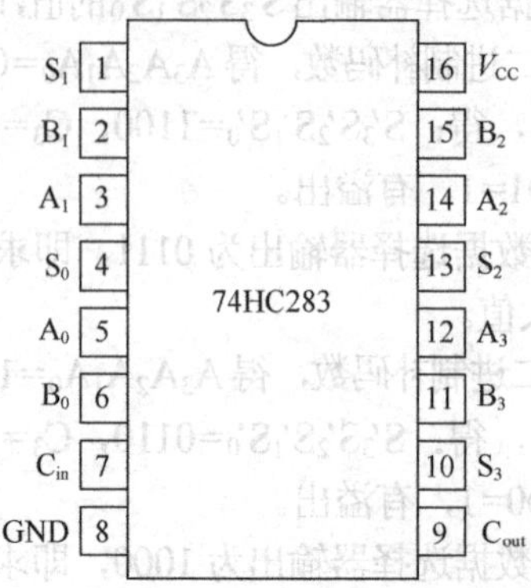

图 2-39　4 位加法器 74HC283 引脚图

表 2-18　　4 位加法器 74HC283 功能举例

	输入									输出				
	C_{in}	A_3	A_2	A_1	A_0	B_3	B_2	B_1	B_0	C_{out}	S_3	S_2	S_1	S_0
例 1	L	H	H	L	H	H	L	L	H	H	L	H	H	L
例 2	H	L	H	H	H	L	H	L	H	L	H	H	L	H

注：① H——高电平；L——低电平。

② 例 1 实现的运算为：0+1101 + 1001 =10110，相当于十进制数 0+13+9=22。

③ 例 2 实现的运算为：1+0111+ 0101 = 0 1101，相当于十进制数 1+7+5=13。

有关 74HC283 的信息请扫描二维码阅读由芯片生产厂家提供的资料。

74HC283 datasheet

集成加法器的扩展

一片 74HC283 芯片只能实现 4 位二进制加法运算，如要实现 4 位以上的加法运算，需要对加法器进行扩展。将两片 74HC283 芯片级联起来，便可实现 8 位加法器，扩展方法请扫描二维码阅读“集成加法器的扩展”。

在加法器的基础上，可以设计出乘法器，关于乘法器的原理及实现方法，请扫描二维码阅读“乘法器”。

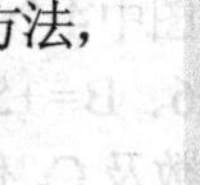

乘法器

2.4　组合逻辑电路的设计

2.4.1　组合逻辑电路的设计方法

逻辑电路的设计是指根据给定的实际问题，找出能解决这一问题的最简单的逻辑电路予以实现。

组合逻辑电路的设计是分析的逆过程。由于实际应用中所提出的各种设计要求一般都是以文字形式来描述的，所以设计的首要任务是将文字描述的问题转换为逻辑问题，即将文字描述的设计要求抽象为一种逻辑关系，然后将逻辑关系转化为逻辑表达式并化简，最后可画出逻辑电路图。

具体的设计步骤归纳如下。

（1）分析设计要求，将文字描述的设计要求抽象成输出变量与输入变量的逻辑关系。也就是确定哪些是输入变量，哪些是输出变量，以及它们之间的相互关系，可先列出功能表。

（2）列真值表。首先定义英文字母用于表示相关的输入及输出变量，然后对各输入、输出信号的状态进行赋值，即用 0 和 1 表示有关状态，最后根据功能表中的因果关系，把输入变量的各种取值以及对应的输出值以表格的形式一一列出。

（3）根据真值表写出逻辑表达式并进行化简，得到最简与或式。化简时可使用卡诺图或运用公式定理化简。

（4）根据所选择的门电路的类型，变换最简表达式，以便用所选择的门电路实现。

（5）根据逻辑表达式画出逻辑电路图。

2.4.2 组合逻辑电路的设计举例

【例 2-6】 设计一个举重比赛的裁判表决电路。举重比赛有 3 名裁判，以少数服从多数的原则确定最终判决。

解 （1）分析设计要求。

根据举重比赛的判决规则分析，将 3 名裁判的判决信号作为输入信号，最终判决结果作为输出信号。根据规则，列出功能表如表 2-19 所示。

（2）列真值表。设定变量：用 A、B、C 三个变量作为输入变量，分别代表裁判 1、裁判 2、裁判 3，用 Y 代表最终判决结果。

状态赋值：对于输入变量的取值，用 0 表示失败，用 1 表示成功；对于输出值，用 0 表示失败，用 1 表示成功。

列出的真值表如表 2-20 所示。

表 2-19　　例 2-6 功能表

裁判 1 判决	裁判 2 判决	裁判 3 判决	最终判决
失败	失败	失败	失败
失败	失败	成功	失败
失败	成功	失败	失败
失败	成功	成功	成功
成功	失败	失败	失败
成功	失败	成功	成功
成功	成功	失败	成功
成功	成功	成功	成功

表 2-20　　例 2-6 真值表

输入			输出
A	B	C	Y
0	0	0	0
0	0	1	0
0	1	0	0
0	1	1	1
1	0	0	0
1	0	1	1
1	1	0	1
1	1	1	1

（3）化简逻辑函数。由表 2-20 可画出图 2-40 所示的卡诺图。由卡诺图写出最简与或式如下

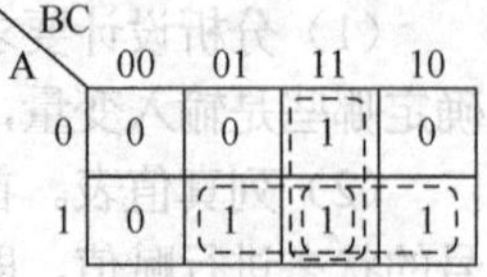

图 2-40 例 2-6 卡诺图

$$Y = AB + BC + AC$$

（4）变换表达式。显然，使用与门和或门可实现用最简与或式所表示的逻辑关系。

如果要用与非门实现该逻辑关系，可将最简与或式变换成最简与非-与非式

$$Y = \overline{\overline{AB + BC + AC}} = \overline{\overline{AB} \cdot \overline{BC} \cdot \overline{AC}}$$

（5）画逻辑图。图 2-41 所示是用与门和或门构成的逻辑电路图，图 2-42 所示是用与非门构成的逻辑电路图。

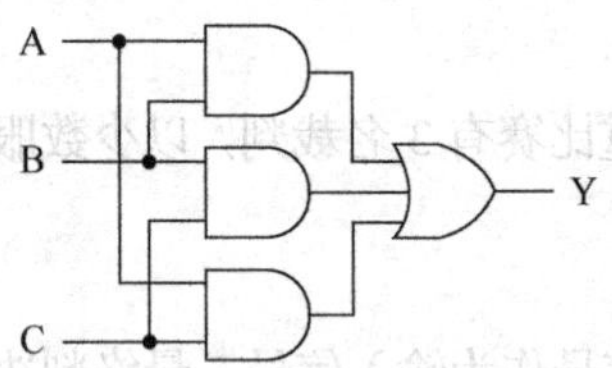

图 2-41 用与门和或门构成的逻辑图

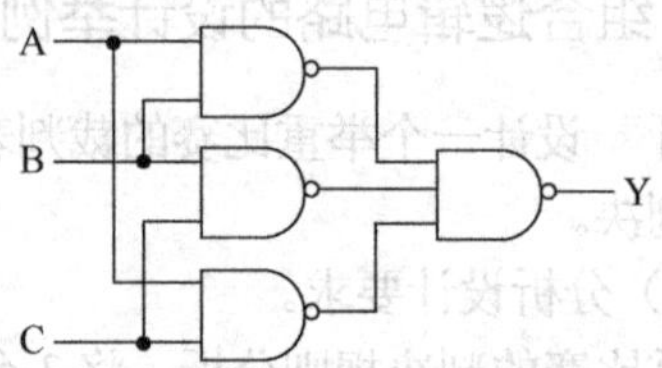

图 2-42 用与非门构成的逻辑图

【例 2-7】 设计一个道路交通信号灯故障检测电路。

解 （1）分析设计要求。根据道路交通灯的运行规则，正常情况下，红、黄、绿 3 个灯只有一个灯亮，当三盏灯全灭或两盏及两盏以上灯亮时，应产生故障报警。根据以上分析，可列出功能表如表 2-21 所示。

表 2-21　例 2-7 功能表

红灯	黄灯	绿灯	是否报警
灭	灭	灭	是
灭	灭	亮	否
灭	亮	灭	否
灭	亮	亮	是
亮	灭	灭	否
亮	灭	亮	是
亮	亮	灭	是
亮	亮	亮	是

（2）列真值表。设定变量：用 R（red）、Y（yellow）、G（green）三个变量作为输入变量，分别代表红灯、黄灯、绿灯，用 Z 代表报警信号。

状态赋值：对于输入变量的取值，用 0 表示灯灭，用 1 表示灯亮；对于输出 Z 的取值，用 0 表示不报警，用 1 表示报警。

根据所设定的变量及各状态的取值，可列出真值表，如表 2-22 所示。

（3）化简逻辑函数。由表 2-22 可画出如图 2-43 所示的卡诺图。

由卡诺图写出最简与或式

$$Z = \overline{R}\,\overline{Y}\,\overline{G} + RY + RG + YG = \overline{R + Y + G} + RY + RG + YG$$

表 2-22　　例 2-7 真值表

输入			输出
R	Y	G	Z
0	0	0	1
0	0	1	0
0	1	0	0
0	1	1	1
1	0	0	0
1	0	1	1
1	1	0	1
1	1	1	1

（4）画逻辑图。图 2-44 所示是用与门、或门及或非门构成的逻辑电路图。

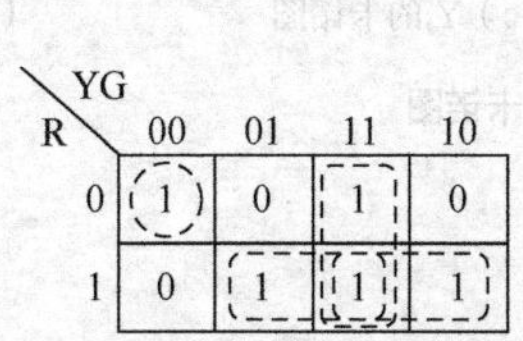

图 2-43　例 2-7 卡诺图

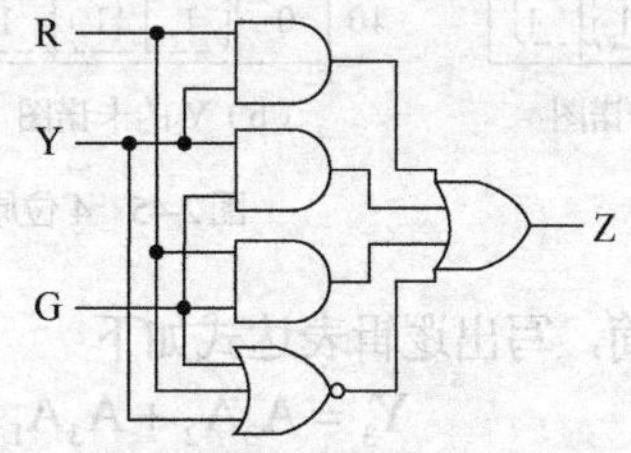

图 2-44　例 2-7 逻辑图

【例 2-8】　设计一个 4 位的原码-补码转换器。

解　（1）分析设计要求。第 1 章介绍过，有符号二进制数常用的表示方法有原码、反码、补码等。原码二进制数与十进制数之间可以直接进行进制数转换，但运算不方便。而补码数可以将减法运算转换为加法运算，因此有符号数常以补码数的形式进行运算和存储。

（2）列真值表。设定变量：设 4 位原码输入变量为 A（$A_3A_2A_1A_0$），4 位补码输出变量为 Y（$Y_3Y_2Y_1Y_0$），根据原码数转换为补码数的转换规则，可列真值表如表 2-23 所示。

表 2-23　　4 位原码-补码转换真值表

输入				输出				对应十进制数
A_3	A_2	A_1	A_0	Y_3	Y_2	Y_1	Y_0	
0	0	0	0	0	0	0	0	0
0	0	0	1	0	0	0	1	1
0	0	1	0	0	0	1	0	2
0	0	1	1	0	0	1	1	3
0	1	0	0	0	1	0	0	4
0	1	0	1	0	1	0	1	5
0	1	1	0	0	1	1	0	6
0	1	1	1	0	1	1	1	7
1	0	0	0	0	0	0	0	−0
1	0	0	1	1	1	1	1	−1
1	0	1	0	1	1	1	0	−2
1	0	1	1	1	1	0	1	−3
1	1	0	0	1	1	0	0	−4

续表

输入				输出				对应十进制数
A_3	A_2	A_1	A_0	Y_3	Y_2	Y_1	Y_0	
1	1	0	1	1	0	1	1	−5
1	1	1	0	1	0	1	0	−6
1	1	1	1	1	0	0	1	−7

（3）化简逻辑函数。由表 2-23 可得到逻辑函数 Y_3～Y_0 的卡诺图，如图 2-45 所示。

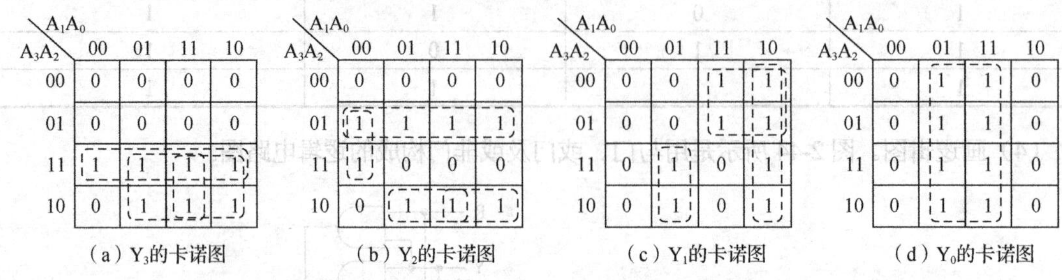

（a）Y_3的卡诺图　（b）Y_2的卡诺图　（c）Y_1的卡诺图　（d）Y_0的卡诺图

图 2-45　4 位原码-补码转换器卡诺图

由卡诺图化简，写出逻辑表达式如下

$$Y_3 = A_3A_2 + A_3A_1 + A_3A_0$$

$$Y_2 = \overline{A}_3A_2 + A_2\overline{A}_1\overline{A}_0 + A_3\overline{A}_2A_1 + A_3\overline{A}_2A_0$$

$$Y_1 = \overline{A}_3A_1 + A_1\overline{A}_0 + A_3\overline{A}_1A_0$$

$$Y_0 = A_0$$

（4）画逻辑图。根据以上表达式，画出 4 位原码-补码转换器逻辑图，如图 2-46 所示。

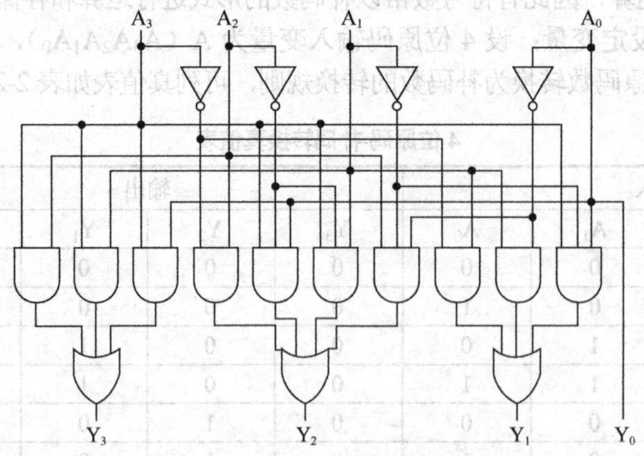

图 2-46　4 位原码-补码转换器逻辑图

设计组合逻辑电路时，除了直接使用门电路可实现组合逻辑函数，还可以使用一些已有的集成的组合逻辑电路实现其他组合逻辑函数。实现的方法请扫描二维码阅读“使用译码器实现组合逻辑电路”及“使用数据选择器实现组合逻辑电路”。

使用译码器实现组合逻辑电路

使用数据选择器实现组合逻辑电路

2.5 组合逻辑电路的时序分析

1. 组合逻辑电路的波形图

组合逻辑电路中，在给出了输入变量随时间变化的波形后，根据函数中变量之间的逻辑关系，以及高低电平的正负逻辑关系，即可得到输出变量随时间变化的波形，这就是波形图，也称时序图。

【例 2-9】 函数 $Y=\overline{A}B+A\overline{B}=A\oplus B$，当 A、B 的输入波形如图 2-47 所示时，画出输出变量 Y 的波形。

解 由表达式可知，A、B 是异或关系，即 A、B 取值相同时 Y=0，A、B 取值不同时 Y=1，以此关系可以很容易地画出 Y 的波形，如图 2-47 所示。

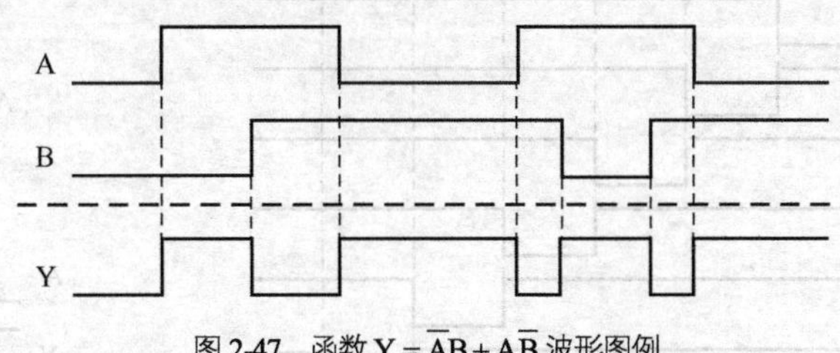

图 2-47 函数 $Y=\overline{A}B+A\overline{B}$ 波形图例

【例 2-10】 画出图 2-12 所示的译码器在输入 I_2、I_1、I_0 的波形如图 2-48 所示时，输出 Y_0～Y_7 的波形图。

解 由译码器的设计结果可知，当输入信号 I_2、I_1、I_0 的值为 000～111 时，Y_0～Y_7 分别输出有效信号 1。据此可画出输出 Y_0～Y_7 的波形图，如图 2-48 所示。

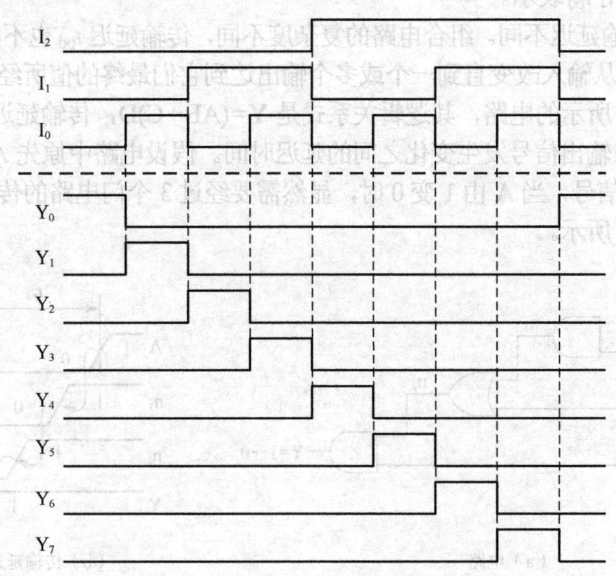

图 2-48 图 2-12 所示译码器的波形图例

如果使用图 2-13 所示输出低电平有效的 3 位二进制译码器，则输出波形如图 2-49 所示。

2. 时序分析

前面所讨论的组合逻辑电路波形图，都是在理想的状态下根据逻辑关系得到的。但在实际电路的信号传送过程中，信号经过任何一个门电路都会产生时间延迟，这就会使得电路中，当输入信号达到稳定状态后，输出并不会立刻达到稳定的状态。图 2-50 显示了这种电路延迟。

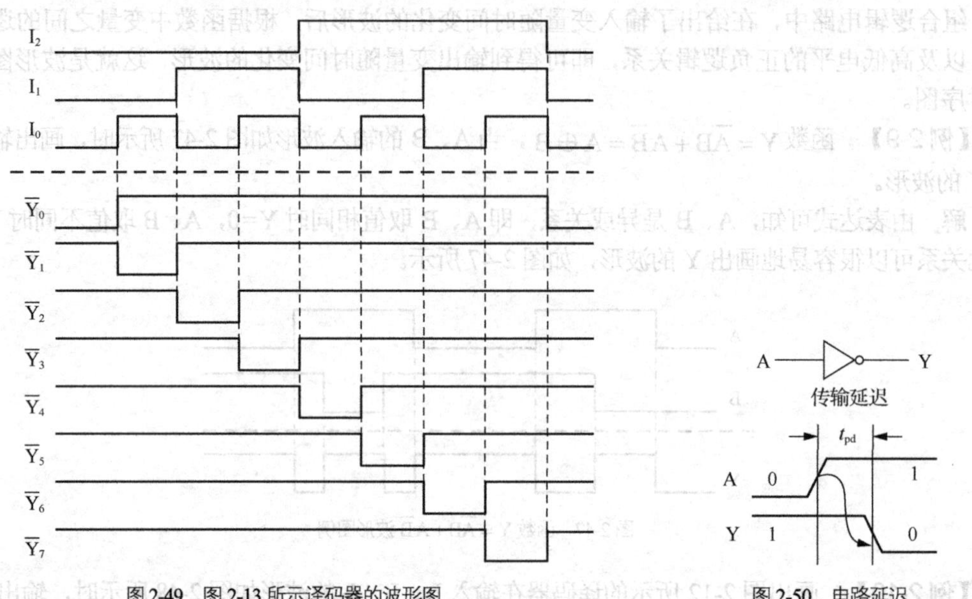

图 2-49 图 2-13 所示译码器的波形图　　图 2-50 电路延迟

图 2-50 中，反相器的输入信号由低电平转变为高电平（这种转变称为上升沿），经过时间延迟后，输出从高电平转变为低电平（这种转变称为下降沿）。这种时间延迟称为传输延迟（propagation delay），用 t_{pd} 表示。

不同门电路的传输延迟不同。组合电路的复杂度不同，传输延迟 t_{pd} 也不相同。一个电路的传输延迟 t_{pd} 应考虑的是从输入改变直到一个或多个输出达到它们最终的值所经历的最长时间。

例如图 2-51（a）所示的电路，其逻辑关系式是 Y=(AB+C)D，传输延迟 t_{pd} 应考虑的是从 A 或 B 信号的改变到 Y 输出信号发生变化之间的延迟时间。假设电路中原先 A、B、C、D 输入信号为 1101，Y 输出 1 信号，当 A 由 1 变 0 时，显然需要经过 3 个门电路的传输延迟，Y 才输出 0 信号，如图 2-51（b）所示。

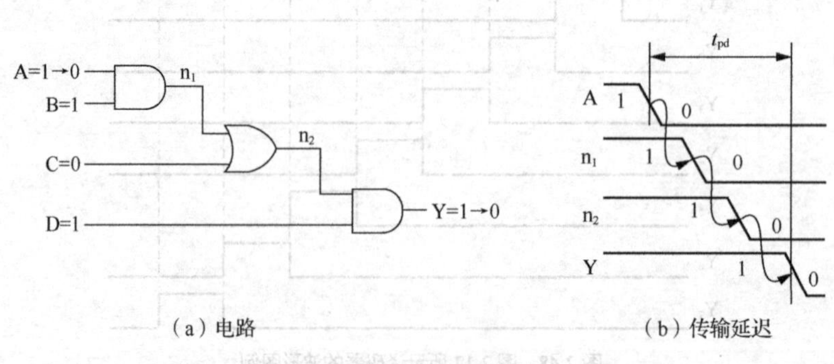

图 2-51 组合电路及传输延迟

传输延迟除了会影响电路的速度，还会引起电路的竞争冒险问题，下面进一步讨论。

3. 组合逻辑电路的竞争冒险及其原因

组合电路中，当输入信号发生变化后，在输出达到稳定之前，输出端可能出现异常的虚假信号（干扰脉冲），这种现象被称作竞争冒险。有些负载对这种干扰脉冲十分敏感，因而有必要对竞争冒险产生的原因进行分析，并采取相应的措施消除它。

在数字电路中，任何一个门电路，只要有两个输入信号同时向相反的方向变化，由于信号经过不同的路径到达门的输入端，时间上不能完全同步，因而其输出端就可能产生干扰脉冲。

例如，在图 2-52（a）所示的电路中，$Y = A\overline{B}$，当 AB 信号同时由 00 变成 11 时，按其逻辑关系，输出信号 Y 应该始终保持在低电平状态，但由于 B 信号经过了一个非门电路，有传输延迟，使得 A 和 $\overline{B}$ 信号不能同时传送至与门的输入端，因而导致在传输延迟的一瞬间，与门同时接收了两个高电平信号，因而输出端出现了瞬间的高电平（干扰脉冲），如图 2-52（b）所示。

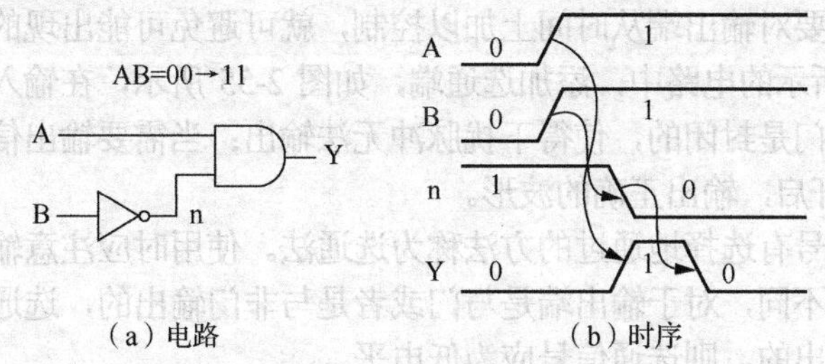

图 2-52　$Y = A\overline{B}$ 的竞争冒险

有时，在一些逻辑关系中，即使只有一个输入变量的状态改变，也可能导致竞争冒险的问题。

例如，函数 $Y = AB + \overline{A}C$，当 B=C=1 时，A 的值由 1 变成 0，从函数关系上我们看到，输出端 Y 的值应该一直维持在 1（高电平）状态。但用图 2-53（a）所示的逻辑电路实现时就会发现，由于非门所产生的延迟，导致或门的输入信号在一瞬间出现了 00 输入的情况，使输出端产生瞬间为 0（低电平）的干扰信号，如图 2-53（b）所示。

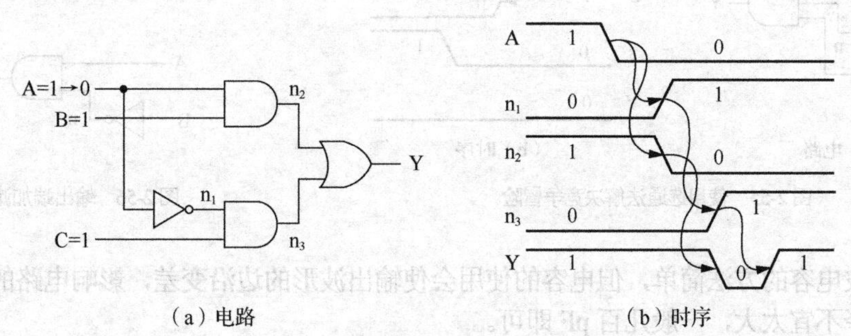

图 2-53　函数 $Y = AB + \overline{A}C$ 的竞争冒险分析

4. 竞争冒险的解决方案

要解决竞争冒险，首先要检查这个电路是否存在竞争冒险的隐患。检查一个组合电路中是否存在竞争冒险，最直观的方法是根据输入信号的变化规律，逐级列出电路的真值表，找出那些输入信号会发生竞争的门，再判断该门产生的干扰脉冲是否会在整个电路的输出端产生干扰脉冲。如果会，则电路会产生竞争冒险，需设法消除，否则可以不予理会。

对于与门、与非门、或门、或非门电路来说，当两个输入信号同时由 0、1 变换成 1、0 时，即可判断存在竞争冒险。

对于单个变量改变状态时是否会引发的竞争冒险情况，可用逻辑函数的卡诺图来进行判定。

例如，函数 $Y = AB + \overline{A}C$，卡诺图如图 2-54 所示，在卡诺图中，$\overline{A}C$ 圈和 AB 圈相切（相切是指两个包围圈之间有最小项相邻，且相邻的最小项之间无包围圈。此处最小项 $\overline{A}BC$ 和 ABC 相邻），由此可判定函数 $Y = AB + \overline{A}C$ 有竞争冒险存在。如卡诺图中的包围圈和包围圈之间不相切，则不会产生竞争冒险。

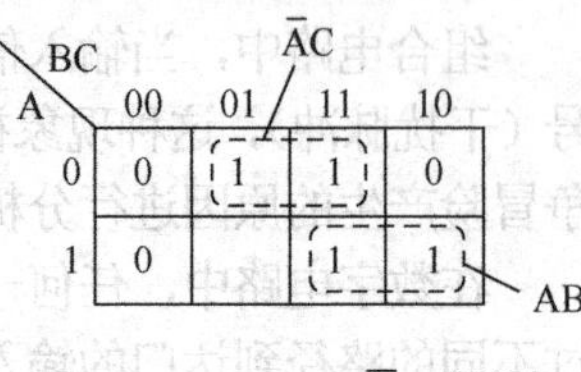

图 2-54　$Y = AB + \overline{A}C$ 卡诺图

要解决竞争冒险问题，可采取以下几种措施。

（1）选通法。

由于组合电路中的竞争冒险是发生在输入信号变化的过程中的，而干扰脉冲是以一种尖脉冲的形式出现，因此，只要对输出端从时间上加以控制，就可避免可能出现的干扰脉冲。

例如，在图 2-52 所示的电路中，添加选通端，如图 2-55 所示，在输入信号变化时，无选通信号，此时输出端的与门是封闭的，使得干扰脉冲无法输出；当需要输出信号时，才发出选通信号（高电平），将与门开启，输出正确的波形。

这种在时间上让信号有选择地通过的方法称为选通法。使用时应注意输出端所使用的门电路不同，选通信号应有所不同，对于输出端是与门或者是与非门输出的，选通信号为高电平，如果是或门或者是或非门输出的，则选通信号应为低电平。

（2）滤波法。

由于竞争冒险所产生的干扰脉冲通常是很窄的尖脉冲，所以可以采用在输出端与地之间接一个滤波电容的方法消除干扰脉冲。图 2-56 所示的是在输出端添加滤波电容的电路图。

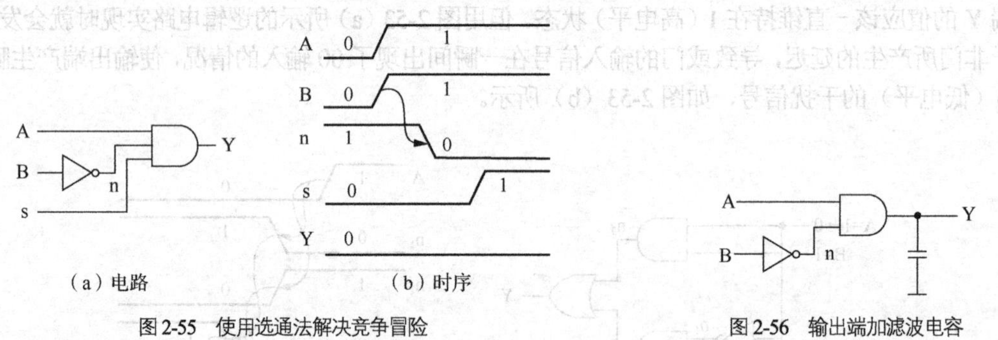

图 2-55　使用选通法解决竞争冒险　　图 2-56　输出端加滤波电容

使用滤波电容的方法简单，但电容的使用会使输出波形的边沿变差，影响电路的动态特性。因而电容选择不宜太大，一般几百 pF 即可。

（3）增加冗余项法。

当竞争冒险是由单个变量的值发生变化引起时，可通过增加冗余项的方法予以解决。

例如，在前面介绍的函数 $Y = AB + \overline{A}C$ 的卡诺图中，将两个分属不同包围圈但相邻的最小项合并，增加一个圈，如图 2-57（a）所示，则对应的表达式变成了 $Y = AB + \overline{A}C + BC$，对应的逻辑电路图如图 2-57（b）所示。

通过分析不难看到，当 B=C=1 时，由于 BC 与门输出的 1 使输出端输出波形维持高电平，因而瞬间的低电平干扰脉冲就不再出现了，竞争冒险得以解决。

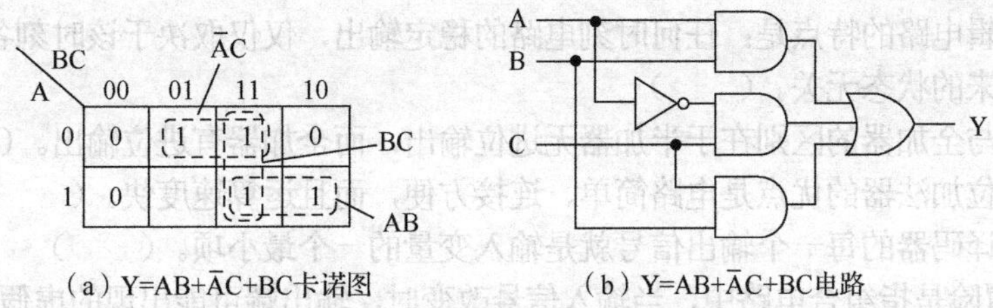

（a）Y=AB+$\bar{A}$C+BC卡诺图　（b）Y=AB+$\bar{A}$C+BC电路

图 2-57　通过增加冗余项消除竞争冒险

习题

一、单选题

（1）若在编码器中有 50 个编码对象，则输出二进制代码位数至少需要（　　）位。

A）5　B）6　C）10　D）50

（2）一个 16 选 1 的数据选择器，其选择控制（地址）输入端有（　　）个，数据输入端有（　　）个，输出端有（　　）个。

A）1　B）2　C）4　D）16

（3）一个 8 选 1 的数据选择器，当选择控制端 $S_2S_1S_0$ 的值分别为 101 时，输出端输出（　　）的值。

A）1　B）0　C）D_4　D）D_5

（4）一个译码器若有 100 个译码输出端，则译码输入端至少有（　　）个。

A）5　B）6　C）7　D）8

（5）能实现并行数据转换成串行数据的是（　　）。

A）数值比较器　B）译码器　C）数据选择器　D）数据分配器

（6）能实现 1 位二进制带进位加法运算的是（　　）。

A）半加器　B）全加器　C）加法器　D）运算器

（7）图 2-15 所示的数码显示译码器连线示意图中，如希望数码显示器显示字符“E”，则 Y_a～Y_g 应输出（　　）数据。

A）0110001　B）1001110　C）1001111　D）0110000

（8）欲设计一个 8 位数值比较器，需要（　　）位数据输入及（　　）位输出信号。

A）8，3　B）16，3　C）8，8　D）16，16

（9）4 位输入的二进制译码器，其输出应有（　　）位。

A）16　B）8　C）4　D）1

（10）在图 2-13 所示的逻辑电路中，如 $I_2I_1I_0$ 输入 101，输出端 Y_0～Y_7 将输出（）。

A）00001000　B）00000100　C）11110111　D）11111011

二、判断题

（1）在二 — 十进制译码器中，未使用的输入编码应作约束项处理。（　　）

（2）编码器在任何时刻只能对一个输入信号进行编码。（　　）

（3）优先编码器的输入信号是相互排斥的，不容许多个编码信号同时有效。（　　）

（4）共阴发光二极管数码显示器需选用有效输出为高电平的七段显示译码器来驱动。（　　）

（5）3 位二进制编码器是 3 位输入、8 位输出。（　　）

（6）组合逻辑电路的特点是：任何时刻电路的稳定输出，仅仅取决于该时刻各个输入变量的取值，与电路原来的状态无关。（ ）

（7）半加器与全加器的区别在于半加器无进位输出，而全加器有进位输出。（ ）

（8）串行进位加法器的优点是电路简单、连接方便，而且运算速度快。（ ）

（9）二进制译码器的每一个输出信号就是输入变量的一个最小项。（ ）

（10）竞争冒险是指组合电路中，当输入信号改变时，输出端可能出现的虚假信号。（ ）

三、综合题

（1）分别计算在图 2-34、图 2-36、图 2-37、图 2-38 所示逻辑电路中，输入以下信号的输出结果：

① A_3～A_0 输入 0110，B_3～B_0 输入 1011，C_{in} 输入 0；

② A_3～A_0 输入 0110，B_3～B_0 输入 0011，C_{in} 输入 1；

③ A_3～A_0 输入 1001，B_3～B_0 输入 1011，C_{in} 输入 0。

（2）使用门电路设计一个 8 选 1 的数据选择器，画出逻辑图。

（3）设计一个二 — 十进制普通编码器（采用余 3 码编码）。注：编码规则参见表 1-2。

（4）利用门电路设计一个 1 路-4 路数据分配器。数据分配器的功能与数据选择器的功能相反，相当于一个 1 路-多路的开关，可以实现数据的串-并转换。1 路-4 路数据分配器的结构示意图如图 2-58 所示，其功能是将输入的数据选通送至 4 个输出中的一个。当 S_1S_0=00 时，Y_0=D；当 S_1S_0=01 时，Y_1=D；当 S_1S_0=10 时，Y_2=D；当 S_1S_0=11 时，Y_3=D。

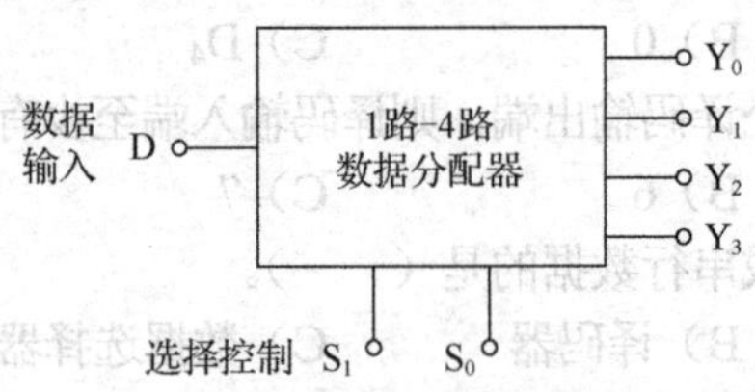

图 2-58 数据分配器示意图

（5）设计一个路灯控制电路，要求两个开关中的任何一个都可以控制灯亮或灭。

（6）设计一个 4 位有符号二进制数比较器。有符号的二进制数采用补码编码规则，输入的两个 4 位数中的最高位均为符号位，比较器的输出有 3 个信号，分别是大于、等于、小于。列出该组合的电路真值表，写出输出信号的逻辑表达式，画出逻辑图。

（7）试用 4 位比较器（74HC85）及门电路实现 4 位有符号二进制补码数的比较，画出连线图。

（8）试设计一个 4 位补码-原码转换器，写出完整的设计过程，画出逻辑图。注：−8 的补码无对应的 4 位原码，可表示为约束。

第3章 时序逻辑电路

学习基础

第 1 章介绍了数字逻辑的基础知识，第 2 章介绍了组合逻辑电路的特点、组合逻辑电路的分析方法和设计方法、常用的组合逻辑电路。在学习本章之前，应先掌握第 1、2 章的知识。

阅读指南

本章讲述数字逻辑中的另一类逻辑电路——时序逻辑电路（简称时序电路）。

3.1 节讲述时序电路的基本概念及逻辑功能表示方法，学习时应注意其与组合电路的区别。

3.2 节讲述锁存器与触发器，它们是能够存储 1 位二进制数的最基本的时序电路。

3.3 节讲述时序电路的分析方法。

3.4 节介绍寄存器、计数器等常用的时序电路。

3.5 节介绍时序电路的设计方法。

3.6 节介绍时序电路时序分析的基本概念。

3.1 概述

3.1.1 时序电路的基本概念及特点

时序逻辑电路以组合电路为基础，但又与组合电路不同。常见的时序逻辑电路的结构如图 3-1 所示。图中，X_0、X_1、…、X_{i-1} 是外部输入信号；Y_0、Y_1、…、Y_{j-1} 是输出信号；Z_0、Z_1、…、Z_{n-1} 是存储电路的驱动（或称激励）信号，它实质上就是存储电路的下一个存储状态的输入信号；Q_0、Q_1、…、Q_{m-1} 是存储电路的状态信号，是存储电路当前的状态。

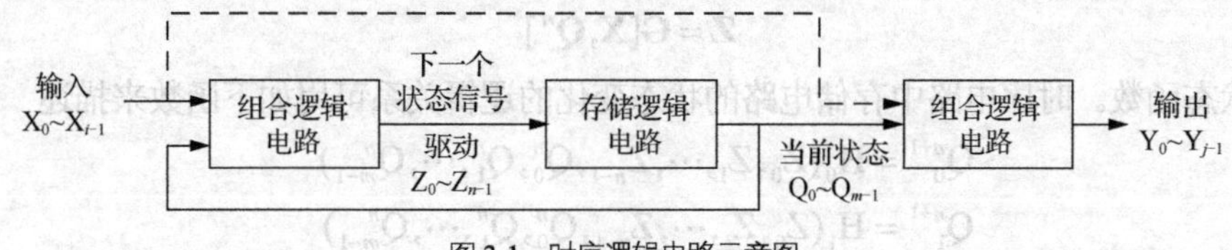

图 3-1 时序逻辑电路示意图

1. 逻辑功能上的特点

时序电路在逻辑功能上的特点是：任意时刻电路的稳定输出，不仅取决于该时刻各个输入变量的取值，而且还取决于电路原来的状态，或者说，还与以前的输入有关。

凡是符合以上特点的数字电路都是时序逻辑电路，这也是时序逻辑电路的定义。

2．电路结构上的特点

由图 3-1 可以看到，时序电路在电路结构上具有如下特点。

（1）时序电路中通常包含着组合电路和存储电路两个部分，而存储电路是必不可少的。存储电路是由具有记忆功能的锁存器或触发器构成的。

（2）存储电路的输出状态必须反馈到组合电路的输入端，与输入信号一起共同决定组合电路的输出。

在具体的时序电路中，有些并不具备图 3-1 所示的完整形式。例如，有些时序电路没有输入信号，有的没有组合逻辑部分，但只要它们在逻辑功能上具有时序电路的基本特征，仍然属于时序电路。

典型的时序电路有计数器、读/写存储器、寄存器、移位寄存器、顺序脉冲发生器等。

3.1.2　时序电路逻辑功能的表示方法

与组合逻辑电路类似，在描述时序电路功能时，可使用以下几种表示方式。

1．逻辑表达式

由图 3-1 可以看到，在时序电路中存在着以下几种函数式。

（1）输出函数。时序电路的输出逻辑可用如下函数来描述

$$
\begin{aligned}
&Y_0 = F_0(X_0, X_1, \cdots, X_{i-1}, Q_0^n, Q_1^n, \cdots, Q_{m-1}^n) \\
&Y_1 = F_1(X_0, X_1, \cdots, X_{i-1}, Q_0^n, Q_1^n, \cdots, Q_{m-1}^n) \\
&\cdots\cdots \\
&Y_{j-1} = F_{j-1}(X_0, X_1, \cdots, X_{i-1}, Q_0^n, Q_1^n, \cdots, Q_{m-1}^n)
\end{aligned}
$$

写成向量函数的形式如下

$$\mathbf{Y} = \mathbf{F}[\mathbf{X}, \mathbf{Q}^n]$$

（2）驱动函数（也称激励函数）。时序电路的驱动（即各存储单元的输入）逻辑可用如下函数来描述

$$
\begin{aligned}
&Z_0 = G_0(X_0, X_1, \cdots, X_{i-1}, Q_0^n, Q_1^n, \cdots, Q_{m-1}^n) \\
&Z_1 = G_1(X_0, X_1, \cdots, X_{i-1}, Q_0^n, Q_1^n, \cdots, Q_{m-1}^n) \\
&\cdots\cdots \\
&Z_{n-1} = G_{n-1}(X_0, X_1, \cdots, X_{i-1}, Q_0^n, Q_1^n, \cdots, Q_{m-1}^n)
\end{aligned}
$$

写成向量函数的形式如下

$$\mathbf{Z} = \mathbf{G}[\mathbf{X}, \mathbf{Q}^n]$$

（3）状态函数。时序电路中存储电路的状态变化的逻辑关系可用如下函数来描述

$$
\begin{aligned}
&Q_0^{n+1} = H_0(Z_0, Z_1, \cdots, Z_{n-1}, Q_0^n, Q_1^n, \cdots, Q_{m-1}^n) \\
&Q_1^{n+1} = H_1(Z_0, Z_1, \cdots, Z_{n-1}, Q_0^n, Q_1^n, \cdots, Q_{m-1}^n) \\
&\cdots\cdots \\
&Q_{m-1}^{n+1} = H_{m-1}(Z_0, Z_1, \cdots, Z_{n-1}, Q_0^n, Q_1^n, \cdots, Q_{m-1}^n)
\end{aligned}
$$

写成向量函数的形式如下

$$\mathbf{Q}^{n+1} = \mathbf{H}[\mathbf{Z}, \mathbf{Q}^n]$$

说明：在上面逻辑函数式中，Q^n代表存储电路的当前的状态，简称现态；Q^{n+1}代表存储电路的下一个状态，简称次态。

2. 状态表

状态表是状态转换表的简称。用状态转换表描述时序电路的逻辑功能，不仅能反映出输出状态与当时输入信号之间的关系，还能反映出输出状态与原来状态之间的关系。

例如某电路有4种存储状态（分别用S_0～S_3表示），1个输入（用X表示），1个输出（用Y表示）。表3-1描述了这个电路状态变化及输出与输入信号及当前状态之间的关系。

表3-1　状态转换关系例

现态 / 次态/输出Y / 输入X	S_0	S_1	S_2	S_3
0	$S_0/1$	$S_0/1$	$S_0/1$	$S_0/1$
1	$S_1/1$	$S_2/1$	$S_3/0$	$S_3/0$

但是表3-1并不适用于在数字电路中进行逻辑关系的分析。可先对状态进行编码，如将表3-1中的S_0～S_3状态分别编码为S_0（00）、S_1（01）、S_2（10）、S_3（11），然后将编码后的状态与输入、输出信号一起列成真值表的形式，形成用于描述时序电路功能的状态转换表，如表3-2所示。

表3-2　编码后的状态转换表

输入X	当前状态	下一状态	输出Y
0	00(S_0)	00(S_0)	1
0	01(S_1)	00(S_0)	1
0	10(S_2)	00(S_0)	1
0	11(S_3)	00(S_0)	1
1	00(S_0)	01(S_1)	1
1	01(S_1)	10(S_2)	1
1	10(S_2)	11(S_3)	0
1	11(S_3)	11(S_3)	0

⇨

输入X	当前状态		下一状态		输出Y
	Q_1^n	Q_0^n	Q_1^{n+1}	Q_0^{n+1}	
0	0	0	0	0	1
0	0	1	0	0	1
0	1	0	0	0	1
0	1	1	0	0	1
1	0	0	0	1	1
1	0	1	1	0	1
1	1	0	1	1	0
1	1	1	1	1	0

3. 状态图

状态图又称状态转换图，用状态图描述时序电路的逻辑功能比状态表更为形象直观，它通过几何图形方式将时序电路的状态转换关系及转换条件表示出来，十分清晰。

画状态图时，应首先画出电路的所有状态，然后用箭头描述状态的转换方向，箭头旁边注明状态转换的条件。

例如，将表3-1所示的状态转换关系改用状态图进行描述，结果如图3-2所示。在状态图中，一个圆圈对应一个存储状态，圆圈中的文字是状态的名称；箭头表示状态之间的转换关系，箭头的起始位置对应存储电路原来的状态（即现态），箭头的指向位置对应下一状态（即次态）；箭头旁边描述状态转换条件及输出结果，通常斜线左边表示的是状态转换条件（即输入信号），斜线右边表示的是输出信号。

状态编码后，可用编码代替状态名称，得到状态编码后的状态图，如图3-3所示。

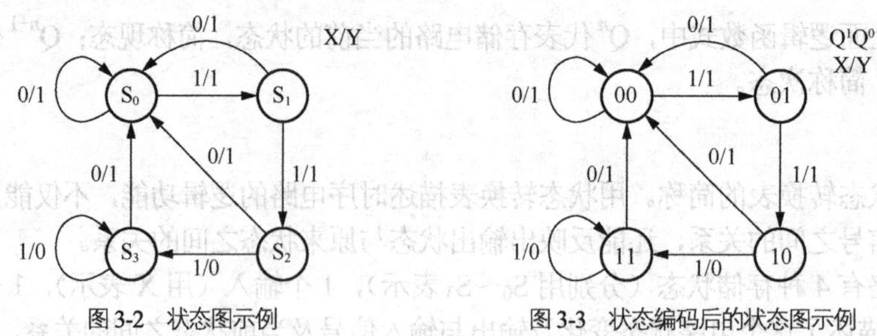

图 3-2 状态图示例　　图 3-3 状态编码后的状态图示例

4．时序图

时序电路中的时序图可反映出在时钟脉冲序列及输入信号的作用下，电路状态及输出信号随时间变化的波形。

3.1.3 时序电路的分类

1．按触发器的时钟脉冲控制方式分类

（1）同步时序电路：指存储电路中所有的触发器状态的改变都是在同一个时钟脉冲（Clk）控制下同时发生。

（2）异步时序电路：指存储电路中的触发器由两个或两个以上的时钟脉冲 Clk 控制或没有 Clk 控制。

2．按输出和输入的关系分类

（1）Mealy 型时序电路：输出信号不仅取决于存储电路的状态，还与输入直接有关系，即

$$Y=F[X, Q^n]$$

（2）Moore 型时序电路：输出信号仅仅取决于存储电路的状态，即

$$Y=F[Q^n]$$

在图 3-1 中，如果没有虚线，则电路为 Moore 型时序电路。

3.2 锁存器与触发器

前面介绍了时序逻辑电路必然包含存储电路。锁存器和触发器都是具有存储功能的双稳态元器件（双稳态：存储状态 0 态和 1 态均为稳定的状态），它们就像门电路一样，在数字电路中的使用非常普遍。

锁存器与触发器的不同之处在于，锁存器是电平敏感的存储元件，而触发器是时钟脉冲边沿触发的存储元件。锁存器的电平敏感是指存储状态跟随着输入信号的高低电平变化而变化。触发器有时钟脉冲控制，存储状态仅在时钟脉冲边沿可能发生改变。

本节介绍各种类别锁存器与触发器电路的基本原理及功能。

3.2.1 锁存器

1．基本 RS 锁存器

1）基本 RS 锁存器的基本结构及工作原理

基本 RS 锁存器是一个最简单的时序电路。图 3-4 所示为由一对或非门交叉耦合而成的基本 RS 锁存器原理图及其逻辑符号。

基本 RS 锁存器有两个输入端 R 和 S，有两个输出端 Q 和 $\overline{Q}$。其中输入端 R（Reset）为置 0 端，或称复位端；S（set）为置 1 端，或称置位端。两个输出端 Q 和 $\overline{Q}$ 为互补输出端，它们输出的状态刚好相反，图 3-4（b）中，$\overline{Q}$ 输出端的圆圈表示反相输出的意思。

在锁存器或触发器中，对状态值的描述定义如下：将 Q=0、$\overline{Q}$=1 这种状态定义为 0 态，表示存储的值为 0；将 Q=1、$\overline{Q}$=0 这种状态称为 1 态，表示存储的值为 1。

基本 RS 锁存器的工作原理如下。

（1）当输入信号 R=S=0 时，锁存器的输出为稳定的 0 态或 1 态，也就是说接收输入信号之后的状态（Q^{n+1}）与接收输入信号之前的状态（Q^n）相同。

用逻辑关系式描述，可写为 $Q^{n+1}=Q^n$。

图 3-5 说明了这种双稳态的情况。显然，如果锁存器原来的状态 Q^n 是 0 态，输入 R=S=0 后，锁存器次态 Q^{n+1} 仍然是 0 态；如果锁存器原来的状态 Q^n 是 1 态，输入 R=S=0 后，锁存器次状态 Q^{n+1} 仍然维持 1 态。

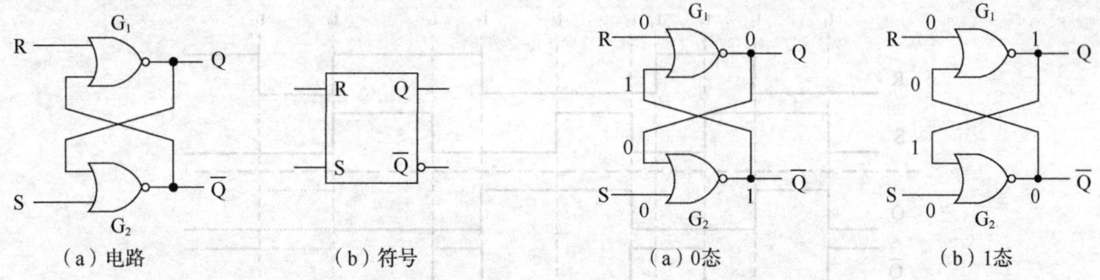

图 3-4　由或非门构成的基本 RS 锁存器的结构及逻辑符号

图 3-5　RS 锁存器的双稳态情况

（2）当输入信号 R=0、S=1 时，由于 S=1，使或非门 G_2 输出 0，即 $\overline{Q}$=0，从而使得或非门 G_1 的两个输入信号均为 0，G_1 输出 1，即 Q=1，显然触发器输出状态为 1 态，即 $Q^{n+1}=1$。

（3）当输入信号 R=1、S=0 时，由于 R=1，使或非门 G_1 输出 0，即 Q=0，从而使得或非门 G_2 的两个输入信号均为 0，G_2 输出 1，即 $\overline{Q}$=1，显然触发器输出状态为 0 态，即 $Q^{n+1}=0$。

（4）当输入信号 R=S=1 时，两个或非门的输出均为 0，即 Q=0、$\overline{Q}$=0，此输出既非 0 态，也非 1 态。这种状态并非锁存器的正常工作状态，应避免出现。

2）基本 RS 锁存器的特性表及特性函数

特性表是反映锁存器或触发器的次态 Q^{n+1} 与现态 Q^n 以及输入信号之间对应关系的表格。特性表类似于真值表，但由于它反映了锁存器或触发器的功能特性，故称为特性表。特性函数是表示锁存器或触发器的次态 Q^{n+1} 与现态 Q^n 及输入信号之间逻辑关系的逻辑表达式。

综上所述，可以得到基本 RS 锁存器的特性表，如表 3-3 所示。

表 3-3　　RS 锁存器特性表

输入		现态	次态输出	功能说明
R	S	Q^n	Q^{n+1}	
0	0	0	0	保持
0	0	1	1	
0	1	0	1	置 1
0	1	1	1	
1	0	0	0	置 0
1	0	1	0	
1	1	0	×	非法
1	1	1	×	

将特性表中的数值填入卡诺图，如图 3-6 所示。化简后，可得基本 RS 锁存器的特性函数

$$\begin{cases} Q^{n+1} = S + \overline{R}Q^{n} \\ RS = 0 \quad \text{（约束条件）} \end{cases}$$

Q^n \ RS	00	01	11	10
0	0	1	×	0
1	1	1	×	0

图 3-6　基本 RS 锁存器卡诺图

3）基本 RS 锁存器时序图

图 3-7 所示为给定了 R、S 输入波形后，基本 RS 锁存器的时序图例。图中 t_3、t_7、t_{10} 时刻，R=1、S=0，锁存器置 0；t_1、t_5 时刻，R=0、S=1，锁存器置 1；t_4、t_6 时刻，R=S=0，锁存器保持原来状态不变；t_2、t_8 时刻，R=S=1，锁存器两个输出端均输出 0（非锁存器的正常状态）；在 t_9 时刻，R=S=0，此时锁存器应保持为双稳态中的 0 态或 1 态，但由于前一时刻 R=S=1，使 Q=0、$\overline{Q}$=0（非锁存器的正常状态），因此 t_9 时刻锁存器的状态在这里是无法确定的，其状态取决于两个或非门延迟的差异，图中用虚线表示这种不确定的状态。这种当两个有效信号同时撤销时所产生的状态不确定的情况称为竞态现象。

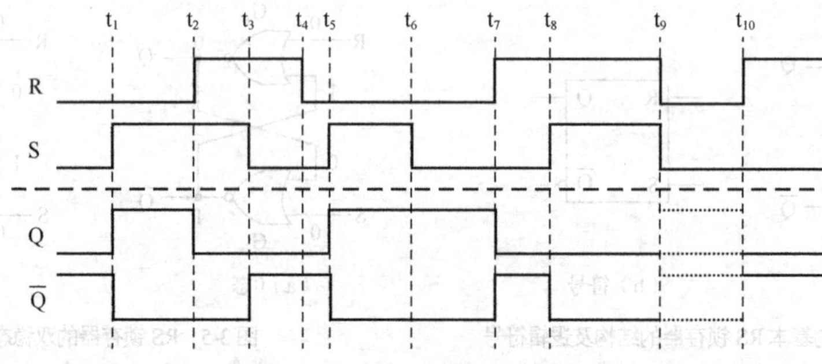

图 3-7　基本 RS 锁存器的时序图例

4）基本 RS 锁存器的特点

基本 RS 锁存器的电路比较简单，它是组成各种功能更为完善的锁存器及触发器的基本电路单元；其输入信号直接控制着输出的状态（称为电平敏感）；根据输入信号的不同，基本 RS 锁存器具有保持、置 1、置 0 功能；输入信号 R、S 之间有约束。

2. D 锁存器

1）D 锁存器的基本结构及工作原理

图 3-8 所示为一个简单的 D 锁存器的结构图及电路逻辑符号。图中，D 为输入信号。

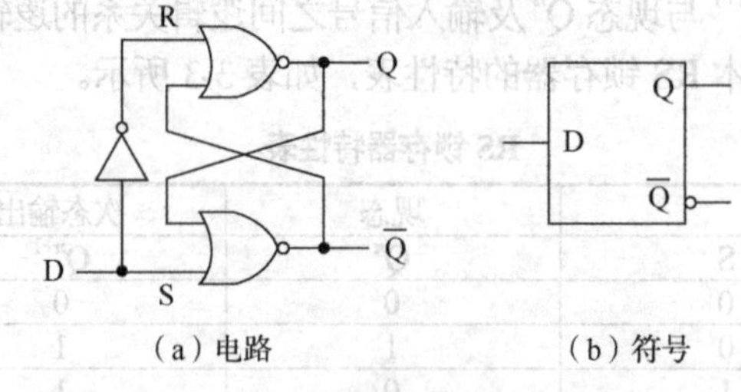

图 3-8　D 锁存器的电路结构及逻辑符号

由电路结构图可见。

（1）当输入信号 D=0 时，R=1、S=0，此为置“0”信号，因此 Q^{n+1}=0。

（2）当输入信号 D=1 时，R=0、S=1，此为置“1”信号，因此 $Q^{n+1}=1$。

2）D 锁存器的特性表及特性函数

表 3-4 为 D 锁存器的特性表。由特性表可写出 D 锁存器的特性函数：$Q^{n+1}=D$。

3）D 锁存器时序图

图 3-9 所示为给定 D 输入波形后，D 锁存器的时序图例。

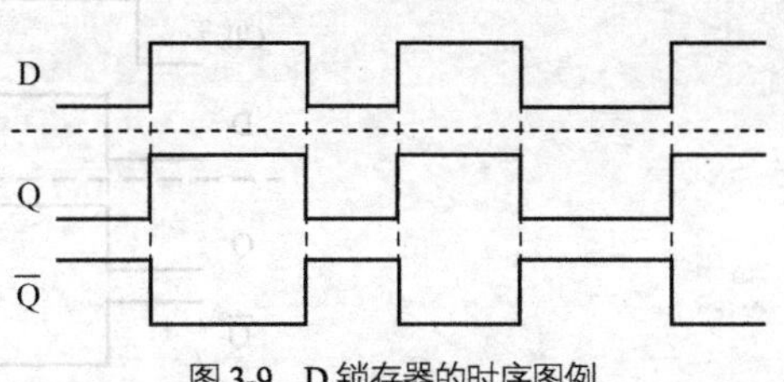

图 3-9　D 锁存器的时序图例

表 3-4　　D 锁存器特性表

输入	现态	次态输出	功能说明
D	Q^n	Q^{n+1}	
0	0	0	置 0
0	1	0	
1	0	1	置 1
1	1	1	

4）D 锁存器的特点

D 锁存器为电平直接控制，不存在 RS 触发器的约束问题；D 锁存器具有置 0 及置 1 功能。

3．门控 D 锁存器

1）门控 D 锁存器的基本结构及工作原理

图 3-10 所示为门控 D 锁存器的电路结构图及逻辑符号。图中，增加了控制同步的时钟信号 Clk。

由电路结构图可见。

（1）当 Clk=0 时，R=S=0，此时锁存器的状态不会改变，即 $Q^{n+1}=Q^n$。

（2）当 Clk=1 时，与前面介绍的 D 锁存器相同，由输入信号 D 控制锁存器状态，即 $Q^{n+1}=D$。

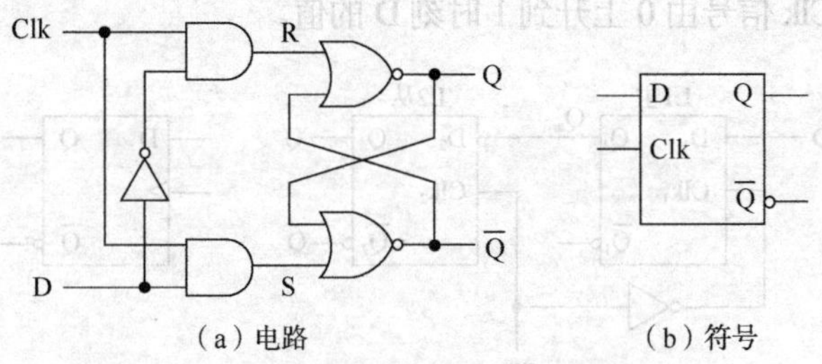

图 3-10　门控 D 锁存器的结构及逻辑符号

2）门控 D 锁存器的特性函数

显然，门控 D 锁存器的特性函数是：$Q^{n+1}=D$，Clk=1 期间有效。

3）门控 D 锁存器时序图

图 3-11 所示为给定 Clk 波形及 D 输入波形后，门控 D 锁存器的时序图例。从图中可见，在 Clk 为 1 期间，Q 跟随 D 变化，而在 Clk 为 0 期间，Q 维持原先状态不变。

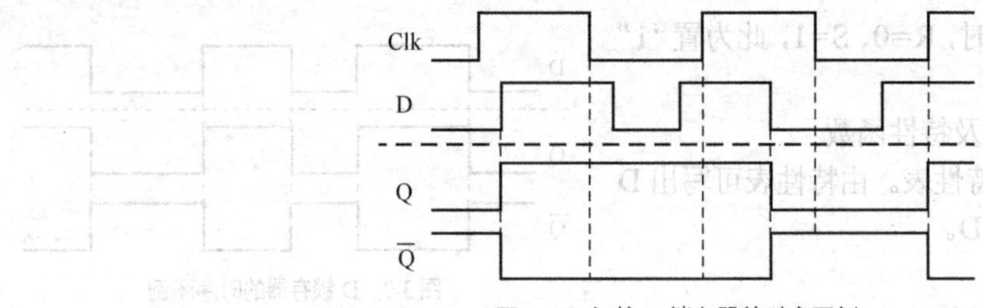

图 3-11　门控 D 锁存器的时序图例

4）门控 D 锁存器的特点

门控 D 锁存器具有置 0 和置 1 功能；它受同步时钟 Clk 控制，在 Clk=1 期间接收信号，Clk=0 期间锁存，便于多个锁存器同步工作。

3.2.2　触发器

触发器与锁存器的不同之处在于，锁存器是电平敏感的存储元件，而触发器是时钟脉冲边沿触发的存储元件。

下面首先介绍 D 触发器的结构、原理及功能，然后类似地介绍其他触发器。

1．D 触发器

1）电路原理及逻辑符号

D 触发器与 D 锁存器一样，具有置 0 和置 1 功能。图 3-12（a）所示为 D 触发器的电路结构图及逻辑符号。

由图 3-12（a）可见，一个 D 触发器由两个 D 锁存器构成，它们的时钟控制信号互为反相。图中锁存器 L1 称为主锁存器，L2 称为从锁存器，这种结构的触发器被称为主从触发器。其工作原理如下。

（1）Clk=0 时，主锁存器 L1 的 Clk_1=1，L1 工作，$Q_1^{n+1}=D_1=D$，即 D 的值无条件地传送到 Q_1。此时从锁存器 L2 的 Clk_2=0，L2 不接收 D_2 信号，$Q_2^{n+1}=Q_2^n$，即 $Q^{n+1}=Q^n$，Q 保持原来的状态不变。

（2）Clk=1 时，L1 的 Clk_1=0，L1 不再接收 D 信号，$Q_1^{n+1}=Q_1^n$，Q_1 保持的是 Clk 信号由 0 上升到 1 时刻 D 信号的值。此时 L2 的 Clk_2=1，L2 工作，$Q_2^{n+1}=D_2$，Q_1 信号被送至 Q_2 端。因此最终送入 Q 端的是时钟 Clk 信号由 0 上升到 1 时刻 D 的值。

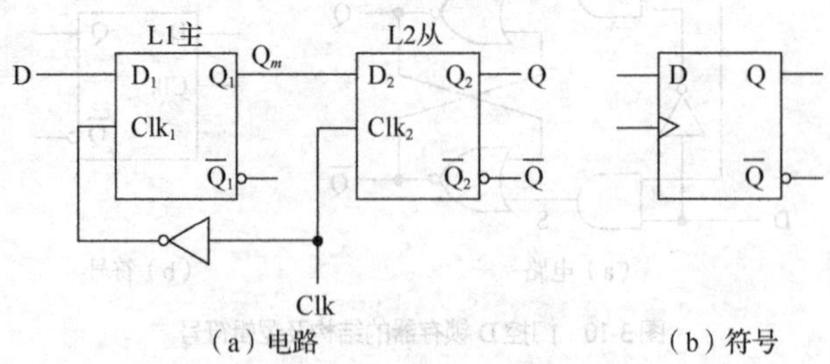

（a）电路　　（b）符号

图 3-12　D 触发器的结构及逻辑符号

由于仅在时钟脉冲 Clk 的边沿传输输入信号 D 的值到 Q 端，因而这是一种时钟脉冲边沿触发的存储元件，称为触发器，也被称为边沿触发器。逻辑符号中三角是时钟边沿触发的标志，图 3-12（b）中的符号所表示的边沿为时钟 Clk 的上升沿。

如果将图 3-12（a）所示电路改为图 3-13（a）所示的电路，则此 D 触发器是由 Clk 时钟脉冲的下降沿触发的，对应的逻辑符号如图 3-13（b）所示，逻辑符号中的三角外有一圆圈，表示的是时钟脉冲下降沿触发。

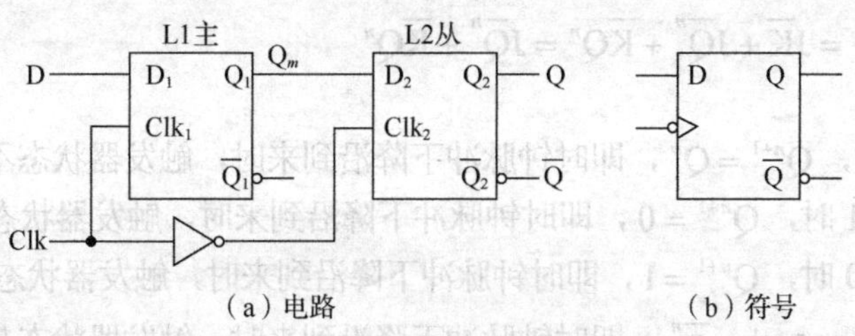

（a）电路　　　　（b）符号

图 3-13　下降沿触发的 D 触发器符号

2）特性表及特性函数

表 3-5 为图 3-12 所示的上升沿触发的 D 触发器的特性表。

表 3-5　D 触发器特性表

输入		输出	功能说明
Clk	D	Q^{n+1}	
↑	0	0	置 0
↑	1	1	置 1

对于图 3-12 所示的 D 触发器，其特性函数是

$$Q^{n+1}=D \qquad \text{Clk}\uparrow\text{有效}$$

3）D 触发器的状态图

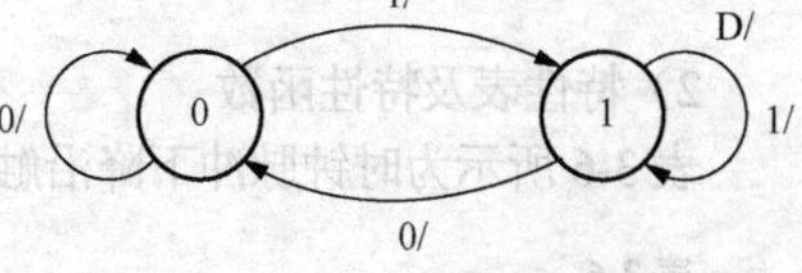

图 3-14　D 触发器状态图

图 3-14 所示为 D 触发器的状态转换图。图中两个圆圈中的 0 和 1 分别代表触发器的两个状态；箭头代表状态的变化，箭头起始端对应现态，箭头指向对应次态；箭头旁边的数字对应着状态转换的条件，即输入信号的值。

4）D 触发器时序图

图 3-15 所示为给定 Clk 波形及 D 输入波形后，上升沿触发的 D 触发器的时序图例。对于同样的输入波形，如作用于下降沿触发的 D 触发器上，结果却不相同，如图 3-16 所示。

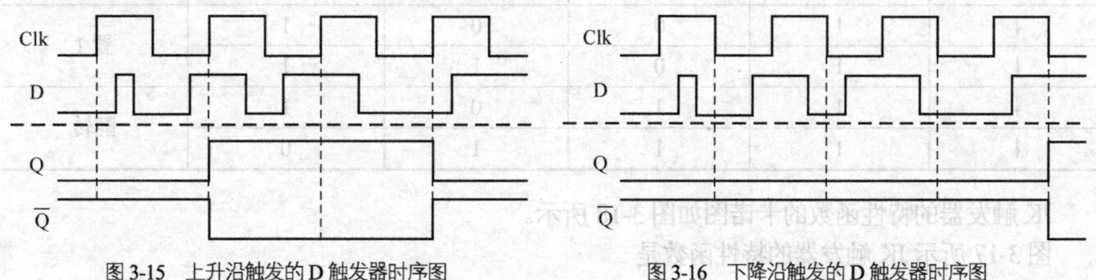

图 3-15　上升沿触发的 D 触发器时序图　　　图 3-16　下降沿触发的 D 触发器时序图

5）D 触发器的特点

D 触发器具有置 0 及置 1 功能；时钟脉冲边沿控制，便于多个触发器同步工作，抗干扰能力强。

2. JK 触发器

1）电路原理及逻辑符号

在 D 触发器的基础上，增加 3 个门电路，如图 3-17（a）所示，可得到 JK 触发器。其逻辑关系是

$$Q^{n+1} = D = \overline{(\overline{J+Q^n}) + KQ^n} = (J+Q^n)\cdot\overline{KQ^n} = (J+Q^n)\cdot(\overline{K}+\overline{Q^n})$$

$$= J\overline{K} + J\overline{Q^n} + \overline{K}Q^n = J\overline{Q^n} + \overline{K}Q^n$$

显然：

① 当 J=K=0 时，$Q^{n+1} = Q^n$，即时钟脉冲下降沿到来时，触发器状态不改变；

② 当 J=0，K=1 时，$Q^{n+1} = 0$，即时钟脉冲下降沿到来时，触发器状态变为 0 态；

③ 当 J=1，K=0 时，$Q^{n+1} = 1$，即时钟脉冲下降沿到来时，触发器状态变为 1 态；

④ 当 J=K=1 时，$Q^{n+1} = \overline{Q^n}$，即时钟脉冲下降沿到来时，触发器状态与原来状态相反。

在触发器中，凡是具有保持、置 0、置 1 及翻转功能的触发器称为 JK 触发器。图 3-17（b）所示为时钟脉冲下降沿触发的 JK 触发器的逻辑符号。

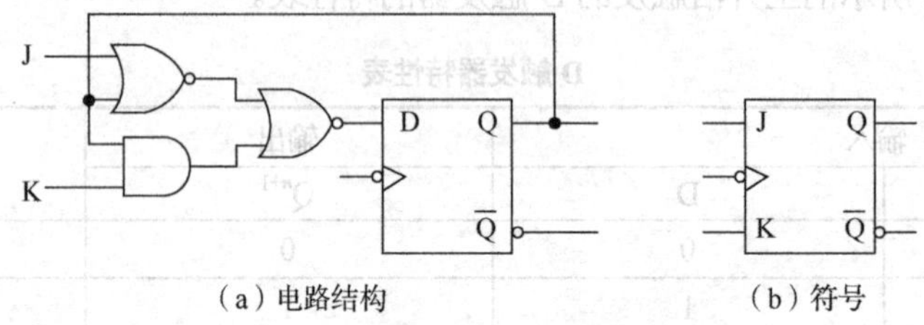

（a）电路结构　　（b）符号

图 3-17　JK 触发器电路结构及逻辑符号

2）特性表及特性函数

表 3-6 所示为时钟脉冲下降沿触发的 JK 触发器的特性表。

表 3-6　JK 触发器特性表

输入			现态	次态输出	功能说明
Clk	J	K	Q^n	Q^{n+1}	
↓	0	0	0	0	保持
↓	0	0	1	1	
↓	0	1	0	0	置 0
↓	0	1	1	0	
↓	1	0	0	1	置 1
↓	1	0	1	1	
↓	1	1	0	1	翻转
↓	1	1	1	0	

JK 触发器的特性函数的卡诺图如图 3-18 所示。

图 3-17 所示 JK 触发器的特性函数是

$$Q^{n+1} = J\overline{Q^n} + \overline{K}Q^n \qquad \text{Clk}\downarrow \text{有效}$$

3）JK 触发器的状态图

图 3-19 所示为 JK 触发器的状态转换图。

4）JK 触发器时序图

对于图 3-17 所示的 JK 触发器，给定 Clk 波形及 J、K 输入波形后，JK 触发器的时序图例如图 3-20 所示。

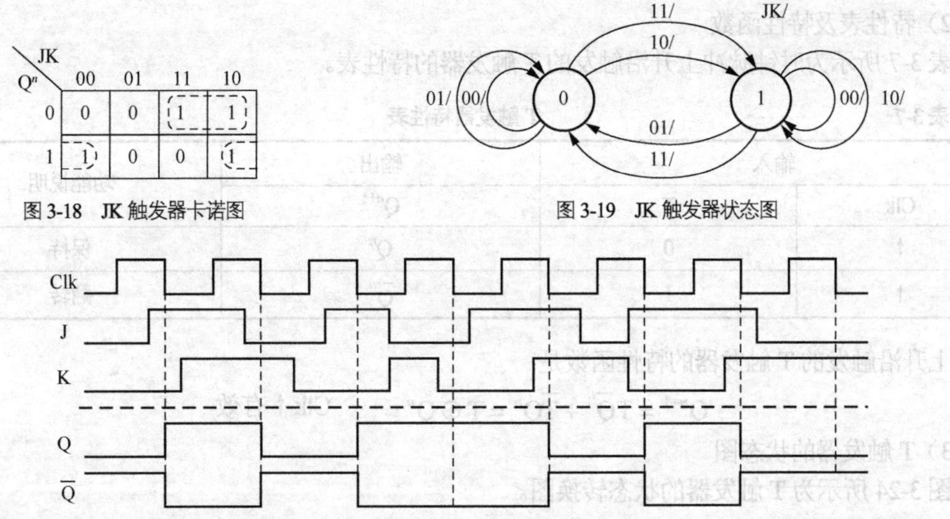

图 3-18 JK 触发器卡诺图

图 3-19 JK 触发器状态图

图 3-20 JK 触发器的时序图

5）JK 触发器的特点

JK 触发器具有保持、置 0、置 1、翻转功能；时钟脉冲边沿控制，抗干扰能力强。

3. RS 触发器

1）逻辑符号

在触发器中，凡是具有保持、置 0、置 1 功能的触发器称为 RS 触发器。图 3-21 所示为时钟脉冲下降沿触发的 RS 触发器的逻辑符号。

2）特性表及特性函数

RS 触发器的特性表与 RS 锁存器相同（见表 3-1）。RS 触发器的特性函数是

$$\begin{cases} Q^{n+1} = S + \overline{R}Q^n \\ RS = 0 \qquad \text{（约束条件）} \end{cases} \quad \text{Clk} \downarrow \text{有效}$$

3）RS 触发器的状态图

图 3-22 所示为 RS 触发器的状态转换图。

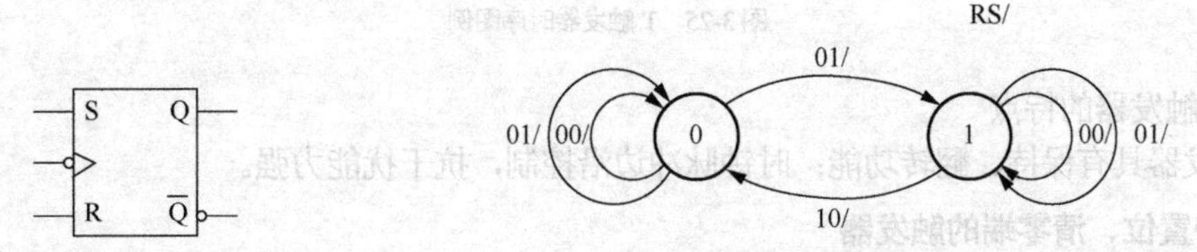

图 3-21 RS 触发器逻辑符号

图 3-22 RS 触发器状态图

4）RS 触发器的特点

RS 触发器具有保持、置 0、置 1 功能；时钟脉冲边沿控制，抗干扰能力强；R、S 之间有约束。

4. T 触发器

1）逻辑符号

在触发器中，凡是具有保持、翻转功能的触发器称为 T 触发器。图 3-23 所示为时钟脉冲上升沿触发的 T 触发器的逻辑符号。

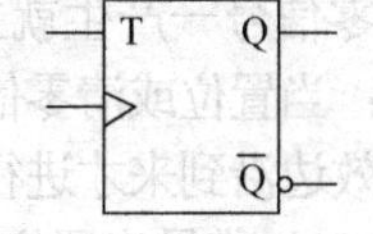

图 3-23 T 触发器逻辑符号

2）特性表及特性函数

表 3-7 所示为时钟脉冲上升沿触发的 T 触发器的特性表。

表 3-7　T 触发器特性表

输入		输出	功能说明
Clk	T	Q^{n+1}	
↑	0	Q^n	保持
↑	1	$\overline{Q}^n$	翻转

上升沿触发的 T 触发器的特性函数是

$$Q^{n+1}=T\overline{Q}^n+\overline{T}Q^n=T\oplus Q^n \quad \text{Clk}\uparrow\text{有效}$$

3）T 触发器的状态图

图 3-24 所示为 T 触发器的状态转换图。

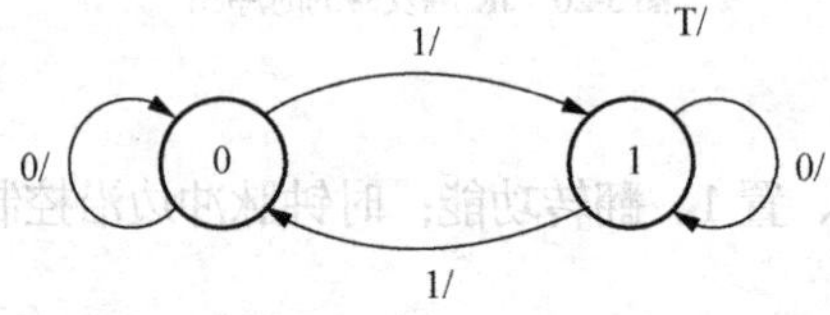

图 3-24　T 触发器状态图

4）T 触发器时序图

图 3-25 所示为给定 Clk 波形及 T 输入波形后，时钟脉冲上升沿触发的 T 触发器的时序图例。

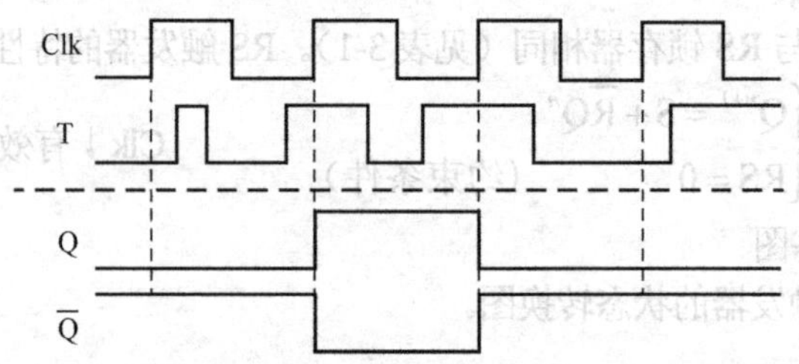

图 3-25　T 触发器时序图例

5）T 触发器的特点

T 触发器具有保持、翻转功能；时钟脉冲边沿控制，抗干扰能力强。

5. 带置位、清零端的触发器

在时序电路中，通常有多个触发器一起工作，有时需要控制所有触发器同时置 1 或清 0，这就需要设计带置位及清零端的触发器。

置位和清零可用同步和异步两种方式实现：当置位或清零信号一产生就立刻进行置位或清零操作的是异步方式；当置位或清零信号产生后，还要等待时钟脉冲信号的有效边沿到来才进行置位或清零操作的是同步方式。

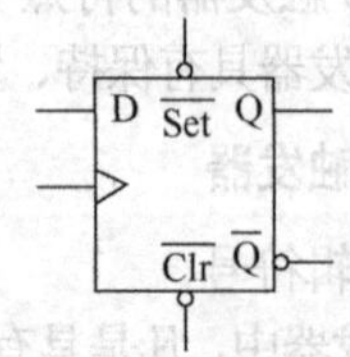

图 3-26　带置位、清零端的 D 触发器逻辑符号

1）带异步置位、清零端的 D 触发器

图 3-26 所示为带异步置位、清零端的 D 触发器电路

逻辑符号。图中增加了异步置位端$\overline{Set}$及异步清零端$\overline{Clr}$。图中$\overline{Set}$、$\overline{Clr}$输入端的圆圈表示输入信号低电平有效。

表3-8为带异步置位、清零端的D触发器特性表。

表3-8　　带异步置位、清零端的D触发器特性表

输入				输出		功能说明
$\overline{Set}$	$\overline{Clr}$	Clk	D	Q^{n+1}	$\overline{Q}^{n+1}$	
1	1	↑	0	0	1	同步置0
1	1	↑	1	1	0	同步置1
0	1	×	×	1	0	异步置1
1	0	×	×	0	1	异步置0
0	0	×	×	×	×	非法

功能说明如下。

（1）当$\overline{Set}=\overline{Clr}=1$时，触发器在Clk上升沿时接收D信号，实现D触发器功能。

（2）当$\overline{Set}=0$、$\overline{Clr}=1$时，Clk及D均无效，触发器置1，此为异步置位。

（3）当$\overline{Set}=1$、$\overline{Clr}=0$时，Clk及D均无效，触发器置0，此为异步清零。

（4）$\overline{Set}=\overline{Clr}=0$是非法的输入信号，$\overline{Set}$、$\overline{Clr}$的取值应遵守约束条件$Set \cdot Clr=0$。

2）带同步置位、清零端的JK触发器

图3-27所示为带同步置位、清零端的JK触发器电路逻辑符号。图中Set及Clr分别为同步置位及清零端，均为高电平有效。

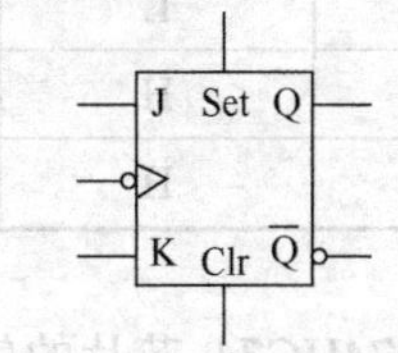

图3-27　带置位、清零端的JK触发器逻辑符号

表3-9为带同步置位、清零端的JK触发器特性表。

功能说明如下。

（1）当Clr=Set=0时，触发器在Clk下降沿时接收J、K信号，实现JK触发器功能。

（2）当Clr=0、Set=1，在Clk下降沿时，触发器置1，此为同步置位。

（3）当Clr=1、Set=0，在Clk下降沿时，触发器置0，此为同步清零。

（4）Clr = Set = 1是非法的输入信号，Clr、Set的取值应遵守约束条件$Set \cdot Clr = 0$。

表3-9　　带同步置位、清零端的JK触发器特性表

输入					输出		功能说明
Clr	Set	Clk	J	K	Q^{n+1}	$\overline{Q}^{n+1}$	
0	0	↓	0	0	Q^n	$\overline{Q}^n$	保持
0	0	↓	0	1	0	1	同步置0
0	0	↓	1	0	1	0	同步置1
0	0	↓	1	1	$\overline{Q}^n$	Q^n	翻转
0	1	↓	×	×	1	0	同步置1
1	0	↓	×	×	0	1	同步置0
1	1	↓	×	×	×	×	非法

关于同步、异步置位端或清零端的说明：从触发器的逻辑符号上，是看不出该触发器置位或

清零端是同步的还是异步的，只能从特性表上体现出来。特性表中，如果置位或清零受时钟信号 Clk 的约束，那么属于同步的；如果不受 Clk 约束，则属于异步。

6．触发器集成电路

触发器的集成电路很多，主要为 D 型和 JK 型触发器，下面介绍两种集成电路芯片。

1）74HC74 双 D 触发器

74HC74 芯片包含两个时钟脉冲上升沿触发的 D 触发器，每个触发器有独立的异步置位端及清零端。图 3-28 所示为 74HC74 的引脚图。

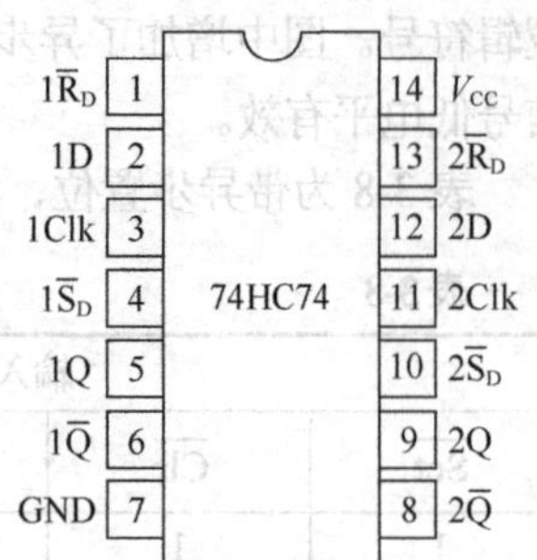

图 3-28　双 D 触发器 74HC74 引脚图

表 3-10 为 74HC74 的功能表。芯片中 D 触发器具有同步输入及异步置位、清零功能。

表 3-10　　双 D 触发器 74HC74 功能表

输入				输出		功能说明
$n\overline{S}_D$	$n\overline{R}_D$	nClk	nD	nQ^{n+1}	$n\overline{Q}^{n+1}$	
L	H	×	×	H	L	异步置 1
H	L	×	×	L	H	异步置 0
L	L	×	×	H	H	未定义
H	H	↑	L	L	H	同步置 0
H	H	↑	H	H	L	同步置 1

有关 74HC74 芯片的信息请扫描二维码阅读由芯片生产厂家提供的资料。

74HC74 datasheet

2）74HC112 双 JK 触发器

74HC112 芯片包含两个时钟脉冲下降沿触发的 JK 触发器，每个触发器有独立的异步置位端及清零端。图 3-29 所示为 74HC112 的引脚图。

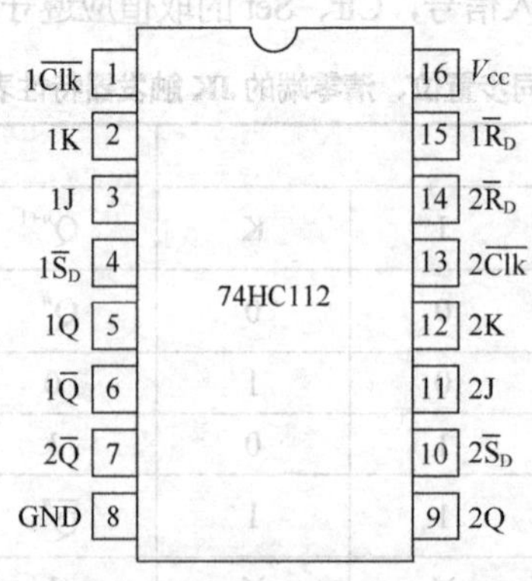

图 3-29　双 JK 触发器 74HC112 引脚图

表 3-11 为该触发器的功能表。芯片中的 JK 触发器具有保持、置 0、置 1 及翻转功能，此外 $\overline{S}_D$ 及 $\overline{R}_D$ 是低电平（0 信号）有效的异步置 1、置 0 端，具有异步置位和异步清零功能。

表 3-11 双 JK 触发器 74HC112 功能表

输入					输出		功能说明
$n\overline{S}_D$	$n\overline{R}_D$	$n\overline{Clk}$	nJ	nK	nQ^{n+1}	$n\overline{Q}^{n+1}$	
L	H	×	×	×	H	L	异步置 1
H	L	×	×	×	L	H	异步置 0
L	L	×	×	×	H	L	未定义
H	H	↓	L	L	Q^n	$\overline{Q}^n$	保持不变
H	H	↓	L	H	L	H	置 0
H	H	↓	H	L	H	L	置 1
H	H	↓	H	H	$\overline{Q}^n$	Q^n	翻转

有关 74HC112 芯片的信息请扫描二维码阅读由芯片生产厂家提供的资料。

74HC112 datasheet

7．触发器逻辑功能的转换

集成的触发器只有 D 型和 JK 型触发器两种，当要用到其他功能的触发器时，需通过这两种触发器进行转换。

1）用 D 触发器构造其他功能触发器

（1）D 触发器构造 RS 触发器。根据 RS 触发器的特性函数 $Q^{n+1}=S+\overline{R}Q^n$，显然，转换的逻辑是 $D=S+\overline{R}Q^n$，相应的逻辑电路如图 3-30 所示。

（2）D 触发器构造 T 触发器。根据 T 触发器的特性函数 $Q^{n+1}=T\oplus Q^n$，显然，转换的逻辑是 $D=T\oplus Q^n$，相应的逻辑电路如图 3-31 所示。

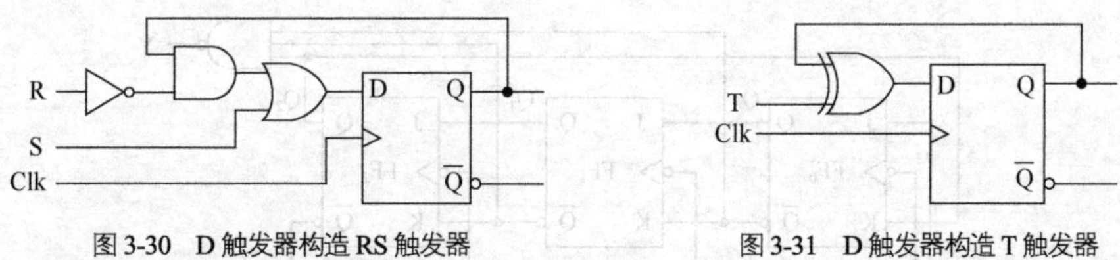

图 3-30 D 触发器构造 RS 触发器　　图 3-31 D 触发器构造 T 触发器

2）用 JK 触发器构造其他功能触发器

（1）JK 触发器构造 RS 触发器。

由于 RS 触发器有保持、置 0、置 1 功能，因此 JK 触发器可以直接作为 RS 型触发器使用，只要遵循约束条件即可。使用时，S 信号从 J 端接入，R 信号从 K 端接入。

（2）JK 触发器构造 T 触发器。

JK 触发器的特性函数是 $Q^{n+1}=J\overline{Q}^n+\overline{K}Q^n$。根据 T 触发器的特性函数 $Q^{n+1}=T\oplus Q^n=T\overline{Q}^n+\overline{T}Q^n$，显然，转换的逻辑是 $J=K=T$，相应的逻辑电路如图 3-32 所示。

（3）JK 触发器构造 D 触发器。

JK 触发器的特性函数是 $Q^{n+1}=J\overline{Q}^n+\overline{K}Q^n$。根据 D 触发器的特性函数 $Q^{n+1}=D=D\overline{Q}^n+DQ^n$，显然，转换的逻辑是 J=D，$K=\overline{D}$，相应的逻辑电路如图 3-33 所示。

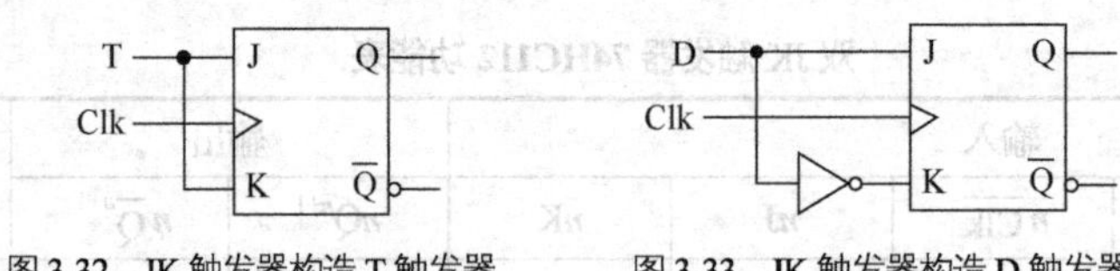

图 3-32　JK 触发器构造 T 触发器　　　图 3-33　JK 触发器构造 D 触发器

3.3　时序电路的分析

3.3.1　时序电路的分析方法

对时序电路进行分析，是通过给定的时序电路，求出该电路的状态表、状态图及时序图，从而了解电路的功能。

时序电路的分析步骤如下。

（1）写函数表达式。首先，按照给定的电路，写出电路中相关的各个函数表达式，包括输出函数及各触发器的驱动函数。

（2）将各触发器的驱动函数代入各自的特性函数中，求触发器的状态函数。

（3）列出状态表。将电路的输入信号及触发器现态的各种取值，代入状态函数及输出函数中进行计算，按各触发器 Clk 脉冲的特点，将计算结果填入状态转换表中。

（4）设定初始值，画状态转换图及时序图。

（5）结合输入信号的含义，进一步对电路功能进行说明。除分析电路功能外，还应对电路是否能自启动等进行分析。

3.3.2　时序电路的分析举例

【例 3-1】　分析图 3-34 所示的电路，画出状态图及时序图。

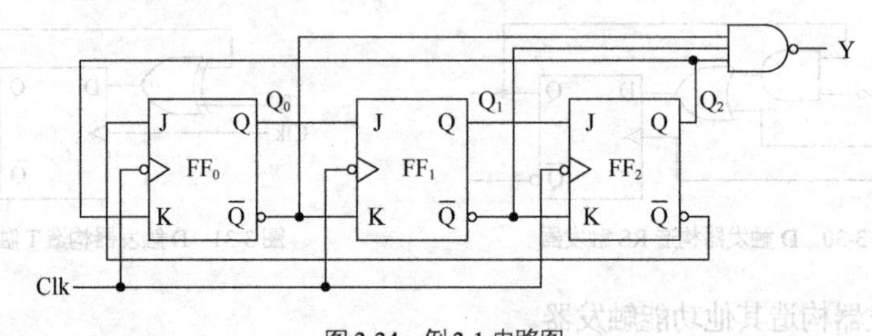

图 3-34　例 3-1 电路图

解（1）写函数表达式。

电路的输出函数是 $Y = Q_2^n\overline{Q_1^n}\,\overline{Q_0^n}$，各触发器的驱动函数是

$$\begin{cases} J_0 = \overline{Q_2^n} \\ K_0 = Q_2^n \end{cases} \qquad \begin{cases} J_1 = Q_0^n \\ K_1 = \overline{Q_0^n} \end{cases} \qquad \begin{cases} J_2 = Q_1^n \\ K_2 = \overline{Q_1^n} \end{cases}$$

（2）求触发器的状态函数。

将上述触发器的驱动函数代入 JK 触发器的特性函数 $Q^{n+1} = J\overline{Q^n} + \overline{K}Q^n$ 中，可得以下触发器的状态函数

$$Q_0^{n+1}=J_0\overline{Q_0^n}+\overline{K_0}Q_0^n=\overline{Q_2^n}\,\overline{Q_0^n}+\overline{Q_2^n}Q_0^n=\overline{Q_2^n}$$

$$Q_1^{n+1}=J_1\overline{Q_1^n}+\overline{K_1}Q_1^n=Q_0^n\overline{Q_1^n}+Q_0^nQ_1^n=Q_0^n$$

$$Q_2^{n+1}=J_2\overline{Q_2^n}+\overline{K_2}Q_2^n=Q_1^n\overline{Q_2^n}+Q_1^nQ_2^n=Q_1^n$$

（3）列出状态表。

在状态表中，依次列出 3 个触发器的各种现态取值，代入输出函数及状态函数中，进行计算，求出相应的次态及输出值，填入状态表中，结果如表 3-12 所示。

表 3-12　　例 3-1 状态表

时钟	现态			次态			输出
Clk	Q_2^n	Q_1^n	Q_0^n	Q_2^{n+1}	Q_1^{n+1}	Q_0^{n+1}	Y
↓	0	0	0	0	0	1	1
↓	0	0	1	0	1	1	1
↓	0	1	0	1	0	1	1
↓	0	1	1	1	1	1	1
↓	1	0	0	0	0	0	0
↓	1	0	1	0	1	0	1
↓	1	1	0	1	0	0	1
↓	1	1	1	1	1	0	1

（4）画状态图及时序图。

假设电路的初始状态为 000，根据状态表中的内容，可画出状态图（见图 3-35）及时序图（见图 3-36）。

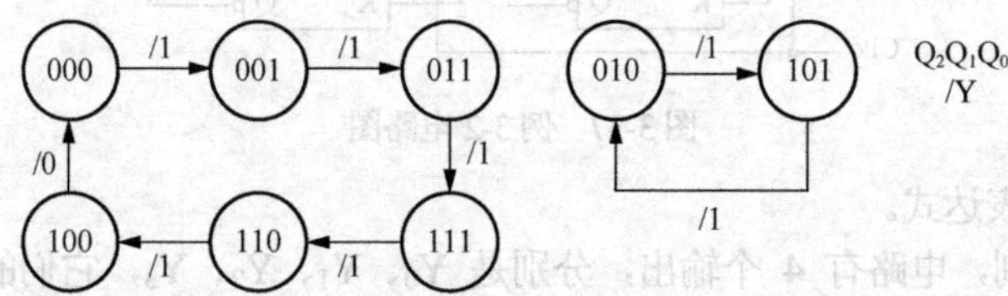

图 3-35　例 3-1 状态图

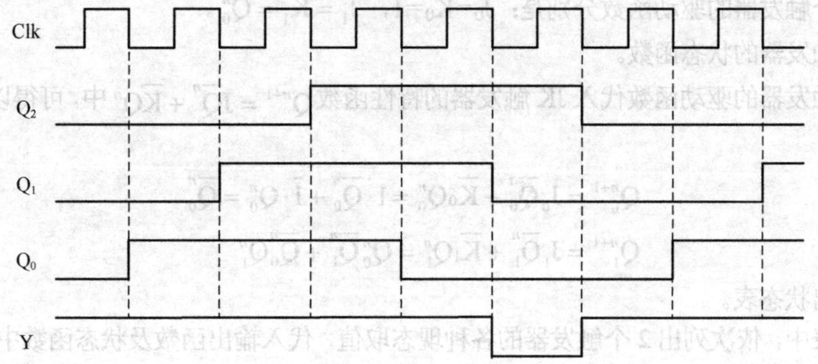

图 3-36　例 3-1 时序图

（5）电路分析说明。

由状态图及时序图可以知道该时序电路的状态变化规律，从而可知电路的功能：该电路每 6 个 Clk（时钟脉冲）为 1 周期，3 个触发器 FF_0、FF_1、FF_2 每间隔 1 个 Clk 依次进行状态改变，该电路的输出 Y 仅在 $Q_2Q_1Q_0$ 的状态为 100 时输出 0，其余情况输出 1。

关于是否是能自启动电路的说明如下。

从状态图及时序图可看到，状态 000、001、011、111、110、100 均为电路使用的状态，我们称时序电路中凡是被利用了的状态为有效状态。由有效状态构成的循环称为有效循环。

在状态图中，010 及 101 两个状态都没有被利用，这种时序电路中没被利用的状态称为无效状态。由状态图可看出，这两个无效状态构成了循环，我们称这种由无效状态所构成的循环为无效循环。

在时序电路中，如果存在无效循环，则这种电路是有缺陷的。原因在于当电路运行过程中由于干扰而脱离有效循环时，不能自动返回到有效循环中。我们将这种存在无效状态且无效状态构成无效循环的时序电路称为不能自启动时序电路。另外一种情况则是，虽然存在无效状态，但无效状态经过若干个 Clk 脉冲后会自动进入有效循环，这种时序电路称为能自启动的时序电路。根据以上定义，显然图 3-34 所示的时序电路是不能自启动的时序电路。

【例 3-2】 分析图 3-37 所示电路，画出状态图及时序图，并说明该电路的功能。

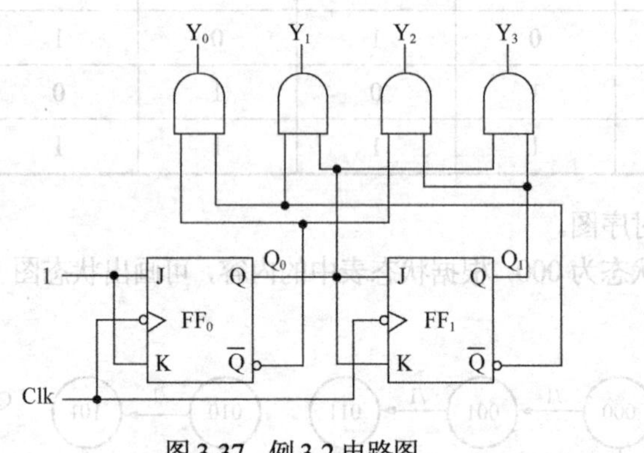

图 3-37 例 3-2 电路图

解 （1）写函数表达式。

由图 3-37 可看到，电路有 4 个输出，分别是 Y_0、Y_1、Y_2、Y_3，它们的输出函数分别为：$Y_0=\overline{Q}_1^n\overline{Q}_0^n$，$Y_1=\overline{Q}_1^nQ_0^n$，$Y_2=Q_1^n\overline{Q}_0^n$，$Y_3=Q_1^nQ_0^n$。

图中 2 个触发器的驱动函数分别是：$J_0=K_0=1$，$J_1=K_1=Q_0^n$。

（2）求触发器的状态函数。

将上述触发器的驱动函数代入 JK 触发器的特性函数 $Q^{n+1}=J\overline{Q}^n+\overline{K}Q^n$ 中，可得以下触发器的状态函数

$$Q_0^{n+1}=J_0\overline{Q}_0^n+\overline{K}_0Q_0^n=1\cdot\overline{Q}_0^n+\bar{1}\cdot Q_0^n=\overline{Q}_0^n$$

$$Q_1^{n+1}=J_1\overline{Q}_1^n+\overline{K}_1Q_1^n=Q_0^n\overline{Q}_1^n+\overline{Q}_0^nQ_1^n$$

（3）列出状态表。

在状态表中，依次列出 2 个触发器的各种现态取值，代入输出函数及状态函数中，进行计算，求出相应的次态及输出值，填入状态表中，结果如表 3-13 所示。

表 3-13　　例 3-2 状态表

时钟	现态		次态		输出			
Clk	Q_1^n	Q_0^n	Q_1^{n+1}	Q_0^{n+1}	Y_0	Y_1	Y_2	Y_3
↓	0	0	0	1	1	0	0	0
↓	0	1	1	0	0	1	0	0
↓	1	0	1	1	0	0	1	0
↓	1	1	0	0	0	0	0	1

（4）画状态图及时序图。

假设电路的初始状态为 00，根据状态表中的内容，可画出状态图（见图 3-38）及时序图（见图 3-39）。

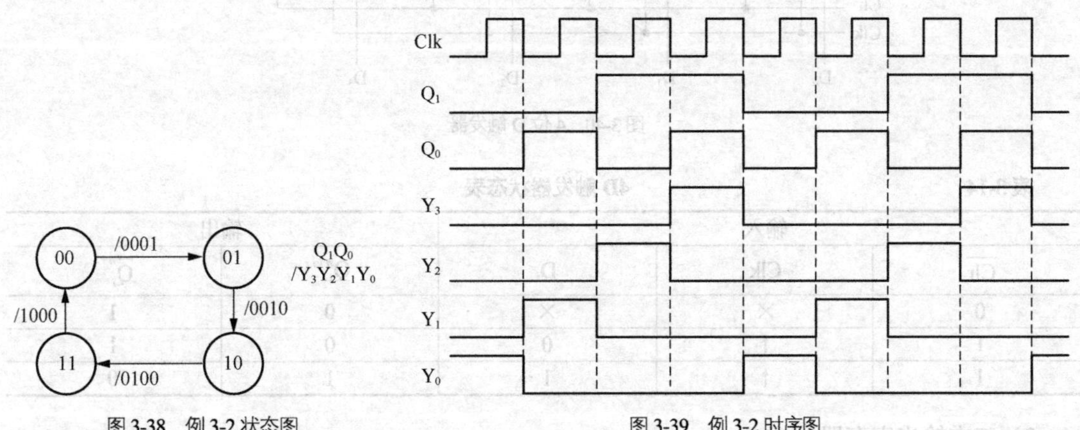

图 3-38　例 3-2 状态图　　　图 3-39　例 3-2 时序图

（5）功能说明。由时序图可看到，该电路是能循环输出 4 个脉冲的顺序脉冲发生器。

电路中的两个 JK 触发器构成了一个四进制的计数器（有关计数器的知识将在 3.4 节中介绍）。电路中的 4 个与门构成了一个 2-4 译码器。

由此可看到，将计数器及译码器组合起来，可以方便地得到顺序脉冲发生器。

3.4　常用的时序逻辑电路

3.4.1　寄存器

把二进制数据或代码暂时存储起来的操作叫寄存，具有寄存功能的电路叫作寄存器。

寄存器是由具有存储功能的锁存器或触发器构成的，其主要任务是暂时存储二进制数据，一般不对存储内容进行处理，逻辑功能比较单一，电路结构比较简单。

寄存器按功能分类可分为基本寄存器和移位寄存器。基本寄存器主要实现数据的并行输入及并行输出（并行输入是指多位数据一起送入寄存器中存储；并行输出是指多位数据一起从寄存器中读出）。移位寄存器能够在移位脉冲的操作下，依次右移或左移数据，主要实现数据的串行输入、串行输出（串行输入是指通过一条数据线，将数据逐位输入至寄存器中；串行输出是指通过一条数据线，将寄存器中的数据逐位读出）。移位寄存器也可设计成既可以串行输入、输出，也可以并行输入、输出的寄存器。

1. 基本寄存器

1）4 位 D 触发器

1 个触发器可以存储 1 位二进制数据，若要寄存 ***n*** 位二进制数据，需要 ***n*** 个触发器。

图 3-40 所示是一个由 4 位 D 触发器构成的 4 位寄存器原理图。

图中寄存器含异步清零输入端，其中每一个触发器的状态表如表 3-14 所示，寄存器具有同步置数（Clk 脉冲上升沿）、异步清零（$\overline{\text{Clr}}$ 端低电平有效）的功能。

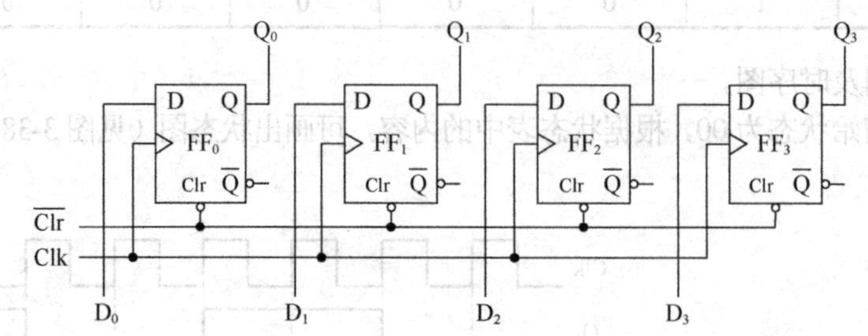

图 3-40　4 位 D 触发器

表 3-14　　4D 触发器状态表

输入			输出	
$\overline{\text{Clr}}$	Clk	D_i	Q_i^{n+1}	$\overline{Q}_i^{n+1}$
0	×	×	0	1
1	↑	0	0	1
1	↑	1	1	0

2）三态输出寄存器

图 3-41 所示是带三态输出的 4 位寄存器，能寄存 4 位二进制数据。

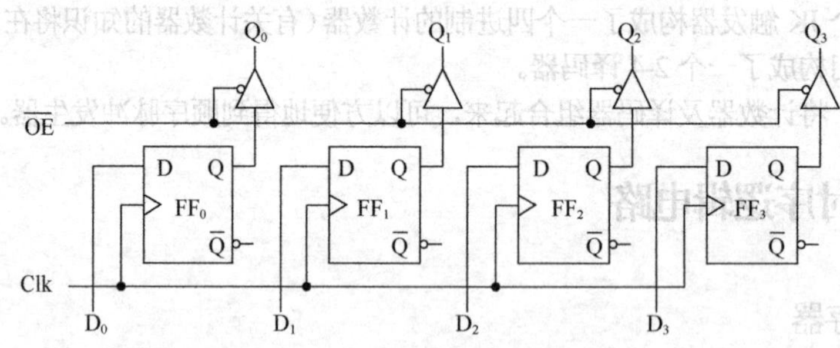

图 3-41　三态输出 4 位 D 触发器

图中触发器的输出端接三态缓冲器，$\overline{\text{OE}}$ 为输出使能控制端，$\overline{\text{OE}}$ =0 时，电路输出触发器状态；$\overline{\text{OE}}$ =1 时，信号不能输出，输出端呈高阻态（Z）。电路中每一个触发器的状态表如表 3-15 所示。

表 3-15　　三态输出的 4D 触发器状态表

输入			输出	
$\overline{\text{OE}}$	Clk	D_i	Q_i^{n+1}	$\overline{Q}_i^{n+1}$
0	↑	0	0	1
0	↑	1	1	0
1	×	×	Z	Z

2. 移位寄存器

移位寄存器除了具有存储二进制数据的功能以外，还具有移位功能。移位是指寄存器中存储的二进制数据能在移位脉冲的作用下依次左移或右移。移位寄存器可用于实现数据串行—并行转换，还可用于数值运算及数据处理。

按数据移动方向，移位寄存器可分为右移、左移及双向移位寄存器。

1）右移寄存器

图 3-42 所示为右移寄存器电路结构图。图中 S_{in} 为串行输入端，S_{out} 为串行输出端，Q_0～Q_3 为并行输出端。

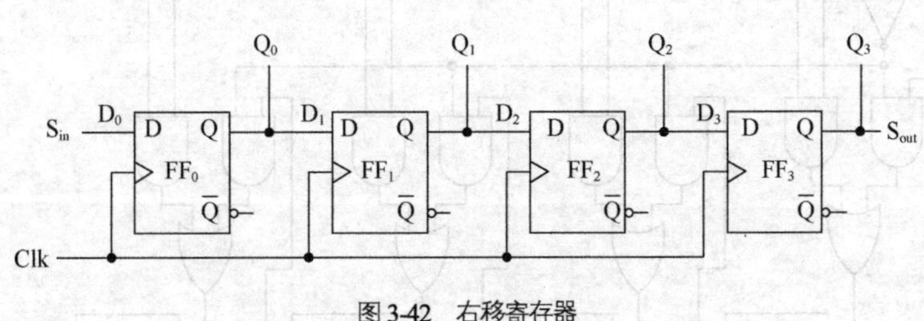

图 3-42　右移寄存器

根据图中各触发器的连接方式，可得到各触发器的驱动函数

$$D_0 = S_{in}\text{，}\ D_1 = Q_0^n\text{，}\ D_2 = Q_1^n\text{，}\ D_3 = Q_2^n$$

根据 D 触发器的特性函数，可得到该寄存器的状态函数

$$Q_0^{n+1} = S_{in}\text{，}\ Q_1^{n+1} = Q_0^n\text{，}\ Q_2^{n+1} = Q_1^n\text{，}\ Q_3^{n+1} = Q_2^n$$

输出函数为

$$S_{out} = Q_3^n$$

显然，当每一个 Clk 时钟脉冲上升沿到来时，S_{in} 进入触发器 FF_0，而原来 Q_0、Q_1、Q_2 的值分别进入触发器 FF_1、FF_2、FF_3，总的效果相当于移位寄存器中原有的数据依次右移了一位。

2）左移寄存器

图 3-43 所示为左移寄存器电路结构图。图中 S_{in} 为串行输入端，S_{out} 为串行输出端，Q_0～Q_3 为并行输出端。

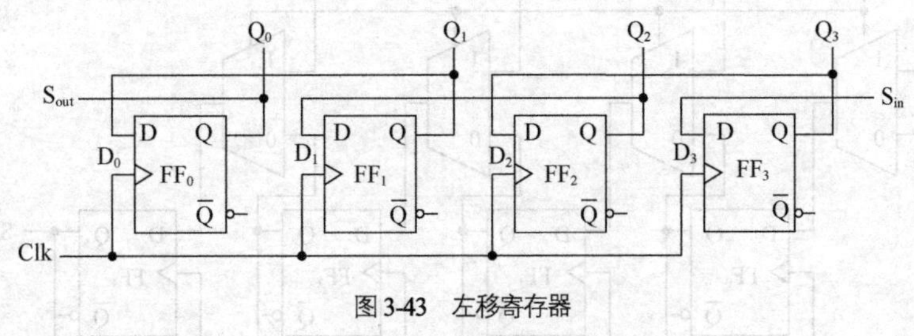

图 3-43　左移寄存器

根据图中各触发器的连接方式，可得到各触发器的驱动函数

$$D_0 = Q_1^n\text{，}\ D_1 = Q_2^n\text{，}\ D_2 = Q_3^n\text{，}\ D_3 = S_{in}$$

根据 D 触发器的特性函数，可得到该寄存器的状态函数

$$Q_0^{n+1} = Q_1^n\text{，}\ Q_1^{n+1} = Q_2^n\text{，}\ Q_2^{n+1} = Q_3^n\text{，}\ Q_3^{n+1} = S_{in}$$

输出函数为

$$S_{out} = Q_0^n$$

显然，当一个 Clk 时钟脉冲上升沿到来时，S_{in} 进入触发器 FF_3，而原来 Q_1、Q_2、Q_3 的值分别进入触发器 FF_0、FF_1、FF_2，总的效果相当于移位寄存器中原有的数据依次左移了一位。

3．带并行输入的移位寄存器

图 3-44 所示为带并行加载的 4 位移位寄存器原理图。图中 D_0～D_3 为并行数据输入端，Q_0～Q_3 为并行输出端，S_{in} 为串行输入端，S_{out} 为串行输出端，$\overline{\text{Shift}}$ / Load 为工作状态控制端。

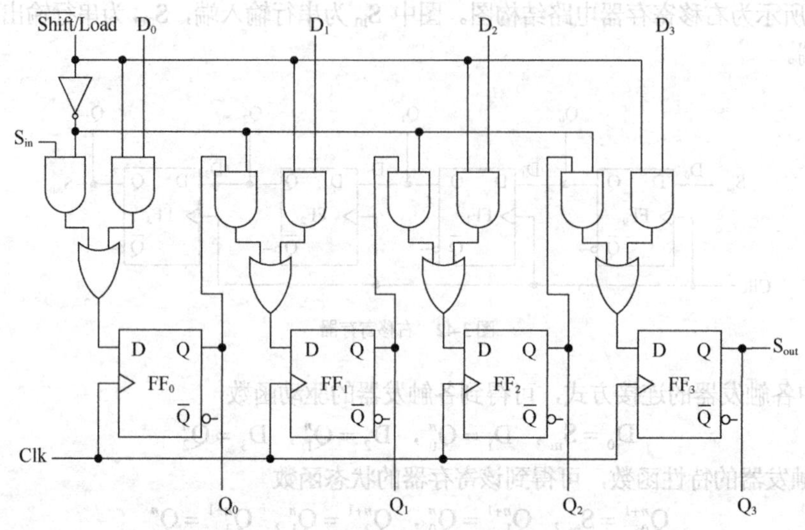

图 3-44　带并行加载的 4 位移位寄存器

图中每一个触发器输入端由 2 个与门、1 个或门和非门构成的电路实质上是一个 2 选 1 的数据选择器，图 3-44 可改画为图 3-45 所示的电路。

由图可见，当 $\overline{\text{Shift}}$ / Load =0 时，可实现移位寄存器功能；当 $\overline{\text{Shift}}$ / Load =1 时，可实现并行加载数据的功能。显然，该寄存器可实现并行输入、并行输出、串行输入、串行输出的功能。

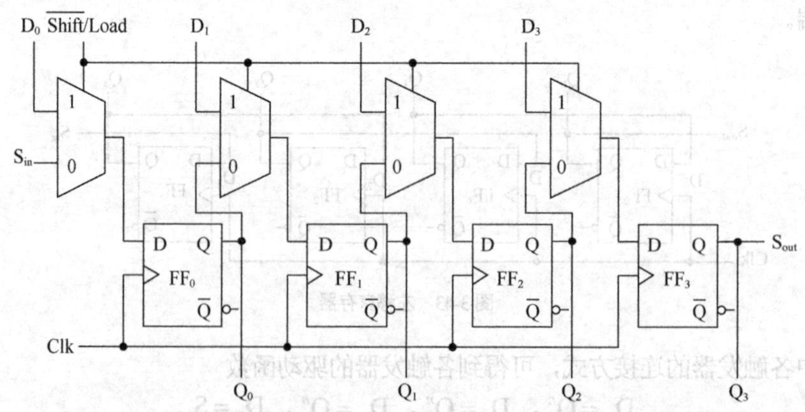

图 3-45　由数据选择器和触发器构成的带并行加载的 4 位移位寄存器

4．寄存器集成电路

74HC 系列的集成寄存器有如下两大类。

（1）基本寄存器。常用的型号有：74HC173——具有三态输出的 4 位 D 寄存器；74HC174——

6 位 D 触发器；74HC175——4 位 D 触发器。

（2）移位寄存器。常用的型号有：74HC164——8 位移位寄存器（串行输入，并行输出）；74HC165——8 位移位寄存器（并行输入，互补串行输出）；74HC166——8 位移位寄存器（串、并行输入，串行输出）；74HC195——4 位移位寄存器（并行存取，J、K 输入）；74HC199——8 位移位寄存器（并行存取，J、K 输入）；74HC194——4 位双向移位寄存器（并行存取）；74HC95——4 位双向移位寄存器（并行存取）；74HC198——4 位双向移位寄存器（并行存取）。

图 3-46 所示为双向移位寄存器 74HC194 的引脚图，图中 Clk 为时钟脉冲输入端，$\overline{MR}$ 为异步清零端，S_1、S_0 为工作状态控制端，D_{SR} 为右移串行信号输入端，D_{SL} 为左移串行信号输入端，D_0～D_3 为并行信号输入端，Q_0～Q_3 为寄存器输出端。

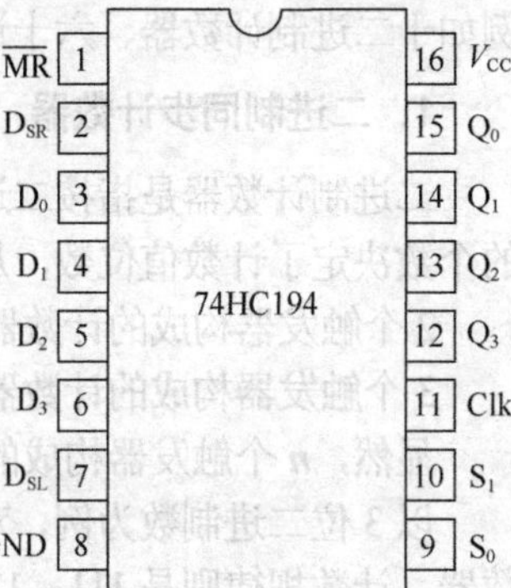

图 3-46 74HC194 引脚图

表 3-16 为该寄存器功能表，该芯片的功能如下。

（1）当 $\overline{MR}=0$ 时，输出端 Q_0～Q_3 全输出 0，此为异步清零功能；

（2）$\overline{MR}=1$，且 S_1S_0=00 时，寄存器输出保持原来的状态；

（3）$\overline{MR}=1$，且 S_1S_0=01，当时钟脉冲上升沿到来时，D_{SR} 的信号送入 Q_0 端，原 Q_0～Q_2 的状态分别向 Q_1～Q_3 传送；

（4）$\overline{MR}=1$，且 S_1S_0=10，当时钟脉冲上升沿到来时，D_{SL} 的信号送入 Q_3 端，原 Q_1～Q_3 的状态分别向 Q_0～Q_2 传送；

（5）$\overline{MR}=1$，且 S_1S_0=11，当时钟脉冲上升沿到来时，并行输入 D_0～D_3 的数据，即 $Q_i^{n+1}=D_i$。

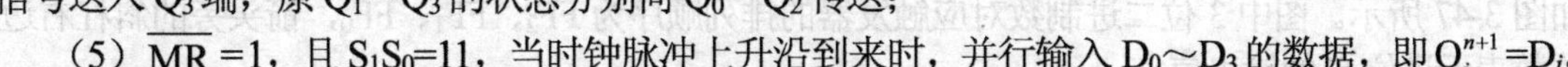

表 3-16　双向移位寄存器 74HC194 功能表

输入										输出				功能说明
清零	状态控制		Clk	串行输入		并行输入				Q_0^{n+1}	Q_1^{n+1}	Q_2^{n+1}	Q_3^{n+1}	
$\overline{MR}$	S_1	S_0		D_{SR}	D_{SL}	D_0	D_1	D_2	D_3					
L	×	×	×	×	×	×	×	×	×	L	L	L	L	异步清零
H	L	L	×	×	×	×	×	×	×	Q_0^n	Q_1^n	Q_2^n	Q_3^n	保持
H	L	H	↑	L	×	×	×	×	×	L	Q_0^n	Q_1^n	Q_2^n	串行右移输入
H	L	H	↑	H	×	×	×	×	×	H	Q_0^n	Q_1^n	Q_2^n	
H	H	L	↑	×	L	×	×	×	×	Q_1^n	Q_2^n	Q_3^n	L	串行左移输入
H	H	L	↑	×	H	×	×	×	×	Q_1^n	Q_2^n	Q_3^n	H	
H	H	H	↑	×	×	d_0	d_1	d_2	d_3	d_0	d_1	d_2	d_3	并行输入

有关 74HC194 芯片的信息请读者扫描二维码阅读由芯片生产厂家提供的资料。

74HC194 datasheet

3.4.2 计数器

计数器是数字系统中用得较多的时序电路。计数器不仅用于对时钟脉冲计数，还可以用于分频、定时、产生节拍脉冲和脉冲序列等。计数器主要用于记录输入时钟脉冲 Clk 的个数，因此它除了计数时钟脉冲外，一般没有另外的输入信号，输出仅仅由现态决定。因此，它是一种 Moore 型的时序电路，其主要组成单元是触发器。

计数器的种类繁多，按触发器是否同时翻转，可分为：①同步计数器，同步计数器中所有触发器在同一时钟脉冲控制下工作；②异步计数器，异步计数器中的触发器用不同的时钟脉冲控制。

按计数过程中计数值的增减分类，可分为：①加法计数器，随着计数脉冲的输入，计数值递增；②减法计数器，随着计数脉冲的输入，计数值递减；③可逆计数器，既可采用递增方式计数，又可采用递减方式计数。

按数的进位计数制分，可分为：①二进制计数器，按二进制数规律进行计数；②十进制计数器，按十进制数规律进行计数；③N 进制计数器，除二、十进制计数器外，其他进制的计数器。例如十二进制计数器、六十进制计数器。

1．二进制同步计数器

二进制计数器是指按二进制数的规律进行计数的计数器。计数器主要由触发器构成，触发器的个数决定了计数值位数，从而决定了计数器的计数容量。

2 个触发器构成的计数器，计数值为 00、01、10、11，计数容量为 4。

3 个触发器构成的计数器，计数值为 000、001、…、111，计数容量为 8。

显然，n 个触发器构成的计数器，计数容量为 2^n。

以 3 位二进制数为例，对于加法计数器，计数规律是 000、001、010、…、111，对于减法计数器，计数规律则是 111、110、101、…、000，每来一个计数时钟脉冲，计数值变化一次。

1）二进制同步加法计数器

以 3 位二进制同步加法计数器为例，根据二进制加法计数器的计数规律，可画出状态转换图，如图 3-47 所示。图中 3 位二进制数对应触发器的排列顺序为 FF_2、FF_1、FF_0，箭头旁的斜杠右边的数表示进位 C 的输出值。

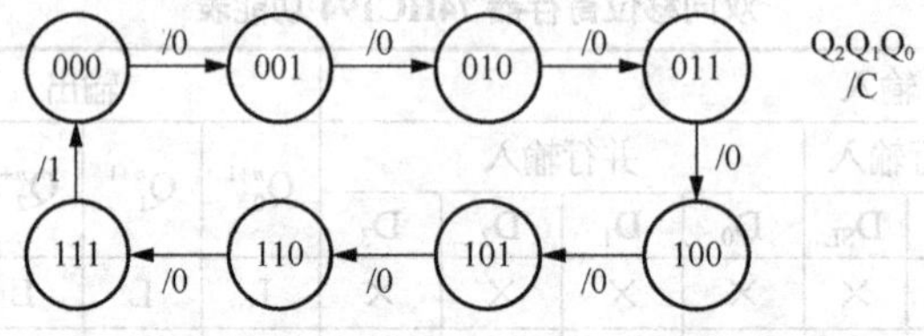

图 3-47　二进制加法计数器的状态转换图

由状态转换图列出状态转换表，如表 3-17 所示。

表 3-17　　二进制加法计数器状态转换表

计数脉冲数	现态			次态			进位 C
	Q_2^n	Q_1^n	Q_0^n	Q_2^{n+1}	Q_1^{n+1}	Q_0^{n+1}	
1	0	0	0	0	0	1	0
2	0	0	1	0	1	0	0
3	0	1	0	0	1	1	0
4	0	1	1	1	0	0	0
5	1	0	0	1	0	1	0
6	1	0	1	1	1	0	0
7	1	1	0	1	1	1	0
8	1	1	1	0	0	0	1

根据状态转换表，可写出输出进位 C 函数及 3 个触发器的状态函数

$$C = Q_2^n Q_1^n Q_0^n$$

$$Q_0^{n+1} = \overline{Q}_2^n \overline{Q}_1^n \overline{Q}_0^n + \overline{Q}_2^n Q_1^n \overline{Q}_0^n + Q_2^n \overline{Q}_1^n \overline{Q}_0^n + Q_2^n Q_1^n \overline{Q}_0^n$$

$$Q_1^{n+1} = \overline{Q}_2^n \overline{Q}_1^n Q_0^n + \overline{Q}_2^n Q_1^n \overline{Q}_0^n + Q_2^n \overline{Q}_1^n Q_0^n + Q_2^n Q_1^n \overline{Q}_0^n$$

$$Q_2^{n+1} = \overline{Q}_2^n Q_1^n Q_0^n + Q_2^n \overline{Q}_1^n \overline{Q}_0^n + Q_2^n \overline{Q}_1^n Q_0^n + Q_2^n Q_1^n \overline{Q}_0^n$$

对状态函数化简后，得到

$$Q_0^{n+1} = \overline{Q}_0^n = 1 \oplus Q_0^n$$

$$Q_1^{n+1} = \overline{Q}_1^n Q_0^n + Q_1^n \overline{Q}_0^n = Q_0^n \oplus Q_1^n$$

$$Q_2^{n+1} = Q_2^n \overline{Q}_1^n + Q_2^n \overline{Q}_0^n + \overline{Q}_2^n Q_1^n Q_0^n = \overline{Q_1^n Q_0^n} Q_2^n + Q_1^n Q_0^n \overline{Q}_2^n = Q_1^n Q_0^n \oplus Q_2^n$$

由 T 型触发器的特性函数 $Q^{n+1} = T \oplus Q^n$ 可见，上述函数表达式可使用 T 型触发器实现，对应的驱动函数是

$$T_0 = 1$$

$$T_1 = Q_0^n$$

$$T_2 = Q_1^n Q_0^n$$

如果使用 JK 型触发器，根据 JK 触发器的特性函数 $Q^{n+1} = J\overline{Q}^n + \overline{K}Q^n$，可得相应的驱动函数是

$$J_0 = K_0 = 1$$

$$J_1 = K_1 = Q_0^n$$

$$J_2 = K_2 = Q_1^n Q_0^n$$

图 3-48 所示为根据输出进位函数及 JK 型触发器驱动函数所画出的 3 位二进制同步加法计数器逻辑图。由于 3 个触发器的 8 个状态均为有效状态，不存在无效状态，因此该逻辑电路能自启动。

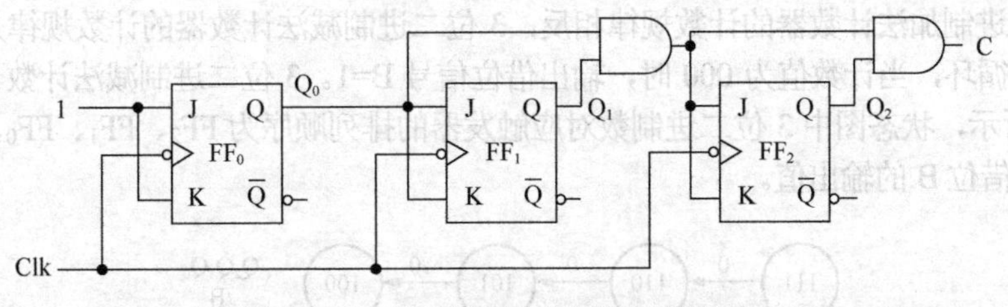

图 3-48　3 位二进制同步加法计数器逻辑图

图 3-49 所示为 3 位二进制同步加法计数器时序图例。

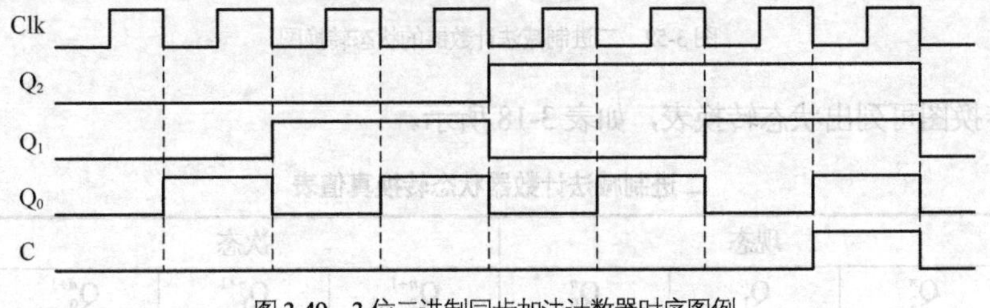

图 3-49　3 位二进制同步加法计数器时序图例

如果使用 D 型触发器，根据 D 触发器的特性函数 $Q^{n+1} = D$，可得相应的驱动函数是

$$D_0 = 1 \oplus Q_0^n$$

$$D_1 = Q_0^n \oplus Q_1^n$$

$$D_2 = Q_1^n Q_0^n \oplus Q_2^n$$

图 3-50 所示为根据输出进位函数及 D 型触发器驱动函数所画出的 3 位二进制同步加法计数器逻辑图。

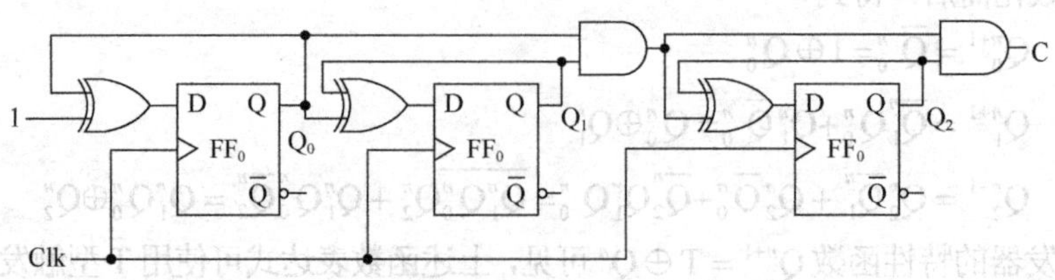

图 3-50 3 位二进制同步加法计数器逻辑图（D 触发器实现）

图 3-51 所示为图 3-50 所示逻辑电路图对应的时序图例，该计数器对时钟脉冲 Clk 的上升沿计数。

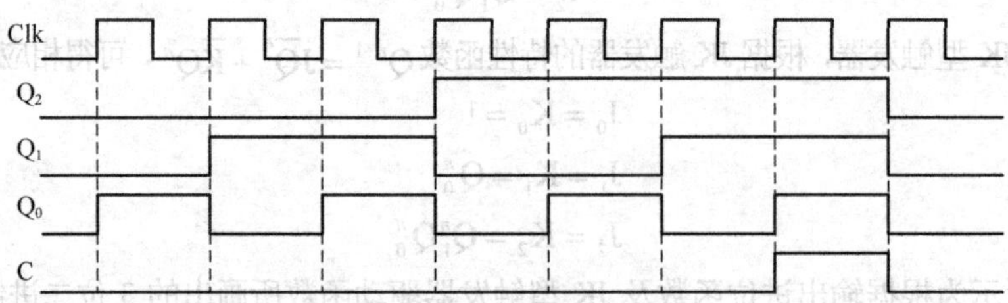

图 3-51 3 位二进制同步加法计数器时序图例（时钟上升沿触发）

2）二进制同步减法计数器

与 3 位二进制加法计数器的计数规律相反，3 位二进制减法计数器的计数规律是由 111 递减至 000 并不断循环，当计数值为 000 时，输出借位信号 B=1。3 位二进制减法计数器的状态转换图如图 3-52 所示，状态图中 3 位二进制数对应触发器的排列顺序为 FF_2、FF_1、FF_0，箭头旁斜杠右边的数表示借位 B 的输出值。

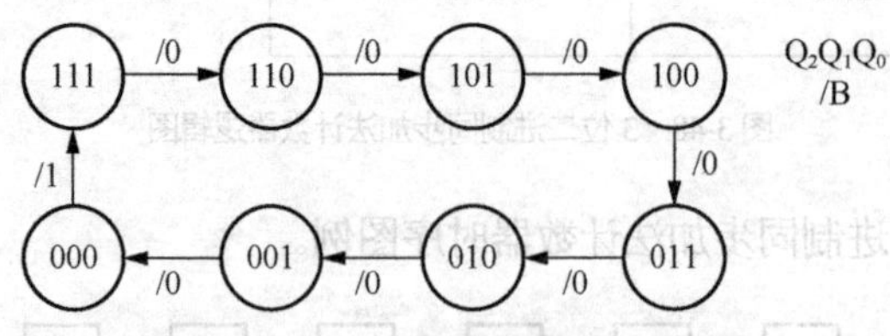

图 3-52 二进制减法计数器的状态转换图

由状态转换图可列出状态转换表，如表 3-18 所示。

表 3-18 二进制减法计数器状态转换真值表

计数脉冲数	现态			次态			借位 B
	Q_2^n	Q_1^n	Q_0^n	Q_2^{n+1}	Q_1^{n+1}	Q_0^{n+1}	
1	1	1	1	1	1	0	0
2	1	1	0	1	0	1	0

续表

计数脉冲数	现态			次态			借位 B
	Q_2^n	Q_1^n	Q_0^n	Q_2^{n+1}	Q_1^{n+1}	Q_0^{n+1}	
3	1	0	1	1	0	0	0
4	1	0	0	0	1	1	0
5	0	1	1	0	1	0	0
6	0	1	0	0	0	1	0
7	0	0	1	0	0	0	0
8	0	0	0	1	1	1	1

根据状态转换表，可写出输出借位函数及 3 个触发器的状态函数如下：

$$B=\overline{Q_2^n}\,\overline{Q_1^n}\,\overline{Q_0^n}$$

$$Q_0^{n+1}=\overline{Q_2^n}\,\overline{Q_1^n}\,\overline{Q_0^n}+\overline{Q_2^n}Q_1^n\overline{Q_0^n}+Q_2^n\overline{Q_1^n}\,\overline{Q_0^n}+Q_2^nQ_1^n\overline{Q_0^n}$$

$$Q_1^{n+1}=\overline{Q_2^n}\,\overline{Q_1^n}\,\overline{Q_0^n}+\overline{Q_2^n}Q_1^nQ_0^n+Q_2^n\overline{Q_1^n}\,\overline{Q_0^n}+Q_2^nQ_1^nQ_0^n$$

$$Q_2^{n+1}=\overline{Q_2^n}\,\overline{Q_1^n}\,\overline{Q_0^n}+Q_2^n\overline{Q_1^n}Q_0^n+Q_2^nQ_1^n\overline{Q_0^n}+Q_2^nQ_1^nQ_0^n$$

对状态函数化简后，得到

$$Q_0^{n+1}=\overline{Q}{}_0^n=1\oplus Q_0^n$$

$$Q_1^{n+1}=\overline{Q_1^n}\,\overline{Q_0^n}+Q_1^nQ_0^n=\overline{Q}{}_0^n\oplus Q_1^n$$

$$Q_2^{n+1}=\overline{Q_2^n}\,\overline{Q_1^n}\,\overline{Q_0^n}+Q_2^nQ_0^n+Q_2^nQ_1^n=\overline{\overline{Q_1^n}\,\overline{Q_0^n}}Q_2^n+\overline{Q_1^n}\,\overline{Q_0^n}\,\overline{Q_2^n}=\overline{Q_1^n}\,\overline{Q_0^n}\oplus Q_2^n$$

显然，可选择使用 T 型触发器，它的驱动函数是

$$T_0=1$$

$$T_1=\overline{Q}{}_0^n$$

$$T_2=\overline{Q_1^n}\,\overline{Q_0^n}$$

如果使用 JK 型触发器，则驱动函数是

$$J_0=K_0=1$$

$$J_1=K_1=\overline{Q}{}_0^n$$

$$J_2=K_2=\overline{Q_1^n}\,\overline{Q_0^n}$$

根据以上输出借位函数及 JK 触发器的驱动函数，可画出 3 位二进制同步减法计数器逻辑图，如图 3-53 所示。

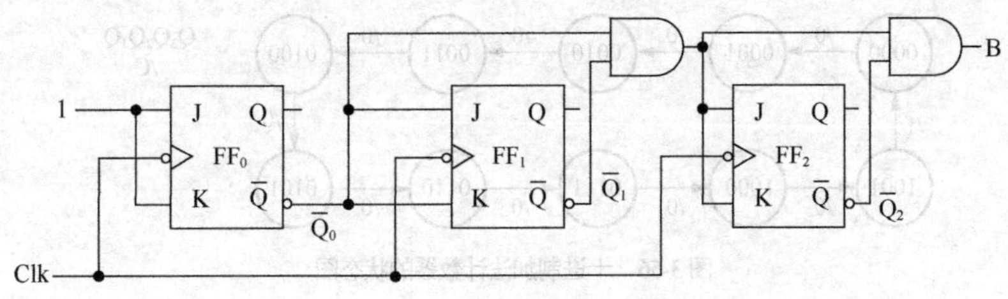

图 3-53　3 位二进制同步减法计数器逻辑图

图 3-54 所示为 3 位二进制同步减法计数器时序图例。

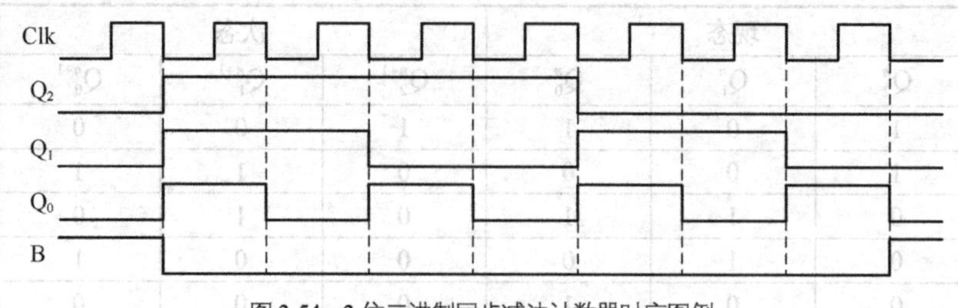

图 3-54 3 位二进制同步减法计数器时序图例

3）可逆计数器

可逆计数器是指既能采用加法计数方式工作，又能采用减法计数方式工作的计数器。

图 3-55 所示为 3 位二进制同步可逆计数器逻辑图。

在可逆计数器中，当 $\overline{\mathrm{U}}/\mathrm{D}=0$ 时，计数器实现加法计数；当 $\overline{\mathrm{U}}/\mathrm{D}=1$ 时，计数器实现减法计数。

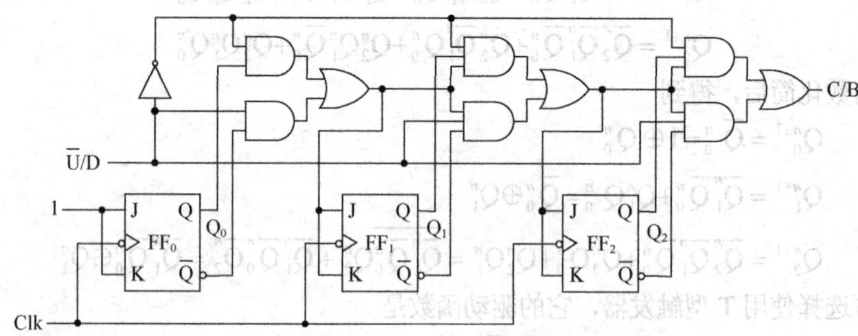

图 3-55 同步二进制可逆计数器电路图

2．十进制同步计数器

进行十进制计数器的设计前，首先要确定的是采用哪一种二进制编码方案对十进制数进行编码，也就是 BCD 码的选择。

这里，我们以最常用的 8421BCD 码为例介绍十进制计数器的设计。

1）十进制同步加法计数器

根据 8421BCD 码加法计数器的计数规律，可画出状态转换图，如图 3-56 所示。状态图中 4 位二进制数对应触发器的排列顺序为 FF_3、FF_2、FF_1、FF_0，箭头旁斜杠右边的数表示进位 C 的输出值。

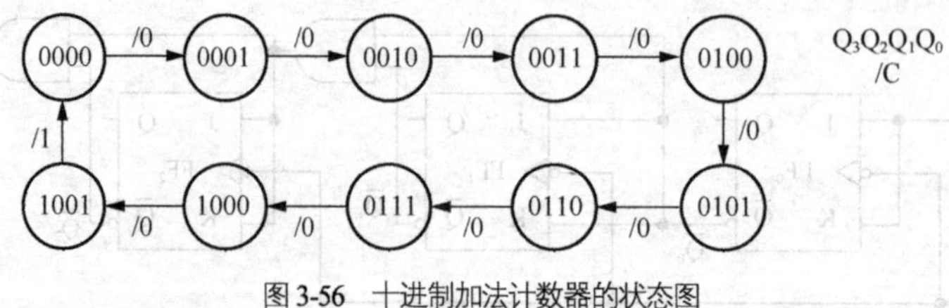

图 3-56 十进制加法计数器的状态图

由状态转换图列出状态转换表，如表 3-19 所示。状态表中，无效状态 1010～1111 表示为约束项，其次态及进位输出用“×”表示。

表 3-19　　　　　　　　　　十进制加法计数器状态转换表

现态				次态				进位 C
Q_3^n	Q_2^n	Q_1^n	Q_0^n	Q_3^{n+1}	Q_2^{n+1}	Q_1^{n+1}	Q_0^{n+1}	
0	0	0	0	0	0	0	1	0
0	0	0	1	0	0	1	0	0
0	0	1	0	0	0	1	1	0
0	0	1	1	0	1	0	0	0
0	1	0	0	0	1	0	1	0
0	1	0	1	0	1	1	0	0
0	1	1	0	0	1	1	1	0
0	1	1	1	1	0	0	0	0
1	0	0	0	1	0	0	1	0
1	0	0	1	0	0	0	0	1
1	0	1	0	×	×	×	×	×
1	0	1	1	×	×	×	×	×
1	1	0	0	×	×	×	×	×
1	1	0	1	×	×	×	×	×
1	1	1	0	×	×	×	×	×
1	1	1	1	×	×	×	×	×

根据状态转换表，利用卡诺图化简，可写出输出进位函数及 4 个触发器的状态函数如下

$$C = Q_3^n Q_0^n$$

$$Q_0^{n+1} = \overline{Q}_0^n$$

$$Q_1^{n+1} = \overline{Q}_3^n \overline{Q}_1^n Q_0^n + Q_1^n \overline{Q}_0^n$$

$$Q_2^{n+1} = \overline{Q}_2^n Q_1^n Q_0^n + Q_2^n \overline{Q}_1^n + Q_2^n \overline{Q}_0^n$$

$$Q_3^{n+1} = \overline{Q}_3^n Q_2^n Q_1^n Q_0^n + Q_3^n \overline{Q}_0^n$$

如果使用 JK 型触发器，根据 JK 触发器的特性函数 $Q^{n+1} = J\overline{Q}^n + \overline{K}Q^n$，将上述状态函数变换成与特性函数一致的形式，得到

$$Q_0^{n+1} = 1 \cdot \overline{Q}_0^n + \bar{1} \cdot Q_0^n$$

$$Q_1^{n+1} = \overline{Q}_3^n Q_0^n \overline{Q}_1^n + \overline{Q}_0^n Q_1^n$$

$$Q_2^{n+1} = Q_1^n Q_0^n \overline{Q}_2^n + (\overline{Q}_1^n + \overline{Q}_0^n) Q_2^n = Q_1^n Q_0^n \overline{Q}_2^n + \overline{Q_1^n Q_0^n} Q_2^n$$

$$Q_3^{n+1} = Q_2^n Q_1^n Q_0^n \overline{Q}_3^n + \overline{Q}_0^n Q_3^n$$

可写出驱动函数如下

$$\begin{cases} J_0 = 1 \\ K_0 = 1 \end{cases} \quad \begin{cases} J_1 = \overline{Q}_3^n Q_0^n \\ K_1 = Q_0^n \end{cases} \quad \begin{cases} J_2 = Q_1^n Q_0^n \\ K_2 = Q_1^n Q_0^n \end{cases} \quad \begin{cases} J_3 = Q_2^n Q_1^n Q_0^n \\ K_3 = Q_0^n \end{cases}$$

由于电路存在无效状态 1010、1011、1100、1101、1110、1111，因而需要检测是否能自启动。将无效状态 1010～1111 分别代入输入进位函数及状态函数计算，得到以下结果

当现态 $Q_3^n Q_2^n Q_1^n Q_0^n = 1010$ 时，次态 $Q_3^{n+1} Q_2^{n+1} Q_1^{n+1} Q_0^{n+1} = 1011$，进位 C=0。

当现态 $Q_3^nQ_2^nQ_1^nQ_0^n=1011$ 时，次态 $Q_3^{n+1}Q_2^{n+1}Q_1^{n+1}Q_0^{n+1}=0100$，进位 C=1。

当现态 $Q_3^nQ_2^nQ_1^nQ_0^n=1100$ 时，次态 $Q_3^{n+1}Q_2^{n+1}Q_1^{n+1}Q_0^{n+1}=1101$，进位 C=0。

当现态 $Q_3^nQ_2^nQ_1^nQ_0^n=1101$ 时，次态 $Q_3^{n+1}Q_2^{n+1}Q_1^{n+1}Q_0^{n+1}=0100$，进位 C=1。

当现态 $Q_3^nQ_2^nQ_1^nQ_0^n=1110$ 时，次态 $Q_3^{n+1}Q_2^{n+1}Q_1^{n+1}Q_0^{n+1}=1111$，进位 C=0。

当现态 $Q_3^nQ_2^nQ_1^nQ_0^n=1111$ 时，次态 $Q_3^{n+1}Q_2^{n+1}Q_1^{n+1}Q_0^{n+1}=0000$，进位 C=1。

将上述状态变化填入状态图中，结果如图 3-57 所示。

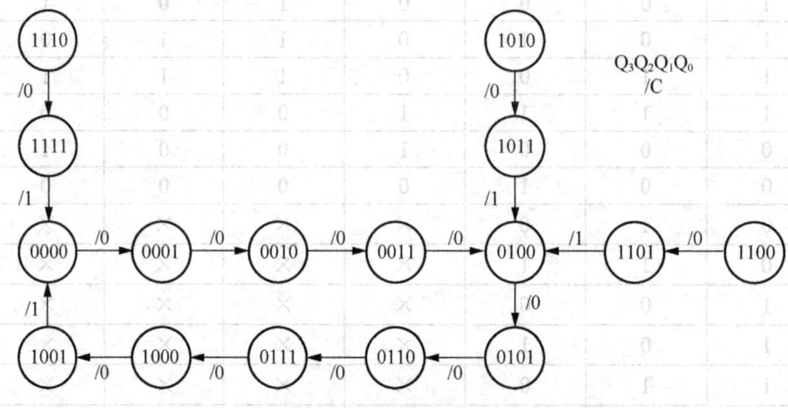

图 3-57　十进制加法计数器的状态图（包含无效状态）

由状态图可见，无效状态没有构成无效循环，电路是能自启动时序电路。

图 3-58 所示为根据驱动函数及输出函数所画出的十进制同步加法计数器逻辑图。

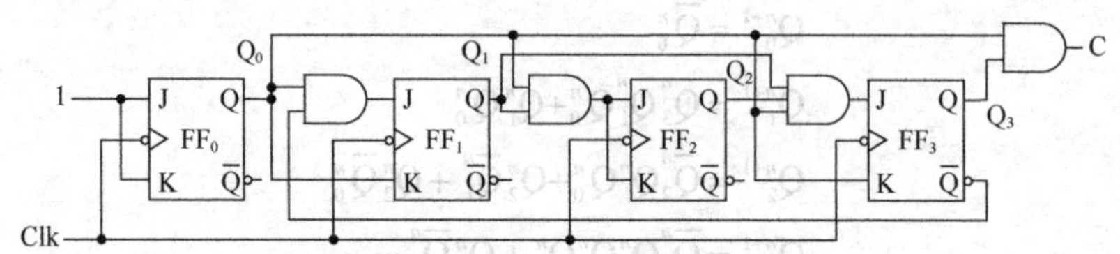

图 3-58　十进制同步加法计数器逻辑图

2）十进制同步减法计数器

与十进制加法计数器的计数规律相反，十进制减法计数器的计数值从 1001 递减至 0000 并且不断循环，当计数值为 0000 时，输出借位信号 B=1，其状态图如图 3-59 所示。关于其逻辑结构的分析，读者可以扫描二维码阅读文档“十进制同步减法计数器”。

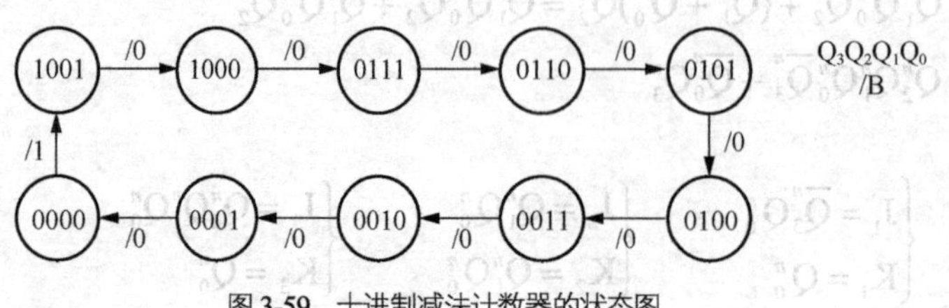

图 3-59　十进制减法计数器的状态图

十进制同步减法计数器

3）十进制同步可逆计数器

参照前面二进制同步可逆计数器的设计原理，可设计出十进制同步可逆计数器，读者可以自己去做，这里不再赘述。

3. 计数器集成电路

集成的74HC系列计数器有以下几种。

74HC161——4位二进制同步加法计数器，异步清零，同步置数；

74HC163——4位二进制同步加法计数器，同步清零，同步置数；

74HC191——4位二进制同步可逆计数器，异步置数；

74HC193——4位二进制同步可逆计数器，异步清零，异步置数，双时钟；

74HC160——十进制同步计数器，异步清零，同步置数；

74HC162——十进制同步计数器，同步清零，同步置数；

74HC190——十进制同步可逆计数器，异步置数；

74HC192——十进制同步可逆计数器，异步清零，异步置数，双时钟。

图3-60所示为4位二进制同步加法计数器74HC161的引脚图，图中，Clk为时钟脉冲输入端，D_3～D_0为并行数据输入端，$\overline{MR}$为异步清零输入端，C_{ET}及C_{EP}为两个使能控制端，$\overline{PE}$为并行输入控制端，Q_3～Q_0为计数值输出端。

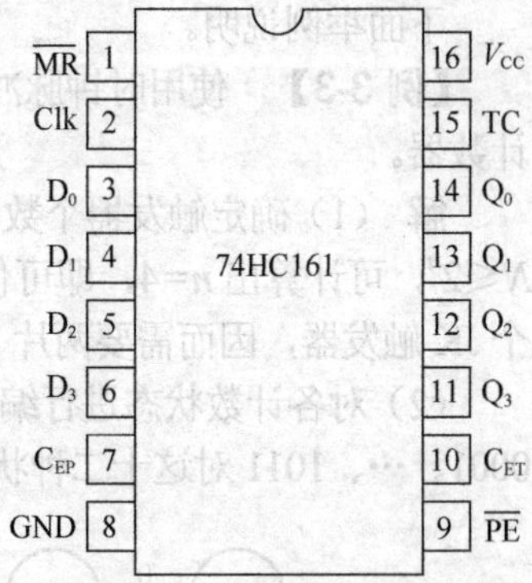

图3-60 74HC161引脚图

表3-20为芯片74HC161的功能表，该芯片的功能如下。

（1）当$\overline{MR}=0$时，输出端Q_3～Q_0全输出0，此为异步清零功能；

（2）$\overline{MR}=1$且$\overline{PE}=0$，在时钟脉冲上升沿到来时，并行输入D_3～D_0数据，此为同步置数功能。以此数据作为计数初始值，可以改变计数容量；

（3）$\overline{MR}=1$、$\overline{PE}=1$且$C_{ET}=C_{EP}=1$时，计数器进行计数工作，每一个时钟脉冲上升沿，计数值加1；

（4）$\overline{MR}=1$、$\overline{PE}=1$，$C_{ET}=0$或$C_{EP}=0$时，计数器的状态保持不变；

（5）在并行输入状态、计数状态或保持状态时，进位输出端TC是否产生进位输出受C_{ET}控制，$C_{ET}=0$时，不论Q_3～Q_0为何值，TC均输出0信号，只有当$C_{ET}=1$时，才根据Q_3～Q_0的值决定TC的进位输出值。

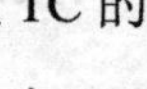

表3-20　　4位二进制同步计数器74HC161功能表

输入						输出		功能说明
$\overline{MR}$	Clk	C_{EP}	C_{ET}	$\overline{PE}$	D_i	Q_i^{n+1}	TC	
L	×	×	×	×	×	L	L	复位，异步清零
H	↑	×	×	L	L	L	L	并行输入（同步置数）
H	↑	×	×	L	H	H	*	并行输入（同步置数）
H	↑	H	H	H	×	Count	*	计数
H	×	L	×	H	×	Q_i^n	*	保持
H	×	×	L	H	×	Q_i^n	L	保持

*：$TC=C_{ET}\cdot Q_3^n\cdot Q_2^n\cdot Q_1^n\cdot Q_0^n$

有关 74HC161 的信息请读者扫描二维码阅读由芯片生产厂家提供的资料。

74HC161 datasheet

4．*N* 进制计数器的设计

1）使用触发器设计 *N* 进制计数器

使用触发器设计 *N* 进制计数器的步骤如下。

（1）确定触发器个数。由于 *N* 进制计数器有 *N* 个状态，显然，触发器个数 *n* 的选择，最少应满足以下关系式

$$2^{n-1}<N\leqslant 2^{n}$$

（2）对各计数状态进行编码，画出状态图。

（3）选择触发器类型，求出电路的状态函数、输出函数及驱动函数。

（4）如存在无效状态，应分析电路是否能自启动。

（5）画逻辑图。

下面举例说明。

【例 3-3】 使用时钟脉冲下降沿触发的 JK 触发器（74HC112）及门电路设计同步十二进制计数器。

解 （1）确定触发器个数。由于十二进制计数器有 12 个计数值，即 N=12，根据关系式 $2^{n-1}<N\leqslant 2^{n}$，可计算出 n=4，即可使用 4 个触发器实现十二进制计数器。由于一片 74HC112 芯片含两个 JK 触发器，因而需要两片 74HC112 芯片实现十二进制计数器。

（2）对各计数状态进行编码，画出状态图。十二进制计数器有 12 种计数状态，分别用 0000、0001、…、1011 对这十二种状态进行编码，相应的状态图如图 3-61 所示。

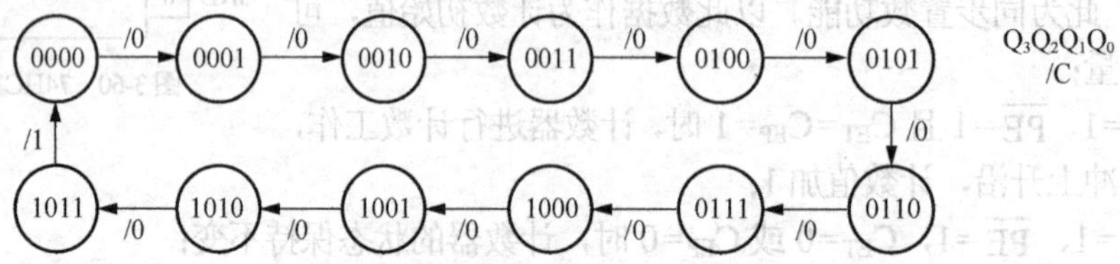

图 3-61　十二进制计数器状态图

（3）选择触发器类型，求出电路的状态函数、输出函数及驱动函数。根据状态图，可列出状态表，如表 3-21 所示。

表 3-21　　十二进制计数器状态转换表

现态				次态				进位 C
Q_3^n	Q_2^n	Q_1^n	Q_0^n	Q_3^{n+1}	Q_2^{n+1}	Q_1^{n+1}	Q_0^{n+1}	
0	0	0	0	0	0	0	1	0
0	0	0	1	0	0	1	0	0
0	0	1	0	0	0	1	1	0
0	0	1	1	0	1	0	0	0
0	1	0	0	0	1	0	1	0
0	1	0	1	0	1	1	0	0
0	1	1	0	0	1	1	1	0
0	1	1	1	1	0	0	0	0
1	0	0	0	1	0	0	1	0
1	0	0	1	1	0	1	0	0

续表

现态				次态				进位 C
Q_3^n	Q_2^n	Q_1^n	Q_0^n	Q_3^{n+1}	Q_2^{n+1}	Q_1^{n+1}	Q_0^{n+1}	
1	0	1	0	1	0	1	1	0
1	0	1	1	0	0	0	0	1
1	1	0	0	×	×	×	×	×
1	1	0	1	×	×	×	×	×
1	1	1	0	×	×	×	×	×
1	1	1	1	×	×	×	×	×

利用卡诺图化简，可得十二进制计数器的状态函数及输出函数为

$$C = Q_3^n Q_1^n Q_0^n$$

$$Q_0^{n+1} = \overline{Q}_0^n$$

$$Q_1^{n+1} = \overline{Q}_1^n Q_0^n + Q_1^n \overline{Q}_0^n$$

$$Q_2^{n+1} = \overline{Q}_3^n \overline{Q}_2^n Q_1^n Q_0^n + Q_2^n \overline{Q}_1^n + Q_2^n \overline{Q}_0^n$$

$$Q_3^{n+1} = \overline{Q}_3^n Q_2^n Q_1^n Q_0^n + Q_3^n \overline{Q}_1^n + Q_3^n \overline{Q}_0^n$$

根据 JK 触发器的特性函数 $Q^{n+1} = J\overline{Q}^n + \overline{K}Q^n$，将上述状态函数变换成与特性函数一致的形式，得到

$$Q_0^{n+1} = 1 \cdot \overline{Q}_0^n + \overline{1} \cdot Q_0^n$$

$$Q_1^{n+1} = Q_0^n \overline{Q}_1^n + \overline{Q}_0^n Q_1^n$$

$$Q_2^{n+1} = \overline{Q}_3^n Q_1^n Q_0^n \overline{Q}_2^n + (\overline{Q}_1^n + \overline{Q}_0^n) Q_2^n = \overline{Q}_3^n Q_1^n Q_0^n \overline{Q}_2^n + \overline{Q_1^n Q_0^n} Q_2^n$$

$$Q_3^{n+1} = Q_2^n Q_1^n Q_0^n \overline{Q}_3^n + (\overline{Q}_1^n + \overline{Q}_0^n) Q_3^n = Q_2^n Q_1^n Q_0^n \overline{Q}_3^n + \overline{Q_1^n Q_0^n} Q_3^n$$

可写出驱动函数如下

$$\begin{cases} J_0 = 1 \\ K_0 = 1 \end{cases}$$

$$\begin{cases} J_1 = Q_0^n \\ K_1 = Q_0^n \end{cases}$$

$$\begin{cases} J_2 = \overline{Q}_3^n Q_1^n Q_0^n \\ K_2 = Q_1^n Q_0^n \end{cases}$$

$$\begin{cases} J_3 = Q_2^n Q_1^n Q_0^n \\ K_3 = Q_1^n Q_0^n \end{cases}$$

（4）分析电路是否能自启动。由于电路存在无效状态 1100、1101、1110、1111，因而需要检测是否能自启动。将无效状态 1100～1111 分别代入输入函数及状态函数计算，得到以下结果：

当现态 $Q_3^n Q_2^n Q_1^n Q_0^n$ =1100 时，次态 $Q_3^{n+1} Q_2^{n+1} Q_1^{n+1} Q_0^{n+1}$ =1101，进位 C=0；

当现态 $Q_3^n Q_2^n Q_1^n Q_0^n$ =1101 时，次态 $Q_3^{n+1} Q_2^{n+1} Q_1^{n+1} Q_0^{n+1}$ =1110，进位 C=0；

当现态 $Q_3^n Q_2^n Q_1^n Q_0^n$ =1110 时，次态 $Q_3^{n+1} Q_2^{n+1} Q_1^{n+1} Q_0^{n+1}$ =1111，进位 C=0；

当现态 $Q_3^nQ_2^nQ_1^nQ_0^n=1111$ 时，次态 $Q_3^{n+1}Q_2^{n+1}Q_1^{n+1}Q_0^{n+1}=0000$，进位 C=1。

包含无效状态的状态图如图 3-62 所示，显然电路为能自启动电路。

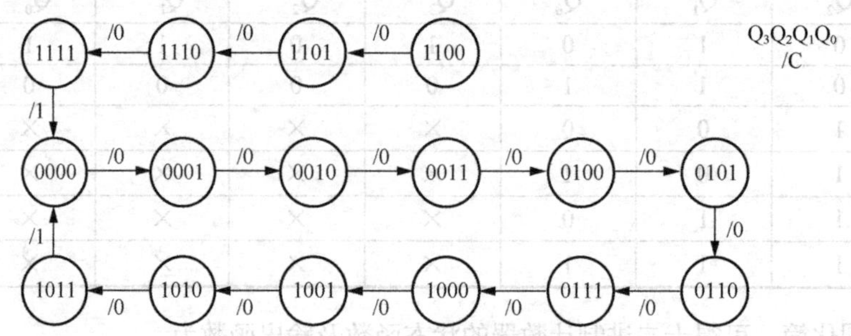

图 3-62　十二进制计数器状态图

（5）画逻辑图。根据进位输出函数及驱动函数，可画出同步十二进制计数器的逻辑图，如图 3-63 所示。由逻辑图可见，需要 4 个 JK 触发器及 4 个与门电路，即需要两片集成 JK 触发器 74HC112 及一片与门芯片 74HC04（包含 4 个 2 输入与门）。

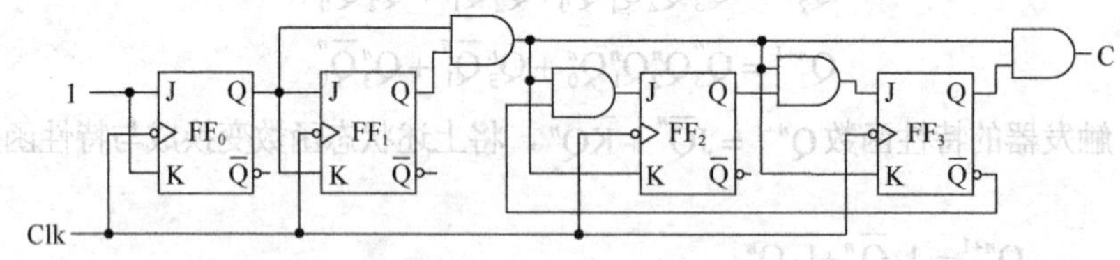

图 3-63　十二进制同步计数器逻辑图

2）使用集成的计数器设计 *N* 进制计数器

常见的集成计数器有 4 位二进制计数器（即十六进制计数器）及十进制计数器，可以利用它们来设计 *N* 进制计数器。根据 *N* 值的大小，可选择不同的方法设计 *N* 进制计数器：当 *N* 小于一片计数器的计数容量时，可采用清零法或置数法设计 *N* 进制计数器；当 *N* 大于一片计数器的计数容量时，可采用多片计数器级联的方式设计 *N* 进制计数器。

（1）清零法设计 *N* 进制计数器。利用清零法设计 *N* 进制计数器的原理是：当计数器的计数值达到 *N* 时，利用组合逻辑电路产生清零信号，使计数值变为 0。

【例 3-4】　使用 4 位二进制计数器 74HC161 设计十二进制计数器（清零法）。

解　74HC161 是具有异步清零及同步置数功能的 4 位二进制同步加法计数器，可利用其异步清零或同步置零的方式使计数值达到一定值时归零。

设定十二进制计数器的计数规则为从 0000→…→1011 循环，其状态图如图 3-61 所示。

方法一：利用异步清零方式清零。

由于异步清零端（$\overline{MR}$）的清零是立即执行的，所以只要在计数值达到 1100 时，立刻产生清零信号，即可使输出状态由 1100 变为 0000。

显然，当输出端状态 $Q_3Q_2Q_1Q_0=1100$ 时，应使 $\overline{MR}=0$，则对应的清零信号的逻辑关系是 $\overline{MR}=\overline{Q_3^nQ_2^n}$。除清零外，还应在输出端状态为 1011 时，使进位 C=1，则对应的进位输出的逻辑关系是：$C=Q_3^nQ_1^nQ_0^n$。

由上述清零逻辑及进位逻辑，可画出由 74HC161 及门电路构成的十二进制计数器的逻辑图，如图 3-64 所示。

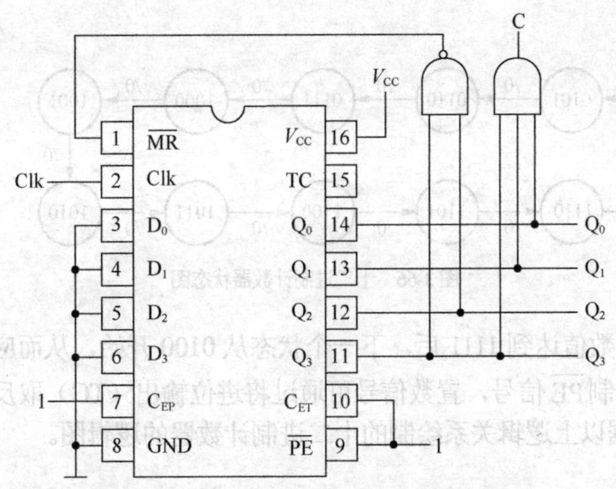

图 3-64　用 74HC161 构造十二进制计数器连线图（1）

方法二：利用同步置数方式置零。

利用同步置数的方式也可产生清零效果，即当计数值达到某一值时，通过置数方式将 D_3～D_0（其值为 0000）并行输入至计数器。与异步清零不同的是，同步置数信号应该在输出为 1011 时产生，这是由于当同步置数信号产生时，需等到下一个时钟脉冲到来时才会产生置数操作。

显然，当输出端状态 $Q_3Q_2Q_1Q_0$=1011 时，应使 $\overline{PE}$=0，则对应的置零信号的逻辑关系是：$\overline{PE}=\overline{Q_3^nQ_1^nQ_0^n}$。同样，应在输出端状态为 1011 时，使进位 C=1，则对应的进位输出的逻辑关系是：$C=Q_3^nQ_1^nQ_0^n$。

由上述置零逻辑及进位逻辑，可画出由 74HC161 及门电路构成的十二进制计数器的逻辑图，如图 3-65 所示。

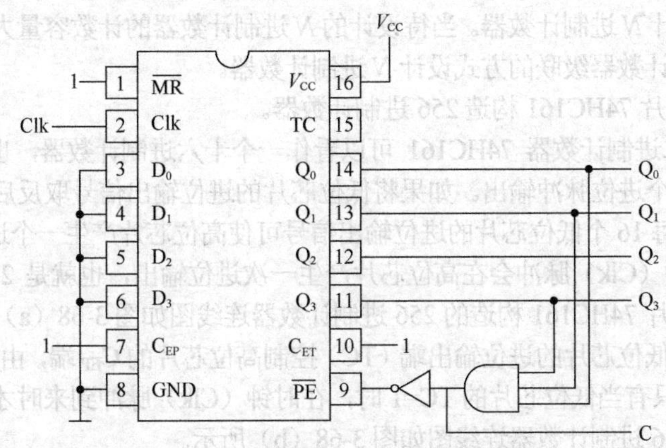

图 3-65　用 74HC161 构造十二进制计数器连线图（2）

（2）置数法设计 N 进制计数器。采用置数法设置 N 进制计数器的原理是，通过设置计数的初始值，改变计数的容量。

【例 3-5】　使用 4 位二进制计数器 74HC161 设计十二进制计数器（置数法）。

解　十二进制计数器的计数容量是 12，而计数器 74HC161 的计数容量为 16。显然，如使 74HC161 的计数初值由 4（对应二进制数为 0100）开始，即可将计数容量由 16 变为 12，从而得到十二进制计数器，相应的状态图如图 3-66 所示。

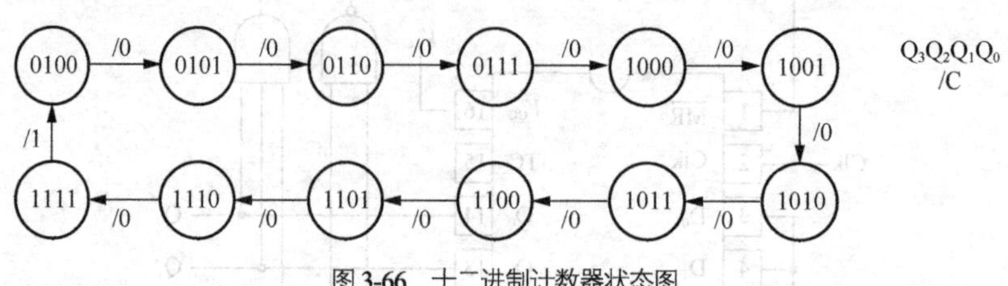

图 3-66　十二进制计数器状态图

由于需要在每次计数值达到 1111 后，下一个状态从 0100 开始，从而应使 $D_3D_2D_1D_0$=0100。此外，还需生成置数控制 $\overline{PE}$ 信号，置数信号可通过将进位输出（TC）取反获得，即 $\overline{PE}=\overline{TC}$ 。

图 3-67 所示为根据以上逻辑关系绘制的十二进制计数器的逻辑图。

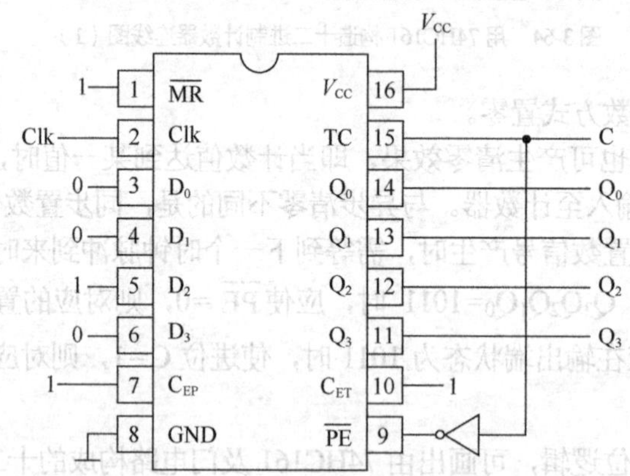

图 3-67　由 74HC161 构造十二进制计数器连线图（3）

（3）级联方式设计 *N* 进制计数器。当待设计的 *N* 进制计数器的计数容量大于集成计数器的容量时，可通过将多片计数器级联的方式设计 *N* 进制计数器。

【例 3-6】　用 2 片 74HC161 构造 256 进制计数器。

解　一片 4 位二进制计数器 74HC161 可以看作一个十六进制计数器，也就是每 16 个时钟（Clk）脉冲会产生一个进位脉冲输出。如果将低位芯片的进位输出信号取反后作为高位芯片的时钟脉冲输入信号，则每 16 个低位芯片的进位输出信号可使高位芯片产生一个进位脉冲输出，即每 256（16×16）个时钟（Clk）脉冲会在高位芯片产生一次进位输出，也就是 256 进制计数器。通过这种级联方式用 2 片 74HC161 构造的 256 进制计数器连线图如图 3-68（a）所示。

另一种方法是用低位芯片的进位输出端（TC）控制高位芯片的 C_{EP} 端，由于计数器只在 C_{EP}=1 期间计数，因此，只有当低位芯片的 TC=1 时，在时钟（Clk）脉冲到来时才计数一次。通过这种级联方式构造的 256 进制计数器连线图如图 3-68（b）所示。

【例 3-7】　利用计数器 74HC161 设计 200 进制计数器。

解　要设计 200 进制的计数器，可以在上一例中设计的 256 进制计数器的基础上完成，方法可以是前面介绍的清零法或预置数法。这里介绍清零法的使用。

由于十进制数 200 对应的二进制数是 11001000，也就是当 256 进制计数器的 Q_7～Q_0 输出端中 Q_7、Q_6、Q_3 均为 1 时，计数器应清零。当计数值达到 199（对应二进制数为 11000111）时，产生进位输出，即 Q_7、Q_6、Q_2、Q_1、Q_0 均为 1 时，产生进位输出。显然 200 进制计数器的清零逻辑和进位逻辑分别是：$\overline{MR}=\overline{Q_7^nQ_6^nQ_3^n}$，$C=Q_7^nQ_6^nQ_2^nQ_1^nQ_0^n$。电路连接如图 3-69 所示。

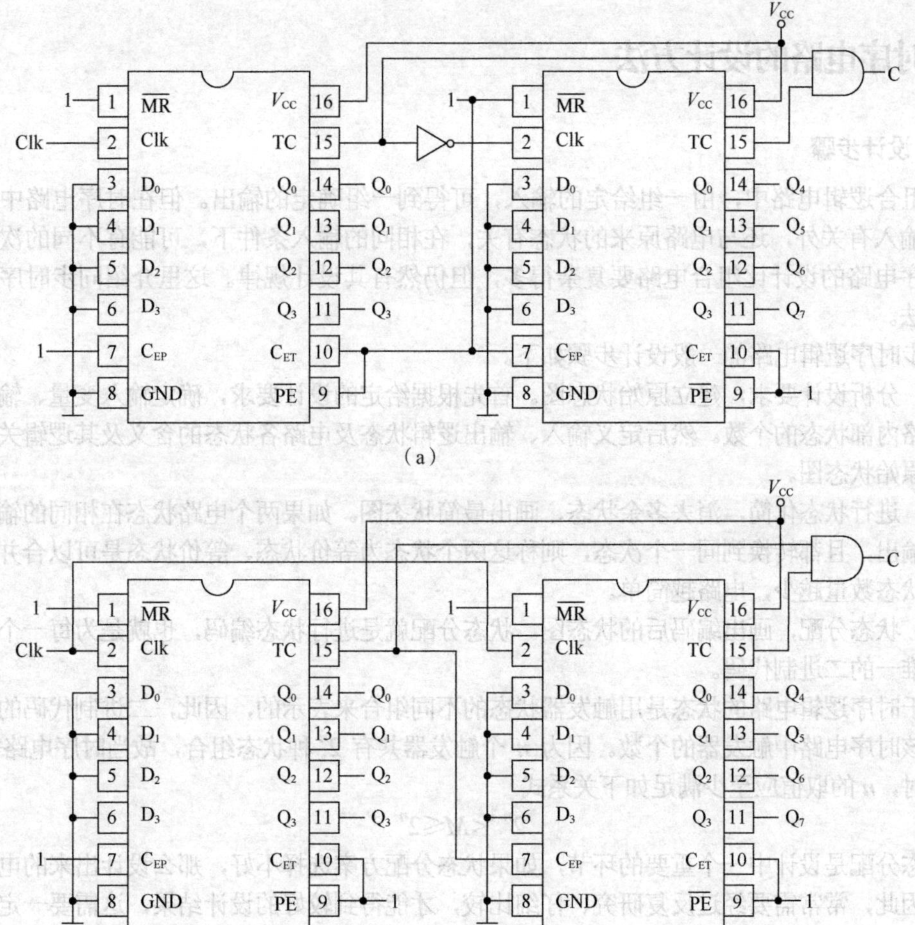

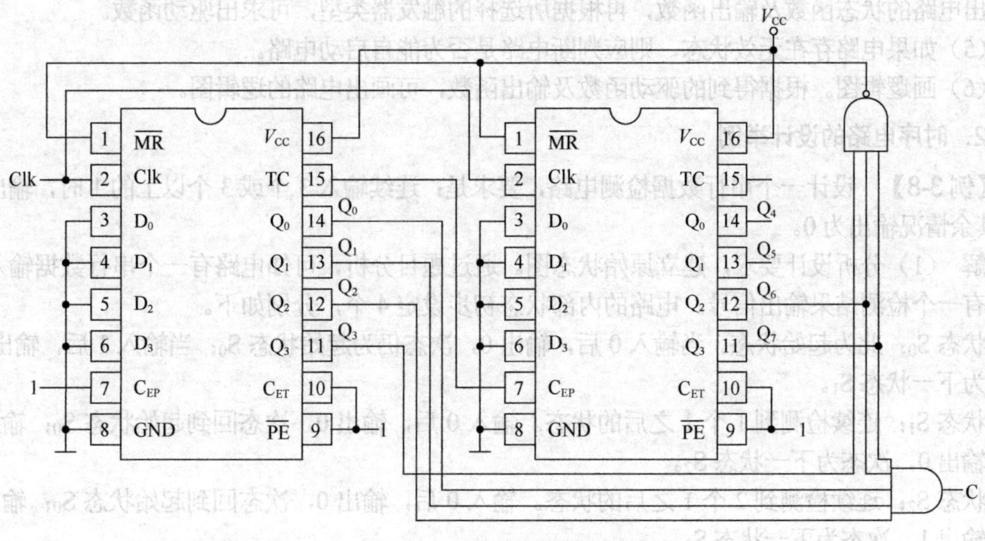

图3-68 256进制计数器连线图

图3-69 200进制计数器连线图

3.5 时序电路的设计方法

1. 设计步骤

在组合逻辑电路中，由一组给定的输入，可得到一组确定的输出。但在时序电路中，输出除了与输入有关外，还与电路原来的状态有关，在相同的输入条件下，可能有不同的次态。因此，时序电路的设计比组合电路要复杂得多，但仍然有其设计规律。这里介绍同步时序电路的设计方法。

同步时序逻辑电路的一般设计步骤如下。

（1）分析设计要求，建立原始状态图。首先根据给定的设计要求，确定输入变量、输出变量以及电路内部状态的个数。然后定义输入、输出逻辑状态及电路各状态的含义及其逻辑关系。最后画出原始状态图。

（2）进行状态化简，消去多余状态，画出最简状态图。如果两个电路状态在相同的输入下有相同的输出，且都转换到同一个次态，则称这两个状态为等价状态，等价状态是可以合并的。电路中的状态数量越少，电路越简单。

（3）状态分配，画出编码后的状态图。状态分配就是进行状态编码，也就是为每一个状态定义一个唯一的二进制代码。

由于时序逻辑电路的状态是用触发器状态的不同组合来表示的，因此，二进制代码的位数 n 也就是该时序电路中触发器的个数。因为 n 个触发器共有 2^n 种状态组合，故当时序电路需要 M 个状态时，n 的取值应至少满足如下关系式

$$2^{n-1}<M\leqslant 2^n$$

状态分配是设计中一个重要的环节，如果状态分配方案选择不好，那么设计出来的电路会较复杂。因此，常常需要经过反复研究、仔细比较，才能得到较好的设计结果，这需要一定的技巧及经验。状态分配常用的编码有顺序二进制码、格雷码、独热码等，这几种编码规则在第 1 章中已经介绍。

（4）选择触发器类型，求出电路的状态函数、输出函数及驱动函数。根据编码后的状态图，可写出电路的状态函数及输出函数，再根据所选择的触发器类型，可求出驱动函数。

（5）如果电路存在无效状态，则应判断电路是否为能自启动电路。

（6）画逻辑图。根据得到的驱动函数及输出函数，可画出电路的逻辑图。

2. 时序电路的设计举例

【例 3-8】 设计一个串行数据检测电路，要求是：连续输入 3 个或 3 个以上的 1 时，输出为 1，其余情况输出为 0。

解 （1）分析设计要求，建立原始状态图。通过题目分析，可知电路有一个串行数据输入信号，有一个检测结果输出信号。电路的内部状态初步设定 4 个，分别如下。

状态 S_0：此为起始状态。当输入 0 后，输出 0，次态仍为起始状态 S_0；当输入 1 后，输出 0，次态为下一状态 S_1。

状态 S_1：连续检测到 1 个 1 之后的状态。输入 0 后，输出 0，次态回到起始状态 S_0；输入 1 后，输出 0，次态为下一状态 S_2。

状态 S_2：连续检测到 2 个 1 之后的状态。输入 0 后，输出 0，次态回到起始状态 S_0；输入 1 后，输出 1，次态为下一状态 S_3。

状态 S_3：连续检测到 3 个及 3 个以上 1 之后的状态。输入 0 后，输出 0，次态回到起始状态 S_0，输入 1 后，输出 1，次态仍为状态 S_3。

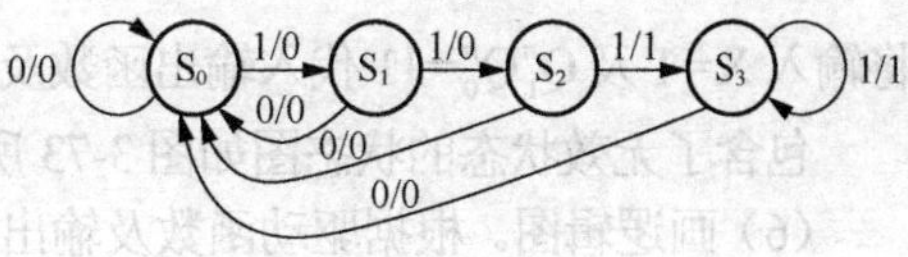

图 3-70 例 3-8 原始状态图

根据以上分析，可画出原始状态图，如图 3-70 所示。

（2）进行状态化简，画出最简状态图。通过分析原始状态图可发现，状态 S_2 和 S_3 是等价状态，原因在于状态 S_2 与 S_3 在相同的输入下有相同的输出，且都转换到同一个次态。

将 S_2 和 S_3 状态合并后，可画出化简后的最简状态图，如图 3-71 所示。

（3）状态分配，画出编码后的状态图。因为状态数 M=3，因此应取 n 值为 2，即电路需要 2 个触发器。对各状态进行编码，这里采用二进制码的顺序为 3 个状态进行编码，令 S_0=00，S_1=01，S_2=10，则得到编码后的状态图，如图 3-72 所示。

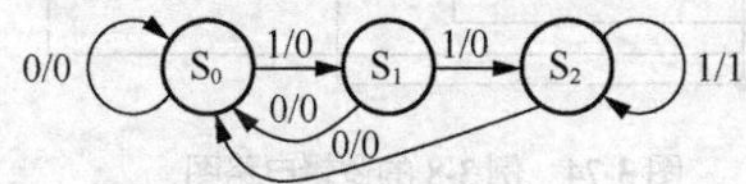

图 3-71 例 3-8 最简状态图

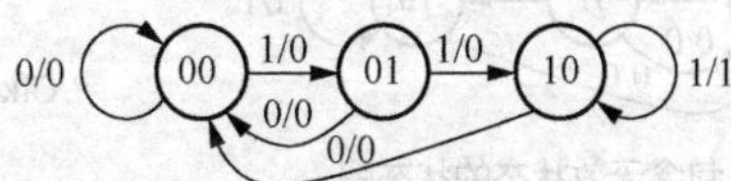

图 3-72 编码后的状态图

对应的状态转换表如表 3-22 所示。

表 3-22　　例 3-8 状态转换表

输入	现态		次态		输出
X	Q_1^n	Q_0^n	Q_1^{n+1}	Q_0^{n+1}	Y
0	0	0	0	0	0
0	0	1	0	0	0
0	1	0	0	0	0
0	1	1	×	×	×
1	0	0	0	1	0
1	0	1	1	0	0
1	1	0	1	0	1
1	1	1	×	×	×

（4）选择触发器类型，求出电路的状态函数、输出函数及驱动函数。根据状态表中的数据，利用卡诺图化简可写出电路的输出函数及状态函数

$$Y = XQ_1^n$$

$$Q_1^{n+1} = XQ_1^n + XQ_0^n$$

$$Q_0^{n+1} = X\overline{Q_1^n}\,\overline{Q_0^n}$$

如选用下降沿触发的 D 触发器，由 D 触发器的特性函数 $Q^{n+1} = D$（Clk 下降沿有效），可得到触发器的驱动函数

$$D_1 = XQ_1^n + XQ_0^n$$

$$D_0 = X\overline{Q_1^n}\,\overline{Q_0^n}$$

（5）分析是否能自启动。由于存在无效状态 11，故需要分析所设计的电路是否能自启。

首先将输入 X=0 及 $Q_1^nQ_0^n$=11 代入输出函数及状态函数中计算，得 Y=0，$Q_1^{n+1}Q_0^{n+1}$=00。再

将输入 X=1 及 $Q_1^nQ_0^n$=11 代入输出函数及状态函数中计算，得 Y=1，$Q_1^{n+1}Q_0^{n+1}$=10。

包含了无效状态的状态图如图 3-73 所示。显然，该设计结果为能自启动电路。

（6）画逻辑图。根据驱动函数及输出函数，可画出由 2 个 D 触发器及若干门电路构成的同步时序逻辑电路图，如图 3-74 所示。

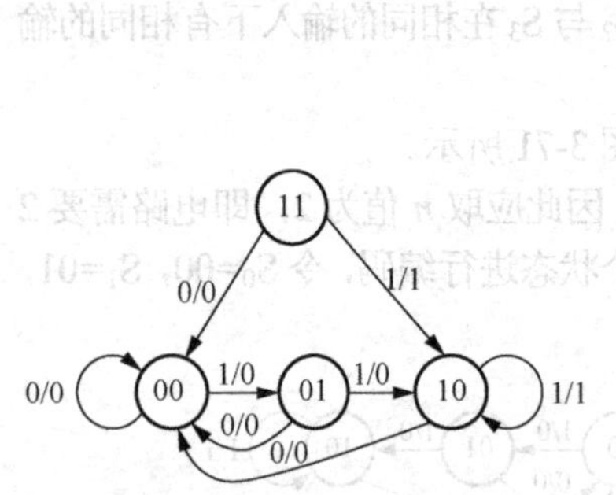

图 3-73 包含无效状态的状态图

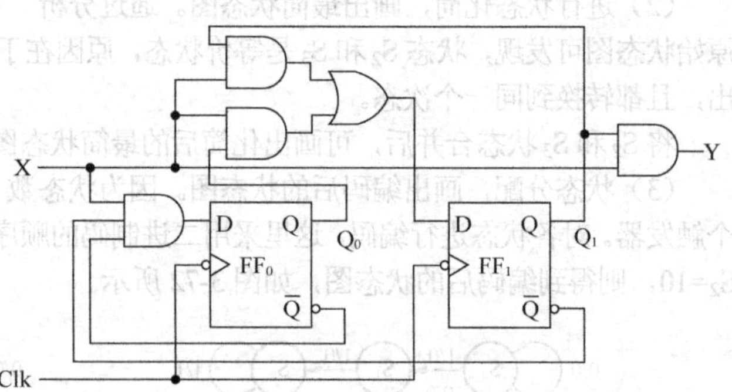

图 3-74 例 3-8 的逻辑电路图

前面说过，状态分配是设计中一个重要的环节。状态分配方案的选择，将直接影响设计出来的电路的复杂度。

【例 3-9】 接上例，直接从第（3）步开始，改用格雷码对各状态进行编码。

解 （3）状态分配，画出编码后的状态图。采用格雷码对各状态进行编码，令 S_0=00，S_1=01，S_2=11，则得到编码后的状态图，如图 3-75 所示。对应的状态转换表如表 3-23 所示。

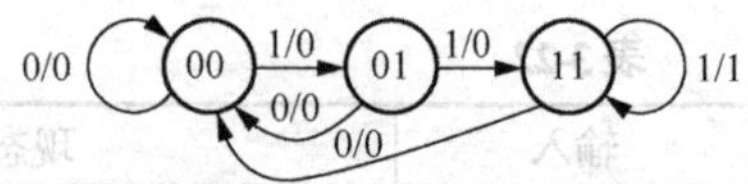

图 3-75 用格雷码编码的状态图

表 3-23 **例 3-9 状态转换表**

输入	现态		次态		输出
X	Q_1^n	Q_0^n	Q_1^{n+1}	Q_0^{n+1}	Y
0	0	0	0	0	0
0	0	1	0	0	0
0	1	0	×	×	×
0	1	1	0	0	0
1	0	0	0	1	0
1	0	1	1	1	0
1	1	0	×	×	×
1	1	1	1	1	1

（4）选择触发器类型，求出电路的状态函数、输出函数及驱动函数。根据状态表中的数据，利用卡诺图化简可写出电路的输出函数及状态函数

$$Y = XQ_1^n$$

$$Q_1^{n+1} = XQ_0^n$$

$$Q_0^{n+1} = X$$

如选用下降沿触发的 D 触发器，由 D 触发器的特性函数 $Q^{n+1} = D$（Clk 下降沿有效），可得到触发器的驱动函数

$$D_1 = XQ_0^n$$

$$D_0 = X$$

（5）分析是否能自启动。由于存在无效状态 10，故需要分析所设计的电路是否能自启动。

首先将输入 X=0 及 $Q_1^n Q_0^n$ =10 代入输出函数及状态函数中计算，得：Y=0，$Q_1^{n+1} Q_0^{n+1}$ =00。再将输入 X=1 及 $Q_1^n Q_0^n$ =10 代入输出函数及状态函数中计算，得 Y=1，$Q_1^{n+1} Q_0^{n+1}$ =01。包含了无效状态的状态图如图 3-76 所示。

显然，该设计结果为能自启动电路。

（6）画逻辑图。根据驱动函数及输出函数，可画出由 2 个 D 触发器及若干门电路构成的同步时序逻辑电路图，如图 3-77 所示。

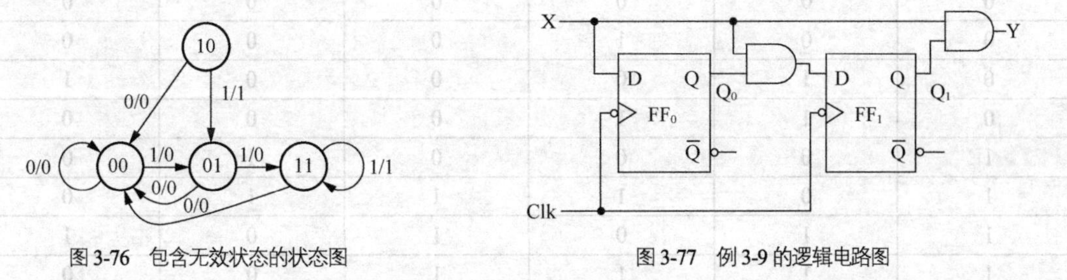

图 3-76 包含无效状态的状态图　　图 3-77 例 3-9 的逻辑电路图

比较前后两次的设计可看到，后一种方案的设计结果电路成本更低，因为构建电路所需的门电路个数更少些。

图 3-76 及图 3-77 所示的电路为 Mealy 型时序电路，这种时序电路的特点是输出除了与当前时刻的状态有关外，还直接受当前时刻的输入信号影响。由于输入信号可能在一个时钟周期内的任意时刻变化，使输出可能在非时钟脉冲边沿产生；此外，输入的噪声（干扰信号）也会影响 Mealy 型时序电路的输出。

图 3-78 所示为给定输入信号 X 后，图 3-77 所示电路的时序图例。由时序图可看到，在 Q_1Q_0 的状态为 11 时，输出信号跟随输入信号变化的情况。

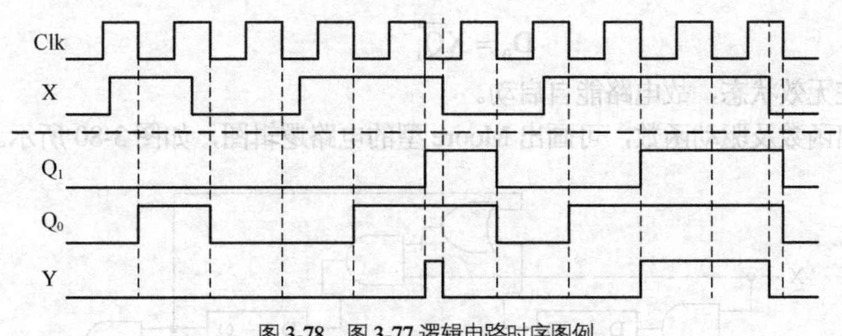

图 3-78 图 3-77 逻辑电路时序图例

【例 3-10】 将上例改为 Moore 型时序电路。

解 由于 Moore 型时序电路的特点是将输入与输出信号隔离，使输入对输出的影响在下一个时钟周期才反映出来，因此可解决输出信号直接受输入信号影响的问题，可以采用以下两种方法。

方法一：增加时序电路的状态数。

上例中，将 3 个状态数增加为 4 个状态数，状态图如图 3-79 所示。此状态图的含义是：当连续输入 3 个 1 信号后，状态变成 10，当状态为 10 时，输出 1，这样，输出与输入之间就没有直接的关系。

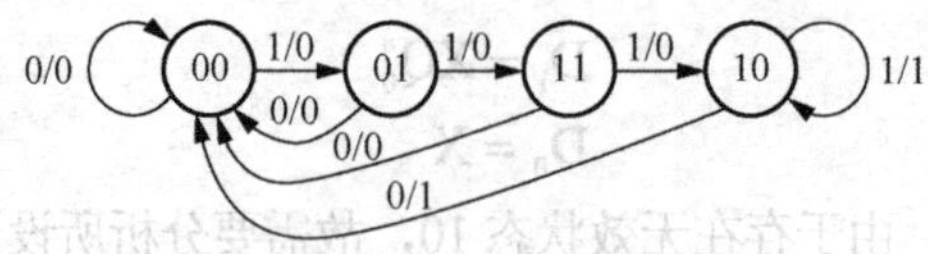

图 3-79　增加状态数的状态图

与图 3-79 对应的状态转换表如表 3-24 所示。

表 3-24　　例 3-10 状态转换表

输入	现态		次态		输出
X	Q_1^n	Q_0^n	Q_1^{n+1}	Q_0^{n+1}	Y
0	0	0	0	0	0
0	0	1	0	0	0
0	1	0	0	0	1
0	1	1	0	0	0
1	0	0	0	1	0
1	0	1	1	1	0
1	1	0	1	0	1
1	1	1	1	0	0

利用卡诺图化简后，可写出电路的输出函数及状态函数

$$Y = Q_1^n \overline{Q_0^n}$$

$$Q_1^{n+1} = XQ_1^n + XQ_0^n = X(Q_1^n + Q_0^n)$$

$$Q_0^{n+1} = X\overline{Q_1^n}$$

如选用下降沿触发的 D 触发器，由 D 触发器的特性函数 $Q^{n+1} = D$（Clk 下降沿有效），可得到触发器的驱动函数

$$D_1 = X(Q_1^n + Q_0^n)$$

$$D_0 = X\overline{Q_1^n}$$

由于不存在无效状态，故电路能自启动。

由以上输出函数及驱动函数，可画出 Moore 型的电路逻辑图，如图 3-80 所示。

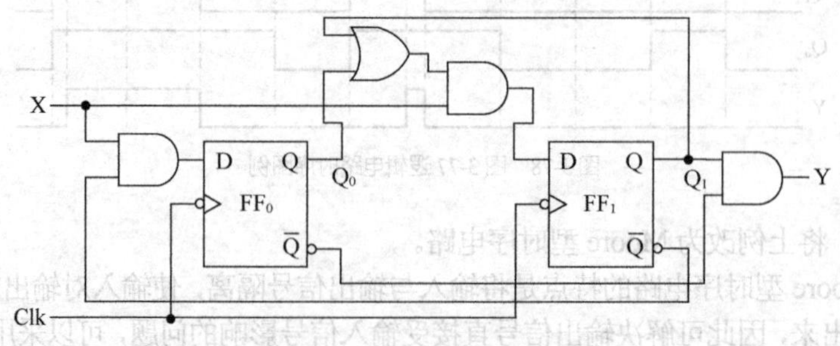

图 3-80　Moore 型时序电路逻辑图

图 3-81 所示为给定输入信号 X 后，图 3-80 所示电路的时序图例。由时序图可看到，输出信号只与存储器的状态有关，与输入信号 X 无直接的关系。

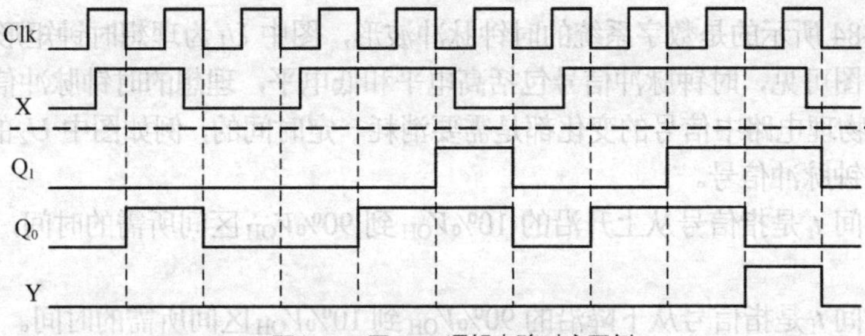

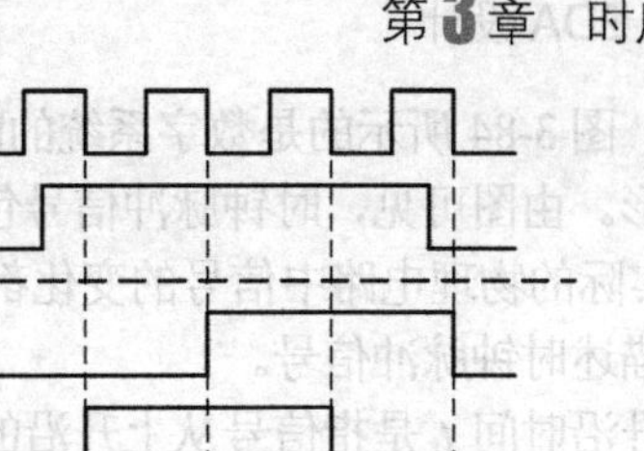

图 3-81　图 3-80 逻辑电路时序图例

方法二：Mealy 型时序电路输出端加寄存器（触发器）。

在图 3-77 所示的逻辑电路图的输出端增加一 D 触发器，将输出与输入隔离，如图 3-82 所示，输出信号仅在时钟边沿到来时才发生变化，图 3-83 为其时序图例。与图 3-80 相比较，两种方法的结果是一样的。

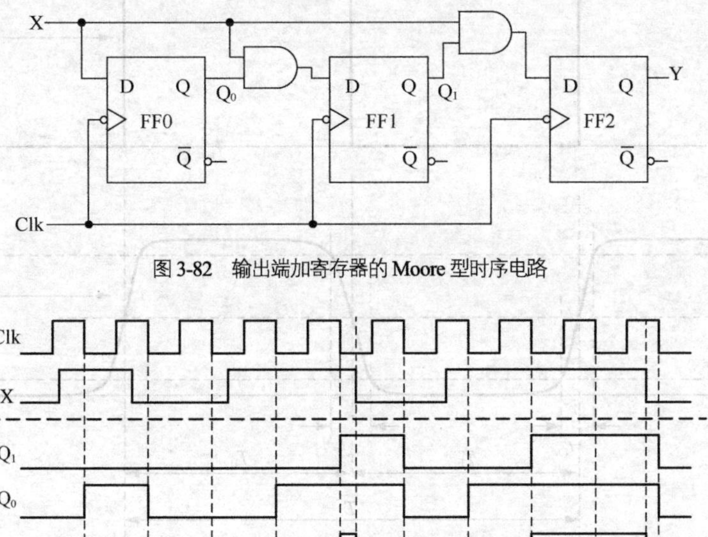

图 3-82　输出端加寄存器的 Moore 型时序电路

图 3-83　图 3-82 逻辑电路时序图例

3.6　时序逻辑电路时序分析的基本概念

在组合电路的时序分析中，我们分析了竞争冒险产生的原因以及一些解决的机制。其中，在输出端增加触发器是一个简单易行的消除输出虚假信号（毛刺）的办法。时序逻辑电路的输出不仅取决于输入值，也与电路原来保存的状态有关。显然，时序逻辑电路是组合逻辑与存储逻辑的结合。在复杂的逻辑系统中，当系统的时钟频率增加时，完成电路逻辑功能的前提是保证系统的时序正确。在以下的简要论述中，我们只考虑同步时序逻辑电路，特别是时序逻辑电路中最重要的元件触发器对时序的要求，介绍对时序电路进行分析时需要考虑的一些基本因素。

1．时钟脉冲信号

同步时钟脉冲信号在数字电路系统中占据着重要的地位，时钟脉冲信号的特性对整个系统有着重大影响。图 3-84 所示的是数字系统的时钟脉冲波形，图中 U_1 为理想时钟矩形方波，U_2 为实际的时钟波形。由图可见，时钟脉冲信号包括高电平和低电平，理想的时钟脉冲信号是一个矩形方波，但在实际的物理电路中信号的变化都是需要消耗一定时间的，例如图中 U_2 的波形。下面几个参数用于描述时钟脉冲信号。

（1）上升沿时间 t_r 是指信号从上升沿的 10%V_{OH} 到 90%V_{OH} 区间所需的时间，其中 V_{OH} 是指高电平的电压。

（2）下降沿时间 t_f 是指信号从下降沿的 90%V_{OH} 到 10%V_{OH} 区间所需的时间。

（3）时钟脉冲。

- 时钟周期 $T=T_H+T_L$。其中 T_H 为高电平的时间，T_L 为低电平的时间。
- 时钟频率 $f=1/T$。
- 时钟脉冲的占空比定义为 $[T_H/(T_H+T_L)]\times100\%$。

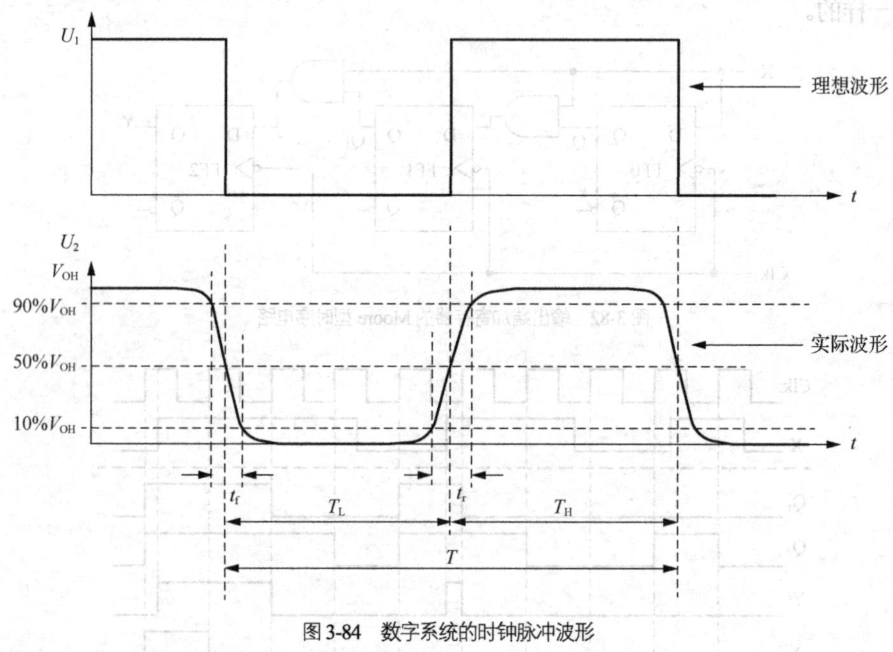

图 3-84 数字系统的时钟脉冲波形

2．建立时间、保持时间和最大传播延迟时间

由于触发器是边沿触发的，即只在时钟脉冲信号的上升沿或下降沿这极其短暂的时间内才对信号进行采样并传送至输出端，因此，为保证信号可靠地采样及传输，在时钟边沿附近的短暂时间内的各参数对时序电路的执行起着关键作用。在图 3-85 中，以上升沿触发的触发器为例介绍这些参数。

首先是触发信号的建立时间 t_{su}，是指时钟脉冲边沿之前输入信号的有效时间。如果建立时间不够，数据将不能在这个时钟脉冲上升沿送入触发器。

保持时间 t_{hold} 是指在时钟脉冲上升边沿之后输入信号必须保持稳定不变的有效时间。

建立时间和保持时间之和为时序元件的孔径时间（aperture time），即输入信号保持稳定状态的时间总和。

为保证数据的可靠输入，要求时序电路的输入信号在时钟脉冲边沿附近的孔径时间内必须保持稳定，这就是时序电路的动态约束规则。

最小延迟时间 t_{min_q} 是指从时钟脉冲上升沿到输出信号开始发生变化的延迟时间。

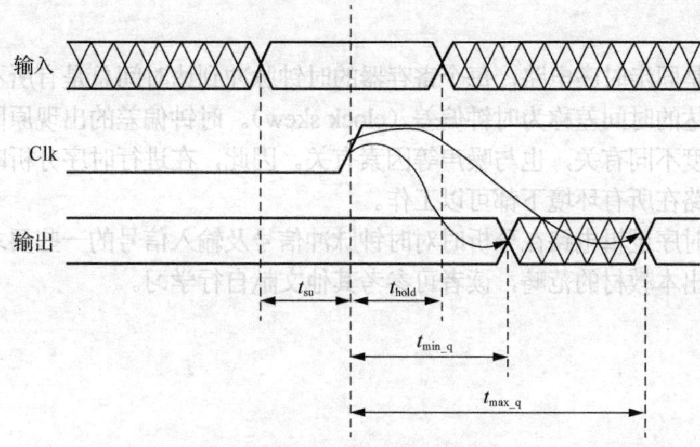

图 3-85 时序电路的时序分析

最大传播延迟时间 t_{max_q} 是指在满足建立时间和保持时间的前提下，输入信号在最坏的条件下，从时钟脉冲上升沿开始到输出信号达到稳定状态的延迟时间。

对于同步时序电路，基于时钟脉冲信号而完成的逻辑事件都是同步执行的，所有信号必须等到下一个时钟脉冲边沿才能执行下一次操作。因此，同步时序电路的时钟周期 T 必须满足电路所有路径的最长延迟（关键路径）时间，即由同步时序电路的时序逻辑所决定的最小时钟周期 T 为

$$T \geqslant t_{max\_q} + t_{su}$$

因此，影响时序电路时钟脉冲速度的关键是保证触发器时序参数数值的最小化。如果电路中还包括组合逻辑单元，则对系统的最小时钟周期的影响还应包括组合逻辑的门电路延时。

3. 稳态与亚稳态

前面已介绍，触发器是双稳态的电路，也就是在没有任何触发的情况下，电路稳定在单一的状态，0 态或 1 态。

但是，当触发器的输入信号在孔径时间内发生变化时，此时输出会出现亚稳态，也就是输出端在时钟脉冲边沿之后较长的一段时间输出不确定的状态，这种不确定的状态可能是毛刺、振荡或随机固定在 0～1 的一个电压值。这段亚稳态的时间被称作分辨时间。经过分辨时间后，触发器将最终稳定在 0 或 1 状态，但此时稳定的状态与输入无关，是随机的。

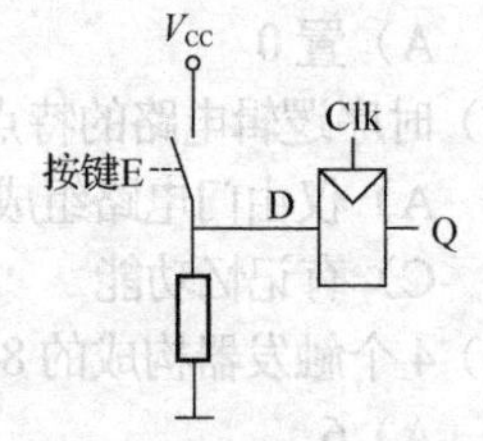

图 3-86 显示了当输入信号在孔径时间内变化时，触发器的输出情况。图中，按键在孔径时间内被按下，由于输入不满足动态约束规则，因而输出将无法确定。

亚稳态除了会导致逻辑判断错误，如果输出 0～1 的电压，还会使下一级触发器产生亚稳态，从而导致亚稳态的传播。

4. 分辨时间

分辨时间 t_{res} 是指触发器在时钟脉冲边沿发生改变时，为达到一个稳定状态所需的时间。如果输入信号是在孔径时间外变化，则 $t_{res}=t_{max\_q}$。但是如果输入信号在孔径时间内发生变化，则 t_{res} 一定比较长，到达稳定状态的分辨时间是无界的。

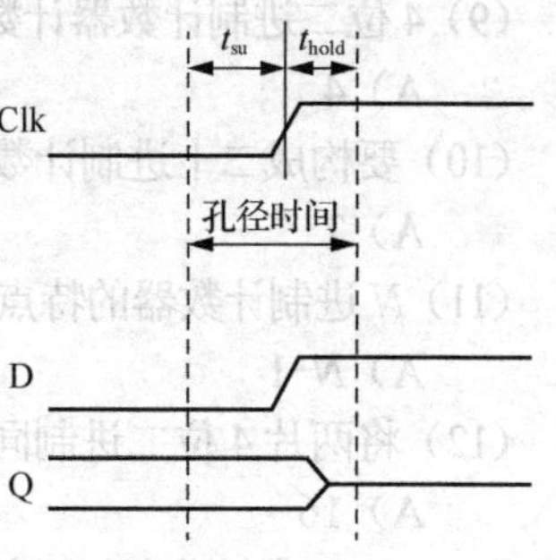

图 3-86 输入在孔径时间之内变化的输出情况

5. 时钟偏差

实际上，即使是同步时序电路，每个寄存器的时钟脉冲到达时间总是有所不同的。不同寄存器时钟脉冲边沿到达的时间差称为时钟偏差（clock skew）。时钟偏差的出现原因与时钟到各个寄存器之间的连线长度不同有关，也与噪声等因素有关。因此，在进行时序分析时，需要考虑最坏的情况，以保证电路在所有环境下都可以工作。

本节只介绍了时序逻辑电路在分析时对时钟脉冲信号及输入信号的一些要求，实际的时序分析十分复杂，已超出本教材的范畴，读者可参考其他文献自行学习。

习题

一、单选题

（1）1 个触发器可记录 1 位二进制代码，它有（　　）个稳态。

A）0　　B）1　　C）2　　D）3

（2）对于 JK 触发器，若 J=K，则可完成（　　）触发器的逻辑功能。

A）D　　B）RS　　C）T　　D）T'

注：T'触发器是只有翻转功能的触发器，即每一个时钟边沿到来时，触发器状态变化一次。

（3）对于 JK 触发器，若 $K=\overline{J}$，则可完成（　　）触发器的逻辑功能。

A）D　　B）RS　　C）T　　D）T'

（4）基本 RS 锁存器输入端禁止的情况为（　　）。

A）R=1，S=1　　B）$\overline{R}=1$，$\overline{S}=1$

C）R=0，S=0　　D）RS=0

（5）触发器的异步置位端 Set、Clr 不能同时取值为（　　）。

A）Set=1，Clr=1　　B）Set=0，Clr=0

C）Set=1，Clr=0　　D）Set=0，Clr=1

（6）JK 触发器在 J、K 端同时输入高电平时，处于（　　）功能。

A）置 0　　B）置 1　　C）保持　　D）翻转

（7）时序逻辑电路的特点是（　　）。

A）仅由门电路组成　　B）无反馈通路

C）有记忆功能　　D）无记忆功能

（8）4 个触发器构成的 8421BCD 码计数器共有（　　）个无效状态。

A）6　　B）8　　C）10　　D）4

（9）4 位二进制计数器计数容量为（　　）。

A）4　　B）8　　C）16　　D）10

（10）要构成二十进制计数器，至少需要（　　）个触发器。

A）2　　B）3　　C）4　　D）5

（11）N 进制计数器的特点是设初态后，每（　　）个 Clk，计数器又重回初态。

A）N−1　　B）N+1　　C）N　　D）2N

（12）将两片 4 位二进制同步加法计数器芯片级联，最大可构成（　　）进制计数器。

A）16　　B）255　　C）256　　D）100

（13）由 4 个触发器组成的二进制加法计数器，当初始状态为 1010 时，经过（　　）个 Clk 脉冲，计数器的状态会变为 0101。

A）4　　B）10　　C）11　　D）16

（14）触发器符号中 Clk 输入端的小圆圈表示（　　）。

A）高电平有效　　B）低电平有效　　C）上升沿触发　　D）下降沿触发

（15）对于图 3-43 所示的左移寄存器，若 Q_0～Q_3 原来的状态是 0111，S_{in}=0，Clk 上升沿之后，Q_0～Q_3 的状态变成（　　）。

A）0111　　B）1110　　C）0011　　D）0110

二、判断题

（1）触发器有互补的输出，通常规定 Q=1、$\overline{Q}$=0 时称触发器为 0 态。（　　）

（2）D 触发器的特性方程为 Q^{n+1}=D，与 Q^n 无关，所以它没有记忆功能。（　　）

（3）对于边沿 JK 触发器，在 Clk 为高电平期间，当 J=K=1 时，状态会翻转一次。（　　）

（4）经过有限个 Clk，可由任意一个无效状态进入有效状态的计数器是能自启动计数器。（　　）

（5）计数器在电路组成上的特点是有 Clk 输入，可无其他输入信号。（　　）

（6）要设计一个同步的计数容量为 5 的计数器，需要 5 个触发器。（　　）

（7）采用异步清零方式的计数器，当清零信号到来时会立刻产生清零效果。（　　）

（8）采用同步清零方式的计数器，当清零信号到来时会立刻产生清零效果。（　　）

（9）时序电路中如果存在无效状态，应检查是否能自启动。（　　）

（10）Moore 型时序电路的输入信号会直接影响输出。（　　）

三、填空题

（1）RS 触发器的功能有（　　　　　　），特性函数为（　　　　　　）。

（2）JK 触发器的功能有（　　　　　　），特性函数为（　　　　　　）。

（3）D 触发器的功能有（　　　　　　），特性函数为（　　　　　　）。

（4）T 型触发器的功能有（　　　　　　），特性函数为（　　　　　　）。

（5）边沿 D 触发器的 D 端与 $\overline{Q}$ 端相连，此时触发器的功能为（　　）。

（6）在时序电路中，凡是被利用了的状态，都叫作（　　）。

（7）在时序电路中，虽然存在无效状态，但它们没有形成循环，这样的时序电路叫作（　　）时序电路。

（8）计数器和触发器都属于（　　）电路。

（9）如要设计一个由 JK 触发器构成的十进制同步加法计数器，需要（　　）个 JK 触发器。

（10）八进制计数器设置初态 100 后，经过（　　）个 Clk 脉冲，计数器状态为 010。

四、综合题

（1）画出图 3-87 所示的锁存器的波形图（设初态为 0 态）。

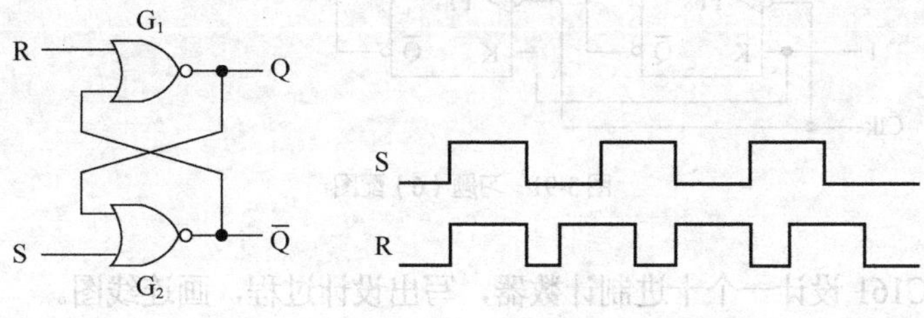

图 3-87　习题（1）配图

（2）画出图 3-88 所示的触发器的波形图（设初态为 0 态）。

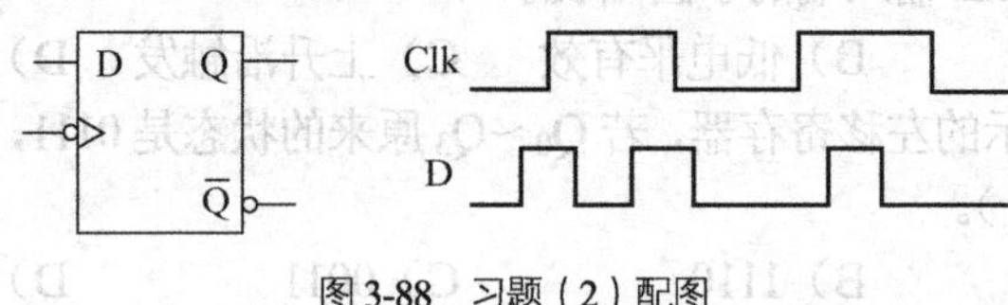

图 3-88　习题（2）配图

（3）画出图 3-89 所示的下降沿触发的边沿 JK 触发器的波形图（设初态为 0 态）。

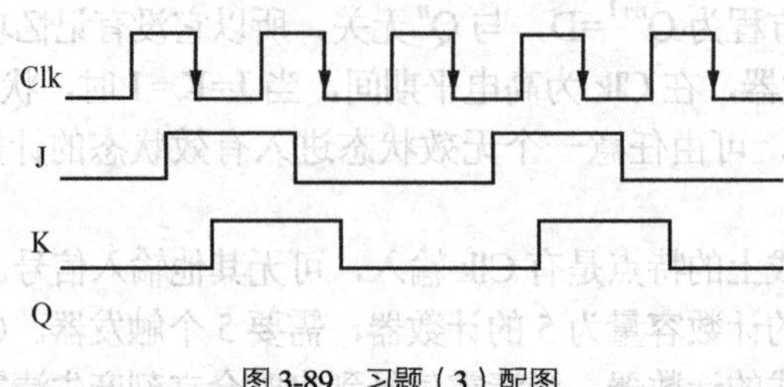

图 3-89　习题（3）配图

（4）写出用上升沿触发的 D 触发器构造的 3 位二进制减法计数器的设计过程，画出逻辑图及时序图。

（5）利用图 3-90（b）所示的触发器设计一个能实现图 3-90（a）所示状态图的同步时序电路。画出电路逻辑图，并画出初始状态为 000 的波形图（至少画 10 个 Clk 脉冲）。

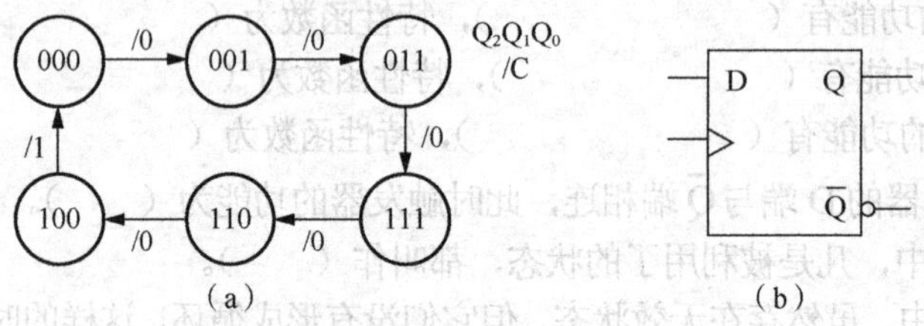

图 3-90　习题（5）配图

（6）由 2 个 JK 触发器构成的时序电路如图 3-91 所示，请分析该电路，画出状态图，画出初始状态为 00 的波形图。

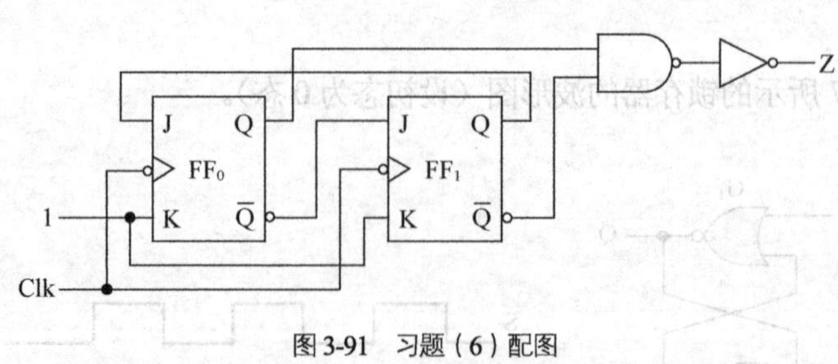

图 3-91　习题（6）配图

（7）试用 74HC161 设计一个十进制计数器，写出设计过程，画连线图。

（8）试用 2 片 74HC161 设计一个 100 进制计数器，写出设计过程，画连线图。

（9）设计一个能实现图 3-92（a）所示状态图功能的时序电路，使用上升沿触发的 D 触发器实现，写出设计过程，画出逻辑图，并画出当 Clk 及 A 信号为图 3-92（b）所示波形时的时序图（设电路初始状态为 00）。

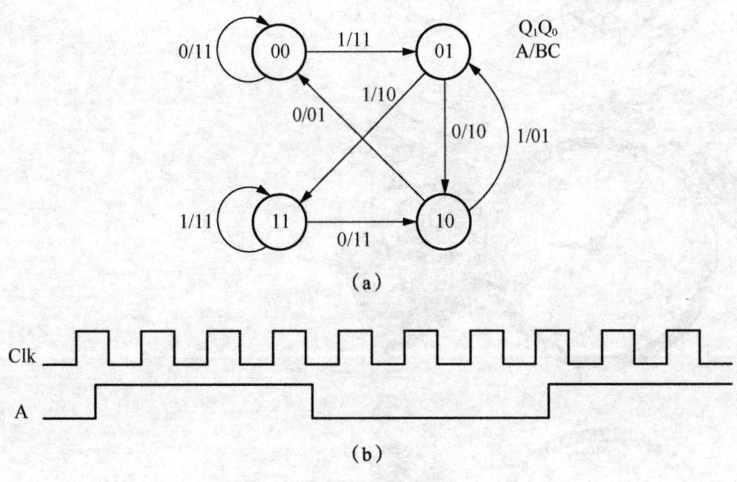

图 3-92 习题（9）

现代篇

第4章 硬件描述语言 Verilog HDL

学习基础

- 有C语言学习基础。
- 熟悉第1～3章介绍的数字逻辑、组合逻辑电路和时序逻辑电路的基础知识。

阅读指南

- 本章主要介绍 Verilog HDL 语言的一些基本知识，目的是使初学者能够掌握 HDL 编程方法，初步了解并掌握 Verilog HDL 语言的基本知识，能够读懂简单的数字逻辑电路代码并能够进行一些简单数字逻辑电路的 Verilog HDL 建模。
- 4.1 节介绍了 HDL 的一些基础知识，对比了 Verilog HDL 和 VHDL 语言，讨论了硬件描述语言的发展趋势。
- 4.2 节中，在读者没有任何语法知识基础的情况下，通过一个简单的例子，读者可看到程序的基本结构及在 ModelSim 中进行仿真的结果，使得读者对 Verilog HDL 及其仿真有初步的感性认识。
- 4.3～4.7 节介绍了 Verilog HDL 的基本语法知识，讨论了多种不同的建模风格，是学习 Verilog HDL 语言需要掌握的知识内容。
- 4.8～4.9 节是在学习 Verilog HDL 基础知识后，需要进一步了解和掌握的内容。

4.1 HDL 简介

20 世纪 80 年代前，尽管集成电路取得了飞速发展，然而，当时的集成电路设计工程师只能采用代工厂提供的专用电路图来进行手工设计。对于复杂的数字逻辑电路，设计师从原理设计、功能设计、电路设计到版图设计一般要一年以上的设计周期，其中仅仅版图布线一环，工程师就要花费数周的时间才能完成。随着大规模集成电路的研发，集成数百万逻辑门的电路变得非常复杂，也很难通过传统的面包板测试法验证所设计的系统。

4.1.1 关于硬件描述语言

随着电子设计技术的飞速发展，设计的集成度、复杂度越来越高，传统的设计方法已满足不了设计的要求。后端工程师开始寻找通过 EDA（Electronic Design Automation，电子设计自动化）的设计方法将手工设计转变为计算机辅助，前端的工程师也希望使用一种标准的语言来进行硬件的设计，以提高设计的复杂度和可靠性。因此，HDL（Hardware Description Language，硬件描述语言）应运而生。为使如此复杂的芯片变得易于被人脑理解，有必要用一种高级语言来表达其功能，隐藏其具体实现的细节（类似于使用高级程序语言取代汇编语言一样），对数字电路和数字逻辑系统能够进行形式化的描述，这就是 HDL。

通过使用 HDL 和 EDA 工具进行设计的优势非常明显：数字逻辑电路设计者可利用 HDL 来描述自己的设计思想，然后利用 EDA 工具进行仿真，再由逻辑综合工具自动综合成门级电路；能够通过基于语言的描述，对于正在进行设计的电路自动进行综合，而不用经历人工设计方法中那些费力的步骤，如卡诺图求最小逻辑等；最后用 ASIC（Application Specific Integrated Circuit，专用集成电路）或 FPGA（Field Programmable Gate Array，现场可编程门阵列）实现其功能。

HDL 是 EDA 技术的重要组成部分，常见的 HDL 主要有 Verilog HDL、VHDL、ABEL、AHDL、System Verilog 和 System C。其中 Verilog HDL 和 VHDL 在目前的 EDA 设计中使用最多，也获得了几乎所有主流 EDA 工具的支持。

1. Verilog HDL

Verilog HDL 是在使用最广泛的 C 语言的基础上发展起来的一种硬件描述语言，它是由 GDA（Gateway Design Automation）公司在 1983 年首创的，最初只设计了一个仿真与验证工具，之后又陆续开发了相关的故障模拟与时序分析工具。1985 年推出它的第 3 个商用仿真器 Verilog-XL，获得了巨大的成功，从而使得 Verilog HDL 迅速得到推广应用。1989 年 Cadence 公司收购了 GDA 公司，1990 年 Cadence 公司公开发表了 Verilog HDL，并成立了 OVI（Open VerilogInternational）组织来负责 Verilog HDL 语言的发展，1995 年制定了 Verilog HDL 的 IEEE（The Institute of Electrical and Electronics Engineers）标准，即 IEEE1364-1995。2001 年，一个更加完善的 Verilog HDL 标准，即 IEEE1364-2001 诞生了。

Verilog HDL 用于从算法级、门级到开关级的多种抽象设计层次的数字系统建模。数字系统对象建模的复杂度，既可以是简单的门甚至开关，也可以是完整的大规模数字电子系统。

Verilog HDL 语言具有下述描述能力：设计的行为特性、设计的数据流特性、设计的结构组成以及包含响应监控和设计验证方面的时延和波形产生机制。此外，Verilog HDL 语言提供了编程语言接口，通过该接口可以在模拟、验证期间从外部访问设计，包括模拟的具体控制和进行。Verilog HDL 语言不仅定义了语法，而且对每个语法结构都定义了清晰的模拟、仿真语义，能够使用 Verilog 仿真器进行验证。

Verilog HDL 语言从 C 编程语言中继承了多种操作符和结构。Verilog HDL 的核心子集非常易于学习和使用，这对大多数建模应用来说已经足够了。使用同一种建模语言，就可对从最复杂的芯片到完整的电子系统进行描述。

2. VHDL

VHDL 的英文全称是 VHSIC（Very High Speed Integrated Circuit），它于 1983 年由美国国防部发起创建，由 IEEE 进一步发展，并在 1987 年作为“IEEE std 1076”发布。从此，VHDL 成为硬件描述语言的业界标准之一。1993 年，IEEE 对 VHDL 进行了修订（即 IEEE Std 1076-1993），从更高的抽象层次和系统描述能力上扩展了 VHDL 的内容。最新的 VHDL 版本是 IEEE Std 1076-2002。

创建 VHDL 的最初目标是用于标准文档的建立和电路功能模拟，其基本思想是在高层次上描述系统和元件的行为。到了 20 世纪 90 年代初，VHDL 不仅可以作为系统模拟的建模工具，而且还可以作为电路系统的设计工具，可以利用软件工具将 VHDL 源码自动地转化为以文本方式表达的基本逻辑元件连接图，即网表文件，这种方法对于电路的自动设计是一个极大的推进。

VHDL 语言具有很强的电路描述和建模能力，能从多个层次对数字系统进行建模和描述，从而大大简化硬件设计任务，提高设计效率和可靠性。VHDL 具有与具体硬件电路无关和与设计平台无关的特性，并且具有良好的电路行为描述和系统描述的能力，并在语言易读性和层次化、结构化设计方面表现出了强大的生命力和应用潜力。因此，VHDL 在支持各种模式的设计方法，如自顶向下与自底向上或混合方法方面，以及在面对当今许多电子产品生命周期缩短，需要多次重新设计以融入最新技术、改变工艺等方面都表现出了良好的适应性。

3．Verilog HDL 与 VHDL 的对比

Verilog HDL 和 VHDL 作为 IEEE 的工业标准硬件描述语言，得到了众多 EDA 公司的支持，已成为事实上的通用硬件描述语言。

VHDL 比 Verilog HDL 早几年成为 IEEE 标准，语法及结构比较严格，因而编写出的模块风格比较清晰，比较适合由较多的设计人员合作完成的特大型项目（100 万门以上）。而 Verilog HDL 获得了较多的第三方工具支持、语法结构比 VHDL 简单、学习起来比 VHDL 容易、测试激励模块容易编写。

这两种语言均可在不同抽象层次对电路进行描述。抽象层次分为 5 个层次，分别为系统级、算法级、寄存器传输级、逻辑门级和开关电路级（见图 4-1）。

*VITAL：VHDL Initiative Tpwards ASIC Libraries（面向 ASIC 的 VHDL 模型基准）。

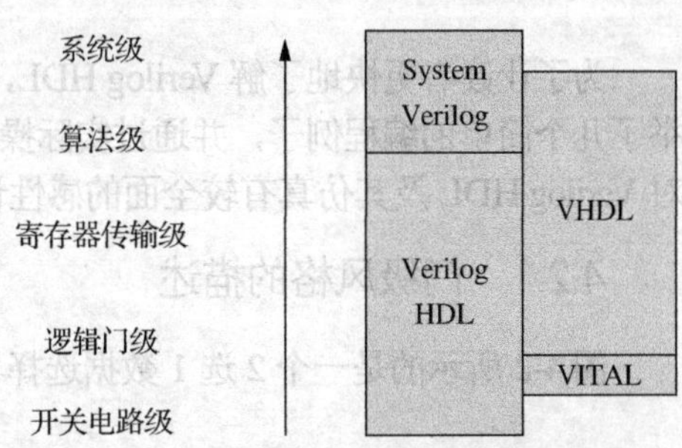

图 4-1 Verilog HDL 与 VHDL 建模能力的比较

4.1.2 Verilog HDL 的特点

Verilog HDL 充分保留了 C 语言简洁、高效的编程风格，最大特点就是易学易用。如果有 C 语言的编程经验，可以在较短时间内很快地学会和掌握。

Verilog HDL 语言是一门标准硬件设计语言，采用标准的文本格式，与设计工具和实现工艺无关，从而可以方便地进行移植和重用，它具有多层次的抽象，适合于电子系统设计的所有阶段。由于它容易被机器和人工阅读，因此它支持硬件设计的开发、验证、综合及测试以及硬件设计数据的交流，便于维护、修改和最终硬件电路的获得。Verilog HDL 的特点有以下几点。

（1）简单、直观和高效。

（2）设计可以在多个层次上加以描述，从开关级、门级、寄存器传输级（Register Tansfer Level，RTL）到算法级。

（3）可以用多种不同方式或混合方式对设计建模。

（4）开关级基本结构模型可以使用内置开关级元件进行完整建模。

（5）基本逻辑门可以使用内置门级元件进行完整建模。

（6）提高了逻辑设计的效率，降低设计成本，更重要的是缩短设计周期。

（7）多方位的仿真可以在设计完成之前检测到其错误，减少设计的重复次数，使得第一次投片便能成功实现芯片成为可能。

（8）使检测各种设计方案变得容易和方便，对方案的修改只需要修改 HDL 程序就行了，这比修改原理图要容易得多。

由于具有以上这些特点，Verilog HDL 语言已经被绝大多数的 IC 设计者所采用。

4.1.3 硬件描述语言的发展趋势

数字逻辑电路的速度和复杂性正在迅速地增长，这就要求设计者从更高的抽象层次对电路进

行描述，这样做的好处是设计者只需从功能的角度进行分析设计，由 EDA 工具来完成具体的实现细节。

由于逻辑综合工具可以从RTL描述生成门级网表，因此目前基于HDL的主流设计方式是RTL级设计。行为级综合工具允许直接对电路的算法和行为进行描述，然后由 EDA 工具在各个设计阶段进行转换和优化，但这对 EDA 工具提出了更高的要求。

系统级设计采用的另一种技术是在采用自顶向下的方法的同时，结合自底向上的方法。设计者通过使用现有的 Verilog HDL 模块、基本功能模块或第三方提供的核心功能模块来快速搭建系统，并进行仿真，降低了开发费用，缩短了开发周期。这种用于数字系统设计的预先设计好的电路功能模块称为 IP（Intelligent Property）。IP 核技术在 EDA 技术和开发中越来越重要，是数字系统模块化设计、规模化设计及快速开发的重要技术和发展趋势。

4.2 初步认知

为了让读者更快地了解 Verilog HDL，本节在没有介绍任何 Verilog HDL 语法知识的情况下，举了几个简单的编程例子，并通过实际操作，让读者看到仿真的过程与效果。希望读者能很快地对 Verilog HDL 及其仿真有较全面的感性认识。

4.2.1 门级风格的描述

图 4-2 所示的是一个 2 选 1 数据选择器（MUX）的电路结构图。

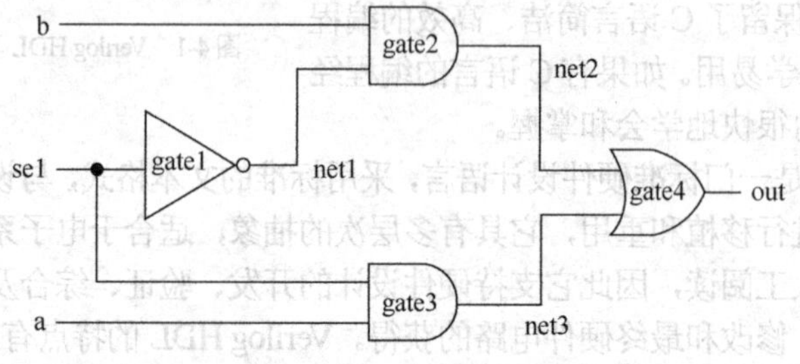

图 4-2 2 选 1 MUX 的结构图

以下使用内置门元件对 2 选 1 MUX 的结构进行门级风格描述：

```
module mux_str (out, a, b, sel);
    input a, b, sel;                // 输入端口声明
    output out;                     // 输出端口声明
    not gate1 (net1, sel);          // 非门 gate1 中，net1 是输出，sel 是输入
    and gate2 (net2, b, net1);      // 与门 gate2 中，net2 是输出，b 和 net1 是输入
    and gate3 (net3, a, sel);
    or gate4 (out, net2, net3);
endmodule
```

该 2 选 1 MUX 由 1 个非门、2 个与门、1 个或门构成。net1、net2、net3 则是门与门之间的连线；not、and、or 是 Verilog HDL 内置的基本门元件。

4.2.2 数据流风格的描述

用数据流描述一个设计建模的最基本机制就是使用连续赋值语句（assign）。在连续赋值语句中，线网类型变量被赋予某个值，右边表达式的操作数无论何时发生变化，表达式都重新计算，

计算结果被赋予左边表达式的线网类型变量。以下使用数据流方式描述 2 选 1 MUX：

```
module mux_flow (out, a, b, sel);
    input a, b, sel;
    output out;
    assign out=(sel)?a:b;
endmodule
```

如上代码中，当 a、b、sel 发生变化时，out 将同时发生变化。

4.2.3　行为风格的描述

行为风格为抽象层次更高的设计风格，常用于复杂数字系统的顶层逻辑设计。行为风格使用 initial 语句（语句只执行一次）和 always 语句（重复执行），只有变量类型数据能够在这两种语句中被赋值，所有 initial 语句和 always 语句在 0 时刻开始并发执行。

以下使用行为风格描述方式给 2 选 1 MUX 建模：

```
module mux_beha (out, a, b, sel);
  input a, b, sel;
  output out;
  reg out;
  always @(a,b,sel)        // a，b，sel 为敏感事件，一旦发生变化，即触发后面代码的执行
   out=(sel)?a:b;
endmodule
```

4.2.4　测试平台的编写

编写了功能实现的代码，还需要编写另一个模块，模拟数据的输入和输出，测试和验证功能模块的正确性，该模块称为测试平台（testbench）。

以下测试平台可用于验证前述的 3 个 2 选 1 MUX 例子（门级风格、数据流风格、行为风格）：

```
module testMux;
  reg pa,pb,psel;
  wire pout;
  mux_beha tmux(pout,pa,pb,psel);
  initial
    begin
         pa=0; pb=0; psel=0;
         #5 pa=1;
         #5 pb=1;
         #5 pa=0;
         #5 psel=1;
         #5 pa=1;
         #5 pb=0;
         #5 pa=0;
    end
  initial
   $monitor("time=%t,a=%b,b=%b,sel=%b,out=%b",$time,pa,pb,psel,pout);
endmodule
```

代码中通过模块“mux_beha”生成一个实例“tmux”，通过端口顺序与测试平台“testMux”进行连接；中间从“begin”到“end”部分的代码，实现每过 5 个单位时间改变一次输入的值组合，实现“pa”“pb”“psel”的值按照“000-100-110-010-011-111-101-001”的顺序发生变化。

通过图 4-3，读者可更直观地看到功能模块（mux_beha）和测试模块（testMux）的连接关系。

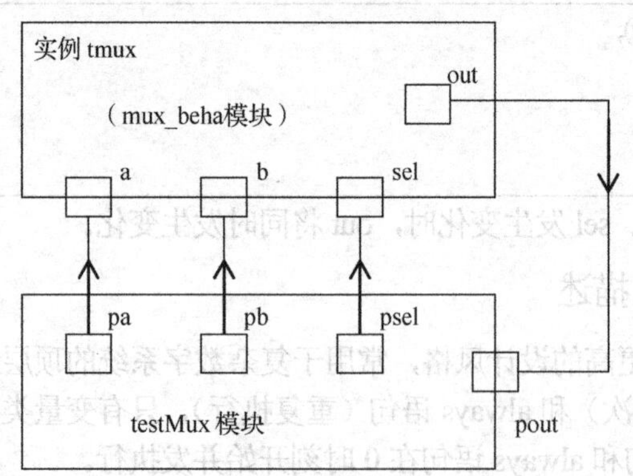

图 4-3 模块之间的连接

初学者会对模块、实例与测试平台的关系产生困惑，也可以这么理解：把设计好的“mux_beha”模块看作一个零件（可复用），而实例“tmux”就是从零件库里取出一个“mux_beha”这种型号的零件，并命名为“tmux”；然后对这个零件进行测试，按端口接线后，输入不同的信号，就可查看到输出结果了；而测试平台就是专门用来提供测试数据和接收测试结果的一个模块（输出结果也是通过测试平台的仿真结果查看）。

4.2.5 使用 ModelSim 进行仿真

类似 C 程序的运行需要一个编译和运行环境一样，Verilog HDL 程序的运行与验证也需要相应的运行环境，在此使用业界著名的 ModelSim 软件进行仿真。

在此使用前述的代码（2 选 1 MUX 模块及测试平台），在 ModelSim 中进行仿真，验证运行的结果。

1．新建 Verilog HDL 文件

新建文件“mux2x1.v”，用记事本（或其他文本编辑器）打开，输入代码并保存。以下代码为前述行为风格“mux_beha”模块和测试平台“testMux”模块的代码合并所得：使用“mux_beha”模块建立 2 选 1 MUX，使用“testMux”模块进行测试。

```
module mux_beha(out,a,b,sel);
  input a, b, sel;
  output out;
  reg out;
  always @(a,b,sel)
   out=(sel)?a:b;
endmodule
/*          以上为 2 选 1 MUX 的代码，使用“mux_beha”模块
            以下为测试平台的代码，使用“testMux”模块          */
module testMux;
  reg pa,pb,psel;
  wire pout;
  mux_beha tmux(pout,pa,pb,psel);
  initial
      begin
          pa=0;pb=0;psel=0;
          #5 pa=1;
          #5 pb=1;
```

```
            #5 pa=0;
            #5 psel=1;
            #5 pa=1;
            #5 pb=0;
            #5 pa=0;
            #5;
        end
    initial
        $monitor("time=%t,a=%b,b=%b,sel=%b,out=%b",$time,pa,pb,psel,pout);
endmodule
```

2. 使用 ModelSim 打开文件

在已安装 ModelSim 软件的计算机中，双击“mux2x1.v”文件，或单击右键弹出菜单中的“打开方式”，选择“ModelSim”，即可使用 ModelSim 软件打开该文件。ModelSim 软件界面如图 4-4 所示。

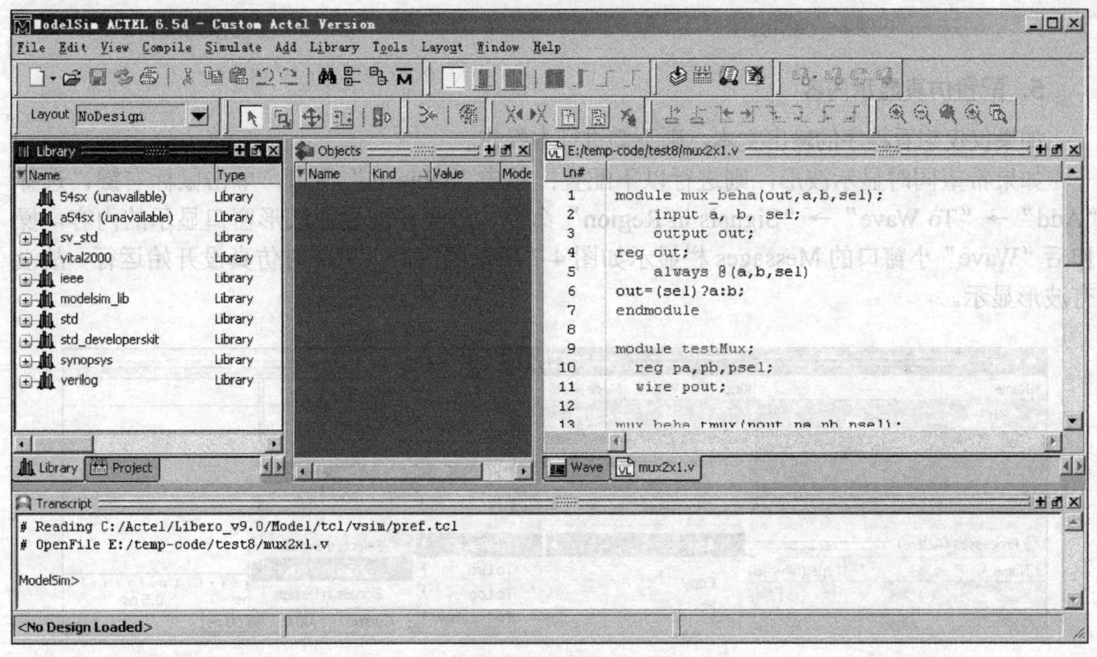

图 4-4 ModelSim 软件

值得注意的是，这样的建立和打开文件方式并不是规范的操作流程，在此为了更快地让初学者对仿真有个初步认识，因此简化了操作步骤。更详细、更规范的操作可参考 5.5 节的内容。

3. 编译

选择“Compile”菜单的“Compile All”，或工具栏的图标，弹出图 4-5 所示的窗口，选择“mux2x1.v”文件，单击“Compile”；弹出是否创建名为“work”的库的询问框，选择“Yes”；“Transcript”小窗口会提示编译结果，编译成功后，单击“Done”按钮关闭对话框。

4. 选择仿真对象

选择“Simulate”菜单的“Start Simulation”，或工具栏的图标，在弹出的对话框中选择“Work”库下的“testMux”模块，单击“OK”按钮，如图 4-6 所示。

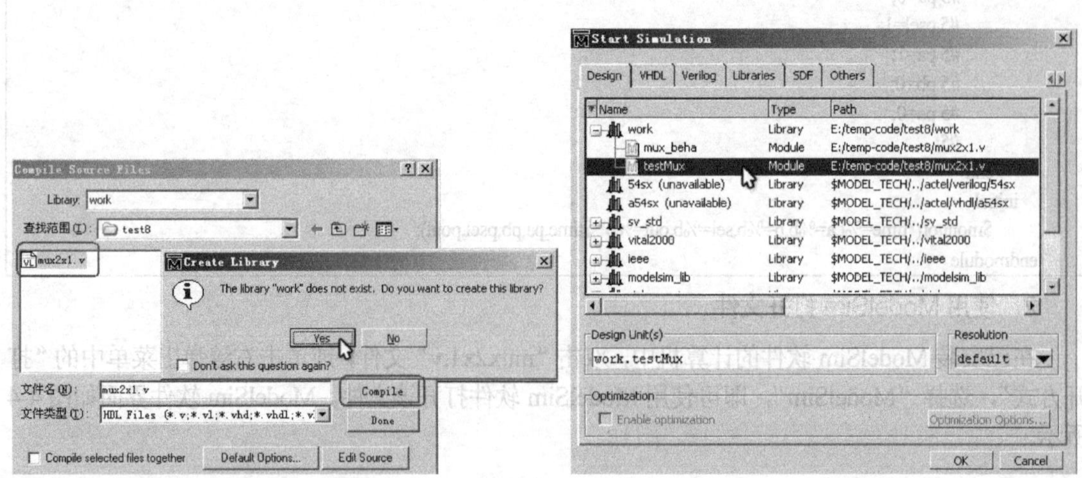

图 4-5　编译文件　　　　图 4-6　选择仿真对象

5．配置仿真显示内容

如果仅仅想看程序的输出文本，则不需进行本操作。

如果希望同时显示波形，则进行以下配置：单击“Objects”窗口，单击鼠标右键，选择“Add”→“To Wave”→“Signals in Region”命令，该操作配置在波形窗口显示的内容，操作后“Wave”小窗口的 Messages 栏显示如图 4-7 所示的内容。但此时仿真没开始运行，故没有波形显示。

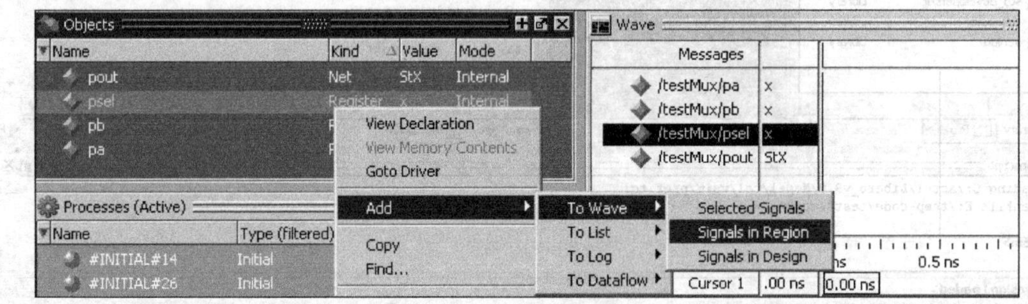

图 4-7　选择波形显示内容

6．运行仿真并查看结果

选择“Simulate”→“Run”→“Run-All”命令，或工具栏的图标，“Transcript”小窗口将显示如图 4-8 所示的运行结果。

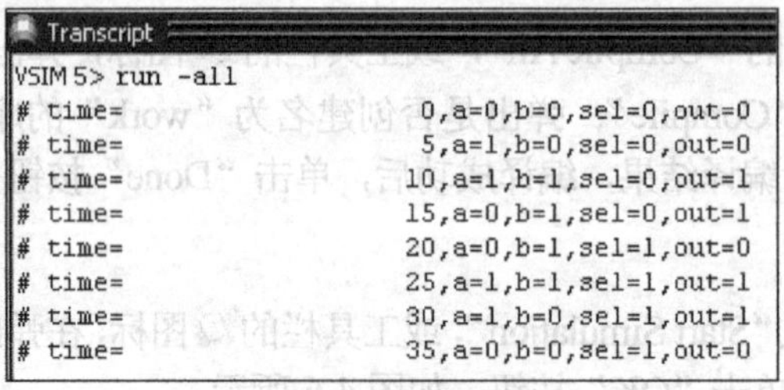

```
Transcript
VSIM 5> run -all
# time=           0,a=0,b=0,sel=0,out=0
# time=           5,a=1,b=0,sel=0,out=0
# time=          10,a=1,b=1,sel=0,out=1
# time=          15,a=0,b=1,sel=0,out=1
# time=          20,a=0,b=1,sel=1,out=0
# time=          25,a=1,b=1,sel=1,out=1
# time=          30,a=1,b=0,sel=1,out=1
# time=          35,a=0,b=0,sel=1,out=0
```

图 4-8　“Transcript”窗口显示运行结果

“Wave”小窗口将显示波形图，单击“Zoom”工具栏图标可调整波形的查看效果，如图 4-9 所示。

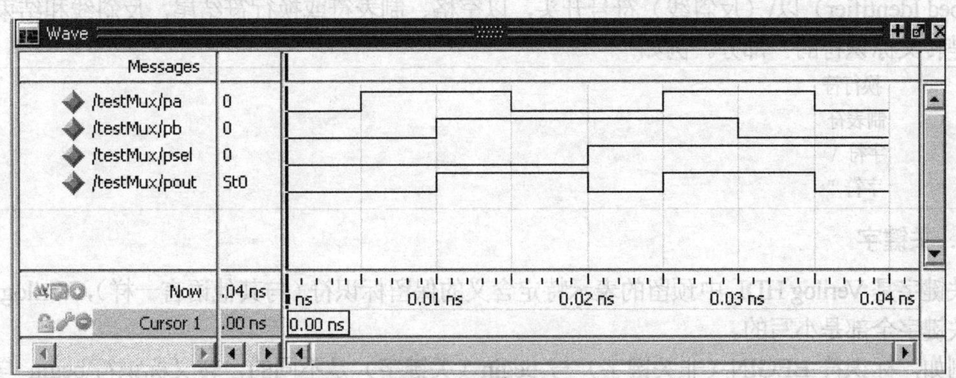

图 4-9　仿真结果波形图

4.2.6　Verilog HDL 在电路综合中的应用

电路综合过程就是将设计者建立的电路模型与基本逻辑单元库相结合，得到可以实现设计目标功能的电路的过程。本节中讨论的 2 选 1 MUX 电路，从一开始就给出了其电路图，但试想如果是一个规模较大的设计，以手工方式化简卡诺图或逻辑表达式，然后再画出电路图，那工作量是多么巨大！在使用 HDL 语言对设计进行描述时，可以不用画出电路图，而是通过综合工具把 HDL 代码转换为相应的电路设计。

如前述的 2 选 1 数据选择器的综合结果如图 4-10 所示。

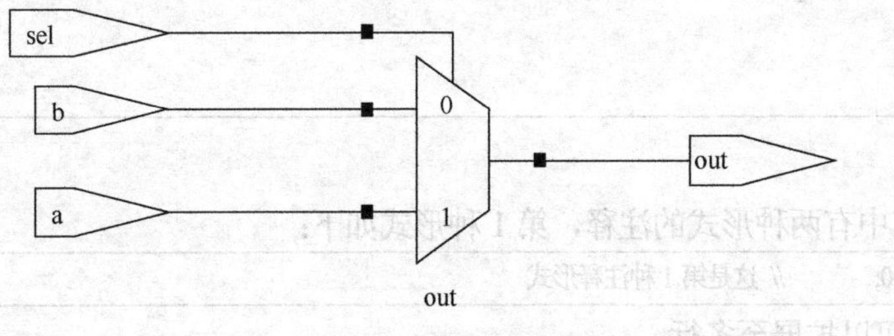

图 4-10　综合结果

4.3　Verilog HDL 基本知识

4.3.1　标识符和关键字

1．标识符

Verilog HDL 中的标识符（Identifier）可以是任意一组字母、数字、$符号和_（下划线）符号的组合。标识符是区分大小写的，第一个字符必须是字母或者下划线，不能以数字和$符号开始。如：Max，MIN（与 Min 不同），Four$，_Y2011。

2．转义标识符

相信读者对 C 语言中的转义字符已经相当熟悉，类似的，Verilog HDL 中的转义标识符（Escaped Identifier）以\（反斜线）符号开头，以空格、制表符或换行符结尾，反斜线和结束空格并不是转义标识符的一部分。例如：

```
\n      换行符
\t      制表符
\\      字符 \
\"      字符 "
```

3．关键字

关键字是 Verilog HDL 中预留的表示特定含义的保留标识符（与其他语言一样），Verilog HDL 中的关键字全部是小写的。

例如，标识符 BEGIN（非关键字）与 begin（关键字）是不同的，转义标识符\begin 与关键字 begin 是不同的。

4.3.2 编写格式

1．格式

Verilog HDL 是自由格式的，代码可以在一行内编写，也可以跨越多行编写。空格、制表符和空白行没有特殊意义。例如：

```
initial    begin    pa=0;pb=0;pCin=0;    end
```

和下面的代码是一样的：

```
initial
  begin
   pa=0;
   pb=0;pCin=0;
  end
```

2．注释

Verilog HDL 中有两种形式的注释，第 1 种形式如下：

```
pa=0;pb=0;pCin=0;          // 这是第 1 种注释形式
```

第 2 种形式可以扩展至多行：

```
pa=0;pb=0;pCin=0;          /*   这是第 2 种注释形式，
                                可以跨行进行注释。    */
```

4.3.3 模块和端口

1．模块的组成

模块是 Verilog HDL 设计中的基本功能块，用于描述某个设计的功能或结构，以及它与其他模块进行通信的端口。端口是模块与外部环境交互的接口和通道。例如 IC 芯片的输入输出引脚就是它的端口。对于外部来说，模块内部是不可见的，对模块的调用只能通过其端口进行。模块的组成如图 4-11 所示。

模块定义说明如下。

（1）模块以关键字 module 开始，并以关键字 endmodule 结束。

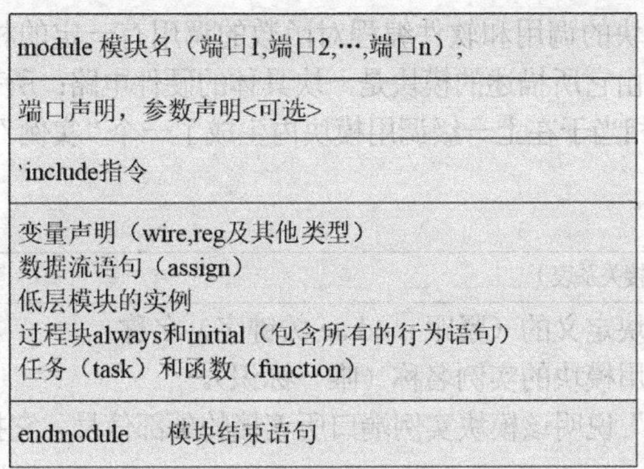

图 4-11　模块组成

（2）对于模块的定义只有关键字 module、endmodule 和模块名是必需的，其他都是可选的。

（3）模块名、端口列表、端口声明和可选的参数声明必须出现在其他部分前面。

（4）为了使模块描述清晰和具有良好的可读性，变量、寄存器、线网和参数等的声明部分必须在使用前出现，放在任何语句的前面。

（5）端口是模块和外部环境交互的通道，一个模块可以没有端口。

（6）模块内部有 5 个组成部分：变量声明、数据流语句、低层模块实例、行为语句以及任务和函数。这 5 个部分可以出现在模块的任意位置，顺序也可以任意排列。

（7）一个 Verilog 源文件可以包含多个模块，而且对于模块的排列也没有要求。

2．模块的端口定义

在模块名的后面紧跟着的就是端口列表，如果模块和外界没有任何交互信号，也可以没有端口列表。

端口列表中的所有端口都必须在模块中进行声明，根据端口的流动方向，端口分为 input（输入）、output（输出）和 inout（输入/输出双向）三种类型。

所有端口默认的声明为 wire 型，如果希望输出端口能够保存数据，那就需要显式地将端口声明为 reg 型；不能将 input 端口和 inout 端口设为 reg 型，因为 reg 型是用于保存数据的，而输入端口是反映外界数据的变化。

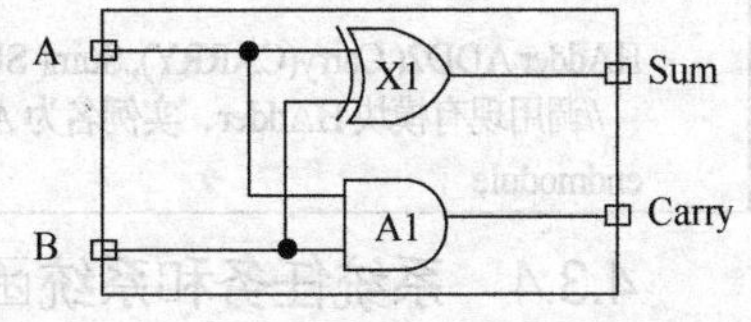

图 4-12　半加器电路

如建立一个半加器电路的模块（见图 4-12），可使用如下代码进行描述。

```
module HAdder(A,B,Sum,Carry);
  input A,B;
  output Sum,Carry;
  assign Sum=A^B;
  assign Carry=A&B;
endmodule
```

代码中模块的名字是 HAdder。模块有两个输入端口 A 和 B，两个输出端口 Sum 和 Carry。由于没有定义端口的位数，所有端口大小都为 1 位；同时，由于没有各端口的数据类型说明，这 4 个端口都是默认的线网数据类型 wire。从模块的内部来说，输入端口必须为线网类型，而输出则可以是线网或 reg 数据类型。

3. 模块的调用

Verilog HDL 中对模块的调用和软件编程对函数的调用有一定的相似，但也有一些区别。Verilog 是硬件描述语言，由它所描述的模块是一块具体的硬件电路：所有模块每被调用一次，其代表的电路就复制一次，相当于在上一级调用模块内生成了一个“实例”，所以模块的调用也称为“模块实例化”。

模块调用语法：

```
模块名  实例名（端口连接关系表）
```

- “模块名”就是模块定义的（紧跟 module 关键字）名称。
- “实例名”是所调用模块的实例名称（唯一标识）。
- “端口连接关系表”说明该模块实例端口所连接的外部信号，它指明了模块实例和外界的连接关系。

模块调用的端口对应方式包括以下 2 种。

1）按顺序连接

外部的信号按顺序排列，和模块定义中的端口列表中的端口按照排序位置一一对应连接。其语法格式为：

```
（信号名 1,信号名 2,…,信号名 n）
```

2）按名字连接

显式地指明和上层模块信号相连接的端口名，且端口连接关系表的顺序可以是任意的，只要保证端口名和信号名匹配就可以了。其语法格式为：

```
(.端口名 1（信号名 1）,.端口名 2（信号名 2）,…, .端口名 n（信号名 n))
```

如下代码采用了两种不同的端口对应方式，效果是一致的。

```
module testbench;
  reg DataA,DataB;
  wire SUM;
  wire CARRY;

HAdder ADD1(DataA,DataB,SUM,CARRY);
  //调用现有模块 HAdder，实例名为 ADD1，按顺序进行调用

HAdder ADD2(.Carry(CARRY),.Sum( SUM), .B(DataB),.A(DataA));
  //调用现有模块 HAdder，实例名为 ADD2，按名称进行匹配的，可以不按顺序
endmodule
```

4.3.4 系统任务和系统函数

为了便于设计者对仿真过程进行控制，对仿真结果进行分析，Verilog HDL 提供了大量的系统功能调用，分为两类：一种是任务型的功能调用，称为系统任务；另一种是函数型的功能调用，称为系统函数。系统任务和系统函数均是以$字符开始的标识符（$<keyword>形式）。它们的区别在于：系统任务可以有 0 个或多个返回值，而系统函数只有一个返回值；系统任务可以带有延迟，而系统函数不允许任何延迟。

系统任务和系统函数内置于 Verilog HDL 中给用户随意调用，这些操作包括屏幕显示、选通监控、连续监视、文件输入/输出、仿真控制、各种函数调用等。由于篇幅所限，以下只介绍最常用的几个系统任务和系统函数。

1. $display

$display 是用于显示变量、字符串和表达式的最常用系统任务之一，使用上类似 C 语言的 printf

语句，如：

```
$display("time=%t,a=%b,b=%b,Cin=%b,Sum=%b,Cout=%b",$time,pa,pb,pCin,Sum,Cout);
```

该语句可用在前述例子中用于显示运行结果（例子中原来用的是$monitor），语句中的$time是系统函数，返回当前的模拟时间。

可用转义字符输出显示各种不同的信息，如语句：

```
$display("How to \begin our \n work?");
```

将输出显示：

```
How to begin our
 work?
```

2．$monitor

系统任务$monitor 为用户提供了对信号值变化进行动态监视的手段，如前述例子中就用到了它，使得 pa、pb、pCin、Sum、Cout 当中任一个发生变化时就输出显示，而不是等待程序运行到该语句才进行输出（并发执行）。

```
$monitor ("time=%t,a=%b,b=%b,Cin=%b,Sum=%b,Cout=%b",$time,pa,pb,pCin,Sum,Cout);
```

3．$stop 和$finish

$stop 任务使得仿真被挂起，但在该阶段仍可以发送交互命令给仿真器。设计者可以在此模式下对设计进行调试，例如想要暂停仿真以检查信号值时可以使用。使用方法如下：

```
initial
 #100 $stop;
```

在 100 个单位时间后，仿真暂停。

与$stop 不同的是，$finish 任务将结束仿真，并退出仿真环境。

4．时间函数

时间函数包括以下 3 种。

（1）$time：以 64 位的整数形式返回当前的仿真时间。

（2）$stime：以 32 位形式返回当前的仿真时间。

（3）$realtime：以实数形式返回当前的仿真时间。

5．$random 函数

系统函数$random 用于产生一个随机数，其使用格式为：

```
$random [%b]
```

参数 b>0，函数将产生一个范围在（−b+1）到（b−1）间的随机数，如：

```
reg [7:0] rand_a;
rand_a=$random %51;
```

将产生一个−50～50 的随机数。

可以在需要时为测试模块提供随机脉冲序列，如：

```
reg [7:0] rand_a;
always
  #(80+($random %51)) rand_a=$random %51;
```

将随机产生 30～130 个单位时间的延时间隔，随机产生−50～50 的随机数。

4.3.5 常用编译器指令

编译器指令是以`（反引号，注意非单引号’）开头的标识符，形式上为`<keyword>，此处只介绍最常用的编译器指令。

1．`define 和`undef

`define（宏定义）指令用于文本替换，它很像 C 语言中的#define 指令，如：

```
`define SIZE 8
…
   reg[SIZE-1:0] pa;
```

注意，宏定义名必须用大写，如上面代码中的 SIZE 不能改为 Size，一旦`define 指令被编译，其在整个编译过程中都有效，并且能被多个文件使用。

可用`undef 指令取消前面定义的宏。例如：

```
`undef   SIZE
```

2．`include

使用`include 指令可以在编译期间将一个 Verilog 源文件包含在另一个 Verilog 文件中，作用类似于 C 语言的#include。文件既可以用相对路径名，也可以用绝对路径名。例如：

```
`include "../head.v"
```

编译时，这一行由位于上一层文件夹中（“../”）的“head.v”的内容替代。

3．`timescale

在 Verilog HDL 中，所有延迟都用单位时间表述，可使用`timescale 编译器指令将时间单位与实际时间相关联。该指令用于定义延迟的单位和延迟精度。`timescale 指令格式为：

```
`timescale <time_unit> / <time_precision>
```

`timescale 指令在模块说明的外部出现（如前面的例子），并且影响后面所有的延迟值。time_unit（时间单位）和 time_precision（时间精度）可以是 s、ms、μs（微秒）、ns（纳秒）、ps（皮秒）和 fs（飞秒）。例如：

```
`timescale 1ns/100ps
```

表示延迟单位为 1ns，延迟精度为 1/10ns（100ps）。因此，延迟值 3.33 对应 3.3ns，延迟 4.56 对应 4.6ns。又如果指令为：

```
`timescale 10ns / 1ns
```

则 3.33 对应 33ns，4.56 对应 46ns。

设置了单位时间，则在 Verilog HDL 仿真器中的显示单位和程序中的延迟控制都会受影响，如：

```
`timescale 1ns/100ps
…
#5 assign T1=A&Cin;                    // 5 个单位时间后执行语句
assign #2 T2=B&Cin;                    // 计算 B&Cin 结果，延迟 2 个单位时间后赋值给 T2
```

则代码中#5、#2 表示 5 个和 2 个时间单位，也就是 5ns 和 2ns。

如果在一个设计中包含多个模块，各模块各自带有自身的`timescale 且不一致时，模拟器（仿真软件）总是定位在所有模块的最小延迟精度上，并且所有延迟都相应地换算为最小延迟精度。在第 5 章的综合例子验证了这一点。

4.4 数据类型、操作符和表达式

4.4.1 值的种类

Verilog HDL 有下列 4 种基本的值。

（1）0：逻辑 0 或“假”。

（2）1：逻辑 1 或“真”。

（3）x（X）：未知状态，x 对大小写不敏感。

（4）z（Z）：高阻状态，z 对大小写不敏感。

在实际电路中有 z 态，但没有 x 态的情况。x 态表示要么是高电平，要么是低电平，要视具体电路当时所处的状态而定，是 Verilog HDL 中定义的一种状态（而实际没有）。

下划线（_）可以随意用在整数或实数中，它们就数值本身而言没有意义，可用来提高易读性，但须注意的是下划线符号不能用作数字的首字符。问号（?）在数中可以代替值 z，可以提高程序的可读性。

Verilog HDL 中有 3 类常量：整型（Integer）、实数（Real）、字符串型（String）。

1．整型

整型可以用简单的十进制格式或指定位宽的基数格式表示。

（1）简单的十进制格式：由 0~9 的数字组成的整数，可在数值前加上“+”或“-”来表示正负。

这种形式的整数值代表一个有符号的数。使用二进制的补码形式表示，如 $(32)_{10}$ 在 6 位的二进制形式中为 100000，在 7 位二进制形式中为 0100000；-15 在 5 位二进制形式中为 10001，在 6 位二进制形式中为 110001。

（2）指定位宽的基数格式：这种形式的整数格式为

```
[size]'[signed]  base  value
```

指定位宽的基数格式及其含义如表 4-1 所示。

表 4-1　格式及其含义

组成部分	含义
size	指定该常量用二进制表示的位数（位宽）
signed	有 s（或 S）的话就作为有符号数处理，否则作为无符号数处理
base	指定基数：o 或 O 表示八进制，b 或 B 表示二进制，d 或 D 表示十进制，h 或 H 表示十六进制
value	一个无符号的数。值 x、z 及十六进制中的 a 到 f 不区分大小写

首先应理解位宽的含义：位宽就是位的个数，一个“位”只能存放一个“0”或一个“1”，所以，如果要表示数$(8)_{10}$，即$(1000)_2$，则需要 4 位以上的位宽。

以下为未指定位宽的整数常量的例子：

```
666               // 没有定义位宽，则默认的位宽至少为 32 位
'h123fe           // 默认位宽的十六进制数
```

以下为指定位宽的整数常量的例子：

```
5'O15             // 5 位八进制数(15)8，即(01101)2
5'D15             // 5 位十进制数(15)10，即(01111)2
4'B1_01x          // 4 位二进制数，最低位状态未知，即(1010)2 或(1011)2
5'Hx              // 5 位十六进制数，状态未知
6'hZ              // 6 位十六进制数，状态高阻
```

以下为有符号整数常量的例子：

```
'sb1011           // 未指定位宽，按默认 32 位处理。有符号二进制数，表示有符号的-5
-8'd5             // 占 8 位，相当于-(8'd5)
```

以下为错误的例子：

```
8'd-5             // 数值不能为负
```

```
-8' d5              // ' 和基数 d 之间不允许出现空格
(2+1)'b101          // 位长不能够为表达式
```

2．实数

与其他语言一样，实数可使用十进制计数法和科学计数法表示，例如：

```
1.8
45.67
3.1415926
123_45.6e4          // 忽略下划线
3.3E-2              // 指数符号 E 大小写不敏感
```

当实数需要转换为整型时，将通过对小数部分进行四舍五入，隐式地转换为最靠近的整型常量，如 34.5 转换为 35，−3.6 转换为−4。

3．字符串

字符串是双引号内的字符序列，不能分成多行书写，例如：

```
"Operation"
" file-> new project "
```

用 ASCII 值（8 位）表示的字符可看作是无符号整数，因此字符串是 ASCII 值的序列。如为了存储字符串“Operation”（9 个字符长度），变量需要 8×9 位：

```
reg[8*9:1] string1;
…
string1="Operation";
```

4.4.2 数据类型

1．线网与变量

Verilog HDL 中，根据赋值和对值的保持方式不同，数据类型分为线网（Net）和变量（Variable）。这两类数据也代表了不同的硬件结构。

(1) 线网类型体现了结构实体（如门级元件）之间的物理连接关系，它的值由驱动元件的值（例如连续赋值或门级元件的输出）决定。如果没有驱动元件连接到线网，线网的缺省值为 z（高阻）。

(2) 变量类型是数据存储单元的抽象，从上一次赋值到下一次赋值期间，变量的值保持不变。Verilog HDL 中变量的含义与其他计算机语言中的变量一致。

2．线网类型

线网表示硬件单元之间的连接，就像真实电路中一样，线网由其连接器件的输出端连续驱动。如图 4-13 所示，线网 a 连接到与门 gate1 的输出端，它将持续地获得 b&c 的输出值（gate1 的输出连续驱动）。

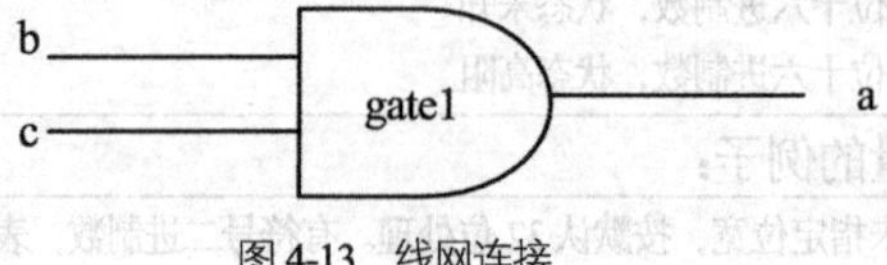

图 4-13 线网连接

线网类型中包括多种类型，其中 wire 类型最为常用。线网类型默认的线网位宽为 1，默认值为 z。在 Verilog HDL 中，如对某个信号的线网类型不予以声明，则默认为 1 位的 wire 型线网。

wire 线网只能用连续赋值语句进行赋值，或通过模块实例的输出端口赋值。可参阅前面的例子。

3．变量类型

变量类型有5种：reg、integer、time、real、realtime。

（1）寄存器（reg）变量类型。reg变量数据类型是最常见的数据类型，其对应的是具有状态保持作用的硬件电路，如锁存器、触发器等。reg变量与线网型数据的区别在于：reg变量保持最后一次赋值结果，而线网型数据需要有连续的驱动；reg变量只能在always语句和initial语句中被赋值。reg类型声明形式如下：

```
reg [msb:lsb]reg1,reg2,...regN;
```

变量名全部用小写字母，格式中msb和lsb定义了范围，并且均为常数值表达式。范围定义是可选的，如果没有定义范围，默认值为1位变量。例如：

```
reg pa,pb;          //pa，pb为1位变量
```

对于变量的每个位，都可以用不同的方式进行编号。如何编号并不影响设计，但作为业内比较通用的习惯，应该尽量采用最低位为0号位的方式，如下面第一行对变量pc的定义方式较为合适。

```
reg [3:0]pc;        //pc为4位变量。最高位的编号为3，最低位的编号为0，推荐方式
reg [0:3]pd;        //pd为4位变量。最高位的编号为0，最低位的编号为3
reg [4:1]pe;        //pe为4位变量。最高位的编号为4，最低位的编号为1
reg [6:3]pf;        //pf为4位变量。最高位的编号为6，最低位的编号为3
```

变量可以取任意长度，变量中的值通常被解释为无符号数，例如：

```
module test;
    reg [3:0] pa,pb;
    initial
      begin
          pa=-2;                  //-2的补码是1110，1110被赋给pa，故pa的值为14
          pb=5;                   //pb的值为5（0101）
          $display("%d,%d",pa,pb);
      end
endmodule
```

（2）整型（Integer）变量类型。整数变量包含整数值。整数变量可以作为普通变量使用，通常用于高层次行为建模，如对循环控制变量的说明。其说明形式如下：

```
integer integer1,integer2,...intergerN[msb:1sb];
```

msb和lsb用于定义整数数组的范围，是可选的参数。定义举例如下：

```
integer pa,pb,pc;       //3个整型变量。
integer p[4:0];         //5个整型变量组成的数组。
```

（3）时间（time）变量类型。time类型的变量用于存储和处理时间，常与系统函数$time一起使用。time类型变量使用方式如下：

```
time time_id1,time_id2,...,time_idN[msb:1sb];
```

时间类型的变量只存储无符号数，每个变量存储一个至少64位的时间值。

（4）实数（real）和实数时间（realtime）变量类型。实数变量（real）的声明格式为：

```
real real_reg1,real_reg2,...,real_regN;
```

实数变量的缺省值为0，不能指定位宽。

实数时间（realtime）的声明格式为：

```
realtime realtime_reg1,realtime_reg2,...,realtime_regN;
```

4．数组（Array）类型

（1）数组。可以用一条数组语句声明线网和变量的（一维或多维）数组，数组的元素可以是

标量或者向量（也称矢量）。

初学者很容易对向量和数组的概念产生疑惑，举例如下：

```
wire pa;                    //pa 为 1 位的线网（wire 类型），是一个标量
wire [7:0]pb;               //pb 为 1 个 8 位的向量，wire 类型
wire pc[7:0],pd[3:0];       /*  pc 由 8 个、pd 由 4 个元素组成的数组，
                                其中每个元素是一个标量元素（1 位 wire）*/
wire [7:0]pe[3:0];          //4 个元素组成的数组，每个元素是 1 个 8 位的向量
```

例子中的类型（wire）可以改为线网和变量中的各种类型，如 reg、integer、time 等。可用不同类型数组元素来定义数组。

一个数组元素可以通过一条单独的赋值语句进行赋值，但整个数组或数组的一部分不能用一条单独的赋值语句进行赋值，在接下来讨论的存储器的例子中可看到具体的操作方式。

（2）存储器。存储器是由 reg 变量组成的数组（一维）。存储器的定义方式如下：

```
reg [msb:1sb]memory1[upper1:lower1], memory2[upper2:lower2],...;
```

例如：

```
reg pa[2:0]                 //pa 为 3 个 1 位 reg 变量组成的数组。
reg [3:0]pb[31:0]           //pb 为 32 个 4 位 reg 变量组成的数组。
```

在赋值语句中需要注意：n 个 1 位 reg 变量和 1 个 n 位存储器是不同的；存储器赋值不能在一条赋值语句中完成，但是变量可以。因此在存储器被赋值时，需要由一个数组索引来指定。下例说明它们之间的不同。

```
reg [4:0]pa;                //pa 为 1 个 5 位寄存器变量（向量）。
…
pa=5 'b11101;               // 可在一条语句中完成赋值。
```

上述赋值是正确的，但下述赋值不正确：

```
reg pb[4:0];                //pb 为 5 个 1 位变量的存储器。
…
pb=5'b11101;                // 错误，不可在一条语句中完成赋值。
```

可以通过分别对存储器中每个字赋值的方法给存储器赋值，例如：

```
reg pb[4:0];                //pb 为 5 个 1 位变量的存储器。
…
pb[4]=1;
pb[3]=0;
pb[2]=1;
pb[1]=1;
pb[0]=1;
```

也可以由 m 个 n 位 reg 变量组成存储器，其赋值举例如下：

```
reg [3:0]px[2:0];           //px 由 3 个 4 位 reg 变量组成
…
px[0]=4'h8;
px[1]=4'he;
px[2]=4'hF;
```

5．参数

（1）参数的定义。参数是一个常量，可使用关键字 parameter 在模块内定义常数。使用时经常用参数定义延迟和变量的宽度。参数被赋值一次后不能像变量一样重新赋值。参数定义举例如下：

```
parameter line_width=256;
parameter BIT=1,BYTE=8,PI=3.14159;
parameter myFILE="/home/testing/FAdd1.v ";
```

参数值也可以在编译时被改变，可用 defparam 重新定义参数。

（2）参数与宏定义（`define）。就这么看参数与宏定义（`define）的作用似乎很类似，其区别在于：参数是局部的，只在其定义的模块内部起作用；而宏定义是全局的，这对同时编译的多个文件起作用。从形式上看，参数的定义在模块内部，语句结束需写上分号（;）；而宏定义的定义在模块外部，语句结束时不写分号（;）。

（3）局部参数。局部参数使用关键字 localparam 定义，其作用等同于参数，只是局部参数的值不能改变。在某些情况下，为了避免参数被意外更改（如状态机的状态编码），可将其定义为局部参数。

6．位选和部分位选

参与运算的操作数可以是：常数、参数、线网、变量、位选、部分位选、存储器和数组元素、函数调用。

位选是从向量中抽取特定的位。形式如下：

```
net_or_reg_vector[bit_select_expr]
```

部分位选是在向量中选择连续的若干位。形式如下：

```
net_or_reg_vector[msb_const_expr:1sb_const_expr]
```

举例如下：

```
reg[3:0] pa;
wire[0:3] pb;
reg X,Y;
reg[2:0] Z;
…
pa=4'b1010;
X=pa[0];                    // 变量的位选，结果为 1'b 0
Y=pb[2];                    // 线网的位选
Z=pa[3:1];                  // 部分位选，结果为 3'b101
X=pb[5];                    // 超出寻址范围，返回值为 x
```

本例中既出现[0:3]，也出现了[3:0]的编号方式，但如何编码并不影响位选和部分位选的结果。在本书后续的内容中，基本按照高位在左边的方式进行编号。

4.4.3 操作符

1．操作符及其优先级

Verilog HDL 中的操作符与 C 语言类似，可以分为 9 种类型，如表 4-2 所示。表中优先级数字越小，运算优先级越高；“元”列表示使用该运算符时操作数的个数，如 2 则表示二元运算符，有些书籍和语言也称为“目”。

表 4-2　操作符

操作符类型	操作符符号	说明	优先级	元	简单举例
算术操作符	+、-	一元加，一元减	1	1	+3、-10
	+、-	二元加，二元减	4	2	a+b、a-3
	*、/	乘，除	3	2	a * 3 7/4 结果为 1
	**	指数幂	2	2	a=2**4，求 2 的 4 次幂
	%	取模	3	2	7%-4 结果为 3 -7%4 结果为-3

续表

<table>
<tr><th>操作符类型</th><th>操作符符号</th><th>说明</th><th>优先级</th><th>元</th><th>简单举例</th></tr>
<tr><td>关系操作符</td><td>>、>=、<、<=</td><td>大于，大于等于，
小于，小于等于</td><td>6</td><td>2</td><td>3>=5 结果为 0
'b1>='bx 结果为 x</td></tr>
<tr><td rowspan="4">相等操作符</td><td>==</td><td>逻辑相等</td><td>7</td><td>2</td><td>'b10=='b11 结果为 0</td></tr>
<tr><td>!=</td><td>逻辑不等</td><td>7</td><td>2</td><td>'b1z0!='b110 结果为 x</td></tr>
<tr><td>===</td><td>全等</td><td>7</td><td>2</td><td>'b1x0==='b110 结果为 0
'b1x0==='b01x0 结果为 1</td></tr>
<tr><td>!==</td><td>非全等</td><td>7</td><td>2</td><td>'b1x0!=='b110 结果为 1</td></tr>
<tr><td rowspan="3">逻辑操作符</td><td>!</td><td>一元逻辑非</td><td>1</td><td>1</td><td>!'b10 结果为 0</td></tr>
<tr><td>&&</td><td>逻辑与</td><td>11</td><td>2</td><td>'b100 &&'b010 结果为 1</td></tr>
<tr><td>||</td><td>逻辑或</td><td>12</td><td>2</td><td>'b100||'b0 结果为 1</td></tr>
<tr><td rowspan="5">按位操作符</td><td>~</td><td>一元按位求反</td><td>1</td><td>1</td><td>~1010 结果为 0101</td></tr>
<tr><td>&</td><td>按位与</td><td>8</td><td>2</td><td>110&101 结果为 100</td></tr>
<tr><td>|</td><td>按位或</td><td>10</td><td>2</td><td>110|101 结果为 111</td></tr>
<tr><td>^</td><td>按位异或</td><td>9</td><td>2</td><td>2'b11^2'b10 结果为 01</td></tr>
<tr><td>^~ 或 ~^</td><td>按位同或（异或非）</td><td>9</td><td>2</td><td>2'b11^~2'b10 结果为 10</td></tr>
<tr><td rowspan="6">缩减操作符</td><td>&</td><td>缩减与</td><td>1</td><td>1</td><td>&'b10 结果为 0</td></tr>
<tr><td>~&</td><td>缩减与非</td><td>1</td><td>1</td><td>~&'b10 结果为 1</td></tr>
<tr><td>|</td><td>缩减或</td><td>1</td><td>1</td><td>|'b10 结果为 1</td></tr>
<tr><td>~|</td><td>缩减或非</td><td>1</td><td>1</td><td>~|'b10 结果为 0</td></tr>
<tr><td>^</td><td>缩减异或</td><td>1</td><td>1</td><td>^'b10 结果为 1</td></tr>
<tr><td>^~ 或 ~^</td><td>缩减同或（异或非）</td><td>1</td><td>1</td><td>~^'b10 结果为 0</td></tr>
<tr><td rowspan="4">移位操作符</td><td><<</td><td>逻辑左移</td><td>5</td><td>2</td><td>4'b1100<<1 结果为 1000</td></tr>
<tr><td>>></td><td>逻辑右移</td><td>5</td><td>2</td><td>4'b1100>>1 结果为 0110</td></tr>
<tr><td><<<</td><td>算术左移</td><td>5</td><td>2</td><td>5'sb11001<<<2 结果为 00100</td></tr>
<tr><td>>>></td><td>算术右移</td><td>5</td><td>2</td><td>5'sb11001>>>2 结果为 11110</td></tr>
<tr><td>条件操作符</td><td>?:</td><td>条件判断</td><td>13</td><td>3</td><td>5>3?1:0 结果为 1</td></tr>
<tr><td rowspan="2">连接和复制
操作符</td><td>{}</td><td>连接</td><td>14</td><td>任意
个数</td><td>{1'b1,1'b0}结果为 2'b10</td></tr>
<tr><td>{{}}</td><td>复制</td><td>14</td><td>任意
个数</td><td>{3{1'b1}}结果为 3'b111</td></tr>
</table>

从表中可看到，凡是一元运算符，其优先级均为 1，最先进行运算。

与 C 语言中的“左结合性”一样，Verilog HDL 中除条件操作符（?:）从右向左运算外，其余所有操作符均自左向右运算。如“A+B−C”等价于“(A+B)−C”，也可使用圆扩号( )改变运算的顺序，这属于计算机语言的基本常识了。

“条件操作符（?:）从右向左运算”可能会让读者产生疑问，误会为“:”比“?”先进行运算。所谓的结合性是操作符之间的结合性，而“?:”是一个整体。举例如下：表达式“a>b?2:c>d?1:0”，根据优先级可以理解为“(a>b)?2:(c>d)?1:0”；再根据右结合性，可理解为“(a>b)?2:((c>d)?1:0)”。

2．算术操作符

算术操作符有：+（一元加和二元加）、-（一元减和二元减）、*（乘）、/（除）、%（取模）。在使用算术操作符时，需要注意以下内容。

（1）整数除法截断小数部分。例如“7/4”的运算结果为1。

（2）取模操作符求出与第一个操作符符号相同的余数。如“7%4”结果为3，而“-7%4”结果为-3，11%-3结果为2。

（3）如果算术操作符中的任意操作数是x或z，那么整个结果为x。例如“'b110x + 'b111”结果为不确定数'bxxxx。

（4）算术操作结果的位宽由最大操作数的位宽决定。如代码：

```
reg [3:0]sum,pa;
reg [1:0]pb;
…
sum=pa + pb;
```

pa + pb的计算结果为长度为4位，但如果计算有溢出，则溢出部分被丢弃。

（5）在赋值语句下，算术操作结果的长度由操作符左端目标长度决定。如代码：

```
reg [5:0]sum;
reg [3:0]pa,pb;
…
sum=pa + pb;
```

由于赋值语句左端sum的位宽为6位，是最大位宽，故所有的运算都使用6位进行。

（6）表达式中整数数值的使用。如前所述，整数数值可以表示为两种不同格式：简单的十进制和基数格式。在表达式被机器编译后，一个十进制格式的负整数被编译为有符号的二进制补码格式，一个无符号基数格式的负整数被编译成无符号数。如：

```
integer a;
…
a=-12/3                    // 结果为十进制数-4
a=-'d12/3                  // 结果为十进制数 1 431 655 761
```

读者可能很惊讶为何-'d12/3的运算结果居然那么大（1 431 655 761），学习过C语言的读者也应遇到过类似问题。下面来了解一下计算的过程：在表达式中，由于a为整型（Integer）变量，而整型变量类型最少为32位，故仿真器（软件）中，使用32位（二进制）来存储-'d12；12的二进制为1100，-12的32位补码为“11111111 11111111 11111111 11110100”；由于“一个无符号基数格式的负整数被编译成无符号数”，该数被当成无符号数除以3，得“01010101 01010101 01010101 01010001”，该数就是最后的结果1 431 655 761了。

可见执行算术和赋值操作时，注意哪些操作数应该被当作无符号数处理，哪些当有符号数处理是非常重要的。

（7）有符号数和无符号数。以下类型作无符号数处理：线网、reg寄存器变量、没有符号标记s的基数格式整数。以下类型作有符号数处理：整型变量、十进制形式的整数、有符号的线网、有符号的reg寄存器变量、有符号标记s的基数格式整数。

举例如下：

```
reg [5:0]pa;
integer pb;
...
pa=-4'd12;                 //reg 变量 pa 的十进制数为 52（二进制 110100）
```

```
pb=-4'd12;                    // 整型变量 pb 的十进制数为-12（二进制 110100）
```

由于 pa 为 reg 变量，故只存储无符号数，12 的二进制为 001100（pa 为 6 位），故其补码为 110100，无符号二进制数 110100 对应的十进制为 52；而 pb 为整型变量，可存储有符号数，二进制数 110100 仍表示有符号数，故数值没有发生变化。

以下为带符号标记 s 的例子：

```
integer a;
…
a=-'sd12/3;          // 带符号标记 s，结果为-4
a=-4'sd12/3;         /*  12 的二进制为 1100。因为只有 4 位，(4'sd12)部分把 1100
                         当成了有符号数，有符号数 1100 就是表示-4。-(-4)/3 的结果为 1  */
```

3. 关系操作符

关系操作符有：>（大于）、<（小于）、>=（不小于）、<=（不大于）。

关系操作符的结果为真（1）或假（0）。如果操作数中有一位为 x 或 z，那么结果为 x。如“2>4”结果 0，“2<6'hxF”结果为 x。

如果操作数的位宽不同，位宽较小的操作数在高位方向（左方）补 0。如“'b100<='b0110”等价于“'b0100<='b0110”，结果为 1。

4. 相等操作符

相等关系操作符有：==（逻辑相等）、!=（逻辑不等）、===（全等）、!==（非全等）。

相等（==）和全等（===）都表示相等，其区别在于：相等运算符逐位比较 2 个操作数相应位的值是否相等，但如果任一操作数中的某一位为 x 或 z，则结果为 x；全等运算符也是逐位比较，但不同的是，它将 x 和 z 也看作为一种逻辑状态而参与比较，两个操作数相应同时为 x 或 z，才认为相等。举例如下：

```
pa='b010x1;
pb='b10x1;          //左方补 0，相当于'b010x1
m=(pa==pb);
n=(pa===pb);
```

如果操作数的位宽不同，则位宽较小的操作数在高位方向（左方）补 0。pb 相当于'b010x1。(pa==pb)的结果为 x，而(pa===pb)的结果为 1。

5. 逻辑操作符

逻辑操作符有：&&（逻辑与）、||（逻辑或）、!（逻辑非）。

如：pa='b0;　pb='b1。

则“pa && pb”结果为 0，“pa || pb”结果为 1，“!pa”为 1。

对于向量操作，非 0 向量被作为 1 处理。例如“0010”将当作“1”进行计算，如：

```
pa= 'b0010 && 'b001;          // pa 结果为 1
pb= 'b0010 || 'b0;            // pb 结果为 1
pc= ! 'b100;                  // pc 结果为 0
pd= !x                        // pd 结果为 x
pe= !z                        // pe 结果为 x
```

6. 按位操作符

按位操作符有：～（一元非），&（二元与），|（二元或），^（二元异或），～^，^～（二元同或）。

按位操作符与逻辑操作符有相似的计算（如与、或、非），但不同的是：按位操作符对输入的操作数进行逐位操作，并产生一个向量结果。

```
pa='b01011;
pb='b1001;                      // 左方补 0，相当于'b01001
pc= pa & pb;                    // pc 结果为 01001
pd= pa | pb;                    // pd 结果为 01011
pe=  ~pa;                       // pe 结果为 10100
```

表 4-3 所示为对于不同操作符按位操作的结果。

表 4-3　　操作符按位操作的结果

&与	0	1	x	z
0	0	0	0	0
1	0	1	x	x
x	0	x	x	x
z	0	x	x	x

|或	0	1	x	z
0	0	1	x	x
1	1	1	1	1
x	x	1	x	x
z	x	1	x	x

^异或	0	1	x	z
0	0	1	x	x
1	1	0	x	x
x	x	x	x	x
z	x	x	x	x

^~异或非	0	1	x	z
0	1	0	x	x
1	0	1	x	x
x	x	x	x	x
z	x	x	x	x

~非	0	1	x	z
	1	0	x	x

7．缩减操作符

缩减操作符（也称“归约操作符”）在单一操作数的所有位上操作，并产生 1 位结果。有如下 6 种缩减操作符。

（1）&（缩减与）。操作数中只要有任一位为 0，则结果为 0；操作数中只要有任一位为 x 或 z，则结果为 x。

（2）～&（缩减与非）。与&（缩减与）相反。

（3）|（缩减或）。操作数中只要有任一位为 1，则结果为 1；操作数中只要有任一位为 x 或 z，则结果为 x。

（4）～|（缩减或非）。与 |（缩减或）相反。

（5）^（缩减异或）。操作数中只要有任一位为 x 或 z，则结果为 x；操作数中只要有偶数个 1，则结果为 0；否则结果为 1。可用于确定向量中是否存在 x 位。

（6）～^（缩减异或非）。与^（缩减异或）相反。

举例如下：

```
Y='b1010;
pa=&Y;                          // 相当于 1 & 0 & 1 & 0，结果为 0
pb=|Y;                          // 相当于 1 | 0 | 1 | 0，结果为 1
pc=^Y;                          // 相当于 1 ^ 0 ^ 1 ^ 0，结果为 0
if(pc===1'bx)                   // 关于 x 的对比，要用全等操作符===
  $display("There is x !");     // 确定向量中是否存在 x 位
```

8．移位操作符

移位操作符包括如下两类。

1）逻辑移位（<<逻辑左移，>>逻辑右移）

由于移位而腾出来的空位填 0。如：

```
X=8'b00001011;
pa=X<<2;          // 左移 2 位，最低位用 0 填充，结果为 00101100
pb=X>>2;          // 右移 2 位，最高位用 0 填充，结果为 00000010
pc=X>>x;          // 结果为 xxxxxxxx，右侧操作数为 x 或 z，移位操作的结果为 x
```

2）算术移位（<<<算术左移，>>>算术右移）操作符

对于左移位而腾出来的空位填 0；

对于右移位而腾出来的空位，若操作数为无符号数，则空位填 0；若操作数为有符号数，则空位填符号位。

```
X=8'b00001011;
Y=8'sb11010000;
pa=X<<<2;         // 左移位填 0，结果为 00101100
pb=Y<<<2;         // 左移位填 0，结果为 01000000
pc=X>>>2;         // 右移位，无符号数，故填 0，结果为 00000010
pd=Y>>>2;         // 右移位，有符号数，填符号位，结果为 11110100
```

移位操作符可用于指数运算，如计算 2^{10} 可以用“32'b1<<10”来实现。

9．条件操作符

条件操作符根据条件表达式的值选择表达式，形式如下：

```
cond_expr?expr1:expr2
```

根据 cond_expr 的值决定计算的表达式，如表 4-4 所示。

表 4-4　cond_expr 的值及结果

cond_expr 值	结果
1	expr1
0	expr2
x 或 z	执行 expr1 和 expr2 的按位操作：0 与 0 得 0，1 与 1 得 1，其余情况为 x

举例如下：

```
wire[2:0] level=length>20?long:short;
```

当表达式 length>20 为真时，由 long 驱动 level；当表达式 length>20 为假时，由 short 驱动 level；当 length 值为 x 时，则由一个未知值驱动 level。

10．拼接和复制操作符

拼接操作符是将多个表达式连接起来合并成一个表达式的操作符，除了非定长的常量，任何表达式都可以进行拼接运算。形式如下：

```
{expr1,expr2,...,exprN}
```

可通过指定重复次数来执行复制操作。形式如下：

```
{repetition_number{expr1,expr2,...,exprN}}
```

举例如下：

```
reg[1:0] pa;
reg[3:0] pb;
```

```
reg[7:0] pc,X,Y,Z;
…
pa=2'b10;
pb=4'b1100;
X={pa,pb[2:0],pa};           // 结果为 8'b01010010，pb[2:0]进行部分位选
Y={pa,3};                    // 表达式非法，不允许连接非定长常数
Z={3{pa}};                   // 结果与{pa,pa,pa}相同
pc={1'b1,{7{1'b0}}};         // 结果为 10000000
```

4.4.4　表达式

具体内容可扫描二维码查看。

表达式

4.5　数据流建模

具体内容可扫描二维码查看。

数据流建模

4.6　行为级建模

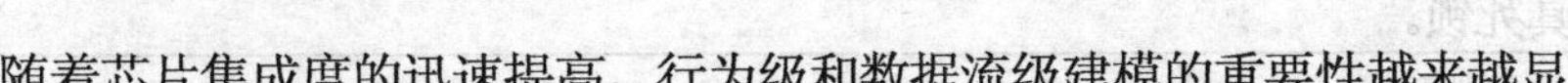

随着芯片集成度的迅速提高，行为级和数据流级建模的重要性越来越显著。现在已经没有任何一家设计公司从门级结构的角度进行整个数字系统的设计。目前普遍采用的设计方法是借助于计算机辅助设计工具，自动将电路的行为和数据流设计直接转换为门级结构，这个过程也称为逻辑综合。随着逻辑综合工具的功能不断地完善，行为和数据流建模已经成为主流的设计方法，设计者根据行为和数据流来优化电路，而不必专注于电路结构的细节。为了在设计过程中获得最大的灵活性，设计者常常将门级、数据流级和行为级的各种方式结合起来使用。

当模块内部只包含过程块，而不包含模块实例（模块调用）语句和基本元件实例（基本元件调用）语句时，就称该模块采用的是行为级建模；当模块内部只包含模块实例和基本元件实例语句，而不包含过程块语句时，就称该模块采用的是结构级建模；模块内部采用各种建模方式的结合，称为混合建模方式。

4.6.1　过程结构

initial 和 always 语句是行为级建模的主要结构。一个模块中可以包含任意多个 initial 或 always 语句，这些语句并行执行，执行顺序与其在模块中的顺序无关。一个 initial 语句或 always 语句的执行产生一个单独的控制流，所有的 initial 和 always 语句在 0 时刻开始并行执行。

1．initial 语句

initial 语句只执行一次，在 0 时刻开始执行。可以使用延迟控制，即等待指定的时间后执行；也可使用事件控制，等待指定的事件发生或某一特定的条件为真时执行。

如前述的例子，有如下代码：

```
...
initial
    begin                        // begin…end 划定顺序块，按顺序执行其中的语句
      pa=0;pb=0;pCin=0;          // 不带延迟控制，0 时刻运行
      #5 pCin=1;                 // 带延迟控制，过 5 个单位时间才执行
      #5 pb=1;                   // 带延迟控制，再过 5 个单位时间执行
```

```
    ...
  end
initial                          // 多个 initial 同时执行，在模块中的顺序不重要
$monitor("time=%t,a=%b,b=%b,Cin=%b,Sum=%b,Cout=%b",$time,pa,pb,pCin,Sum,Cout);
```

可以在变量声明时对 reg 变量进行赋值，如：

```
reg pa=1;
```

相当于：

```
reg pa;
initial
  pa=1;
```

2. always 语句

always 语句是从 0 时刻开始，重复执行的语句。其语法格式为：

```
always [@(敏感事件列表)]
[时序控制] 过程块
```

例如：

```
always
  Clk=~Clk;
```

将无限循环，产生仿真死锁。

```
always
  #10 Clock=~Clock;
```

加入了延迟控制，生成时钟周期为 20 个单位时间的波形。

@(敏感事件列表)是可选项，带敏感事件列表的语句块即由事件控制的语句块。如：

```
...
always @ (a or b or c)
  begin
    f=a & b & c;           // 当 a、b、c 发生变化时重新计算 f 的值
    ...
  end
```

一个模块可以包含多条 always 语句和多条 initial 语句，每条语句启动一个单独的控制流。下例中含有 1 个 initial 语句和多个 always 语句。

```
module beha_proc;
  reg pa,pb,X;
  initial
    begin
      pa=0;pb=0;
      #5 pb=1;
      #5 pa=1;
      #5 pb=0;
      #5 pa=0;
    end
  always                     // 语句 1
    @(pa) X=pa ^ pb;
  always                     // 语句 2
    @(pb) X=pa ^ pb;
                             // 以上 4 行可合写成 always @ (pa,pb) X=pa^ pb;
  always@(X)                 // 语句 3
    $display("At time%t,pa=%d,pb=%d,X=%b",$time,pa,pb,X);
endmodule
```

语句 1 的 always 语句等待 pa 上的事件发生，语句 2 的 always 语句等待 pb 上的事件发生；只要 pa 或 pb 上发生事件，就触发 X 值的变化；而语句 3 的 always 语句等待 X 值的变化。故每次 pa 和 pb 的变化都计算 X 并产生输出。输出结果如下：

```
# At time     0,pa=0,pb=0,X=0
# At time     5,pa=0,pb=1,X=1
# At time    10,pa=1,pb=1,X=0
# At time    15,pa=1,pb=0,X=1
# At time    20,pa=0,pb=0,X=0
```

输出波形如图 4-14 所示。

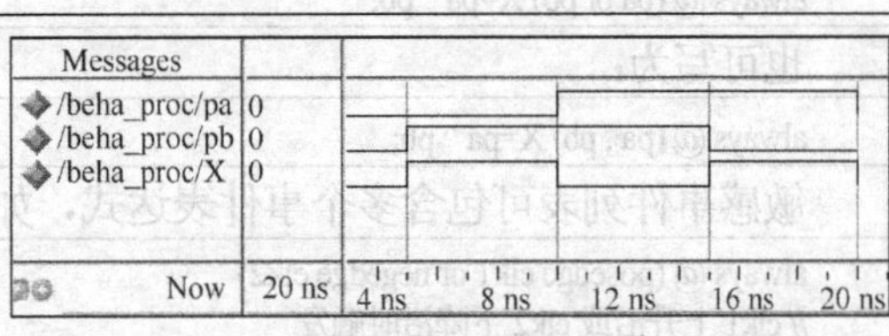

图 4-14 输出波形图

4.6.2 时序控制

时序控制用于控制过程块中各条语句的执行时间，包括 2 种时序控制形式：延迟控制和事件控制。

1．延迟控制

延迟控制使用延迟表达式指定行为语句的执行时间。延迟控制在描述一个测试平台的激励波形时有非常重要的作用，其使用形式如下：

```
#delay procedural_statement
```

或

```
#delay;
```

前面例子中的语句“#5 pb=1;”可改为：

```
#5;
pb=1;
```

其中延迟可以是常量，也可以是任意表达式。前面例子中还有一个语句“#5 pb=1; #5 pa=1;”可改为：

```
parameter delay1=5;
…
# delay1;                              // 参数作为延迟值
pb=1;
# (delay1+5)/2;                        // 表达式作为延迟值
pa=1;
```

2．事件控制

可以使用事件表达式作为语句的执行触发条件，事件控制方式分为两种类型：边沿触发事件控制和电平敏感事件控制。

（1）边沿（跳变沿）触发事件控制。边沿触发事件控制格式为：

```
@event procedural_statement
```

对于事件表达式（event），可以是以下 3 种形式之一：

- <信号名>；
- posedge<信号名>；
- negedge<信号名>。

举例如下：

```
…
@(pa) X=pa;                  // 当 pa 发生变化时（不管正跳变或负跳变）执行
@( posedge pb) X=pb;         // 当 pb 发生正跳变时执行，将 pb 的值赋给 X
```

```
@( negedge pc) X=pc;          // 当pc 发生负跳变时执行
```

Verilog HDL 中，posedge 和 negedge 是表示信号正跳变沿（positive-edge）和负跳变沿（negative-edge）的关键字。

正跳变沿是下述转换的一种：0→x，0→z，0→1，x→1，z→1。

负跳变沿是下述转换的一种：1→x，1→z，1→0，x→0，z→0。

当敏感事件是由多个表达式组成时，可用 or（并非"逻辑或"）或逗号（,）进行分隔。如：

```
always @ (pa or pb) X=pa ^ pb;
```

也可写为：

```
always @ (pa , pb) X=pa ^ pb;
```

敏感事件列表可包含多个事件表达式，如同时由 2 个时钟沿控制，可用以下方式描述：

```
always @ (posedge clk1 or negedge clk2)
// clk1 上升沿或 clk2 下降沿时触发
```

以下代码描述一个上升沿 D 触发器：

```
module dff_pos(data,clk,q);
   input data,clk;
   output q;
   reg q;
   always @(posedge clk)
      q=data;
endmodule
```

通过"@*"方式可以隐含地把所有变量和线网都包含在敏感事件列表中，相应的过程性语句对于其内部的所有值的变化都敏感。如上例中的语句也可写为：

```
always
   @*  X=pa ^ pb;          // 过程中所有变量（假设只有 pa 和 pb）变化均触发计算
```

注意，等号左边表达式中的序号变量也属于触发条件，如：

```
always
  @ *
  X[n]=pa ^ pb;
```

等价于：

```
always
  @ (pa,pb,n)
  X[n]=pa ^ pb;          // 过程中所有变量变化均触发计算
```

（2）电平敏感事件控制。

在电平敏感事件控制中，直到条件变为"真"后，过程语句才执行。格式如下：

```
wait(Condition)
     procedural_statement
```

如：

```
wait (pa==5)          // 当 pa=5 成立时执行
  X=pa ^ pb;
wait(pb)              // 当 pb 为真时执行
  X=pa ^ pb;
```

4.6.3 语句块

语句块就是一组语句，可以给语句块定义块名，定义了块名的语句块还可以被引用。Verilog HDL 中不光有类似 C 语言的顺序结构程序，还有并发执行的语句块。

1．顺序语句块

顺序语句块可用关键字 begin…end 划定，顺序块是最常用的过程语句，顺序块的执行是指按顺序地执行语句块中的所有语句。

2．并行语句块

并行语句块用关键字 fork…join 划定，语句块中的各语句并行执行。并行语句块内的各条语句指定的时延值都是相对于语句块开始执行的时间。

例如前述例子中的语句是顺序执行的：

```
begin
  pa=0;pb=0;pCin=0;
  #5 pCin=1;          // 顺序执行，每次赋值等待 5 个单位时间
  #5 pb=1;
  #5 pCin=0;
end
```

可改写成 fork…join 结构：

```
fork
  pa=0;pb=0;pCin=0;
  #5 pCin=1;          // 并发执行，各语句独立按指定时刻执行
  #15 pCin=0;         // 语句顺序不影响执行效果
  #10 pb=1;
join
```

当并行语句块中最后的行为完成时（因为并发执行，所以最后的语句不一定是最后的行为），才跳出本语句块继续执行别的语句。在本例中，执行时间最长的那一条语句（“#15 pCin=0;”）最后行为完成时刻为 15，整个并行语句块的执行时间也是 15，即经过 15 个单位时间后跳出本并行语句块。

顺序语句块和并行语句块可以混合使用，使用时注意把每个语句块当作一条语句看待即可知道其执行顺序。

阻塞性过程赋值和非阻塞性过程赋值也有类似的并行执行效果（4.6.4 小节中将进行讨论）。

4.6.4　过程性赋值

过程性赋值是在 initial 语句或 always 语句内进行的赋值，它只能对变量进行赋值。赋值语句的右侧可以是任何表达式。过程性赋值与其周围的语句顺序执行。前述的多个例子已说明了其使用方式。

过程性赋值分两类：阻塞性过程赋值和非阻塞性过程赋值，但在讨论这两类过程性赋值前，先要了解一下语句外部延迟和语句内部延迟。

1．语句外部延迟和语句内部延迟

具体内容可扫描二维码查看。

语句外部延迟和语句内部延迟

2．阻塞性过程赋值

以赋值操作符“=”来标识的赋值操作称为阻塞性过程赋值。前述的例子全都是这种类型的赋值，如语句“pa=temp;”等。在顺序块中，下一条语句的执行将会被本条阻塞性过程赋值语句所阻塞，只有当前语句执行完毕后才开始执行下一条语句。举例如下：

```
fork
```

```
    begin                        // 顺序块
      #3 pa=1;                   // 阻塞性赋值，3 个单位时间后执行 pa=1
      #3 pb=1;                   // 上一句为阻塞性赋值，6 个单位时间后执行 pb=1
      #3 pc=1;
    end
    #5 X=1;                      // 并行块中的各条阻塞性赋值语句同时执行
    #10 Y=1;
    #15 Z=1;
join
```

赋值顺序如下：

```
单位时间 3，执行 pa=1，
单位时间 5，执行 X=1，
单位时间 6，执行 pb=1，
单位时间 9，执行 pc=1，
单位时间 10，执行 Y=1，
单位时间 15，执行 Z=1。
```

3. 非阻塞性过程赋值

使用赋值符号“<=”（注意并非操作符“小于等于”）标识的赋值操作称为非阻塞性过程赋值。软件开发语言，如C语言中程序是串行执行，并没有非阻塞赋值的概念。在顺序语句块中，一条非阻塞性过程赋值语句不会阻塞下一条语句的执行，即本条非阻塞性过程赋值语句执行完毕前，下一条语句也开始执行。

如果是对同一个变量有多次非阻塞性赋值操作，结果会是什么呢？如果延迟为 0，则按赋值语句的顺序来执行，即变量的最终取值由过程块内的最后一条非阻塞赋值语句决定；如果带延迟，则按延迟时间进行赋值。举例如下：

```
initial
  begin
    pa<=0;                       // 不带延迟的非阻塞性赋值
    pa<=1;                       //  0 时刻后，pa 按此式赋值
    pa<=#8 1;                    // 带延迟的非阻塞性赋值
    pa<=#4 0;
    pa<=#12 0;
  end
```

赋值的波形图如图 4-15 所示。

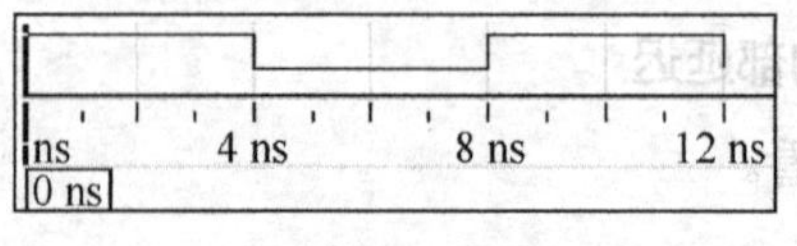

图 4-15　输出波形图

以下例子同时使用阻塞性和非阻塞性过程赋值：

```
reg[0:1] X;
  initial
    begin
      X=2'b11;                   // 阻塞性赋值
```

```
        X<=2'b10;                                    // 非阻塞性赋值
        $display("%t,%b",$time,X);
        #5;                                          // 延迟 5 个单位时间
        $display("%t,%b",$time,X);
    end
```

运行输出的结果为：

```
#0,11
#5,10
```

执行过程如下。

（1）第 1 条语句为阻塞性赋值，X 被赋值为 2'b11。

（2）执行第 2 条非阻塞性赋值语句，X 暂时仍为 2'b11，2'b10 将在当前时刻结束前的最后一刻赋给 X。

（3）由于前一条为非阻塞性赋值语句，故第 1 个$display 任务被执行时，X 还保持来自第 1 个赋值的值，即 2'b11，所以显示结果为“#0,11”。

（4）#5 延迟被执行，当前时刻结束，故值 2'b10 赋给 X，X 值更新。

（5）延迟 5 个时间单位后，执行下一个$display 任务，此时显示更新了的 X 值 2'b10。

值得注意的是，只是在 5 个时间单位后才执行$display 任务，而并不代表 X 的值是在 5 个时间单位后才更新为 2'b10。

4.6.5 过程性连续赋值

具体内容可扫描二维码查看。

4.6.6 几种赋值方式的对比

过程性连续赋值　　几种赋值方式的对比

具体内容可扫描二维码查看。

4.6.7 分支语句

过程块主要是由过程性赋值语句及高级程序语句（包括分支语句和循环控制语句）这两种行为语句构成。Verilog HDL 中的高级程序语句是从 C 语言中引入的，其使用方法类似。分支语句分为 if 条件分支语句和 case 分支控制语句两种。

1. if 语句

if 语句的语法如下：

```
if(condition_1)
  procedural_statement_1
{else if(condition_2)
  procedural_statement_2}
  …
{else if(condition_n-1)
  procedural_statement_n-1}
{else
  procedural_statement_n}
```

如果对 condition_1 求值的结果为一个非零值，那么 procedural_statement_1 被执行，如果 condition_1 的值为 0、x 或 z，那么 procedural_statement_1 不执行；如果存在一个 else 分支，则执

行这个分支。举例如下：

```
if (en==1) X=pa;                    //en 的值为 1 时执行 X=pa
if (sel) X=pb;                      //sel 为 1 时执行 X=pb
else X=pc;                          //sel 为 0、x 或 z 时执行 X=pc
```

此段代码中包含 2 个 if 语句，有可能产生歧义：else 到底属于哪一个 if 呢？else 是与最近的没有 else 的 if 相关联，故此 else 与第 2 个 if 关联。如果希望 else 与第 1 个 if 相关联，可用 begin…end 块，如下代码：

```
if (en==1)                          // 外层 if 语句
  begin
    X=pa;
    if (sel) X=pb;                  // 内层 if 语句
  end
else X=pc;                          // 外层 else 语句
```

以下为多分支选择控制的例子：

```
if (sela) X=pa;
else if (selb) X=pb;
else if (selc) X=pc;
else X=pd;
```

如果 sela 和 selb 同时为 1，程序只处理分支语句 X=pa，而不会再执行 X=pb，也就是说前面分支项的优先级更高。

2. case 语句

case 分支控制语句是另一种用来实现多路条件分支选择控制的语句，与 if 语句相比，case 分支语句用来实现多路选择控制则更为简便直观。case 语句通常用来描述微处理器译码功能及有限状态机。其语法如下：

```
case(case_expr)
    case_item_expr{,case_item_expr}:procedural_statement
    …
    [default:procedural_statement]
endcase
```

case 语句中各分支项的值不能相等，否则出现语法错误。

如下例子处理的是“每日折扣”问题，根据不同的日子判断折扣率为多少。

```
parameter
MON=0,TUE=1,WED=2,THU=3,FRI=4,SAT=5,SUN=6;
reg[2:0] day;
integer rebate;
case(day)
    MON: rebate =7;                 // 分支 1，处理 day 值为 MON 的情况
    TUE,
    WED: rebate =8;                 // 分支 2，处理 TUE 和 WED
    FRI,
    SAT,
    SUN: rebate =9;                 // 分支 3，处理 FRI、SAT 和 SUN
    default: rebate =10;            // 分支 4，处理其他情况
endcase
```

在 case 语句中，控制表达式和分支项表达式之间的比较是按位进行的全等比较，即只有相对应的每一位都彼此相等情况下才认为其相等，x 和 z 值也作为值进行比较。如：

```
case(in)
    1'b1:$display("It's 1.");
    1'b0:$display("It's 0.");
    1'bx:$display("It's x.");
    1'bz:$display("It's z.");
endcase
```

case 语句有其他两种形式：casex 和 casez，这些形式对 x 和 z 值使用不同的解释。除关键字 casex 和 casez 以外，语法与 case 语句完全一致。在 casez 语句中，出现在 case 表达式和任意分支项表达式中的值 z 被认为是无关位，该位被忽略不进行比较；在 casex 语句中，值 x 和 z 都被认为是无关位。字符?可用来代替字符 z，表示无关位。举例如下：

```
casez (op)
    4'b1zzz: out=pa+pb;                 // 第 1 位是 1，忽略其他位
    4'b01??: out=pa-pb;                 // 第 1～2 位是 01，忽略其他位
    4'b001?: out=pa*pb;                 // 前 3 位是 001，忽略第 4 位
    4'b0001: out=pa/pb;
endcase
```

casex 语句和 casez 使用格式一致，只是关键字不同，并且 casex 认为 x 和 z 都是无关位，如果用 casex 表示上述程序，可改为：

```
casex (op)
    4'b1zzx: out=pa+pb;                 //   x 和 z 都是无关位
    4'b01??: out=pa-pb;
    4'b001x: out=pa*pb;
    4'b0001: out=pa/pb;
endcase
```

4.6.8 循环控制语句

循环控制语句也是一种高级程序语句，在 Verilog HDL 中用于进行行为描述，包括 4 种循环语句：forever 循环、repeat 循环、while 循环、for 循环。

1. forever 循环语句

forever 循环语句实现无限的循环，其语法格式如下：

```
forever
  procedural_statement
```

如下程序实现由 15 时刻开始，周期为 20 的时钟产生器：

```
begin
    clk=0;
    #15;
    forever                             // 等待 15 个单位时间后开始循环
      #10 clk= ~ clk;
end
```

如果需要在某个时刻跳出无限循环，可用 disable 语句进行实现终止循环。

2. repeat 循环语句

repeat 循环语句是实现指定循环次数循环过程的语句。语法格式如下：

```
repeat(loop_count)
  procedural_statement
```

举例如下：

```
repeat(count)
    sum=sum+10;                              // 根据 count 的数量计算 sum
```

有一种特别点的做法，如下程序：

```
begin
   output=0;
   repeat (count)    @ (posedge clk);          // 第 count 次正跳变后执行语句 output=1
   output=1;
end
```

语句 output=1 在时钟第 count 次正跳变后执行，output 的低电平状态共保持了 count 个时钟周期。

3．while 循环语句

while 循环语句实现按条件循环，只有在指定条件成立时才重复执行循环体，语法格式如下：

```
while(condition)
  procedural_statement
```

如果条件表达式为 x 或 z，它也同样按 0（假）处理。举例如下：

```
module while_loop;
  integer count;
  initial
    begin
      count=10;
      while(count>0)
        begin
          $display("%d",count);
          #10 count=count-1;
        end
    end
endmodule
```

程序实现从 10 到 1 的倒数和显示，最后 count 变量的值为 0，但不输出显示。

4．for 循环语句

与 while 循环一样，for 循环语句也是实现按条件循环，只有在指定条件成立时才重复执行循环体，语法格式如下：

```
for(initial_assignment;condition;step_assignment)
  procedural_statement
```

初始赋值 initial_assignment 给出循环变量的初始值；condition 条件表达式指定循环在什么情况下结束，只要条件为真，循环中的语句就执行；而 step_assignment 指出每次循环后循环变量的变化，通常为增加或减少循环变量数值，如果循环变量在循环过程中一直不变，那么循环体要么一次都不执行，要么进入无限循环中。以下程序实现与前例相同的功能：

```
module for_loop;
   integer count;
   initial
    begin
      for(count=10;count>0;count=count-1)
       begin
         $display("%d",count);
         #10;
       end
    end
endmodule
```

4.6.9　任务和函数

具体内容可扫描二维码查看。

任务和函数

4.7　结构级建模

4.7.1　Verilog HDL 的 4 个抽象层次

Verilog HDL 语言可以从 4 个不同的抽象层次来描述硬件电路（见图 4-16），除了数据流和行为层次，还可以在低级抽象层次（门级和开关级）上进行设计。使用开关级元件、门级元件和用户定义的元件可以对设计的结构进行描述，使用连续赋值语句可以对数据流行为进行描述，使用过程性结构可以对时序行为进行描述。

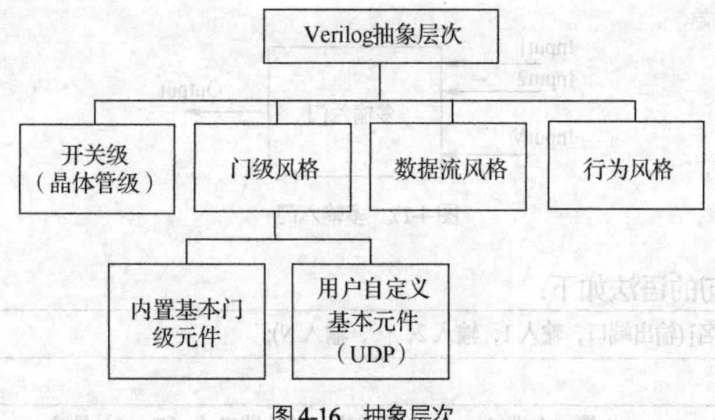

图 4-16　抽象层次

当前的数字电路设计大多建立在门级或更高的抽象层次上（复杂的系统设计极少由人工用门级进行设计了）。电路设计的最低抽象层次是开关级（晶体管级），随着设计复杂度的增加，几乎没有设计师以开关级进行建模，故我们也不作讨论。

门级建模对硬件电路进行结构描述，分为 Verilog HDL 内置（内部预先定义好的）基本门级元件和用户自定义基本元件（UDP）。

（1）内置基本门级元件是将一些常用的基本逻辑门单元包含到 Verilog HDL 语言内部。

（2）用户自定义的基本元件是根据不同用户的需要，由用户自己定义的模块，定义好以后可以像内置基本门级元件一样被用户调用。

4.7.2　内置基本门级元件

由于一个数字电路系统最终是由一个个逻辑门或开关组成的，所以用逻辑门单元和开关单元来对硬件电路的组成结构进行描述非常直观，在这种建模方式下硬件电路将被描述成由一组基本门级元件的实例组成。

1．内置基本门级元件

Verilog HDL 中提供下列内置基元门。

（1）多输入门：and（与门），nand（与非门），or（或门），nor（或非门），xor（异或门），xnor（异或非门）；

（2）多输出门：buf（缓冲器），not（非门）；

（3）三态门：bufif0（低电平使能缓冲器），bufif1（高电平使能缓冲器），notif0（低电平使能非门），notif1（高电平使能非门）；

（4）上拉、下拉电阻：pullup（上拉电阻），pulldown（下拉电阻）。

以下为简单的门实例语句的格式：

```
<门类型> [实例名] (端口连接表);
```

举例如下：

```
not (net1, sel);                    // 没有指定实例名
and gate1 (net2, a, netl),          // 同一门类型的多个实例能够在一个结构形式中定义
    gate2 (net3, b, sel);
```

2．多输入门

内置多输入门包括 6 种门级元件：and、nand、or、nor、xor、xnor。这些逻辑门的特点是可以有 1 个或多个输入，但只有 1 个输出。其逻辑图如图 4-17 所示。

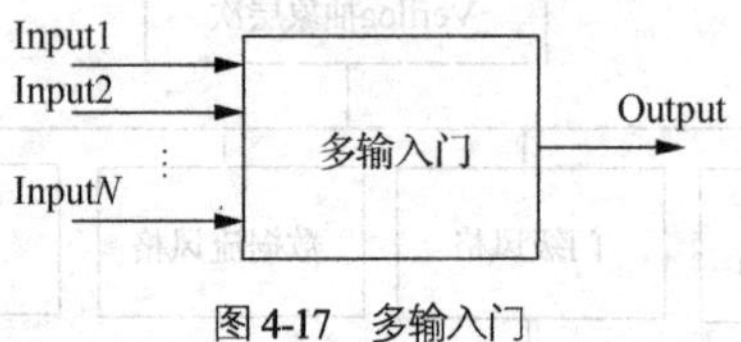

图 4-17　多输入门

多输入门实例语句的语法如下：

```
<多输入门类型> [实例名] (输出端口，输入 1，输入 2，…，输入 N);
```

如：

```
or gate3 (net2, a, netl);           // 第一个端口（net2）是输出，其他端口（a 和 netl）是输入
```

如表 4-5 所示是多输入门的真值表。注意在输入端的 z 与对 x 的处理方式相同；多输入门的输出决不能是 z。

表 4-5　多输入门真值表

nand	0	1	x	z
0	1	1	1	1
1	1	0	x	x
x	1	x	x	x
z	1	x	x	x

and	0	1	x	z
0	0	0	0	0
1	0	1	x	x
x	0	x	x	x
z	0	x	x	x

or	0	1	x	z
0	0	1	x	x
1	1	1	1	1
x	x	1	x	x
z	x	1	x	x

nor	0	1	x	z
0	1	0	x	x
1	0	0	0	0
x	x	0	x	x
z	x	0	x	x

xor	0	1	x	z
0	0	1	x	x
1	1	0	x	x
x	x	x	x	x
z	x	x	x	x

xnor	0	1	x	z
0	1	0	x	x
1	0	1	x	x
x	x	x	x	x
z	x	x	x	x

3．多输出门

与多输入门相反，多输出门有 1 个或多个输出，但只有 1 个输入。多输出门有两种：buf 和

not。其逻辑图如图 4-18 所示。

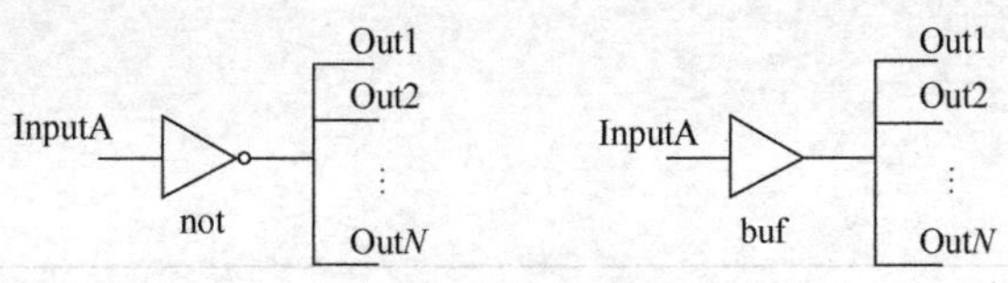

图 4-18　多输出门

多输入门实例语句的语法如下：

```
<多输出门类型> [实例名] (输出 1，输出 2，…，输出 N，输入端口);
```

如：

```
not gate1(a,b,X);                    // 最后的端口（X）是输入端口，其余端口（a 和 b）为输出端口
buf gate2(Fan[0], Fan[1], Fan[2], Fan[3],Clk);
```

如表 4-6 所示是多输出门的真值表。not 和 buf 对输入状态“x”和“z”的处理方式相同，且这两种元件的输出不会是“z”。

表 4-6　多输出门真值表

输入	buf 输出	not 输出
0	0	1
1	1	0
x	x	x
z	x	x

4．上拉门、下拉门、三态门

具体内容可扫描二维码查看。

上拉门、下拉门、三态门

5．实例数组

当需要重复进行多次实例引用时，在门实例引用语句中可以指定范围，以便自动地生成多个重复的实例。举例如下：

```
wire [2:0] out,in1,in2;
...
and gate[2:0] (out,in1,in2);
```

与下述语句等价：

```
and
    gate0(Out[0],in1[0],in2[0]),
    gate1(Out[1],in1[1],in2[1]),
    gate2(Out[2],in1[2],in2[2]);
```

6．门级建模例子

4 选 1 多路选择电路如图 4-19 所示，该图在图 2-23 基础上对连线进行了标记，以便程序的编写。

根据电路图可使用内置基本元件进行门级建模：

```
module MUX4x1(Y,D0,D1,D2,D3,S0,S1);
    output Y;
    input D0,D1,D2,D3,S0,S1;
    and (T0,D0,S0bar,S1bar),
        (T1,D1,S0bar,S1),
```

```
            (T2,D2,S0,S1bar),
            (T3,D3,S0,S1);
    not (S0bar,S0),
            (S1bar,S1);
        or (Y,T0,T1,T2,T3);
endmodule
```

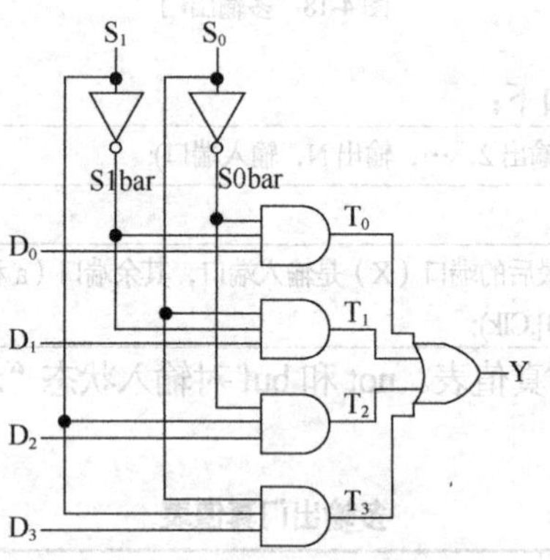

图 4-19　4 选 1 多路选择电路

4.7.3　结构建模

如前所述，在 Verilog HDL 中可使用开关级元件（晶体管级）、内置门元件（门级）、用户定义的元件（门级）方式描述电路结构，在此介绍通过模块实例方式来描述层次结构电路的方法。

在测试平台的内容中已有模块实例的使用例子，但只是用于单个模块的连接与测试。一个设计中通常是由多个模块拼装而成的，这就需要通过实例化各模块，通过线网相互连接不同的实例和元件，以描述层次结构电路。以下例子是通过两个半加器拼装成一个全加器。

1．设计半加器模块

首先，采用内置门元件设计半加器模块，半加器结构如图 4-20 所示。

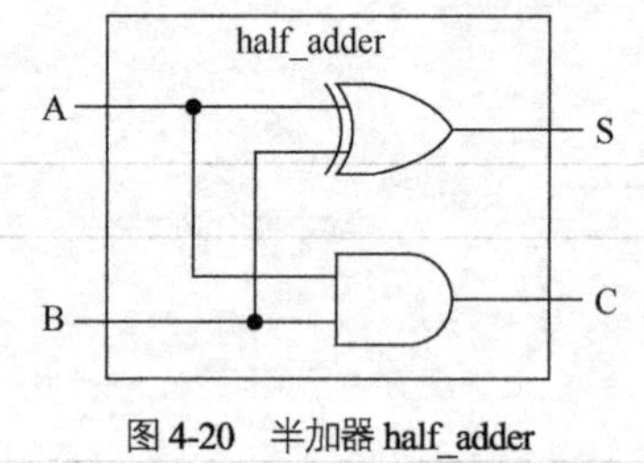

图 4-20　半加器 half_adder

2．构造全加器

接上步，将 half_adder 模块实例化为 u1 和 u2，并用线网进行连接，得到图 4-21 所示的全加器。

说明：

（1）u1 中，S_1 是 DataA 和 DataB 相加的和（1 位）；C_1 是 DataA 和 DataB 相加的进位。

（2）u2 中，Sum 是 S_1（DataA 与 DataB 的和）与进位 C_{in} 的和（1 位），也就是 DataA、DataB 与 C_{in} 的和；C_2 是 S_1 和 C_{in} 相加的进位。

（3）u3 中，对 C_1 和 C_2 进行或操作，即只要 DataA 和 DataB 相加有进位，或结果（的低位）与进位相加有进位，那么都代表有进位产生。

（4）举例：如 DataA=1，DataB=1，C_{in}=1 时，在 u1 中，得 S_1=0，C_1=1；在 u2 中，得 Sum=1，C_2=0；在 u3 中，得 C_{out}=1。最后输出结果为：Sum=1，C_{out}=1。

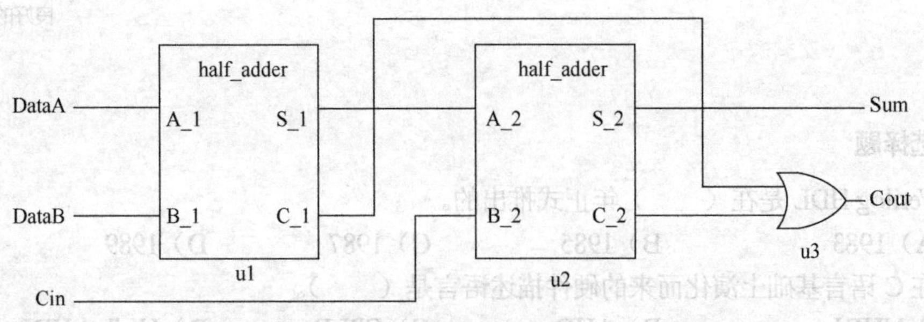

图 4-21　构造全加器 full_adder

3. 使用 Verilog HDL 进行描述

半加器的 Verilog HDL 描述：

```
module half_adder (A,B,S,C);
    input A, B;
    output S, C;
    xor gate1 (S,A,B);
    and gate2 (C,A,B);
endmodule
```

全加器的 Verilog HDL 描述：

```
module full_adder(DataA, DataB, Cin,Sum, Cout);
   input DataA, DataB,Cin;
   output Sum;
   output Cout;
   wire    s1,c1,c2;
        // 两条模块实例引用语句，采用不同连接方式，效果一样
   half_adder u1(DataA,DataB,s1,c1);                    //语句 1，按位置顺序进行对应关联
   half_adder u2(.A(s1), .B(Cin),.S(Sum),.C(c2));       //语句 2，使用端口名进行关联
   or u3(Cout,c1,c2);
endmodule
```

在数字系统设计中，通常就是利用结构建模方法，把众多简单的独立模块一步步地搭建出复杂的设计。除了可以使用 Verilog HDL 描述模块及连线外，EDA 工具也提供了方便直观的可视化工具以辅助设计（可参考 5.5.3 节的内容）。

4.7.4　用户自定义元件（UDP）

具体内容可扫描二维码查看。

用户自定义元件（UDP）

测试平台及测试激励

4.8　测试平台及测试激励

具体内容可扫描二维码查看。

4.9 良好的编程风格

具体内容可扫描二维码查看。

良好的编程风格

习题

一、选择题

（1）Verilog HDL 是在（　　）年正式推出的。

A）1983　　B）1985　　C）1987　　D）1989

（2）在 C 语言基础上演化而来的硬件描述语言是（　　）。

A）VHDL　　B）AHD　　C）CPLD　　D）Verilog HDL

（3）系统任务和系统函数均是以（　　）字符开始的标识符。

A）*　　B）&　　C）$　　D）%

（4）Verilog HDL 中的标识符是区分大小写的，第一个字符必须是（　　）或者下划线。

A）字母　　B）数字　　C）$符号　　D）减号

（5）“7%4”结果为（　　）。

A）4　　B）7　　C）3　　D）无解

（6）`timescale 1ns / 100ps 表示（　　）。

A）时间单位 1ns 精度 100ps　　B）时间单位 100s 精度 1s

C）时间单位 1s 精度 100s　　D）时间单位 100ps 精度 1ns

（7）Verilog HDL 四种基本的值中 x 表示（　　）。

A）高阻状态　　B）逻辑 1　　C）未知状态　　D）逻辑 0

（8）Verilog HDL 四种基本的值中 z 表示（　　）。

A）高阻状态　　B）逻辑 1　　C）未知状态　　D）逻辑 0

（9）关键字是 Verilog HDL 中预留的表示特定含义的保留标识符（与其他语言一样），Verilog HDL 中的关键字全部是（　　）的。

A）数字　　B）大写　　C）加号　　D）小写

（10）reg [0:7] a 表示（　　）。

A）a 是 1 个 8 位的向量B）a 是 8 个元素组成的数组

C）a 是 1 个 8 位的标量D）a 是 7 个元素组成的数组

（11）Verilog 中（　　）符号可以标注一行的注释内容。

A）//　　B）/　　C）/*　　D）*/

（12）Verilog 中描述电路结构时，一般不包括（　　）。

A）电子管级风格　　B）门级风格　　C）数据流风格　　D）行为级风格

（13）下面的时间单位中，最小的是（　　）。

A）ps　　B）μs　　C）ns　　D）ms

（14）下面的运算符中（　　）不能用作一元运算符。

A）||　　B）!　　C）^　　D）|

（15）有如下代码，运行后 sum 的结果为（　　）。

```
reg[0:3]sum,data1;
reg[0:1]data2;
initial
  begin
    data1='b1111;
    data2='b11;
    sum=data1+data2;
  end
```

A）'b0010　　B）'b111111　　C）'b10010　　D）出错溢出

（16）“\n”表示（　　）。

A）制表符　　B）换行符　　C）字符"　　D）字符 n

（17）$display("How to \begin our work?"); 将输出显示（　　）。

A）"How to \begin our work?"　　B）"How to begin our work?"

C）How to \begin our work?　　D）How to begin our work?

二、判断题

（1）在 Verilog 中，模块的端口列表中包括端口的类型和名字。（　　）

（2）在没有修改代码的情况下，布局布线前后的两次仿真结果应该是完全一样的。（　　）

（3）在 Verilog 中，分别用“reg [0:3] pa”和“reg [3:0] pa”定义出来的 pa 没有任何区别。（　　）

（4）单行注释和多行注释不能同时用在同一个模块当中。（　　）

（5）对于 Verilog 编译器，'MyDes'和'mydes'是不同的标识符。（　　）

（6）一个标识符必须以字母或者数字开始。（　　）

（7）在 Verilog 中每个系统和电路都被描述为模块。（　　）

（8）模块的名称可以用数字开头。（　　）

（9）系统任务$monitor 和$display 都可以用来显示变量值，但前者可以对变量值进行动态监视。（　　）

（10）Verilog 中的转义标识符是以“/”开头的。（　　）

三、填空题

（1）以下程序中设计了 5 种基本的 2 输入门电路：与、或、异或、与非、或非。请将程序填写完整。

```
module gates(a,b,y1,y2,y3,y4,y5);
  input a,b;
  output y1,y2,y3,y4,y5;
  assign y1=________                    // 与
  assign y2=a|b;
  assign y3=________                    // 异或
  assign y4= ~ (a&b);
  assign y5= ~ (a|b)   ;
endmodule
```

（2）对以上电路构造测试平台，testbench()模块中对变量 a, y2 的变化进行动态监控。

```
`timescale 1ns/1ns
module   testbench ();
  reg a,b;
  wire y1,y2,y3,y4,y5;
  parameter DELY=10 ;
  gates test_gates(a,b,y1,y2,y3,y4,y5);
```

```
        initial
          begin
            a=0;b=0;
            # DELY b=1;
          end
        initial
          begin
            a=0;b=0;
            # DELY b=1;
          end
        initial
          $________ ("time=________, a = %b, y2= %b",________, a, y2 );
      endmodule
```

（3）在 Verilog HDL 中有如下定义：reg [1:4] pa[0:5];，则 pa 包含________个数组元素，每个元素的位宽是________。

第5章 基于EDA的数字逻辑电路设计基础

学习基础

- 第1～3章介绍了数字逻辑的基础知识。
- 第4章介绍了Verilog HDL的基本语法及简单设计的建模方法。

阅读指南

- 5.1～5.4节为读者简单介绍了EDA技术及其设计流程，以及EDA设计中涉及的FPGA和IP核知识，同时介绍了相关的集成开发环境，作为EDA设计的基础铺垫。
- 5.5节通过详细的EDA开发综合实例，介绍EDA工具的使用方法，请读者认真掌握其中的设计流程和操作方法。

5.1 EDA技术简介

过去的40多年，数字逻辑电路经历了巨大改进和提高，现实的需求促使数字逻辑电路的结构和功能变得越来越复杂，传统的基于中小规模集成电路（如74系列）及基于原理图的设计方法已经无法适应数字逻辑电路在功能、体积以及成本等方面的需要，同时也促使设计方法发生了巨大变化。因此，从20世纪70年代末期开始，在各大EDA公司、大学以及研究机构的共同努力下，出现了多种类型的HDL，用来描述数字逻辑电路的结构和功能。设计者采用HDL从更高的抽象层次对数字逻辑电路进行建模，使用EDA软件获得实际电路结构并对其功能和时序进行仿真和验证，成为现代数字逻辑电路设计的最佳方式。

现场可编程门阵列（Field Programmable Gate Array，FPGA）是一种半导体器件，可以在制造完成后进行编程。FPGA硬件功能不是预先确定好的，而是支持对产品特性和功能进行编程，以适应新标准，即使产品已经在现场使用了，也可以针对某些应用重新配置硬件，故称为“现场可编程”。可以使用FPGA来实现专用集成电路（Application Specific Integrated Circuit，ASIC）或专用标准产品（Application Specific Standard Product，ASSP）完成的任何逻辑功能，而且在产品发售后也能够对功能进行更新，在很多应用中都具有一定优势。

5.1.1 EDA技术及其发展

最早的电子设计自动化EDA软件仅仅是一些绘图软件，包括绘制电路原理图、印刷电路板图、集成电路芯片板图的软件，并能进行一些简单的数值计算等，随后又出现了自动布局布线工具，这类软件被称为第一代EDA软件。第二代EDA软件可以通过硬件描述语言输入生成设计，它包括逻辑综合、仿真等。近年来又出现了第三代EDA软件，称为电子系统设计自动化（ESDA），可以通过概念输入（框图、公式等）自动生成各种设计结果，包括 ASIC 芯片设计结果、电路原理图、印刷电路板（Printed Circuit Board，PCB）板图以及软件等，并且可以进行机电一体化设计。

与传统的设计方法不同，现代电子工程师们设计系统的过程首先是描述系统，然后用 EDA 工具在计算机上进行系统级仿真，设计适合自己用的 ASIC 芯片；用通用和专用芯片构成系统，进行功能模拟和带延时的仿真；布 PCB 板，对 PCB 板进行仿真，最终生产调试成功。

在计算机技术的推动下，电子技术在 20 世纪末获得了飞速的发展，现代电子产品几乎渗透于社会的各个领域，有力地推动了社会生产力的发展和信息化程度的提高，同时又促使现代电子产品性能的进一步提高，产品更新换代的节奏也越来越快。

电子技术发展的根基是微电子技术的进步，它表现在大规模集成电路加工技术，即半导体工艺技术的发展上。表征半导体工艺水平的尺寸已经达到 5nm 以下，并还在不断地缩小；在硅片单位面积上集成了更多的晶体管；集成电路设计在不断地向超大规模、极低功耗和超高速的方向发展。同时，专用集成电路（ASIC）的设计成本还在不断降低，而在功能和结构上，现代的集成电路已实现片上系统（System on a Chip，SoC）。

EDA 技术利用计算机完成电子系统设计，是一种节省设计而又高效率的现代设计理念。尤其是可编程器件和软件仿真模拟工具的使用，给传统的电路设计方法带来了重大的变革，使得设计工程师们从繁杂而凌乱的工作中解脱出来，把重点放在电路的设计上。EDA 工具以计算机为工具，设计者只需要完成对系统功能的 HDL 描述，就可以由计算机软件完成数字系统的逻辑化简、逻辑分割、逻辑综合、结构综合（布局布线）以及逻辑优化和仿真测试等功能，直至实现既定功能及性能的电子线路系统。EDA 技术使得设计者利用软件的方式，即利用 HDL 和 EDA 软件来完成对系统硬件功能的实现。

5.1.2　EDA 技术实现的目标

一般来说，利用 EDA 技术进行数字逻辑电路设计的最终目标是完成 ASIC 或 PCB 的设计和实现，如图 5-1 所示。从电路原理图到 PCB 上元件的布局、布线、阻抗匹配、信号完整性分析及板级仿真，到最后的电路板机械加工文件生成，这些都需要相应的计算机 EDA 工具软件辅助设计者来完成，而这仅是 EDA 技术应用的一个重要方面。ASIC 作为最终的物理平台，集中容纳了设计者通过 EDA 技术具体实现电子应用系统的功能和技术指标的硬件实体。

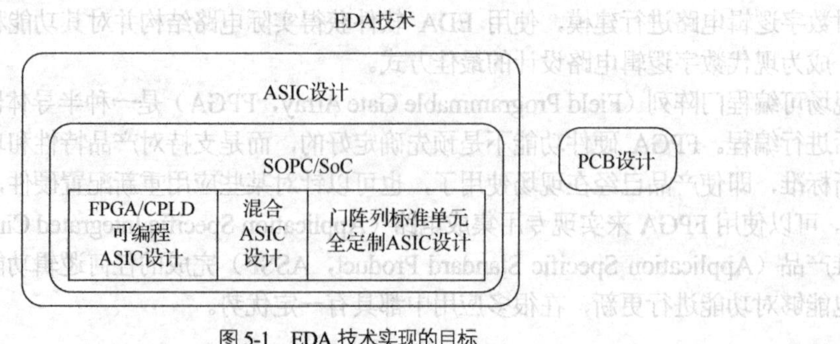

图 5-1　EDA 技术实现的目标

5.1.3　EDA 和传统设计方法的比较

在传统的数字逻辑电路或集成电路（Integrated Circuit，IC）设计中，手工设计占有较大的比例。手工设计一般先按电子系统的具体功能要求进行功能划分，然后对每个子模块画出真值表，用卡诺图进行手工逻辑化简，写出布尔表达式，画出相应的逻辑线路图，再据此选择元器件，设计电路板，最后进行实测与调试。手工设计方法的缺点如下。

① 对于复杂电路的设计、调试十分困难。

② 由于无法进行硬件系统仿真，如果某一设计过程存在错误，问题的查找和修改十分不便。

③ 设计过程中产生大量文档，不易管理。

④ 对于 IC 设计而言，设计实现过程与具体生产工艺直接相关，因此可移植性差。

⑤ 只有在设计出样机或生产出芯片后才能进行实测。

相比之下，EDA 技术有着很大的不同，具体如下。

（1）用 HDL 对数字逻辑电路进行抽象的行为与功能描述，以及具体的内部线路结构描述，从而可以在电子设计的各个阶段、各个层次进行计算机模拟验证，保证设计过程的正确性，大大降低设计成本，缩短设计周期。

（2）EDA 工具之所以能够完成各种自动设计过程，关键是有各类库的支持，如逻辑仿真时的模拟库、逻辑综合时的综合库、版图综合时的版图库、测试综合时的测试库等。这些库都是 EDA 公司与半导体生产厂商紧密合作、共同开发的。

（3）HDL 大多是文档型的语言（如 Verilog HDL），极大简化了设计文档的管理。

（4）EDA 技术中最具现代电子设计技术特征的功能，是日益强大的逻辑设计仿真测试技术。使用 EDA 仿真测试技术，只需通过计算机模拟，就能对所设计的电子系统从各种不同层次的系统性能特点，完成一系列准确的测试与仿真操作；在完成实际系统的安装后，还能对系统上的目标器件进行“边界扫描测试”。这一切都极大地提高了大规模系统电子设计的自动化程度。

（5）无论传统的应用电子系统设计得如何完美，使用了多么先进的功能器件，都掩盖不了一个无情的事实，就是该系统对于设计者来说，没有任何自主知识产权可言，因为系统中的关键性器件往往并非出自设计者之手，这将导致该系统的应用直接受到限制。基于 EDA 技术的设计则不同，使用 HDL 表达的专用功能设计在实现目标方面有很大的可选性，它既可以用不同来源的通用 FPGA/CPLD 实现，也可以直接以 ASIC 来实现，设计者拥有完全的自主权，不再处处受到限制。

（6）传统的电子设计方法没有标准加以约束，因此设计效率低、系统性能差、开发成本高、市场竞争力小。而 EDA 技术的设计语言是标准化的，不会由于设计对象的不同而改变；其开发工具是规范化的，EDA 软件平台支持任何标准化的设计语言；其设计成果是通用的，IP 核具有规范的接口协议；具有良好的可移植性与可测试性，为系统开发提供了可靠的保证。

（7）从电子设计方法来看，EDA 技术最大的优势就是能将所有的设计环节纳入统一的自顶向下的设计方案中。

（8）EDA 不但在整个设计流程上充分利用计算机的自动设计能力，在各个设计层次上利用计算机完成不同内容的仿真模拟，而且在系统板设计结束后仍可利用计算机对硬件系统进行完整的测试。而传统的设计方法只能在最后完成的系统上进行局部的且仅限于软件的仿真调试，在整个设计的中间过程是无能为力的。

5.1.4 EDA 技术的发展趋势

具体内容可扫描二维码查看。

EDA 技术的发展趋势

5.2 EDA 设计流程及工具

5.2.1 数字系统设计的一般步骤

数字系统的设计分为多个步骤，一般包括图 5-2 所示的过程。

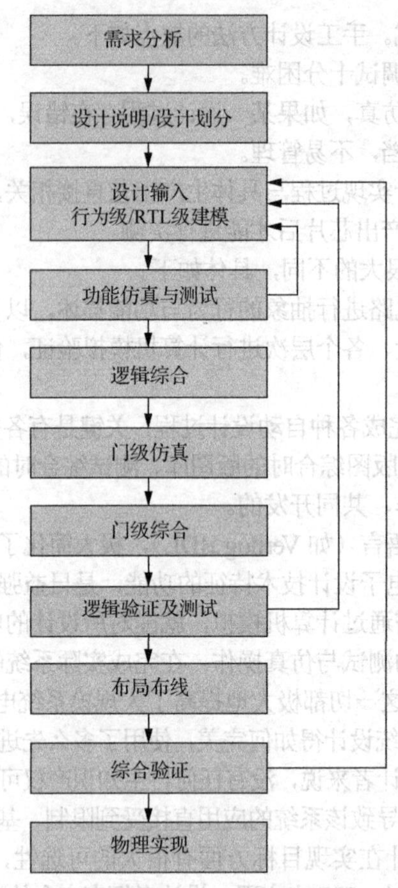

图 5-2　数字系统一般设计流程

EDA 工具的设计就是按照数字逻辑的设计流程进行的。由于数字系统设计的过程有多个步骤，因此需要用到多个 EDA 工具。

5.2.2　EDA 工具及其作用

EDA 的核心是利用计算机完成电子设计全程自动化，因此基于计算机环境的 EDA 软件的支持是必不可少的。EDA 工具在 EDA 技术应用中占据着极其重要的位置。

在数字系统设计的不同阶段和层次，需要使用不同的 EDA 软件工具。在这里，结合本书配套的实验设备对相应的 EDA 工具进行介绍。

1. 设计输入

在 EDA 软件平台上开发时，首先要将数字系统以一定的表达方式输入计算机。设计输入编辑器在多样性、易用性和通用性方面的功能不断增强，标志着 EDA 技术中自动化设计程度的不断提高。EDA 工具的设计输入通常可分为以下类型。

1）图形输入

图形输入通常包括原理图输入、状态图输入和波形图输入等方法。

原理图输入方法是一种类似于传统电子设计方法的原理图编辑输入方式，即在 EDA 软件的图形编辑界面上绘制能完成特定功能的电路原理图。原理图由逻辑器件（符号）和连接线构成，图中的逻辑器件可以是 EDA 软件库中预制的功能模块，如与门、非门、或门、触发器、各种宏功能模块，也可以是一些类似于 IP 的功能块。

状态图输入方法就是根据电路的控制条件和不同的转换方式，用绘图的方法在 EDA 工具的状态图编辑器上绘出状态图，然后由 EDA 编译器和综合器将此状态图编译、综合成电路网表。

波形图输入方法则是将待设计的电路看成是一个黑盒子，只需告诉 EDA 工具该黑盒子电路的输入和输出时序波形图，EDA 工具就可以完成电路的设计。

2）HDL 文本输入

这种方式与传统的计算机软件语言编辑输入基本一致，就是输入编辑电路设计的 HDL 文本，如 VHDL 或 Verilog HDL 源程序。

2．综合

综合（Synthesis）是将用行为和功能层次表达的数字逻辑电路转换为由低层次的便于具体实现的模块组合而成的系统的过程。设计过程通常从高层次的行为描述开始，以最底层的结构描述结束，每个步骤都是一个综合过程。这些步骤包括以下几项。

（1）从自然语言表述转换到 HDL 算法表述，是自然语言综合。

（2）从算法表述转换到 RTL 表述，即从行为域到结构域的综合，是行为综合。

（3）从 RTL 级表述转换到逻辑门（包括触发器）的表述，即逻辑综合。

（4）从逻辑门表述转换到版图表述（ASIC 设计），或转换到 FPGA 的配置网表文件，可称为版图综合或结构综合。

一般地，综合是仅对应于 HDL 而言的。利用 HDL 综合器对设计进行综合是十分重要的一步，因为这一综合过程将把软件设计的 HDL 描述与硬件结构联系起来，是将软件转化为硬件电路的关键步骤。因此，综合就是将电路的高级语言（如行为描述）转换成低级的、可与 FPGA/CPLD 的基本结构相映射的网表文件或程序的过程。

当输入的 HDL 文件在 EDA 工具中检测无误后，首先面临的是逻辑综合，因此要求 HDL 源文件中的语句都是可综合的。

在综合之后，HDL 综合器一般都可以生成一种或多种文件格式的网表文件，如 EDIF、VHDL、Verilog HDL 等标准格式，在网表文件中用各自的格式描述电路的结构，如在 HDL 网表文件中采用 HDL 的语法，用结构描述的风格重新诠释综合后的电路结构。

整个综合过程就是将设计者在 EDA 平台上编辑输入的 HDL 文本、原理图或状态图描述，依据给定的硬件结构组件和约束控制条件进行编译、优化、转换和综合，最终获得门级电路甚至更底层的电路描述网表文件。由此可见，综合器工作前，必须给定最后实现的硬件结构参数，它的功能就是将软件描述与给定的硬件结构用某种网表文件的方式对应起来，形成相应的映射关系。如果把综合理解为映射过程，那么显然这种映射不是唯一的，并且综合的优化也不是单纯的或一个方向的。为达到速度、面积、性能的要求，往往需要对综合加以约束，称为综合约束。

3．适配（布局布线）

适配器也称为结构综合器，它的功能是将综合后的网表文件针对某一具体的目标器件进行逻辑映射操作，其中包括底层器件配置、逻辑分割、优化、布局布线操作。适配完成后可以利用适配所产生的仿真文件做精确的时序仿真，同时产生可用于编程的文件，即最终的下载文件，如 sof、pof 文件。通常，EDA 软件中的综合器可由专业的第三方 EDA 公司提供，而适配器则须由 FPGA/CPLD 供应商提供，因为适配器的适配对象直接与器件的结构细节相对应。

4．仿真

仿真就是让计算机根据一定的算法和仿真库对 EDA 设计进行模拟，以验证设计，排除错误。仿真是 EDA 设计过程中的重要步骤，它包括以下两种不同级别的仿真测试。

（1）功能仿真：直接对 HDL、原理图描述或其他描述形式的逻辑功能进行测试模拟，以了解其实现的功能是否满足原设计要求。功能仿真过程不涉及任何具体器件的硬件特性，不经历适配阶段，在设计项目编辑、编译（或综合）后即可进入门级仿真器进行模拟测试。直接进行功能仿真的好处是设计耗时短，对硬件库、综合器等没有任何要求。

（2）时序仿真：接近真实器件运行特性的仿真，仿真文件中已包含了器件的硬件特性参数，因而仿真精度高。但时序仿真的仿真文件必须来自针对具体器件的适配器。综合后所得到的 EDIF 等网表文件通常作为 FPGA 适配器的输入文件，FPGA 适配器输出的仿真网表文件中包含了精确的硬件延时信息。

5．下载和硬件测试

把适配后生成的下载或配置文件，通过编程器或编程电缆向 FPGA 或 CPLD 进行下载，下载操作完成后，该芯片就具有了所设计的功能。可以通过硬件测试，最终验证设计项目在目标系统上的实际工作情况，以排除错误，改进设计。

5.3 FPGA 简介

1984 年，Xilinx 公司发布了第一个 FPGA，当时的应用基本只是用这些器件去实现黏合逻辑（glue-logic）、非常简单的状态机和相当有限的数据处理等。而今天，FPGA 已经是最令人激动的器件类型之一。除了具有可编程的体系结构外，它们还包含大量的存储单元和硬宏（hard-macro），例如乘法器、加法器和数字信号处理（DSP）模块等。FPGA 器件的应用范围之广让人难以置信，从电池供电的便携式手持设备，到自动控制和娱乐系统，再到 SETI（搜索地外文明）计划中用于搜寻外太空生命的每秒万亿次的计算引擎等。

目前以 HDL 所完成的电路设计，可以经过简单的综合与布局，快速地烧录至 FPGA 上进行测试，是现代 IC 设计验证的技术主流。

5.3.1 关于 FPGA

FPGA 即现场可编程门阵列，它是在可编程逻辑阵列（Programmable Array Logic，PAL）、通用阵列逻辑（Generic Array Logic，GAL）、复杂可编程逻辑设备（Complex Programmable Logic Device，CPLD）等可编程器件的基础上进一步发展的产物。它是作为专用集成电路（ASIC）领域中的一种半定制电路而出现的，既解决了定制电路的不足，又克服了原有可编程器件门电路数有限的缺点。FPGA 采用了逻辑单元阵列 LCA（Logic Cell Array），内部包括可配置逻辑模块 CLB（Configurable Logic Block）、输入输出模块 IOB（Input Output Block）和内部连线（Interconnect）三个部分。

采用 FPGA 进行设计（而不是 ASIC 或 ASSP）的优势包括以下几点：

① 迅速进行原型开发；
② 缩短产品面市时间；
③ 能够在现场重新编程，进行调试；
④ 较低的一次性工程费用（Non-Recurring Engineering，NRE）成本；
⑤ 较长的产品生命周期，降低了产品过时的风险。

5.3.2 FPGA 的基本分类

具体内容可扫描二维码查看。

FPGA 的基本分类

5.3.3 FPGA 的体系结构

具体内容可扫描二维码查看。

FPGA 的体系结构

5.3.4 FPGA 主流厂商简介

FPGA 的主流厂商包括以下几个。

（1）Xilinx 和 Altera，是目前 FPGA 的领导厂商。

（2）Microsemi，生产基于 Flash 架构的 FPGA，具有单芯片、低成本、高可靠性、高安全性、低功耗等特征。

（3）Lattice Semiconductor，提供 SRAM 以及 non-volatile，flash-based FPGAs。

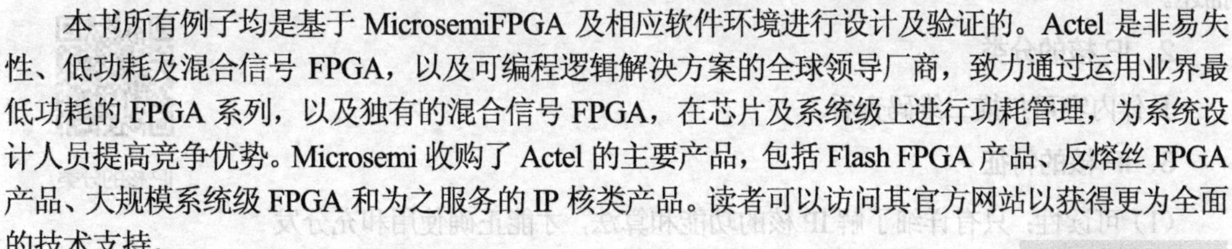

本书所有例子均是基于 MicrosemiFPGA 及相应软件环境进行设计及验证的。Actel 是非易失性、低功耗及混合信号 FPGA，以及可编程逻辑解决方案的全球领导厂商，致力通过运用业界最低功耗的 FPGA 系列，以及独有的混合信号 FPGA，在芯片及系统级上进行功耗管理，为系统设计人员提高竞争优势。Microsemi 收购了 Actel 的主要产品，包括 Flash FPGA 产品、反熔丝 FPGA 产品、大规模系统级 FPGA 和为之服务的 IP 核类产品。读者可以访问其官方网站以获得更为全面的技术支持。

5.3.5 集成开发环境 Libero IDE

具体内容可扫描二维码查看。

集成开发环境 Libero IDE

5.4 IP 核基础

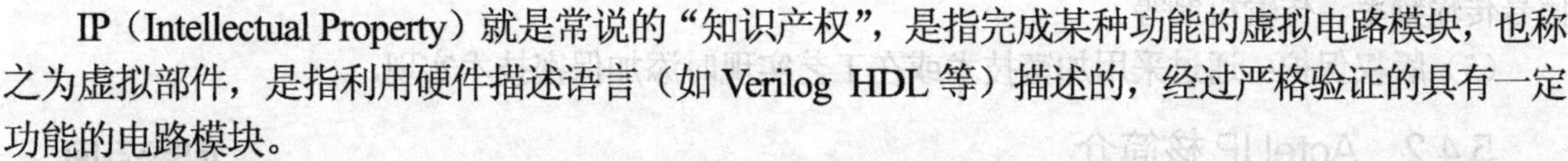

IP（Intellectual Property）就是常说的“知识产权”，是指完成某种功能的虚拟电路模块，也称之为虚拟部件，是指利用硬件描述语言（如 Verilog HDL 等）描述的，经过严格验证的具有一定功能的电路模块。

美国著名的 Dataquest 咨询公司将半导体产业的 IP 定义为“用于 ASIC 或 FPGA 中的预先设计好的电路功能模块”。百度百科的定义是：IP 核（Intellectual Property core）是一段具有特定电路功能的硬件描述语言程序，该程序与集成电路工艺无关，可以移植到不同的半导体工艺中去生产集成电路芯片。

IP 的设计原则如下。

（1）基于易于重用而专门设计。

（2）基于最优化指标而设计。优化的目标包括芯片的面积最小、运算速度最快、功耗最低、工艺容差最大。

（3）基于标准而设计。包括 IP 重用所需的参数、文档、检验方式、接口、片内总线协议等。

5.4.1 IP 技术概述

1. IP 技术

IP 的概念早已在数字系统设计中使用，标准单元库（Standard Cell Library）中的功能单元就是 IP 的一种形式。IC 生产厂商为了扩大业务，通常会提供精心设计并经过工业验证的标准单元，以吸引 IC 设计公司成为其客户。

IP 核的优化设计和复用就是 IP 技术，包括设计思想、设计方法、设计工具、工艺与布局布线等的设计复用（Design by Reuse）以及可复用性设计（Design for Reuse），即所有的包含了智力因素的设计结果都在复用之列。IP 技术包括 IP 开发及 IP 复用两个方面。

（1）IP 开发：首先要求整个设计流程一致性要好，从规格定义到产品化每一个设计阶段、每一个步骤都必须严格遵循已经定义的设计规则和操作规范，同时要求每一个项目的开发环境，包括设计策略、流程和 EDA 开发工具都要保持高度的一致性以便于交流和复用。

（2）IP 复用：指利用预先设计好和预先充分验证的 IP 模块进行功能组装来设计 IC 的方法。

IP 技术的本质特征是功能模块的可复用性，其基本要求是可移植性好，而设计文档的质量（IP 核的应用特点和限制条件需在设计文档中详细说明）是可移植性好坏的重要体现。设计复用的最终目标是建立一个包含软硬件模块的资源库。该库的模块包含各个层次（从物理层到系统层）的描述。

2. IP 核的分类

具体内容可扫描二维码查看。

IP 核的分类

3. IP 核的特征

（1）可读性：只有详细了解 IP 核的功能和算法，才能正确使用和充分发挥其优点。

（2）设计的延展性和工艺适应性：当 IP 核被用到不同的领域时，不需要做重大的修改，就能方便地使用。同时，当采用新工艺和工艺改进时，IP 核能较容易地进行设计改进或不需修改。

（3）可测性：除了对 IP 核进行单独的测试外，还要能够在 IP 核应用到的系统环境中进行测试。

（4）端口定义标准化：IP 核的端口需进行严格的定义，主要包括端口信号的逻辑值、物理值、信号传输频率、传输机制等。

（5）版权保护：通过采用加密技术或在工艺实现时添加保密技术实现。

5.4.2 Actel IP 核简介

具体内容可扫描二维码查看。

Actel IP 核简介

5.5 EDA 开发综合实例

5.5.1 实例一：ModelSim 的使用

本节来讨论实现 1 位全加器的多种方法，并使用 ModelSim 进行功能仿真。本例与前述 4.2 节讨论的 2 选 1 MUX 例子相比，增添了更多内容，具体如下。

- 设计难度更大一些，更具代表性；
- 列举了多种实现方法，增加了混合风格的内容；
- ModelSim 的使用和操作方式与 4.2.5 小节中的不同，虽然都可以达到仿真的目的，但此例的操作更详细和规范。

1．门级（结构）风格的描述

在此使用门级风格描述一个全加器电路，该实例基于图5-3所示的结构图。

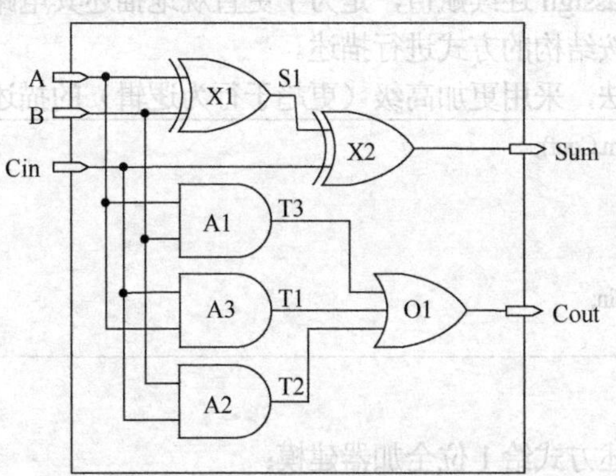

图5-3 1位全加器的结构图

以下使用内置门原语对1位全加器的结构进行门级风格描述：

```
module FA_struct(A,B,Cin,Sum,Cout);
   input A,B,Cin;
   output Sum,Cout;
   wire S1,T1,T2,T3;

   xor X1(S1,A,B);
    //调用一个内置的异或门，器件名称xor，代码实例化名X1；
    //S1，A，B是该器件管脚的实际连接线的名称，A、B是输入，S1是输出。
   xor X2(Sum,S1,Cin);
   and A1(T3,A,B);
   and A2(T2,B,Cin);
   and A3(T1,A,Cin);
   or O1(Cout,T1,T2,T3);
endmodule
```

该1位全加器由2个异或门、3个与门、1个或门构成。S1、T1、T2、T3是门与门之间的连线；xor、and、or则是Verilog HDL内置的门器件。

2．数据流风格的描述

以下使用数据流风格描述1位全加器：

```
module FA_flow1(A,B,Cin,Sum,Cout);
  input A,B,Cin;
  output Sum,Cout;
  wire S1,T1,T2,T3;

  assign S1=A^B;
  assign Sum=S1^Cin;
       /*  以上2句可合并为1句：
              assign Sum= A^B^Cin;                    */
  assign T1=A&Cin;
  assign T2=B&Cin;
  assign T3=A&B;
  assign Cout=T1|T2|T3;
       /*  以上4句可合并为1句：
            assign Cout= (A&Cin) |(B&Cin)|(A&B);      */
endmodule
```

各 assign 语句是并行执行的，即各语句的执行与语句的编写顺序无关。如上代码中，当 A 有变化时，S1、T3、T1 将同时变化，S1 的变化又会造成 Sum 的变化。

以上代码中包含 6 个 assign 连续赋值，是为了更直观地描述其电路结构，但对于抽象层次更高的数据流风格，可以不按结构的方式进行描述。

以下为第 2 种描述方法，采用更加高级（更趋于行为逻辑）的描述方式：

```
module FA_flow2(A,B,Cin,Sum,Cout);
  input A,B,Cin;
  output Sum,Cout;
  wire Sum,Cout;
  assign {Cout,Sum}=A+B+Cin;
endmodule
```

3. 行为风格的描述

以下使用行为风格描述方式给 1 位全加器建模：

```
module FA_behav1(A,B,Cin,Sum,Cout);
  input A,B,Cin;
  output Sum,Cout;
  reg Sum,Cout;
  always@(A or B or Cin)            // 敏感表，A、B、Cin 发生变化时触发运行
    begin                           // begin 和 end 之间的语句顺序执行，属于串行语句
      Sum=(A^B)^Cin;
      Cout= (A&Cin)|(B&Cin)|(A&B);
    end
endmodule
```

相对于数据流风格的第 2 种方法，行为风格的程序如下：

```
module FA_behav2(A,B,Cin,Sum,Cout);
  input A,B,Cin;
  output Sum,Cout;
  reg Sum,Cout;
always @(A or B or Cin)
  begin
     {Cout,Sum}=A+B+Cin;            // 使用拼接运算符
  end
endmodule
```

{Cout,Sum}表示对位数的扩展，2 个 1bit 相加，和有 2 位，低位放在 Sum 变量中，进位放在 Cout 中。此段代码更接近我们的语言风格，更容易理解，不需要画出结构图就可以写出实现的代码。

4. 混合风格的描述

在模块中，结构和行为的编程风格可以自由混合，模块描述中可以包含门的实例引用、模块实例化语句、连续赋值语句、always 语句和 initial 语句的混合。来自门或连续赋值语句的值能够用于触发 always 语句和 initial 语句；来自 always 语句和 initial 语句的值能够驱动门或开关。

以下为混合设计方式的 1 位全加器的描述。

```
module FA_Mix(A,B,Cin,Sum,Cout);
  input A,B,Cin;
  output Sum,Cout;
  reg Cout;
  reg T1,T2,T3;                     // 在 always 块中被赋值的变量应定义为 reg 型
```

```
  wire S1;
  xor X1(S1,A,B);                       // 门实例语句
  always
    @(A or B or Cin)
    begin
      T1=A&Cin;
      T2=B&Cin;
      T3=A&B;
      Cout=(T1|T2)|T3;
    end
  assign Sum=S1^Cin;                    // 连续赋值语句
endmodule
```

只要 A 或 B 上有事件发生，门实例语句即被执行。只要 A、B 或 Cin 上有事件发生，就执行 always 语句，并且只要 S1 或 Cin 上有事件发生，就执行连续赋值语句。

5. 编写测试平台

```
module testFA;
  reg pa,pb,pCin;
  wire Sum,Cout;
  FA_behav2 fadd(pa,pb,pCin,Sum,Cout);     // 调用 FA_behav2 模块，按端口顺序对应方式连接
  initial
    begin
      pa=0;pb=0;pCin=0;
      #5 pCin=1;
      #5 pb=1;
      #5 pCin=0;
      #5 pa=1;
      #5 pCin=1;
      #5 pb=0;
      #5 pCin=0;
    end
  initial
      $monitor("time=%t,a=%b,b=%b,Cin=%b,Sum=%b,Cout=%b",$time,pa,pb,pCin,Sum,Cout);
      // 调用系统任务$monitor，pa、pb、pCin、py 当中任一个发生变化时就输出显示
endmodule
```

代码中所调用模块为“FA_behav2”，是根据实际代码中所定义的全加器模块名称进行调用的；中间从“begin”到“end”部分的代码，实现每过 5 个单位时间改变一下输入，实现“pa”“pb”“pCin”的值按照“000-001-011-010-110-111-101-100”的顺序发生变化。

6. 在 ModelSim 中进行仿真

在此使用前述的代码（1 位全加器及测试平台），在 ModelSim 中进行仿真，验证是否能得到正确的运行结果。

1）新建工程

运行 ModelSim 软件，选择“File”→“New”→“Project”，在弹出的对话框中输入项目名称和项目保存路径，如图 5-4 所示。

2）创建程序文件（1 位全加器）

在接下来弹出的对话框“Add items to the Project”中选择“Create New File”，输入文件名，语言类型选择“Verilog”，如图 5-5 所示。

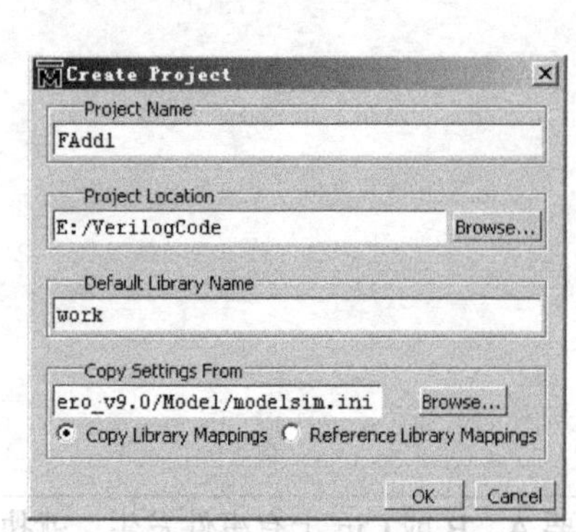

图 5-4 建立新工程

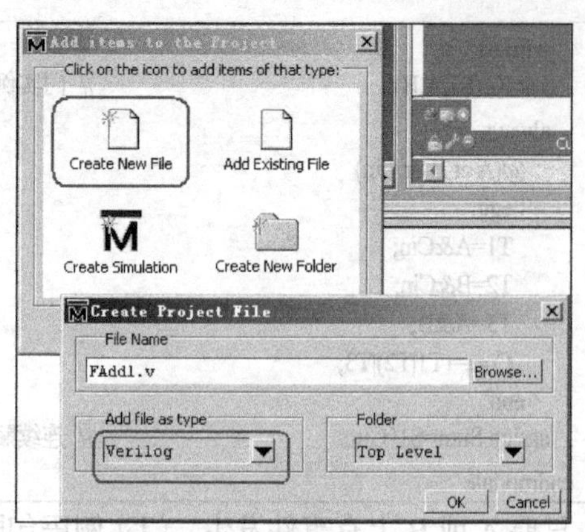

图 5-5 创建文件

在此可继续选择添加其他文件，在本例中选择关闭“Add items to the Project”对话框。可在“Project”窗口看到刚创建的“FAdd1.v”文件，如图 5-6 所示。

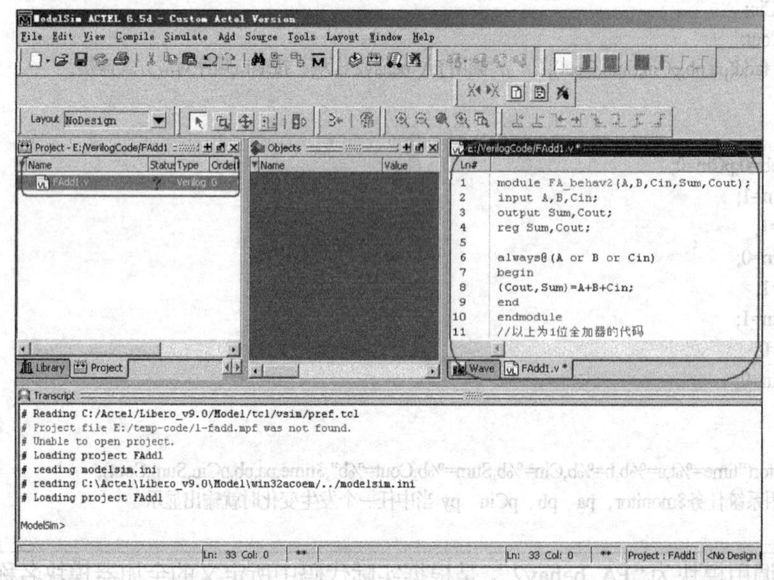

图 5-6 ModelSim 界面

双击打开“FAdd1.v”文件，输入以下代码并保存。以下代码与前述行为风格描述代码一致，也可使用其他模块，如“FA_behav1”等。

```
module FA_behav2(A,B,Cin,Sum,Cout);
  input A,B,Cin;
  output Sum,Cout;
  reg Sum,Cout;

always@(A or B or Cin)
  begin
    {Cout,Sum}=A+B+Cin;
  end
endmodule
```

界面效果如图 5-6 所示。

3）创建测试平台文件

在 4.2.5 小节的例子中，把功能实现的模块和测试用的模块放在了同一个文件中，在实际开发中应分为两个不同的文件。功能实现模块是真正做到电路板的内容，而测试平台只是仿真过程，用于检验设计的程序。

单击“Project”窗口，此时菜单中会出现“Project”菜单，选择“Project”→“Add to Project”→“New File”，在弹出的对话框中输入文件名“testFA.v”，语言类型选择“Verilog”。

双击打开“testFA.v”文件，输入前述 testFA 模块的测试平台代码，该段代码调用“FA_behav2”模块，如果使用了其他模块（如数据流风格），则做相应的修改即可。

4）编译

选择“Compile”菜单的“Compile All”命令，或工具栏的图标，系统提示编译结果，如正常，则在“Transcript”窗口中出现图 5-7 所示的结果。

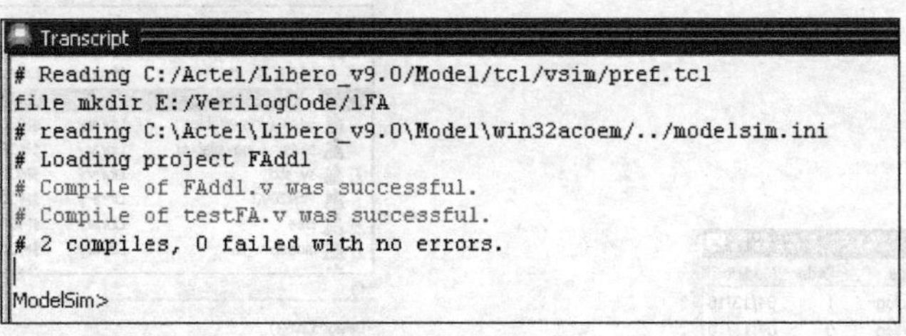

图 5-7　编译结果

如果只需要对部分文件进行编译（如“FAdd1.v”文件被修改过，而其他文件无变化），则可选择需要编译的文件，选择“Compile”菜单的“Compile Selected”命令。

如果编译后仿真出错，发现“Work”库并没有被建立，可以手工新建“Work”库，即可正常进行。

5）创建仿真配置（非必须进行的步骤）

一个设计可能包含多个测试平台和仿真过程，比如对于同一个数字电路设计，通过两种不同的测试方法来测试。可以每次仿真时选择仿真对象，也可以事先把仿真内容配置并保存下来。

选择“Project”→“Add to Project”→“Simulation Configuration”，弹出图 5-8 所示的对话框，选择“work”库下的“testFA”模块；可以更改仿真配置名称，在此采用默认名称“Simulation 1”。

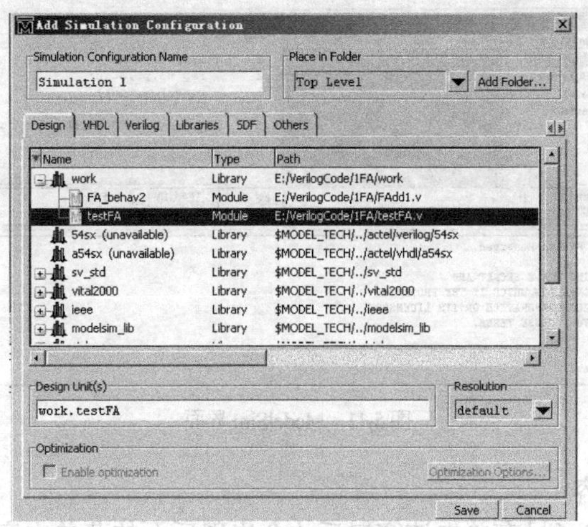

图 5-8　仿真配置

在“Project”窗口中可看到新建的“Simulation 1”，如图 5-9 所示。“testFA.v”和“FAdd1.v”文件的状态显示绿色的钩，表示已编译。

6）选择仿真对象

可以用以下两种方式选择仿真对象。

（1）如果在第 5）步创建了仿真配置，可以直接双击“Project”窗口中的仿真配置“Simulation 1”，因为该仿真配置已经设置好仿真的启动文件为“testFA.v”，故 ModelSim 首先执行“testFA.v”模块中的代码，再由“testFA.v”调用“FAdd1.v”文件中的“FA_behav2”模块。

（2）如果没有创建仿真配置，可选择“Simulate”菜单的“Start Simulation”，或工具栏的图标，在弹出的对话框中选择“Work”下面的“testFA”模块，单击“OK”按钮，如图 5-10 所示。

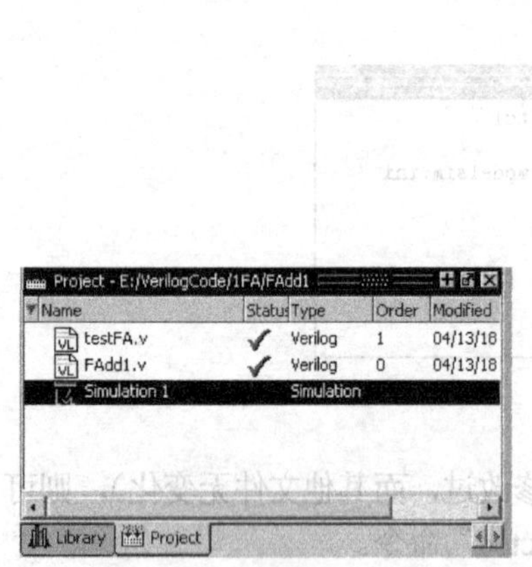

图 5-9　编译成功

图 5-10　选择仿真对象

ModelSim 界面发生变化，出现“sim”窗口，在“Objects”窗口也显示该模块中的变量，如图 5-11 所示。

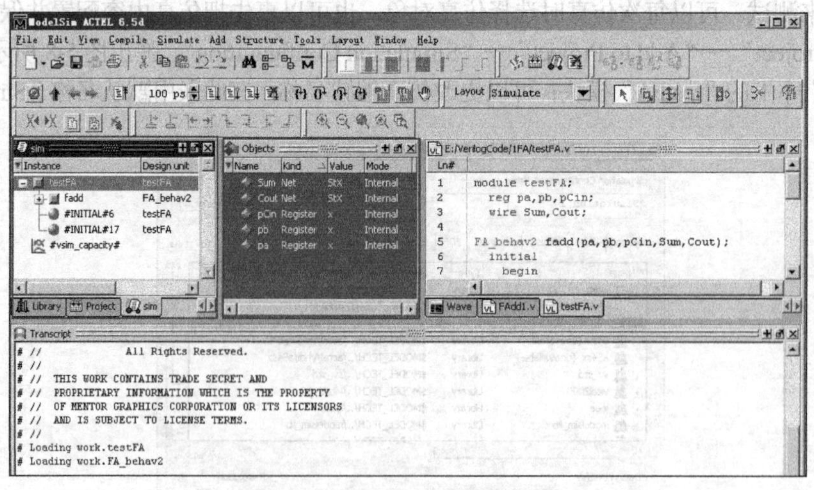

图 5-11　ModelSim 界面

7）配置波形显示内容

单击“Objects”窗口（只有单击该窗口后才会出现后面的菜单内容），选择“Add”→“To

Wave”→“Signals in Region”命令，可以显示所有的信号；如果要选择性地挑选显示的内容，可选择“Objects”窗口中一个或多个信号后，选择“Add”→“To Wave”→“Selected Signals”命令（或直接拖曳至“Wave”窗口的“Message”栏）。“Wave”窗口如图 5-12 所示。

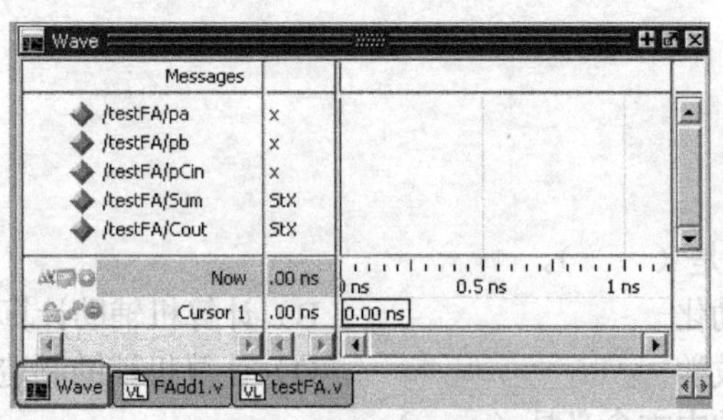

图 5-12　“Wave”窗口

8）运行仿真并查看结果

选择“Simulate”→“Run”→“Run -All”命令，或工具栏的图标，“Transcript”窗口将显示如下运行结果：

```
# time= 0,a=0,b=0,Cin=0,Sum=0,Cout=0
# time= 5,a=0,b=0,Cin=1,Sum=1,Cout=0
# time= 10,a=0,b=1,Cin=1,Sum=0,Cout=1
# time= 15,a=0,b=1,Cin=0,Sum=1,Cout=0
# time= 20,a=1,b=1,Cin=0,Sum=0,Cout=1
# time= 25,a=1,b=1,Cin=1,Sum=1,Cout=1
# time= 30,a=1,b=0,Cin=1,Sum=0,Cout=1
# time= 35,a=1,b=0,Cin=0,Sum=1,Cout=0
```

Wave 窗口将显示波形图，单击 Zoom 工具栏图标可调整波形查看效果，如图 5-13 所示。

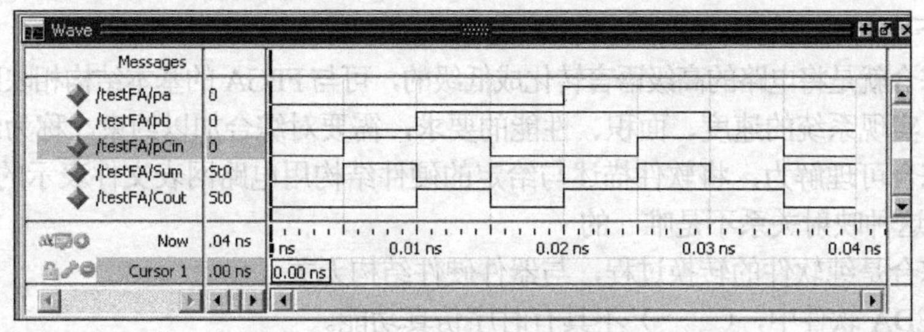

图 5-13　仿真波形图

说明：

（1）前面给出了多种 1 位全加器的实现代码，读者只需把代码中“FA_behav2”模块替换为其他模块代码（如“FA_flow”），并把“testFA”模块中的文本“FA_behav2”改过来，可得到同样的运行结果。

（2）如果选择“FA_behav2”模块进行仿真，会出现什么结果呢？仿真将提示正常运行，但没有结果显示。请读者进行尝试并思考原因。

5.5.2　实例二：Libero IDE 完整设计流程

实例二：Libero IDE 完整设计流程

具体内容可扫描二维码查看。

5.5.3 实例三：SmartDesign 的使用

具体内容可扫描二维码查看。

实例三：SmartDesign的使用

习题

一、选择题

（1）EDA 的中文含义是（　　）。

A）电子设计自动化　　B）计算机辅助计算
C）计算机辅助教学　　D）计算机辅助制造

（2）在 EDA 中，IP 的中文含义是（　　）。

A）网络供应商　　B）在系统编程　　C）IP 地址　　D）知识产权核

（3）现场可编程门阵列的英文是（　　）。

A）PLC　　B）Libero　　C）FPGA　　D）Programer

（4）关于 FPGA 的理解，不正确的是（　　）。

A）现场可编程逻辑门阵列
B）能迅速进行原型开发
C）一旦写入设计不能再次修改
D）能够在现场重新编程，进行调试

（5）在 EDA 工具中，能将硬件描述语言转化为硬件电路的重要工具软件称为（　　）。

A）仿真器　　B）综合器　　C）适配器　　D）下载器

（6）在 EDA 工具中，能完成在目标系统器件上布局布线的软件称为（　　）。

A）仿真器　　B）综合器　　C）适配器　　D）下载器

（7）综合是 EDA 设计流程的关键步骤，就是把抽象设计层次中的一种表示转化成另一种表示的过程。在下面对综合的描述中，（　　）是错误的。

A）综合就是将电路的高级语言转化成低级的，可与 FPGA 的基本结构相映射的网表文件
B）为实现系统的速度、面积、性能的要求，需要对综合加以约束，称为综合约束
C）综合可理解为，将软件描述与给定的硬件结构用电路网表文件表示的映射过程，并且这种映射关系不是唯一的
D）综合是纯软件的转换过程，与器件硬件结构无关

（8）下列 EDA 软件中，（　　）不具有时序仿真功能。

A）Max+Plus II　　B）Quartus II　　C）ModelSim　　D）Synplify

（9）Libero IDE 里完成 Place&Route（布局布线）功能的工具是（　　）。

A）ModelSim　　B）Libero　　C）Designer　　D）FlashPro

（10）关于 ModelSim 的描述中，不正确的是（　　）。

A）可以对多种风格的 Verilog HDL 语言进行仿真
B）支持 C 语言仿真
C）可以进行功能仿真
D）可以进行时序仿真

（11）关于 Libero IDE 的描述中，正确的是（　　）。

A）Libero IDE 中，只支持 Verilog HDL 语言

B）Libero IDE 中支持 C 语言仿真

C）Libero IDE 中已包含软件 ModelSim

D）Libero IDE 是一个多功能仿真软件

（12）在没有修改设计代码的情况下，关于三次仿真描述正确的是（　　）。

A）延迟会慢慢被修正，越来越小

B）前两次仿真结果正确，不代表第三次也正确

C）布局布线前后的两次仿真结果是完全一样的

D）每次仿真的结果完全一致

（13）下面对利用原理图输入设计方法进行数字电路系统设计的说法，不正确的是（　　）。

A）原理图输入设计直观便捷，但不适合完成较大规模的电路系统设计

B）原理图输入设计无法对电路进行功能描述

C）原理图输入设计一般是一种自底向上的设计方法

D）原理图输入设计也可以进行层次化设计

（14）仿真是对电路设计的一种（　　）检测方法。

A）直接的　　B）间接的　　C）同步的　　D）异步的

（15）将设计的系统或电路按照 EDA 开发软件要求的某种形式表示出来，并送入计算机的过程称为（　　）。

A）设计输入　　B）设计输出　　C）仿真　　D）综合

（16）在设计输入完成后，应对设计文件进行（　　）处理。

A）编辑　　B）编译　　C）功能仿真　　D）时序仿真

二、综合题

（1）对比传统设计方法和 EDA 技术的区别。

（2）简述 EDA 的设计流程。

（3）参考 5.5.1 节的设计流程，编写“符合电路”逻辑的代码和测试平台，并进行仿真。

（4）参考 5.5.2 节的完整设计流程，编写“符合电路”逻辑的代码和测试平台，仿真（多次）并进行实际烧录及连线测试。

（5）参考 5.5.3 节的完整设计流程，通过 SmartDesign 实现“符合电路”功能，并进行实际烧录及连线测试。

第6章 基于EDA的组合电路设计、综合及验证

学习基础

- 第2章介绍了组合逻辑电路的基础知识，组合逻辑电路在数字系统中起着基本组件的作用。
- 第4章介绍了 Verilog HDL 的基本语法及简单设计的建模方法。
- 5.5 节的综合实例，介绍了 EDA 工具 Libero IDE 的使用方法。本章所有综合和验证均基于 Libero IDE 环境实现。

阅读指南

- 本章讲述内容对应第2章的知识，通过 Verilog HDL 语言实现组合逻辑电路的功能。对每个电路设计的基础知识和理解请参考第2章。
- 本章多处对同一个设计提供了多种设计思路和实现方法，并不是所有都是最优的方法，只是方便对比和学习。读者可根据情况选择合适的方法。
- 6.9 节中设计了多个综合例子（第2章中没有与这些例子相对应的设计），这些例子综合性强，相对较难理解但却很实用，对于想进入数字系统设计实践阶段的读者来说很有实际意义。

6.1 基本逻辑门电路

6.1.1 基本逻辑门电路的 Verilog 设计

以下程序中设计了5种基本的2输入门电路：与、或、异或、与非、或非。

```
module gates(a,b,y1,y2,y3,y4,y5);
  input a,b;
  output y1,y2,y3,y4,y5;
        // 连续赋值语句一般用于描述组合逻辑
  assign y1=a&b;                  //与
  assign y2=a|b;                  //或
  assign y3=a^b;                  //异或
  assign y4= ~ (a&b);             //与非
  assign y5= ~ (a|b);             //或非
endmodule
```

6.1.2 基本逻辑门电路的综合

在 Synplify 综合工具中进行综合操作，将前述 Verilog 程序转化为门级电路。电路图由综合工

具自动生成，单击 Synplify 的工具栏按钮，可查看“RTL View”，如图 6-1 所示。

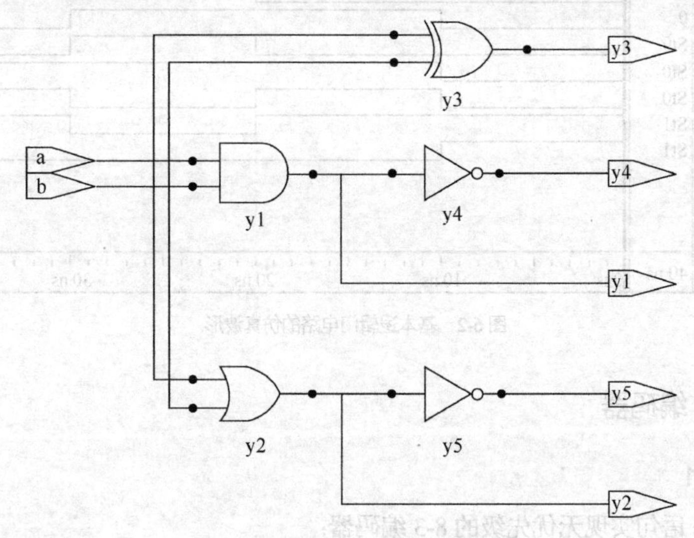

图 6-1 基本逻辑门电路的 RTL 视图

6.1.3 测试平台设计

基本逻辑门电路测试平台的代码设计如下，针对不同阶段（综合前设计仿真、综合后仿真、布局布线后仿真）的验证，测试平台是一样的。

```
`timescale 1ns/1ns
module   testbench();
  reg a,b;
  wire y1,y2,y3,y4,y5;
  gates test_gates(a,b,y1,y2,y3,y4,y5);                    //调用前述的 gates 模块，按端口连接
  initial
    begin                                                    //  a，b 的值将按 00-01-11-10 的顺序产生
      a=0;b=0;
      #10 b=1;
      #10 a=1;
      #10 b=0;
      #10;
    end
endmodule
```

6.1.4 基本逻辑门电路的验证

功能验证即前述的综合前仿真，在暂时不考虑延迟等因素的情况下，通过仿真验证功能设计是否正确，如图 6-2 所示。

6.2 编码器

在此以 8-3 编码器为例，设计多种代码实现方法，读者可对比不同方法的优劣，以及了解不同的代码风格，带来综合结果的差异。

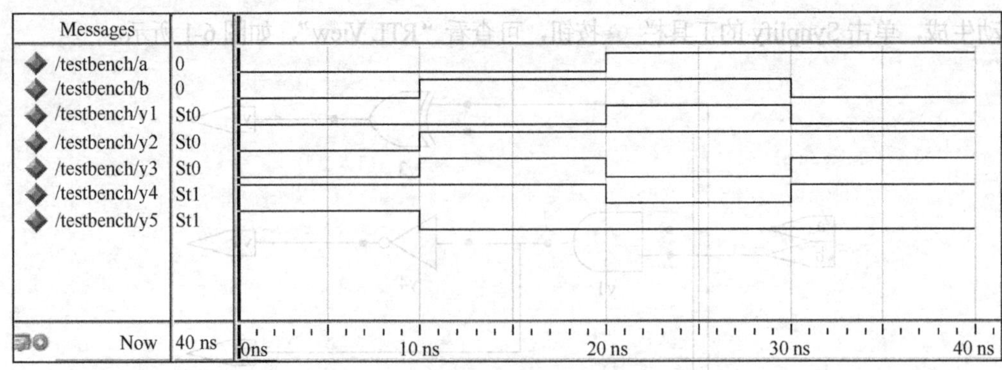

图 6-2 基本逻辑门电路的仿真波形

6.2.1 8–3 编码器

1. 设计方法 1

以下使用 case 语句实现无优先级的 8-3 编码器：

```
module   encoder8_3_case(DataIn,Dataout);
  input [7:0] DataIn;
  output [2:0] Dataout;
  reg [2:0] Dataout;
  always @ (DataIn)
    begin
      case(DataIn)
        8'b00000001:Dataout=3'b000;
        8'b00000010:Dataout=3'b001;
        8'b00000100:Dataout=3'b010;
        8'b00001000:Dataout=3'b011;
        8'b00010000:Dataout=3'b100;
        8'b00100000:Dataout=3'b101;
        8'b01000000:Dataout=3'b110;
        8'b10000000:Dataout=3'b111;
        default:Dataout=3'bxxx;
      endcase
    end
endmodule
```

该代码不考虑输入有错（如输入“8'b1100000”，有超过 1 位为 1），或只要有错的输入都统一输出 x 态。

没有优先级的分支结构，都应该用 case 语句实现；而有优先级的程序，可使用循环、if 语句或条件操作符（?:）实现。

2. 设计方法 2

以下程序通过循环结构，设计了一个带输出使能端 EO（低电平有效）的 8-3 编码器。

```
module   encoder8_3_1(DataIn, EO, Dataout);
  input [7:0] DataIn;
  output EO;
  output [2:0] Dataout;
  reg [2:0] Dataout;
  reg   EO;
```

```
    integer I;
    always @ (DataIn)                        // 如输入发生变化，则进行编码
      begin
        Dataout=0;                           // 初始化数据，让输出为 0
        EO=1;                                // 置输出使能端 EO 为高电平，即无输出
        for (I = 0 ; I <8 ; I = I + 1)
         begin
          if (DataIn [I])                    // 逐位检查是否为 1
            begin
              Dataout= I;
              EO=0;                          // 输出结果的同时，置输出使能端 EO 为低电平
            end
         end
    end
endmodule
```

程序逐位（从低位到高位）对输入进行检查，因此如果输入信号有多位为 1，则以最后一个 1 为准，如输入信号为“10001000”，则计算过程其实有 2 次，最终以最高位的“1”为准，输出为 111。因此该设计可认为是高位“优先”，但严格意义上来说，其实是高位“有效”。

测试平台设计为：

```
`timescale 1ns/10ps
module testbench;
  reg [7:0]    in;
  wire [2:0]   out;
  wire EO;
  initial
    begin
      in='b00000001;
      repeat(9)
        #20 in=in<<1;
          // 每循环 1 次，in 被左移 1 位，如 00000001 将移位为 00000010
    end
  encoder8_3_1    testbench_8_3encoder(in,EO,out);
endmodule
```

功能验证结果如图 6-3 所示。

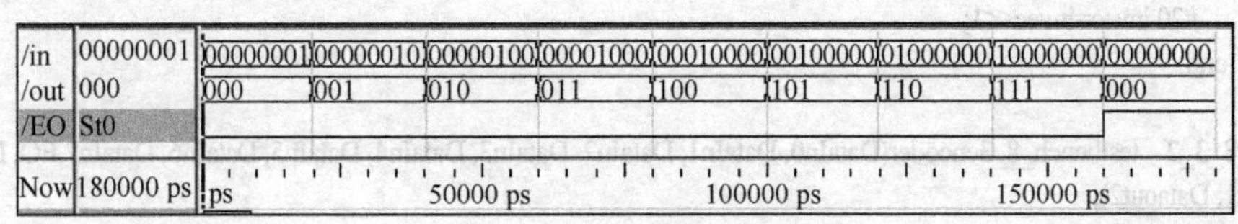

图 6-3 仿真波形

3. 设计方法 3

以下程序设计了一个高位优先编码的 8-3 编码器，有 8 个输入端口，3 个输出端口和 1 个输出使能端 EO（低电平有效）。

```
module   encoder8_3_2(DataIn0, DataIn1, DataIn2, DataIn3, DataIn4, DataIn5, DataIn6, DataIn7, EO, Dataout0, Dataout1,
Dataout2);
  input DataIn0, DataIn1, DataIn2, DataIn3, DataIn4, DataIn5, DataIn6, DataIn7;
  output EO, Dataout0, Dataout1, Dataout2;
  reg[3:0] Outvec;
```

```
    assign {EO,Dataout2, Dataout1, Dataout0}=Outvec;                    // 语句 1
    always @( DataIn0,DataIn1,DataIn2,DataIn3,DataIn4,DataIn5,DataIn6,DataIn7)
      begin
        if(DataIn7) Outvec=4'b0111;                                      // 语句组 2，9 行
        else if(DataIn6) Outvec=4'b0110;
        else if(DataIn5) Outvec=4'b0101;
        else if(DataIn4) Outvec=4'b0100;
        else if(DataIn3) Outvec=4'b0011;
        else if(DataIn2) Outvec=4'b0010;
        else if(DataIn1) Outvec=4'b0001;
        else if(DataIn0) Outvec=4'b0000;
        else Outvec=4'b1000;                                   // 使得输出使能端 EO 为 1，即无效
      end
  endmodule
```

程序说明如下。

（1）当输入数据中任一个发生变化时，程序将重新进行编码，并将相应结果赋予向量 Outvec。如 DataIn4 值为 1（更高位的值不为 1），则 Outvec 值就是 4'b0100。

（2）语句 1 使用拼接运算符获取各个值，当 Outvec 值为 4'b0100 时，EO 值变为 0，Dataout2 值变为 1，Dataout1 值变为 0，Dataout0 值变为 0。

（3）语句组 2 通过 if…else if 语句，实现了优先编码功能。

（4）所有输入输出都是标量，与方法 1、2 中定义向量（input [7:0]DataIn;）的方式对比，含义是一样的，但是代码就显得冗长很多，并不建议。

测试平台设计如下：

```
module testbench;
  reg [7:0] invec;
  reg DataIn0, DataIn1, DataIn2, DataIn3, DataIn4, DataIn5, DataIn6, DataIn7;
  wire Dataout0, Dataout1, Dataout2, EO;

  initial
    begin
      invec='b00000001;
      repeat(9)
        begin
          {DataIn7, DataIn6, DataIn5, DataIn4, DataIn3, DataIn2, DataIn1, DataIn0}=invec;
          #20 invec=invec<<1;
        end
    end
  encoder8_3_2   testbench_8_3encoder(DataIn0, DataIn1, DataIn2, DataIn3, DataIn4, DataIn5, DataIn6, DataIn7,EO, Dataout0,
  Dataout1, Dataout2);
endmodule
```

测试平台说明如下。

（1）在此例中，不再建议用延迟赋值的方式给每一个输入进行赋值，原因很简单，就是该程序定义的输入项很多（8 个输入，都是标量），给每一个数据项赋值，代码长并且不够清晰。

（2）通过将多个标量连接为一个向量（invec），方便赋值操作。因此还不如在设计模块代码的开始就按向量进行设计。

功能验证结果如图 6-4 所示。

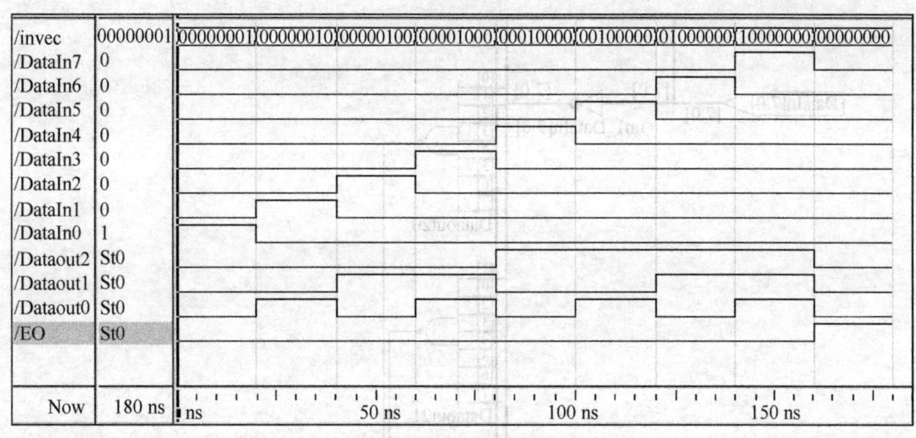

图 6-4　仿真波形

4．设计方法 4

以下程序的结构和计算思路与设计方法 3 基本一致，只是采用了条件操作符（?:）实现分支结构。

```
module   encoder8_3_3(DataIn0, DataIn1, DataIn2, DataIn3, DataIn4, DataIn5, DataIn6, DataIn7, EO, Dataout0, Dataout1,
Dataout2);
   input DataIn0, DataIn1, DataIn2, DataIn3, DataIn4, DataIn5, DataIn6, DataIn7;
   output EO, Dataout0, Dataout1, Dataout2;
   wire[3:0] Outvec;
   assign Outvec=DataIn7?4'b0111:DataIn6?4'b0110:DataIn5?4'b0101:DataIn4?4'b0100: DataIn3?
   4'b0011: DataIn2?4'b0010: DataIn1?4'b0001: DataIn0?4'b0000:4'b1000;          // 语句 1
   assign EO=Outvec[3];
   assign Dataout2=Outvec[2];
   assign Dataout1=Outvec[1];
   assign Dataout0=Outvec[0];
endmodule
```

程序说明如下。

（1）语句 1 与方法 3 的语句组 2 功能是一致的，采用了条件操作符的嵌套调用：当 DataIn0 为 1 时，向量 Outvec 的值为 4'b0000；当 DataIn1 为 1 时，向量 Outvec 的值为 4'b0001；当没有输入时，向量 Outvec 的值为 4'b1000。

（2）如向量 Outvec 的值为 4'b1000 时，EO 获得值为 1，表示没有输出。

（3）该设计的测试平台和功能验证结果与方法 3 一样。

6.2.2　综合结果分析

对于 8-3 编码器的 4 种不同设计方法，分别使用综合工具进行综合操作，会看到不同的结果，对于读者理解不同的程序编写方法对综合结果的影响很有帮助。

设计方法 1 的综合结果如图 6-5 所示。

设计方法 4 的综合结果如图 6-6 所示。

综合结果分析如下。

（1）对比两个设计的 RTL 视图：设计方法 1 的综合结果是一个标准的无优先级选择结构的设计；而设计方法 4 是带优先级，逐步运算的过程。

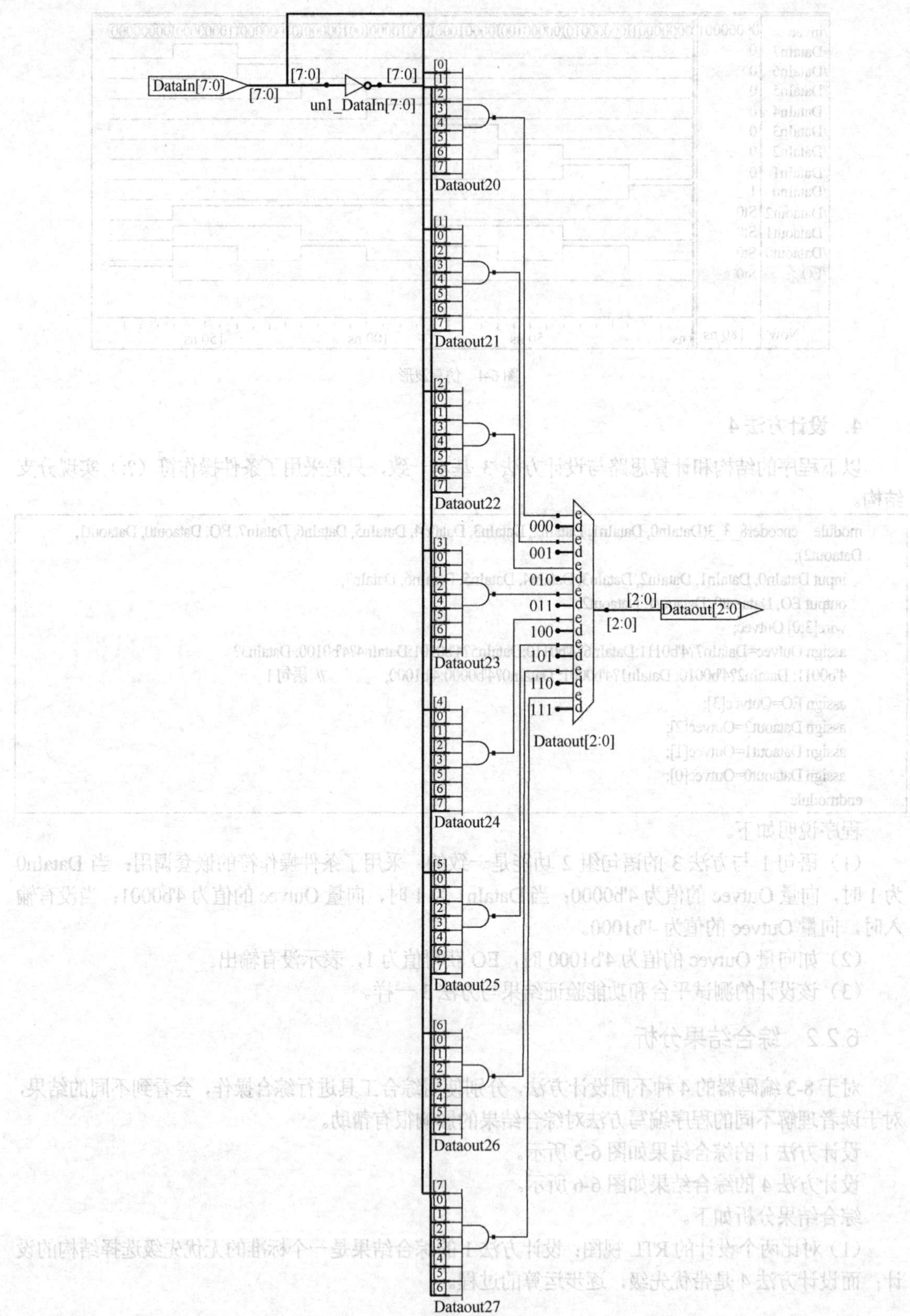
DataIn[7:0]
[7:0]
[7:0]
[7:0]
un1_DataIn[7:0]
Dataout20
Dataout21
Dataout22
Dataout23
Dataout24
Dataout25
Dataout26
Dataout27
000
001
010
011
100
101
110
111
[2:0]
[2:0]
Dataout[2:0]
Dataout[2:0]

图 6-5 方法 1 综合结果

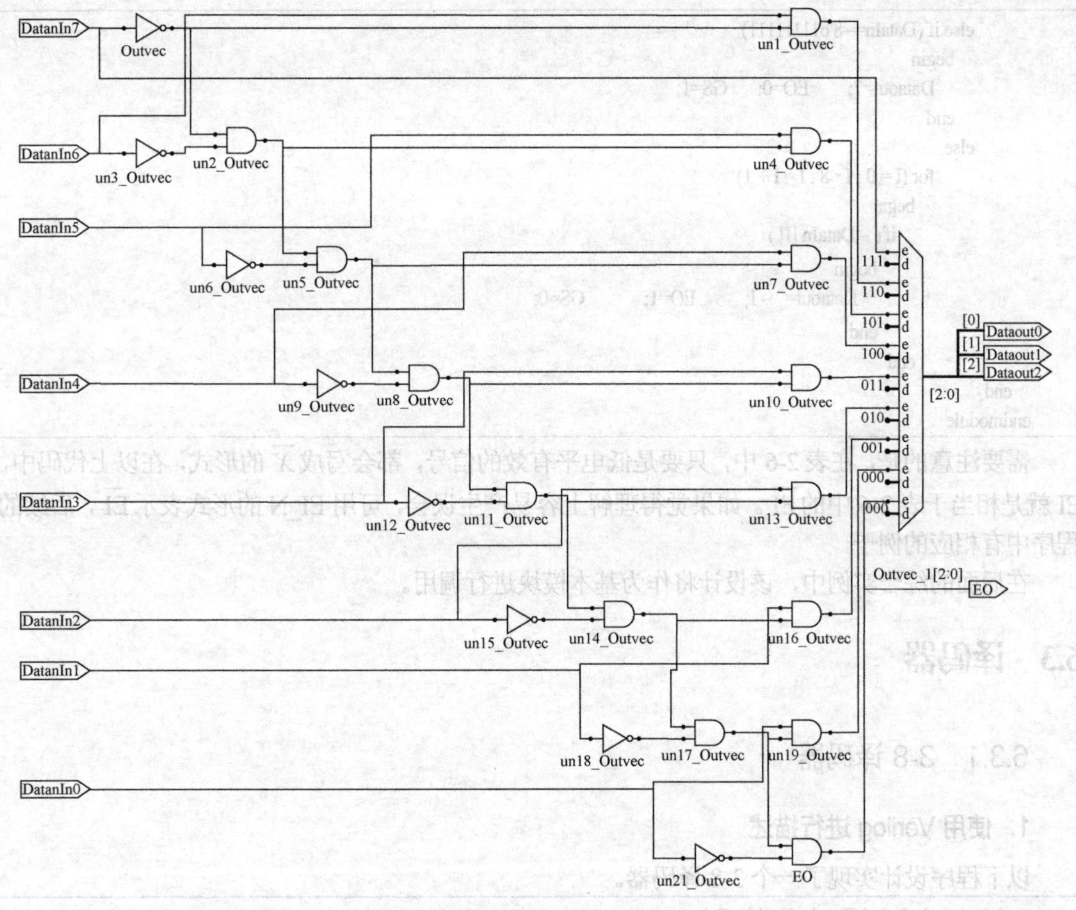

图 6-6　方法 4 综合结果

（2）将不同的代码设计及综合结果进行对比，可发现对于同一个设计要求，用不同的程序编写方式，会得到不同的综合结果。因此，理解代码与综合的关系和技巧对于实际开发是非常重要的。

6.2.3　74HC148 设计

2.3.1 节讨论了 74HC148 芯片(集成 8 线-3 线优先编码器)，在此按照该芯片的功能(见表 2-6)，编写其 Verilog HDL 代码（HC148.v）：

```
module   encoder8_3_1(DataIn, EO, Dataout, EI, GS);
  input [7:0] DataIn;
  input EI;
  output EO, GS;
  output [2:0] Dataout;
  reg [2:0] Dataout;
  reg    EO,GS;
  integer I;
  always @ (DataIn or EI)
    begin
      if(EI)
        begin
          Dataout=7;      EO=1;      GS=1;
        end
```

```
        else if (DataIn==8'b11111111)
            begin
                Dataout=7;      EO=0;    GS=1;
            end
        else
            for (I = 0 ; I <8 ; I = I + 1)
                begin
                    if ( ~ DataIn [I] )
                        begin
                            Dataout= ~I;       EO=1;         GS=0;
                        end
                end
    end
endmodule
```

需要注意的是，在表 2-6 中，只要是低电平有效的信号，都会写成 $\overline{X}$ 的形式，在以上代码中，EI 就是相当于表 2-6 中的 $\overline{\mathrm{EI}}$ 。如果觉得理解上容易产生误会，可用 EI_N 的形式表示 $\overline{\mathrm{EI}}$ ，后续的程序中有相应的例子。

在后面的综合实例中，该设计将作为基本模块进行调用。

6.3 译码器

6.3.1 3-8 译码器

1．使用 Verilog 进行描述

以下程序设计实现了一个 3-8 译码器。

```
module decoder3_8_1(DataIn, Enable, Eq);
  input [2:0] DataIn;
  input Enable;
  output [7:0] Eq;
  reg [7:0] Eq;
  wire [2:0] DataIn;
  integer I;

  always @ (DataIn or Enable)                          // 当输入或使能端发生变化时，开始进行译码
    begin
      if (Enable)                                      // Enable 为 1 时，输出为 0
        Eq = 0;
      else
        for (I = 0 ; I <= 7 ; I = I + 1)               // 语句组 1（5 行）
          if (DataIn == I)
            Eq[I] = 1;
          else
            Eq[I] = 0;                                 // 语句组 1 结束
    end
endmodule
```

程序说明如下。

（1）程序采用行为风格描述。

（2）输入为 3 位二进制（000～111）向量 DataIn，表示 0～7。

（3）使能端 Enable 被优先处理，Enable 为 1 时输出为 0，Enable 为 0 时才进行译码输出。

• 语句组 1 根据 DataIn 的值为向量 Eq 赋值。如 DataIn 为 5，使能端 Enable 为 0，则 Eq[5]=1，其他位为 0，输出 Eq 为 8'b00100000。

• 还有更简单的方法，可将语句组 1 更换为一句代码"Eq=1'b1<<DataIn;"，采用移位操作符，通过对 1'b1 的逻辑左移，实现译码。如 DataIn 值为 5，则 1'b1 左移 5 位得到 100000，而由于 Eq 为 8 位，故 Eq 的值为 8'b00100000。

3-8 译码器的综合结果可扫描二维码查看。

3-8 译码器的综合结果

2．测试平台设计

测试平台的代码设计如下：

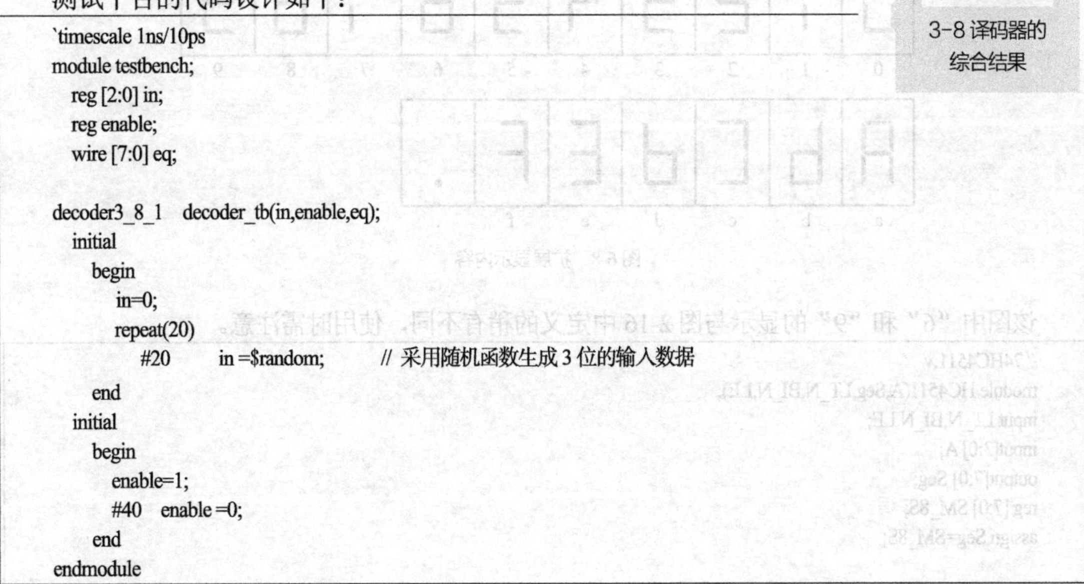

```
`timescale 1ns/10ps
module testbench;
  reg [2:0] in;
  reg enable;
  wire [7:0] eq;

decoder3_8_1    decoder_tb(in,enable,eq);
  initial
    begin
      in=0;
      repeat(20)
          #20      in =$random;          // 采用随机函数生成 3 位的输入数据
    end
  initial
    begin
      enable=1;
      #40   enable =0;
    end
endmodule
```

3．功能验证

功能仿真波形如图 6-7 所示。

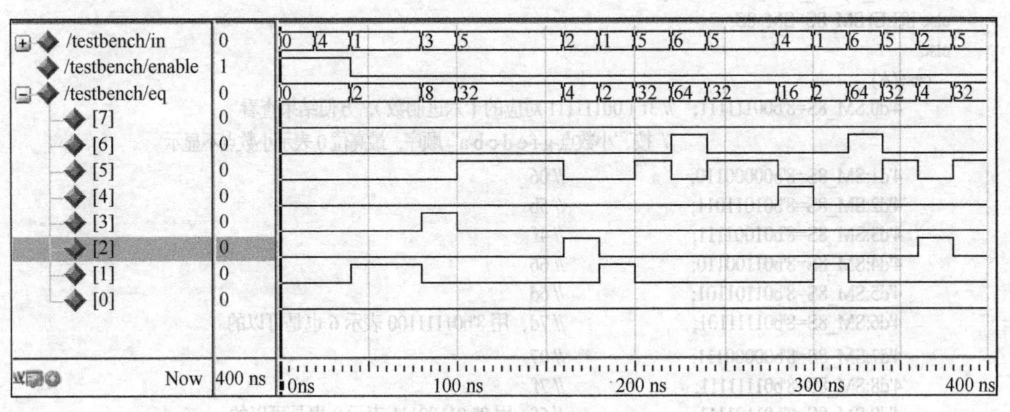

图 6-7　3-8 译码器仿真波形

说明：

（1）40 ns 前 enable 的值为 1，译码无效。

（2）应列出所有的值（000～111）进行测试，在此采用随机函数产生了 20 个输入，未能覆盖所有的输入情况。

（3）在显示波形时默认是二进制数字显示，如需改变为其他进制的数字形式，可在“Wave”窗口中对着对应的变量按右键，在弹出的菜单中选择“Radix”菜单下的不同显示方式。

6.3.2 扩展型 4511 设计

2.3.2 节讨论了 74HC4511 芯片（集成数码显示译码器），但该芯片仅支持数字 0~9 的显示，而其实共阴极数码显示器还可显示字母和小数点，如图 6-8 所示。

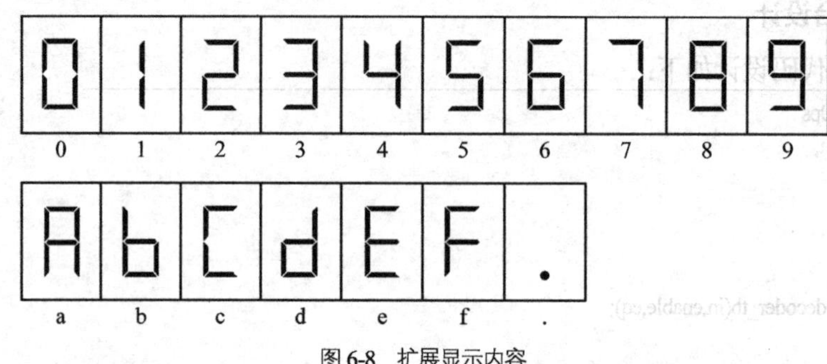

图 6-8 扩展显示内容

该图中“6”和“9”的显示与图 2-16 中定义的稍有不同，使用时需注意。

```
// 74HC4511.v
module HC4511(A,Seg,LT_N,BI_N,LE);
input LT_N,BI_N,LE;
input[3:0] A;
output[7:0] Seg;
reg [7:0] SM_8S;
assign Seg=SM_8S;

always @(A or LT_N or BI_N or LE)
  begin
    if(!LT_N) SM_8S=8'b11111111;          // 根据 4511 真值表写出
    else if(!BI_N) SM_8S=8'b00000000;
    else if(LE) SM_8S=SM_8S;
    else
      case(A)
        4'd0:SM_8S=8'b00111111;   // 3f（00111111 对应的十六进制数），方便结果查看
                                  // 按“小数点-g-f-e-d-c-b-a”顺序，最高位 0 表示小数点不显示
        4'd1:SM_8S=8'b00000110;           // 06
        4'd2:SM_8S=8'b01011011;           // 5b
        4'd3:SM_8S=8'b01001111;           // 4f
        4'd4:SM_8S=8'b01100110;           // 66
        4'd5:SM_8S=8'b01101101;           // 6d
        4'd6:SM_8S=8'b01111101;           // 7d，用 8'b01111100 表示 6 也是可以的
        4'd7:SM_8S=8'b00000111;           // 07
        4'd8:SM_8S=8'b01111111;           // 7f
        4'd9:SM_8S=8'b01101111;           // 6f，用 8'b01100111 表示 9 也是可以的
        4'd10:SM_8S=8'b01110111;          // 77
        4'd11:SM_8S=8'b01111100;          // 7c
        4'd12:SM_8S=8'b00111001;          // 39
        4'd13:SM_8S=8'b01011110;          // 5e
        4'd14:SM_8S=8'b01111001;          // 79
```

```
            4'd15:SM_8S=8'b01110001;          // 71
            default:;                         // 即使无对应项，也应写 default
        endcase
    end
endmodule
```

在后面的综合实例中，该设计将作为基本模块进行调用。

6.4 数据选择器

在此以4选1数据选择器为例，说明数据选择器的程序设计方法。

1. 使用Verilog进行描述

以下使用case语句实现4选1数据选择器。

```
module mux4_1_a(D0, D1, D2, D3, Sel0,Sel1, Result);
  input D0, D1, D2, D3, Sel0, Sel1;
  output Result;
  reg Result;
  always @(D0 or D1 or D2 or D3 or Sel1 or Sel0)           // 任一输入或选择项发生变化时执行
    begin
      case ({Sel1,Sel0})                                  // 根据选择项进行分支控制
        0 : Result = D0;
        1 : Result = D1;                                  // 语句1
        2 : Result = D2;
        3 : Result = D3;
        default : Result = 1'bx;                          // 其他情况下输出x
      endcase
    end
endmodule
```

程序说明如下。

（1）程序采用行为风格描述。在此既可以用if…else if语句，也可以用case，考虑到并没有优先级的功能，故采用case语句实现。

（2）case语句中，一旦D0、D1、D2、D3、Sel1、Sel0任一项发生变化，则触发选择的过程。

（3）case语句中，根据{Sel1,Sel0}的结果进行分支控制。如Sel1为0，Sel0为1时，{Sel1,Sel0}连接结果为01，执行语句1，输出结果Result获得输入D1。

2. 测试平台设计

测试平台的代码设计如下：

```
`timescale 1ns/1ps
module testbench_mux4_1;
  reg D0,D1,D2,D3,Sel1,Sel0;
  wire Result;
  mux4_1_a    DUT(D0, D1, D2, D3, Sel0, Sel1, Result);
  initial
    begin
        D0=0;D1=0;D2=0;D3=0;
        Sel1=0;Sel0=0;
        #100 D0=1;D1=0;D2=0;D3=1;
        #100 Sel1=0;Sel0=1;
        #100 Sel1=1;Sel0=0;
        #100 Sel1=1;Sel0=1;
```

```
        #100;                                    // 加入一些延迟，以便波形显示效果更好
    end
endmodule
```

3. 功能验证

仿真波形如图 6-9 所示。

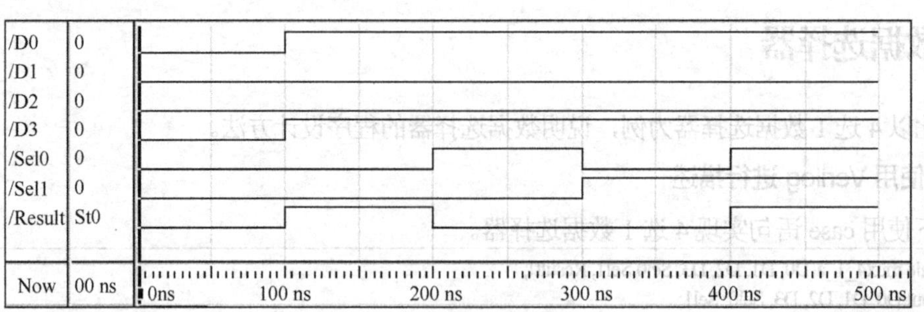

图 6-9　4 选 1 数据选择器仿真波形

4. 其他设计方法

其他 4 选 1 数据选择器的设计方法与对比可扫描二维码查看。

其他 4 选 1 数据选择器的设计方法与对比

6.5 数值比较器

6.5.1 4 位数值比较器

1. 使用 Verilog 进行描述

以下程序设计实现了一个 4 位数值比较器。

```
module comparator_4_a(DataA, DataB, AGEB);
  input [3:0] DataA, DataB;
  output AGEB;
  reg AGEB;

  always @ (DataA or DataB)
    begin
      if (DataA >= DataB)
          AGEB = 1;
      else
          AGEB = 0;
  end
endmodule
```

该 4 位数值比较器处理大于等于的情况与第 2 章介绍的稍有不同。begin 和 end 语句之间的语句可浓缩为一句“AGEB=DataA>=DataB;”。

2. 综合结果

综合结果 RTL 视图如图 6-10 所示，虽然看起来很简单明晰，但其工艺视图已经较为复杂（请读者自行验证）。这与第 2 章里的理解是一致的：数值比较运算貌似很简单，但对于电路来说，还有不少工作要做。

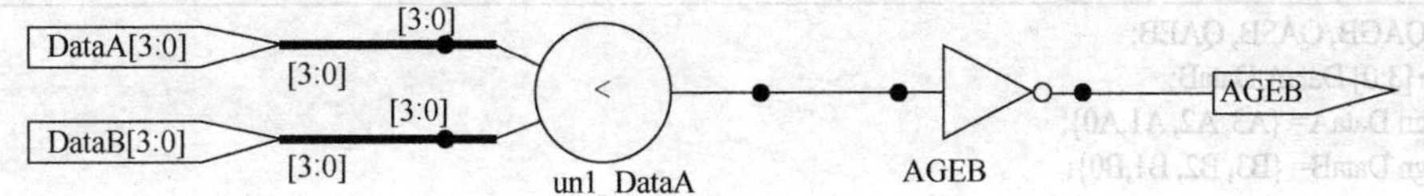

图6-10　4位数值比较器的RTL视图

数值比较器的综合及分析可扫描二维码查看。

数值比较器的综合及分析

3．测试平台设计

测试平台的代码设计如下：

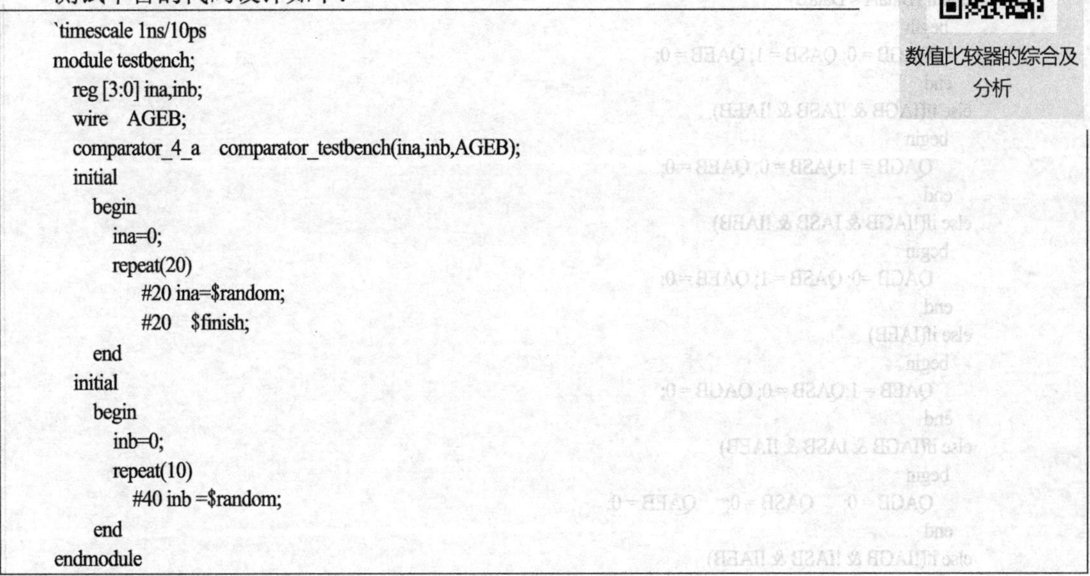

```
`timescale 1ns/10ps
module testbench;
  reg [3:0] ina,inb;
  wire   AGEB;
  comparator_4_a   comparator_testbench(ina,inb,AGEB);
  initial
    begin
      ina=0;
      repeat(20)
         #20 ina=$random;
         #20   $finish;
    end
  initial
    begin
      inb=0;
      repeat(10)
        #40 inb =$random;
    end
endmodule
```

4．功能验证

4位数值比较器的仿真结果如图6-11所示。

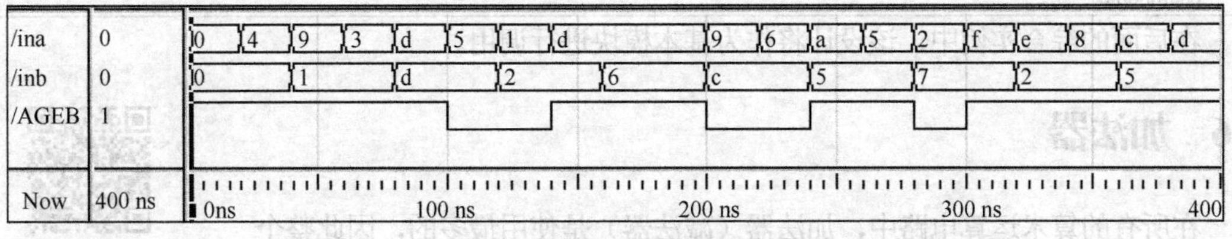

图6-11　4位数值比较器的仿真波形

在显示波形时默认是二进制数字显示，如需改变为其他进制的数字形式，可在“Wave”窗口中右键单击对应的变量，在弹出菜单中选择“Radix”菜单下的不同显示方式。

6.5.2　74HC85设计

2.3.4小节讨论了74HC85芯片(集成4位数值比较器)，在此按照该芯片的功能，编写其Verilog HDL代码。

```
module   HC85(A3,A2,A1,A0,B3,B2,B1,B0,QAGB, QASB, QAEB, IAGB, IASB, IAEB);
  input A3,A2,A1,A0,B3,B2,B1,B0,IAGB, IASB, IAEB;
  output   QAGB, QASB, QAEB;
```

```
    reg QAGB, QASB, QAEB;
    wire [3:0] DataA,DataB;
    assign DataA= {A3, A2, A1,A0};
    assign DataB= {B3, B2, B1,B0};

    always @ (DataA or DataB)
        begin
          if (DataA > DataB)
              begin
                QAGB = 1;QASB = 0; QAEB = 0;
              end
          else if (DataA < DataB)
              begin
                QAGB = 0; QASB = 1; QAEB = 0;
              end
          else if(IAGB & !IASB & !IAEB)
              begin
                QAGB = 1;QASB = 0; QAEB = 0;
              end
          else if(!IAGB & IASB & !IAEB)
              begin
                QAGB =0; QASB = 1; QAEB = 0;
              end
          else if(IAEB)
              begin
                QAEB = 1;QASB = 0; QAGB = 0;
              end
          else if(IAGB & IASB & !IAEB)
              begin
                QAGB = 0;     QASB = 0;     QAEB = 0;
              end
          else if(!IAGB & !IASB & !IAEB)
              begin
                QAGB = 1;     QASB = 1;     QAEB = 0;
              end
        end
endmodule
```

在后面的综合实例中，该设计将作为基本模块进行调用。

6.6 加法器

半加器和全加器的设计方法与对比

在所有的算术运算电路中，加法器（减法器）是使用最多的，因此整个运算电路的性能往往由加法器决定。

1 位半加器和 1 位全加器的设计已经在第 4、5 章里讨论。半加器和全加器的设计方法与对比可以扫描二维码查看。

6.6.1 4 位串行（行波）进位加法器

对 1 位全加器的代码稍作修改，仅需将输入/输出的标量改为向量，就可实现多位串行进位加法器。虽然代码里没有显式地写出进位的逻辑（串行/超前进位），但综合工具会将该设计自动综合为 4 位串行进位加法器。

```
module fulladder_4_a(DataA, DataB, Cin, Sum, Cout);
    input [3:0] DataA, DataB;                    // 1 位加法器为 input DataA, DataB;
```

```
    input Cin;
    output [3:0] Sum;
    reg [3:0] Sum;
    output Cout;
    reg Cout;
    always @ (DataA or DataB or Cin)
        {Cout,Sum} = DataA + DataB + Cin;
endmodule
```

以下用另一种程序设计思路来组织代码，程序显式地表述其串行进位逻辑，进位逻辑可参考2.3.5小节的有关内容。

```
module fulladder_4_b(DataA, DataB, Cin, Sum, Cout);
  parameter N=4;
  input [N-1:0] DataA, DataB;
  input Cin;
  output [N-1:0] Sum;
  reg [N-1:0] Sum;
  output Cout;
  reg Cout;
  reg [N:0] c;

  always @ (DataA or DataB or Cin)
   begin:adder                                       // 语句块中定义了局部变量 i，因此该块必须命名
      integer i;
      c[0]=Cin;
      for(i=0;i<=N-1;i=i+1)
        begin
          c[i+1]=(DataA[i] & DataB[i]) | (DataA[i] & c[i]) | (DataB[i] & c[i]);
          Sum[i]=DataA[i] ^ DataB[i] ^ c[i];
        end
    Cout=c[N];
  end
endmodule
```

综合结果RTL视图如图6-12所示。可从该RTL视图的结构上看出其进位的实现过程。读者可把程序中的N改为8、16位试一下，比较综合后的结果。

6.6.2 4位超前进位加法器

2.3.5小节讨论了超前进位加法器的设计思路，在此按照该思路，编写其代码。

```
module Add_prop_gen(sum,c_out,a,b,c_in,shiftedcarry);
  output [3:0] sum;
  output [4:0] shiftedcarry;
  output c_out;
  input [3:0] a,b;
  input   c_in;
  reg [3:0] carrychain;
  wire [3:0] g=a&b;                                // 按位与，生成函数 Gi
  wire [3:0] p=a^b;                                // 按位异或，生成进位传送函数 Pi

  always @(a or b or c_in or p or g)
    begin:carry_generation                   // 块中定义了局部变量 i，不命名该块的话综合会出错
      integer i;
        carrychain[0]=g[0]+(p[0] & c_in);
        for(i=1;i<=3;i=i+1)
```

```
                carrychain[i]=g[i] | (p[i] & carrychain[i-1]);
        end
    wire [4:0] shiftedcarry={carrychain,c_in};
    wire [3:0] sum=p ^ shiftedcarry;              // 按位求和运算
    wire c_out=shiftedcarry[4];                   // 进位输出
endmodule
```

在后面的综合实例中，该设计将作为基本模块进行调用。

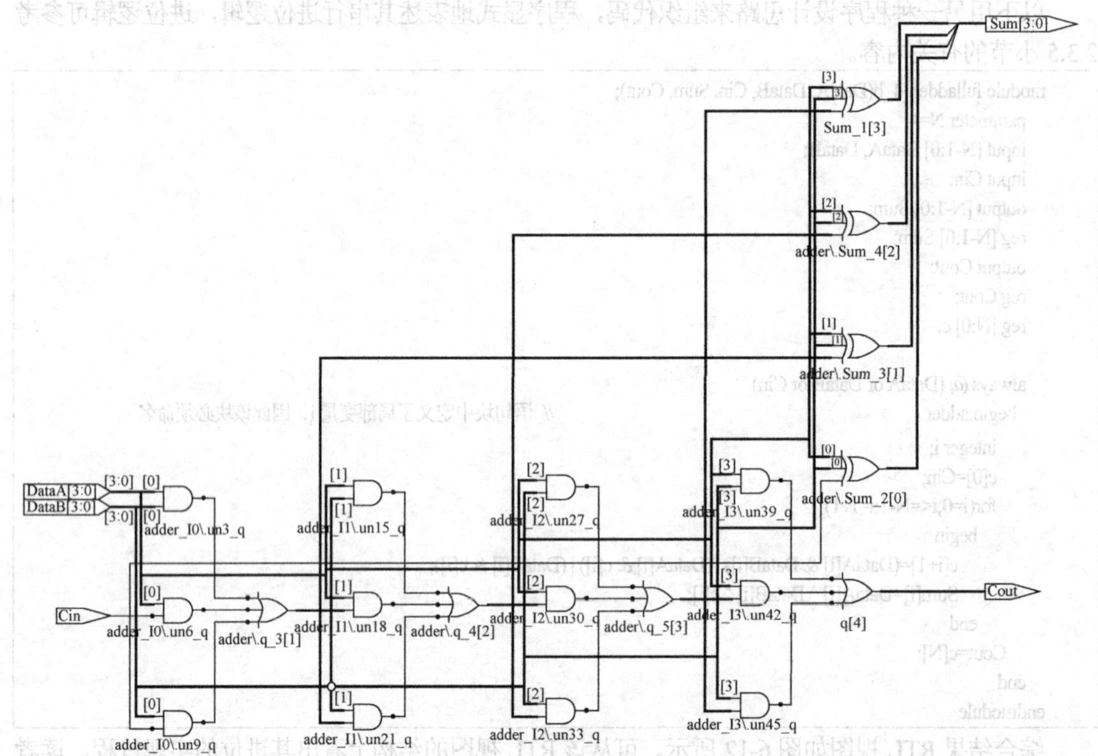

图 6-12 综合结果 RTL 视图

6.7 乘法器

本节具体内容可扫描二维码查看。

乘法器

6.8 组合逻辑电路的竞争冒险问题

2.5 节中讨论了组合逻辑电路的竞争冒险问题，并列出了几种解决方法。在此以乘法器作为例子，以求让读者对竞争冒险的出现及解决有更深的体会。

6.8.1 竞争冒险分析

在 6.7.2 小节中，实现了有符号数的乘法运算，RTL 视图（见图 6-13）看起来非常简单（注意其与无符号数乘法器的差别），但如果从工艺视图（见图 6-14）看，该设计的具体实现相当复杂（细节可暂不关注）。

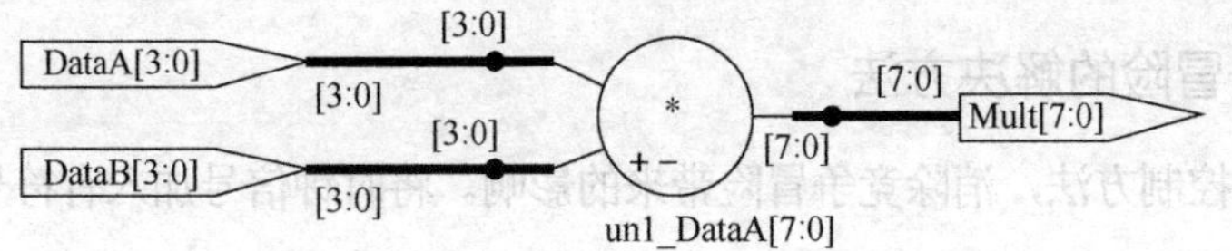

图 6-13 4 位有符号数乘法器 RTL 视图

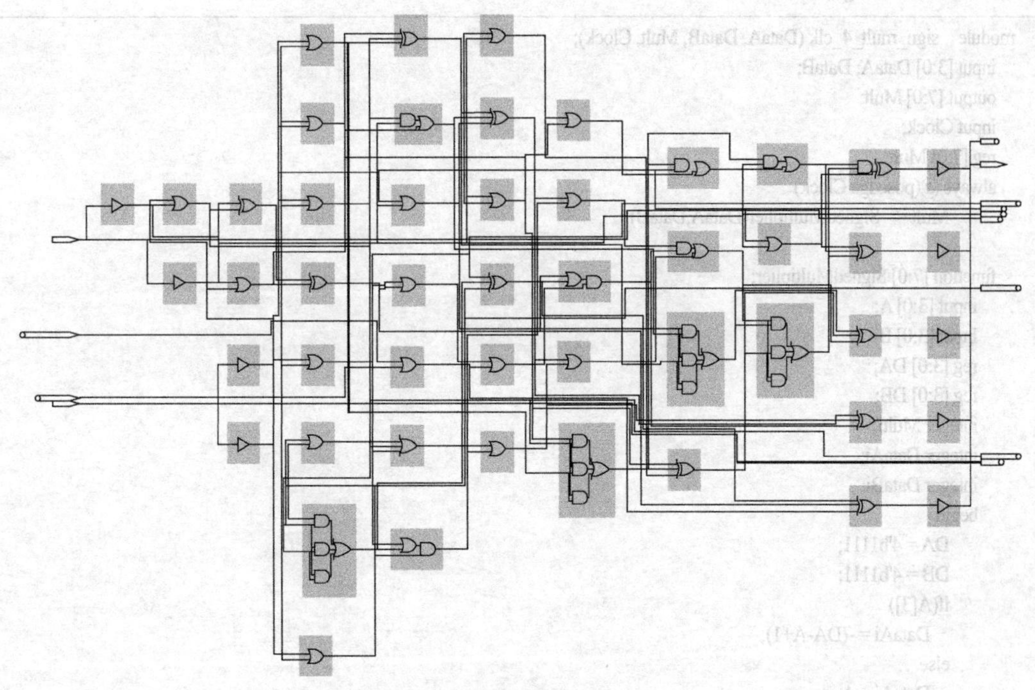

图 6-14 4 位有符号数乘法器工艺视图

复杂的实际电路，加上多位输入信号可能同时发生变化，这样就会产生毛刺（竞争冒险），在综合前仿真（功能仿真）看不到，要在综合后仿真才能看到，如图 6-15 所示。

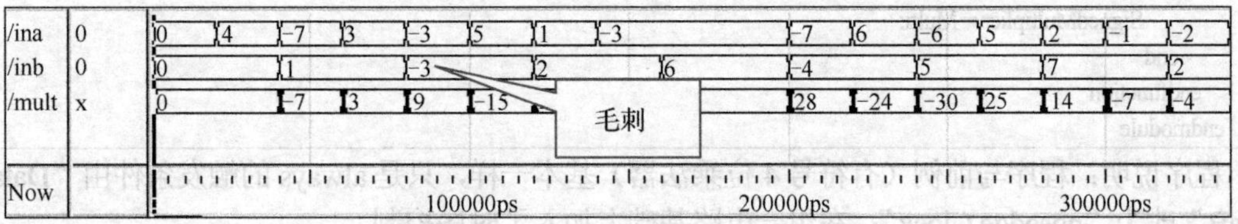

图 6-15 仿真波形

可看到 mult 的输出在每次数值变化之间都有毛刺，因为波形缩略显示，故看起来就像一条黑边。把毛刺部分放大，即可看到竞争冒险的出现，如图 6-16 所示。

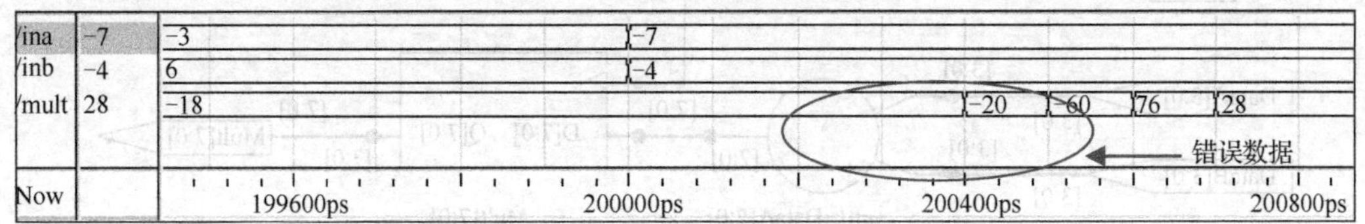

图 6-16 仿真波形放大

6.8.2 竞争冒险的解决方法

以下采用时钟控制方法，消除竞争冒险带来的影响。将时钟信号加入有符号 4 位乘法器的设计中。

1．使用 Verilog 进行描述

```
module   sign_mult_4_clk (DataA, DataB, Mult, Clock);
  input [3:0] DataA, DataB;
  output [7:0] Mult;
  input Clock;
  reg [7:0] Mult;
  always @(posedge Clock)
       Mult <= SignedMultiplier(DataA,DataB);

  function [7:0] SignedMultiplier;
    input [3:0] A;
    input [3:0] B;
    reg [3:0] DA;
    reg [3:0] DB;
    integer Multi;
    integer DataAi;
    integer DataBi;
    begin
       DA = 4'b1111;
       DB = 4'b1111;
       if(A[3])
          DataAi = -(DA-A+1);
       else
          DataAi = A;
       if(B[3])
          DataBi = -(DB-B+1);
       else
          DataBi = B;
       Multi = DataAi * DataBi;
       SignedMultiplier = Multi;
    end
  endfunction
endmodule
```

程序说明：程序与前例（有符号 4 位乘法器）基本一样，只是 always 的触发条件由“DataA, DataB”改为“posedge Clock”；在组合电路基础上加入了时序控制。

2．综合结果

带时钟信号的有符号 4 位乘法器 RTL 视图如图 6-17 所示。

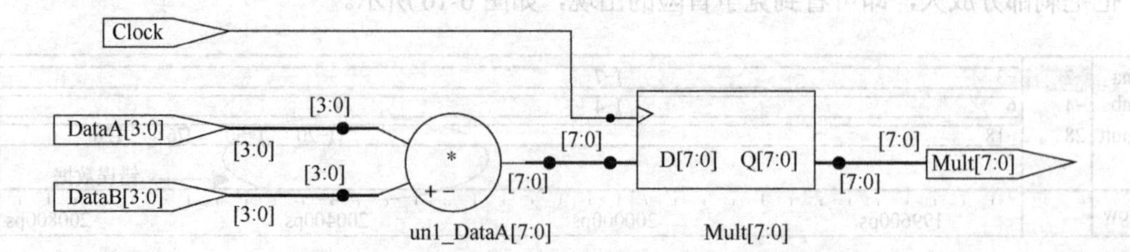

图 6-17　带时钟信号的有符号 4 位乘法器 RTL 视图

电路中增加了带时钟控制的存储器（8 位 D 触发器），电路从组合逻辑电路转变为时序逻辑电路。

3．测试平台设计

测试平台的代码设计如下：

```
`timescale 1ns/10ps
module mult_testbench;
  reg clock;
  wire [7:0]   mult;
  reg [3:0]   ina,inb;
  sign_mult_4_clk   sign_mult_tb(ina, inb, mult, clock);
  initial                                                         // 生成时钟信号
    begin
      clock=0;
      #30;
      forever
        begin
          clock=1;
          #30;
          clock=0;
          #10;
        end
    end
  initial
    begin
      ina=0;
      repeat(20)
          #20     ina =$random;
    end
  initial
    begin
      inb=0;
      repeat(10)
          #40     inb =$random;
    end
  initial                                                         // 控制在固定时间内停止（否则时钟信号永不停止）
    #400  $finish;
endmodule
```

4．功能验证

综合后仿真的结果如图 6-18 所示。

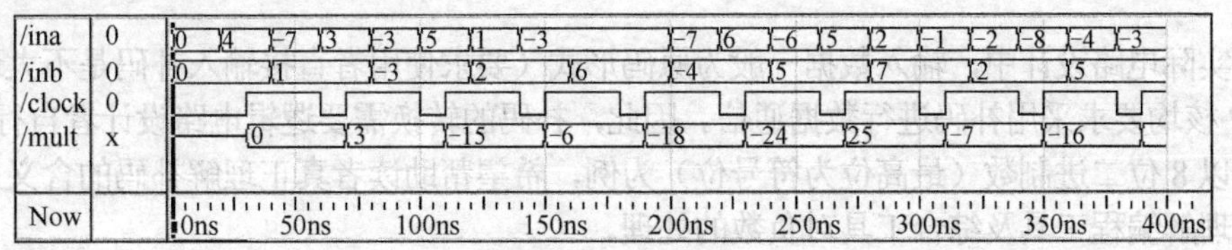

图 6-18 仿真波形

6.8.3 进一步分析

通过设置时钟信号，解决了（或者说躲开了）有符号乘法器的竞争冒险问题。但时钟信号如何设置也是一个需要注意的问题。如将上例中带时钟乘法器的设计进行布局布线操作，布局布线后仿真的结果如图 6-19 所示。

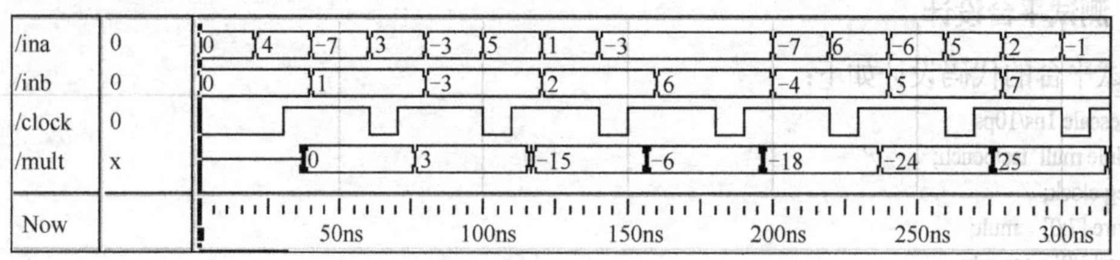

图 6-19 仿真波形

波形局部放大显示效果如图 6-20 所示。

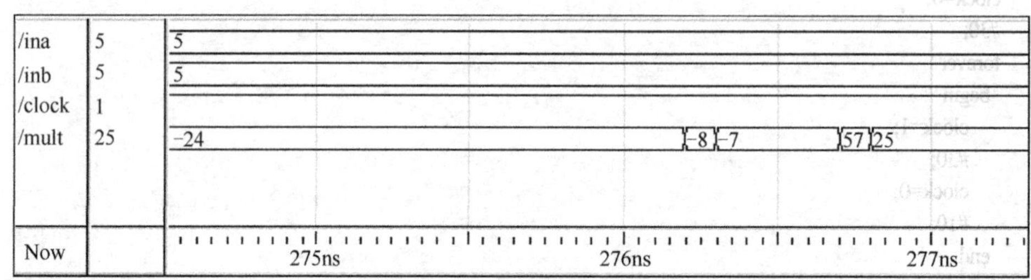

图 6-20 仿真波形局部放大

从波形中可看到，即使在时钟信号控制下，仍然有毛刺产生。那是因为进一步考虑布局布线后的线路延迟，组合电路中有更大的延迟产生，而目前测试平台的时钟设置过短，未能在信号稳定后才进行选通。如何设置测试平台的时钟才能有效避开毛刺，请读者自行进行验证。

6.9 组合逻辑电路的综合性实例

6.9.1 实例一：补码生成电路

1．设计说明

在通过 Verilog HDL 编程时，一个变量被赋值后，该变量保存的就是该值的补码，这种处理是仿真环境自动进行的。如执行语句“i=−12;”，则 8 位的 i 变量中就会保存了−12 的补码“11110100”，而不是保存原码“10001100”，这也是在 6.7.2 小节中要把带符号的数进行相应处理后才能计算的原因。

但在实际电路设计中，输入数据一般为原码形式（要求使用者直接输入补码是不大现实的），而大多 IP 核均要求采用补码进行数据通信。因此，补码的转换需要逻辑电路设计者自行加入。

本例以 8 位二进制数（最高位为符号位）为例，希望帮助读者真正理解补码的含义及其使用场合，并理解编程工具及综合工具对负数的处理。

2．使用 Verilog 进行描述

```
module Com_2C(DataIn, DataOut);
  input [7:0] DataIn;                       // 原码数据输入端
  output [7:0] DataOut;                     // 补码数据输出端
  reg[7:0] DataOut;
```

```
always @(DataIn)
    begin
        if(DataIn[7])                                   // 判断首位是否为 1，即是否负数
            DataOut={1'b1, ~ DataIn[6:0]+1};            // 符号位不变，其他位取反再加 1
        else
            DataOut=DataIn;                             // 首位为 0 时表示正数，补码与原码相同
    end
endmodule
```

程序说明如下。

（1）首先应注意的是，8 位输入数据“DataIn”是原码数据的输入。

（2）请注意代码中的计算逻辑，在判别原数据为负数的情况下，对符号位以外的数位进行“取反加一”运算。

3．测试平台设计

测试平台的代码设计如下：

```
`timescale 1ns/10ps
module testbench;
  reg [7:0]    dataIn;
  wire [7:0]   dataOut;
  Com_2C   Com_2C_1(.DataOut(dataOut),.DataIn(dataIn));
  initial
    begin
      dataIn=8'b00011001;   #20;
      dataIn=8'b10110011;   #20;
      dataIn=8'b11110100;   #20;
      dataIn=8'b01110000;   #20;
      dataIn=8'b10011100;   #20;
      dataIn=8'b10000011;   #20;
    end
endmodule
```

4．功能验证

功能验证的仿真波形如图 6-21 所示。

/dataIn	10000011	00011001	10110011	11110100	01110000	10011100	10000011
/dataOut	11111101	00011001	11001101	10001100	01110000	11100100	11111101
Now	00000ps			50000ps		100000ps	

图 6-21　仿真波形

5．其他设计方法

其他设计方法可扫描二维码查看。

补码生成电路其他设计方法

6.9.2　实例二：有符号数的比较电路设计

1．设计说明

在本例中，通过 LiberoIDE 中内嵌的比较器（Comparator）IP 核，构造 8 位的有符号数据比较器。

需要注意的是，当直接利用 LiberoIDE 工具提供的比较器 IP 核进行设计与仿真时，工具自动将输入的信号“理解”为补码形式（或者说工具要求用户输入的数据为补码），所以读者在设计时应当清楚输入信号是否已经转换成为补码，如果是，直接利用工具提供的相应 IP 核即可，如果不是，则需要进行相应的转换。

特别地，如果比较器模块是用户自行编程实现的，就要注意有符号数的比较与无符号数的比较有差别！

2. SmartDesign 设计与连线

在 SmartDesign 中进行以下操作。

（1）用 IP 核 Comparator 创建一个 8 位的有符号比较器（比较“>=”）。

（2）调入 6.9.1 小节中的“Com_2C”模块，生成两个 8 位补码转换模块。

（3）进行连线操作。

（4）生成设计。

连线结果如图 6-22 所示。

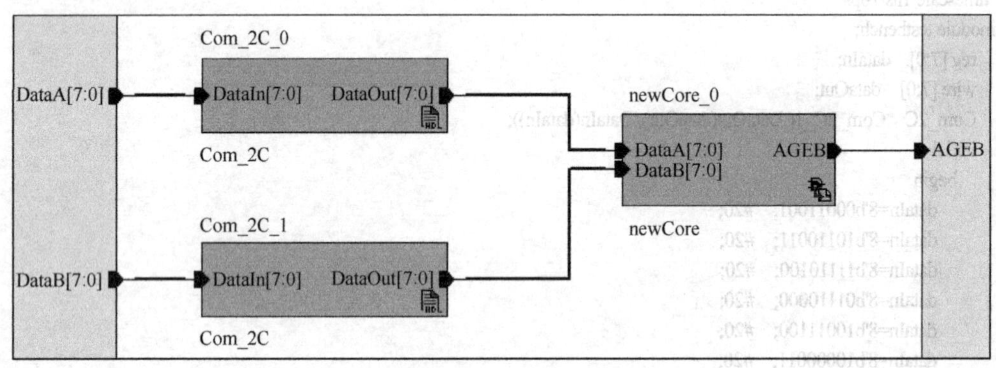

图 6-22 连线结果

3. 测试方法 1

可以用以下的测试平台（并不是最佳）进行测试，仿真也会正常运行并给出结果。

```
`timescale 1ns/10ps
module tb_cmp;
  reg [7:0] ina,inb;
  wire AGEB;

  sign_cmp   sign_cmp_1(.DataA(ina), .DataB(inb), .AGEB(AGEB));
  //   sign_cmp 为画布设计名称

  initial
    begin
      ina=0;
      repeat(20)
        #20        ina =$random;
    end
  initial
    begin
      inb=0;
      repeat(10)
        #40        inb =$random;
```

```
    end
  initial
    #400   $finish;
endmodule
```

但该测试平台的设计可能会引起误会，因为通过随机函数生成的数据是以补码形式存放的，而在此又当作原码数据进行处理。例如 ina 产生了随机数-12（十进制），则存放到 ina 中的数据为 11110100（-12 的补码），而设计中会当作-116（-116 的原码是 11110100）来进行对比。如果读者理解正确、思路清晰，倒也能达到测试目的。

4．测试方法 2

可以用以下的测试平台直接指定输入的原码数据，不容易产生误会。

```
`timescale 1ns/10ps
module tb_cmp;
  reg [7:0] ina,inb;
  wire AGEB;
  sign_cmp    sign_cmp_1(.DataA(ina) ,.DataB(inb),.AGEB(AGEB));

  initial
    begin
      ina=8'b00011001;   #20;           // 原码数据输入
      ina=8'b10110011;   #20;
      ina=8'b11110100;   #20;
      ina=8'b01110000;   #20;
      ina=8'b10011100;   #20;
      ina=8'b10000011;   #20;
    end
  initial
    begin
      inb=0;#10;
      inb=8'b11011001;   #20;           // 原码数据输入
      inb=8'b10000011;   #20;
      inb=8'b00110100;   #20;
      inb=8'b01111110;   #20;
      inb=8'b01011100;   #20;
      inb=8'b10000011;   #20;
    end
endmodule
```

功能仿真结果如图 6-23 所示。

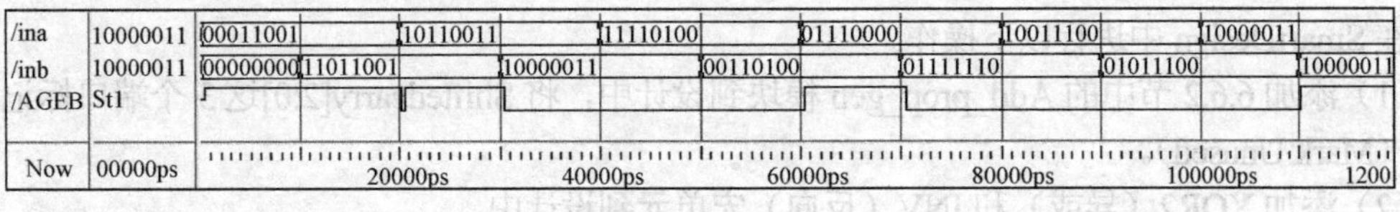

/ina 10000011 00011001 10110011 11110100 01110000 10011100 10000011
/inb 10000011 00000000 11011001 10000011 00110100 01111110 01011100 10000011
/AGEB St1
Now 00000ps 20000ps 40000ps 60000ps 80000ps 100000ps 1200

图 6-23　仿真波形

在查看仿真结果时，需清楚 ina 和 inb 是原码而不是补码数据，故不能设置显示为别的数制格式（仿真软件会当作补码处理）。

5．综合结果

综合结果如图 6-24 所示。

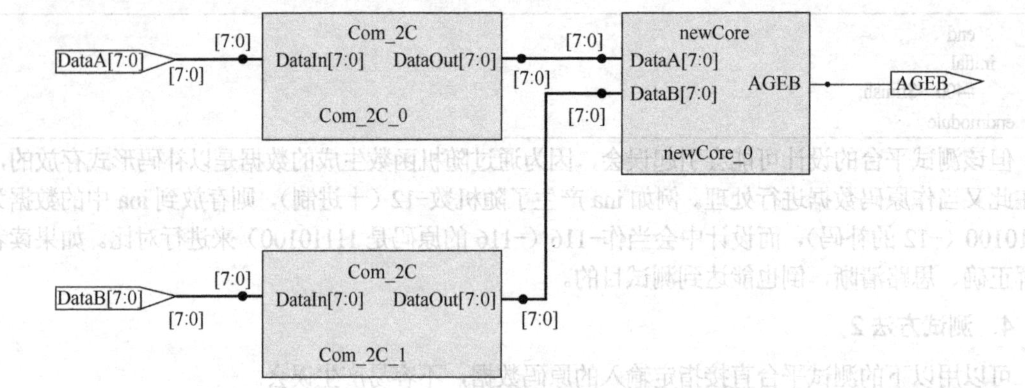

图 6-24 综合结果

6.9.3 实例三：有符号数的加法电路设计

1. 设计说明

2.3.5 小节中讨论了有符号二进制数加法器的多种实现方法，在此则采用“饱和法”来实现。对图 2-37 稍作修改，可得图 6-25。

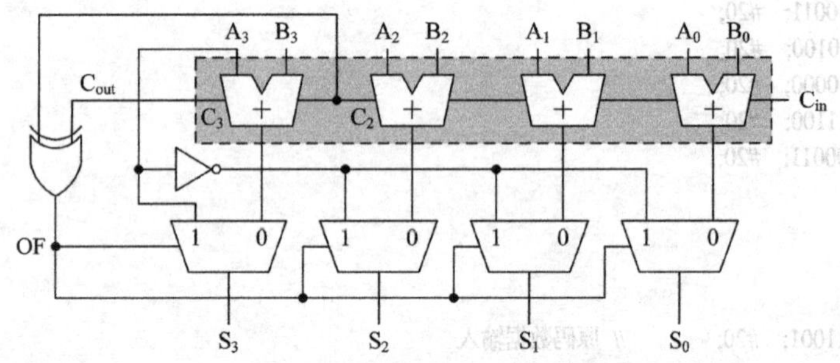

图 6-25 有符号 4 位二进制数加法器

虚线框选部分为一个 4 位串行进位加法器，而这部分其实可以用超前进位加法器替代。不管用串行进位还是超前进位加法器，只需该加法器输出 C_3 和 C_2 即可。

在此通过 SmartDesign 软件，采用 6.6.2 节中设计的 4 位超前进位加法器模块（Add_prop_gen 模块），按所设计结构进行连接，实现有符号 4 位二进制数的加法电路。

2. SmartDesign 设计与连线

在 SmartDesign 中进行以下操作。

（1）添加 6.6.2 节中的 Add_prop_gen 模块到设计中，将 Shiftedcarry[2:0]这 3 个端口标记为不使用（Mark Unused）。

（2）添加 XOR2（异或）和 INV（反向）宏单元到设计中。

（3）添加基本块“Multiplexor”（选择器），设置位宽为 1，输入端口 2 个，并实例化 4 个选择器到设计中。

（4）进行连线操作。

（5）保存画布（命名为“adder4_of”），生成设计。

连线结果如图 6-26 所示。

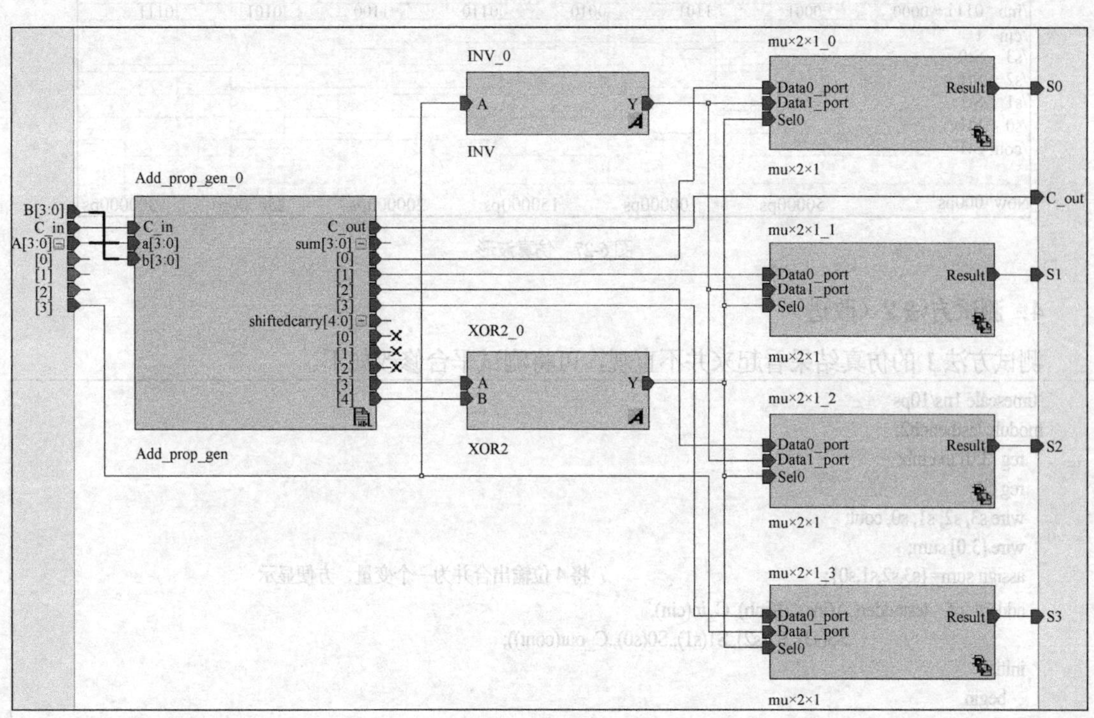

图 6-26　连线结果

3．测试方法 1

可使用以下的测试平台进行测试。

```
module testbench1;
   reg [3:0] ina,inb;
   reg cin;
   wire s3, s2, s1, s0, cout;
   adder4_of   testadder (.A(ina), .B(inb), .C_in(cin),
                          .S3(s3), .S2(s2), .S1(s1), .S0(s0), .C_out(cout));
   initial
      begin
        ina=0;
        repeat(20)
           #20        ina =$random;
      end
   initial
      begin
        inb=0;
        repeat(10)
           #40        inb =$random;
      end
   initial
      begin cin=0; #200 cin =1; end
endmodule
```

仿真结果如图 6-27 所示。

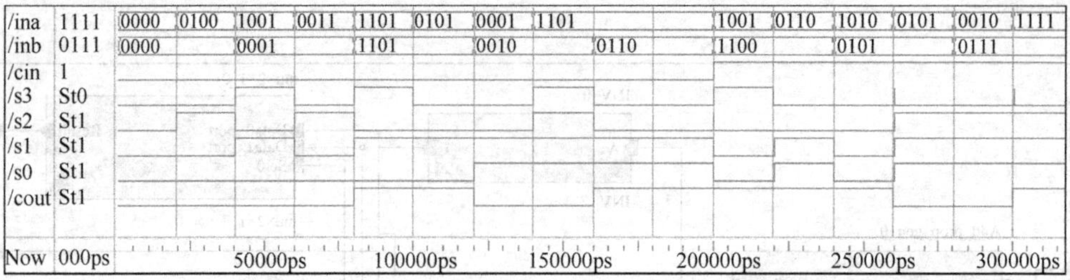

图 6-27 仿真波形

4．测试方法 2（改进）

测试方法 1 的仿真结果看起来并不直观，可将测试平台修改如下。

```
`timescale 1ns/10ps
module testbench2;
   reg [3:0] ina,inb;
   reg cin;
   wire s3, s2, s1, s0, cout;
   wire [3:0] sum;
   assign sum={s3,s2,s1,s0};                              // 将 4 位输出合并为一个变量，方便显示
   adder4_of   testadder(.A(ina),.B(inb),.C_in(cin),
                      .S3(s3),.S2(s2),.S1(s1),.S0(s0),.C_out(cout));
   initial
     begin
        ina=0;
        repeat(20)
           #20      ina =$random;
     end
   initial
     begin
        inb=0;
        repeat(10)
           #40      inb =$random;
     end
   initial
     begin cin=0; #200 cin =1; end
endmodule
```

在仿真波形窗口中进行以下操作。

（1）将 cout、s3、s2、s1、s0 从显示结果中去掉，只留下 ina、inb、cin、sum 变量的显示。

（2）将 ina、inb、sum 变量设置为有符号十进制显示。

（3）在“sim”小窗口中，选择“testbench2”模块下的“testadder”实例，在“Objects”小窗口中选择“XOR2_0_Y”（该项为溢出标记），将其添加到波形显示中。

（4）清空结果并重新运行（选择“Restart”后选择“Run -All”），得到运行结果，如图 6-28 所示。

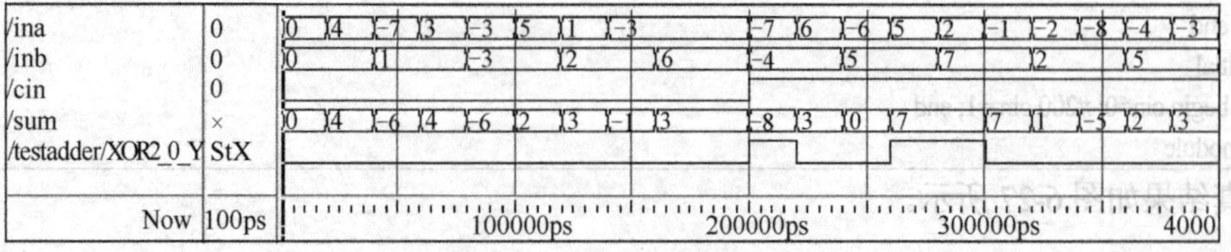

图 6-28 改良测试方法后的仿真结果

从波形中可看出，当运算结果超出[-8,+7]范围后，溢出标记“XOR2_0_Y”显示为1，而结果只保留-8或+7（饱和处理结果）。

5. 综合结果

综合结果如图6-29所示。

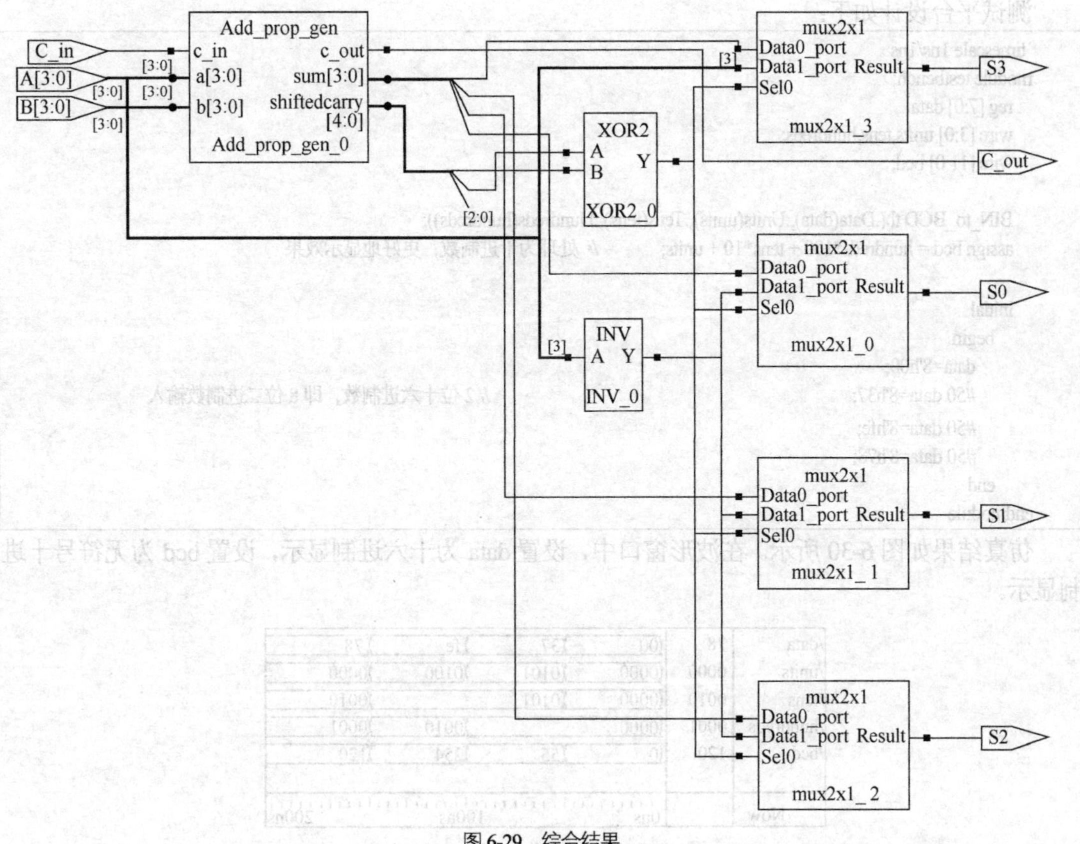

图6-29 综合结果

思考：真的需要那么复杂的设计才能实现本案例吗？

6.9.4 实例四：8位二进制数转换为十进制数的电路设计

思考：如果电路中有一个二进制数（0～255）需要输出至数码显示管（3个）显示，该如何实现？

该电路将8位二进制数转换为12位的BCD码。举例：8位二进制数“0111 1011”，其对应十进制数为123，123的BCD码是“0001 0010 0011”。

```
module BIN_to_BCD(Data,Units,Tens,Hundreds);
input [7:0] Data;
output [3:0] Units;
output [3:0] Tens;
output [3:0] Hundreds;
reg [3:0]   Units,Tens,Hundreds;
reg [7:0] dat_r;

always @(Data)
   begin
```

```
        dat_r = Data;
        Hundreds=dat_r/100;
        Tens=(dat_r-Hundreds*100)/10;
        Units=dat_r%10;
    end
endmodule
```

测试平台设计如下：

```
`timescale 1ns/1ns
module testbench;
    reg [7:0] data;
    wire [3:0] units,tens,hundreds;
    wire [11:0] bcd;

    BIN_to_BCD tb(.Data(data),.Units(units),.Tens(tens),.Hundreds(hundreds));
    assign bcd = hundreds*100 + tens*10 + units;          // 处理为十进制数，更好地显示效果

    initial
      begin
        data=8'h00;
        #50 data=8'h37;                                    // 2 位十六进制数，即 8 位二进制数输入
        #50 data=8'hfe;
        #50 data=8'h78;
      end
endmodule
```

仿真结果如图 6-30 所示。在波形窗口中，设置 data 为十六进制显示，设置 bcd 为无符号十进制显示。

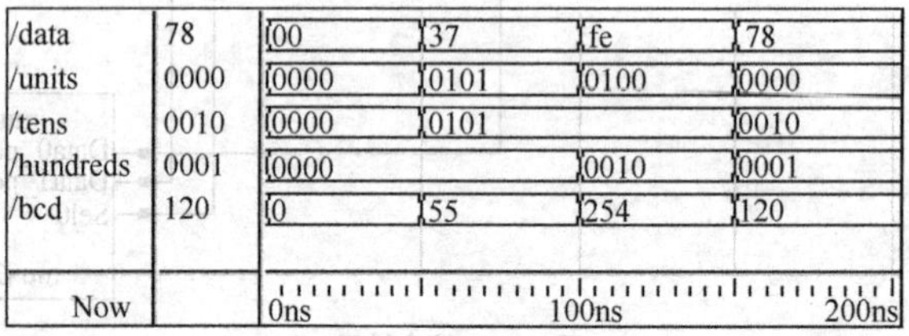

		0ns	50ns	100ns	150ns
/data	78	00	37	fe	78
/units	0000	0000	0101	0100	0000
/tens	0010	0000	0101		0010
/hundreds	0001	0000		0010	0001
/bcd	120	0	55	254	120
Now		0ns		100ns	200ns

图 6-30　仿真波形

6.9.5　实例五：编码器扩展电路设计

1．设计要求

模拟的实际运行效果如下。

① 当按下 0～9 的按键后，（7 段）数码显示器显示相应数字。

② 当按下大于 9 的按键后，数码显示器不显示数字。

③ 若同时按下几个按键，优先级别的顺序是 9 到 0。

设计仿真要求如下。

① 有 16 个输入（位），每一位代表一个数字被按下（有信号输入）。

② 输出为 8 位的向量，输出显示译码结果。如 Seg[7:0]从高位到低位表示“g、f、e、d、c、b、a”。

2．设计方法 1

通过现有芯片实现的设计思路如下。

① 将16位输入信号进行编码（由2个74HC148及相关器件构建16-4线编码器）。

② 将编码结果跟9进行比较（74HC85）。

③ 符合条件的进行译码显示（74HC4511）。

以下利用LiberoSmartDesign图形化设计工具，采用图文混合设计方法，综合编码器、比较器、显示译码器及门电路进行设计。

按照图6-31所示的电路组装16-4编码器，该编码器原理同图2-10，但按照6.2.3节的74HC148模块的电平特性进行定义。注意该设计输入以低电平为有效，而输出A3、A2、A1、A0以高电平为有效（因为后续的模块以高电平为有效信号）。

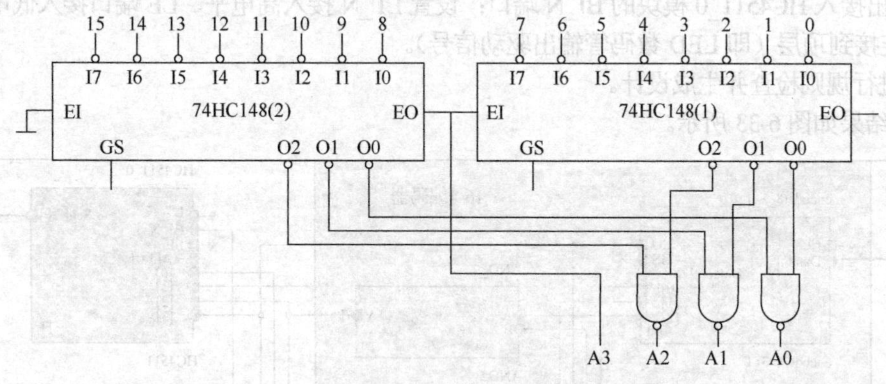

图6-31 16-4编码器

设计过程如下。

（1）导入设计文件。新建工程“extend_coder”，导入前面已经设计好的Verilog HDL模块文件，包括编码器（74HC148.v）、比较器（74HC85.v）、显示译码器（74HC4511.v）等模块文件，如图6-32所示。

（2）SmartDesign设计与连线。在SmartDesign中进行以下操作。

① 建立名为“extend_coder”的设计文件，并将其设为根文件。

② 例化2个encoder8_3_1（HC148）模块、1个HC85模块、1个HC4511模块至画布中。

③ 从宏单元（Actel Macros）中例化3个2输入与门到画布中，将3个与门的输出Y都作反向（Invert）处理。

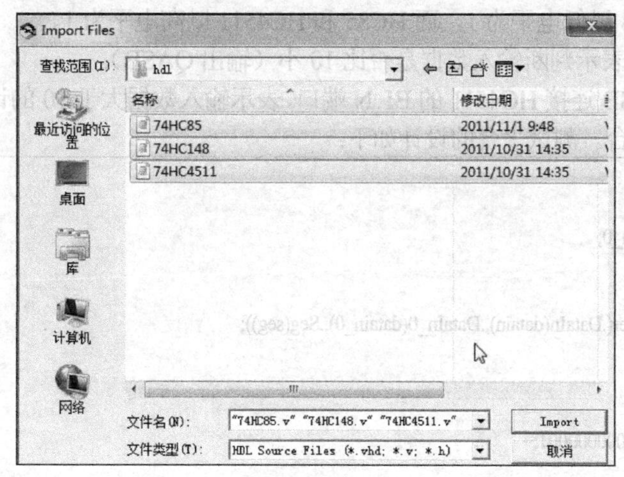

图6-32 导入文件

④ 进行 16-4 线编码器的扩展：按照图 6-34，分别将 HC148_1（高位）及 HC148_0（低位）的输入信号连至顶层；将 HC148_1 的 GS 输出端、HC148_0 的 EO 和 GS 输出端标记为不使用；将 HC148_1 及 HC148_0 的 Dataout[2:0]分别连至 3 个与门的输入端；另外将 HC148_1 的输出 EO 连至 HC148_0 的 EI 输入端。

⑤ 设置 HC85_0 模块：将 16-4 线编码器的对应输出接入 HC85_0 模块，设置 B3、B1、IAEB 端口接入高电平（Tie High）；设置 B2、B0、IAGB、IASB 接入低电平（Tie Low）；QAGB、QAEB 设置为不使用。

⑥ 设置 HC4511_0 模块：将 16-4 线编码器的对应输出接入 HC4511_0 模块；将 HC85_0 的 QASB 输出接入 HC4511_0 模块的 BI_N 端口；设置 LT_N 接入高电平、LE 端口接入低电平；将 Seg[7:0]连接到顶层（即 LED 数码管输出驱动信号）。

⑦ 进行规则检查并生成设计。

连线结果如图 6-33 所示。

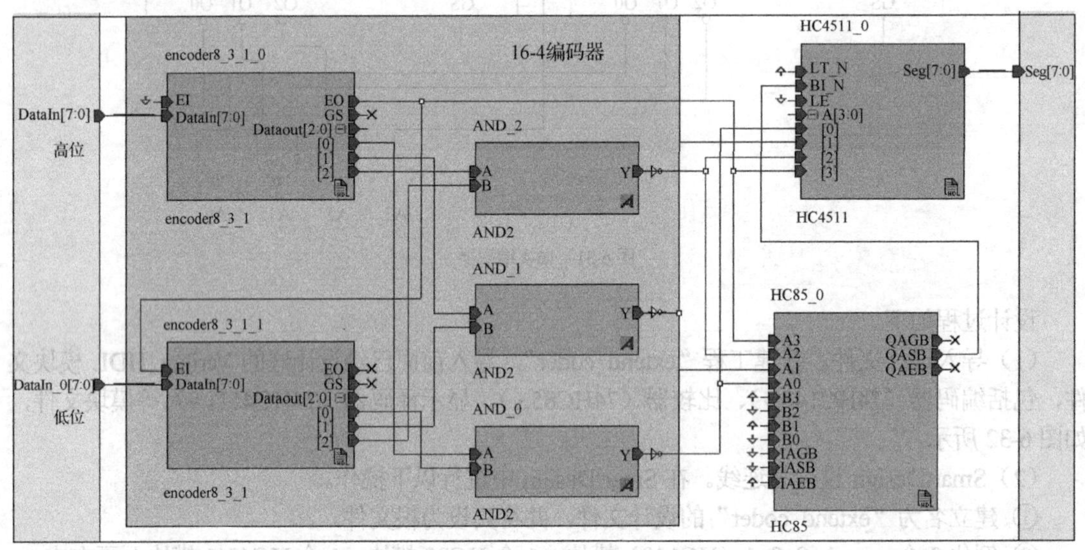

图 6-33　连线结果

设计说明如下。

① 注意，HC148 以低电平为 1，而 HC85 和 HC4511 以高电平为 1。

② HC85 的接线表示判断输入数据是否比 10 小（输出 QASB）。

③ HC85 的 QASB 连接 HC4511 的 BI_N 端口，表示输入数据大于 10 的话，就清空输出结果。

（3）编写测试平台。测试平台的设计如下：

```
`timescale 1ns/1ns
module testbench;
  reg [7:0] datain,datain_0;
  reg [15:0] in,invec;
  wire [7:0] seg;
  extend_coder testcoder(.DataIn(datain),.DataIn_0(datain_0),.Seg(seg));

  initial
    begin
      in=16'b0000000000000001;
      repeat(17)
        begin
```

```
            invec=~in;                              //148 芯片中，输入数据做了反向处理
            {datain,datain_0}=invec;
            #20;
            in=in<<1;
        end
    end
endmodule
```

（4）功能仿真。仿真结果如图 6-34 所示。datain 为高位（15～8）数据，datain_0 为低位（7～0）数据。仿真开始，当 datain 为 11111111，datain_0 为 11111110 时，即输入 invec=1111111111111110，表示第 0 位有信号输入（注意 148 是反向处理的），因此输出结果为 seg=3f（即显示 0，查看 4511 设计文件）。

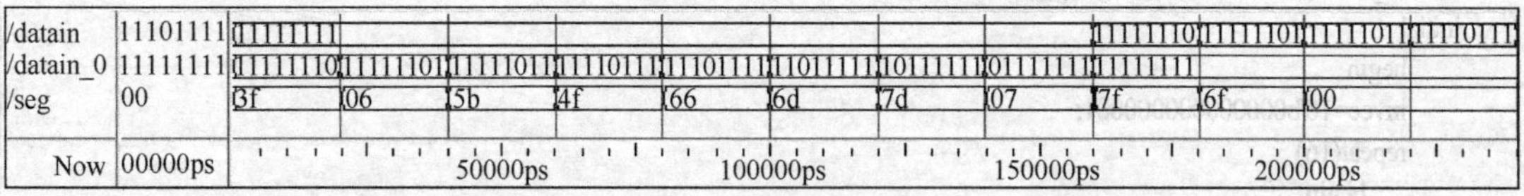

图 6-34　仿真波形

但查看完整波形信号（见图 6-35）发现，在最后输入数据变为 1111 1111 1111 1111（16 位），即表示什么输入都没有的时候，输出显示又会变回 3f（即显示 0），那是因为编码器本身对没有输入信号的情况下，会当成 0 来进行编码（可参考 2.3.1 小节中的逻辑图）。

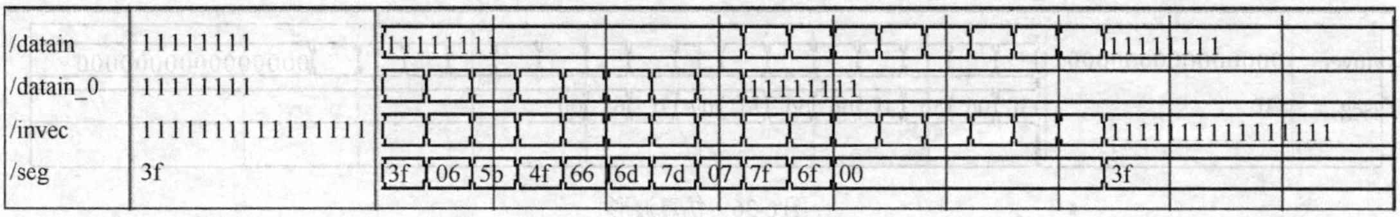

图 6-35　仿真波形（完整）

3．设计方法 2

方法 2 的设计方法可扫描二维码查看。

编码器扩展电路设计方法 2

4．设计方法 3

设计方法 1 和 2 是通过现有模块组装成新的设计，因此设计思路和连接方法与通过相应实际芯片实现物理上的连接一样。如果要在 FPGA 上实现，其实可以直接写出设计代码。

```
module coder0_9(DataIn,Seg);
input [15:0] DataIn;
output reg [7:0] Seg;
always @(DataIn)
    begin
        case(DataIn)
            1:Seg=8'b00111111;          //3f
            2:Seg=8'b00000110;          //06
            4:Seg=8'b01011011;          //5b
            8:Seg=8'b01001111;          //4f
            16:Seg=8'b01100110;         //66
            32:Seg=8'b01101101;         //6d
            64:Seg=8'b01111101;         //7d
```

```
            128:Seg=8'b00000111;          //07
            256:Seg=8'b01111111;          //7f
            512:Seg=8'b01101111;          //6f
            default: Seg=0;
        endcase
    end
endmodule
```

测试平台设计如下：

```
`timescale 1ns/1ns
module testbench;
reg [15:0] invec;
wire [7:0] seg;
coder0_9 test(.DataIn(invec),.Seg(seg));
initial
    begin
    invec=16'b0000000000000001;
    repeat(16)
        begin
          #20;
          invec=invec<<1;
        end
    end
endmodule
```

仿真结果如图 6-36 所示。

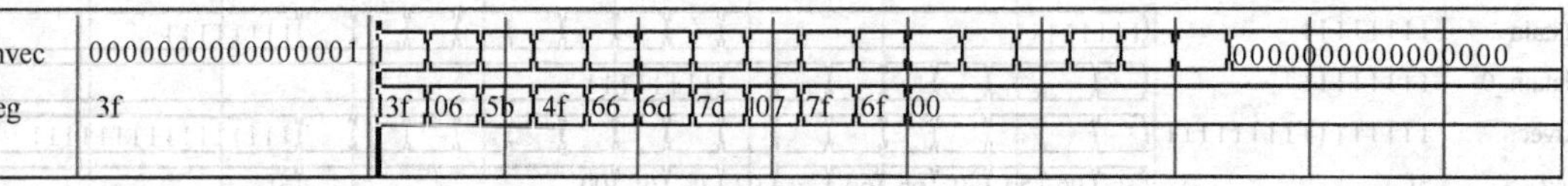

图 6-36　仿真波形

从设计及波形结果可以看出，对于设计方法 1 和 2 会出现的由于没输入信号产生的显示问题，在 Verilog HDL 代码中是非常容易处理的。

综合结果如图 6-37 所示。

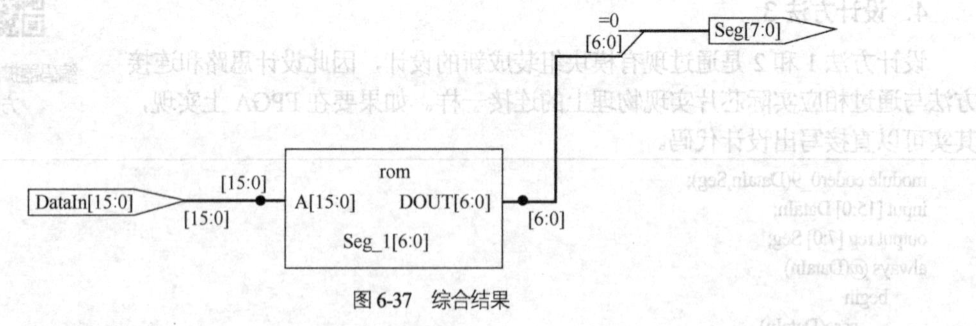

图 6-37　综合结果

5. 案例小结

此例中，方法 1、2 采用原有的程序模块，结合宏单元和基本块，不需编写代码，通过图形界面即可完成设计的输入。可见在 EDA 工具中，可进行传统电路设计方法的设计和验证。

读者也可以按照设计的目标，直接编写 Verilog HDL 程序实现相应功能。方法 3 的综合结果或许会让读者感到意外，理解后却发现更为简洁和清晰。

在此通过几种方法的对比，目的是让读者了解可视化设计方法的操作，并且认识到数字系统设计具有很强的灵活性，可以通过多种思路和方法进行设计。

习题

（1）以下代码希望实现 74HC148 芯片（8-3 编码）的功能，但设计上有一些错误，请找出错误并改正。

```
module   HC_148(In0, In1, In2, In3, In4, In5, In6, In7,EI,EO, A0, A1, A2,GS);
  input In0, In1, In2, In3, In4, In5, In6, In7;
  input EI;
  output EO,GS;
  output A0, A1, A2;
  reg [4:0] Outvec;
  wire A0,A1,A2,GS,EO;
  always @( In0 or In1 or In2 or In3 or In4 or In5 or In6 or In7)
     begin
       if (EI) Outvec=5'b11111;
       else
         if(In0 & In1 & In2& In3&In4&In5 & In6 & In7) Outvec=5'b01111;
         if(!In7) Outvec=5'b10000;
         else if(!In6) Outvec=5'b10001;
         else if(!In5) Outvec=5'b10010;
         else if(!In4) Outvec=5'b10011;
         else if(!In3) Outvec=5'b10100;
         else if(!In2) Outvec=5'b10101;
         else if(!In1) Outvec=5'b10110;
         else if(!In0) Outvec=5'b10111;
       end
  assign A0=Outvec[0];
  assign A1=Outvec[1];
  assign A2=Outvec[2];
  assign GS=Outvec[3];
  assign EO=Outvec[4];
endmodule
```

（2）以下代码有两个设计错误，请找出错误并改正。

```
`timescale 1ns/10ps
module testbench_8_3encoder;
  reg [7:0] in;
  wire [2:0] out;
  wire EO;
  initial
    begin
      in='b00000001;
      repeat(9)
        #20 in=in<1;
          // 每循环 1 次，in 被左移 1 位，如 00000001 将移位为 00000010
    end
  encoder8_3_1    testbench_8_3encoder(in,EO,out);
endmodule
```

（3）以下代码实现一个 4 选 1 数据选择器的功能，请进行综合操作，查看其 RTL 视图，并与本书中的设计进行对比和分析。

```
module mux4_1_d(D0, D1, D2, D3, Sel0,Sel1, Result);
    input D0,D1,D2,D3;
    input Sel0,Sel1;
    output Result;
    wire [1:0] SEL;
    wire AT,BT,CT,DT;

    assign SEL={Sel1,Sel0};
    assign AT=(SEL==2'D0);                    // 当 SEL 为 0 时，AT 为 1（输出 D0 的值）
    assign BT=(SEL==2'D1);                    // 当 SEL 为 1 时，BT 为 1（输出 D1 的值）
    assign CT=(SEL==2'D2);
    assign DT=(SEL==2'D3);
    assign Result=(D0&AT)|(D1&BT)|(D2&CT)|(D3&DT);
endmodule
```

（4）请分析以下代码所实现的功能。设计相应的测试平台并进行综合和仿真操作。

```
module fulladder_4_c(DataA, DataB, Cin, Sum, Cout);
    parameter N=4;
    input [N-1:0] DataA, DataB;
    input Cin;
    output [N-1:0] Sum;
    reg [N-1:0] Sum,p,g;
    output Cout;
    reg Cout;
    reg [N:0] q;
    always @ (DataA or DataB or Cin)
     begin:adder
        integer i;
        q[0]=Cin;
        for(i=0;i<N;i=i+1)
          begin
             p[i]=DataA[i]^DataB[i];
             g[i]=DataB[i];
             q[i+1]=(p[i])?q[i]:g[i];
             Sum[i]=p[i]^q[i];
          end
        Cout=q[N];
     end
endmodule
```

（5）以下代码能否实现有符号乘法器的功能？请编写测试平台进行测试。

```
module   sign_mult_4 (DataA, DataB, Mult);
    input [3:0] DataA,DataB;
    output [7:0] Mult;
    reg [7:0] Mult;

    function [7:0] SignedMultiplier;
      input [3:0] A,B;
      integer Multi,DataAi,DataBi;
      begin
           DataAi = A;
           DataBi = B;
           Multi = DataAi * DataBi;
           SignedMultiplier = Multi;
        end
    endfunction
```

```
always @(DataA,DataB)
  begin
    Mult <= SignedMultiplier(DataA,DataB);
  end
endmodule
```

（6）以下代码实现了什么功能？请分析。

```
module mux4_1_c(D0, D1, D2, D3, Sel0,Sel1, Result);
  input D0,D1,D2,D3;
  input Sel0,Sel1;
  output Result;
  wire AT,BT;
  assign AT=Sel0?D3:D2;
  assign BT=Sel0?D1:D0;
  assign Result=(Sel1?AT:BT);
endmodule
```

（7）以下代码可实现补码生成，请编写测试平台并分析设计逻辑。

```
module Com_2C(DataIn,DataOut);
  input [7:0] DataIn;                    // 原码数据输入端
  output [7:0] DataOut;                  // 补码数据输出端
  reg [7:0] DataOut, S;                  // S 用于符号位的转换
  always @(DataIn)
   begin
     S=8'b10000000;
     if(DataIn[7])                       // 判断首位是否为 1，即是否为负数
         DataOut= -DataIn+S;             // "-"操作对包括符号位在内的所有位取反再加 1
     else
         DataOut=DataIn;                 // 首位为 0 时表示正数，补码与原码相同
  end
endmodule
```

（8）参考 4.7.3 小节的例子，通过两个 1 位半加器，实现 1 位全加器。进行综合操作，并编写相应的测试平台。

（9）设计可以实现 2.2 节中例 2-2 的"符合电路"功能的 Verilog HDL 程序，并编写测试平台进行测试。

（10）设计可以实现 2.4 节中例 2-3 的"裁判电路"功能的 Verilog HDL 程序，要求用两种以上方法实现。

（11）设计可以实现 2.4 节中例 2-4 的"交通灯错误检测电路"功能的 Verilog HDL 程序，并编写测试平台进行测试。

（12）根据逻辑表达式设计 Verilog 程序，并编写测试平台进行测试。

全加器（参考第 2 章）的逻辑表达式为：

$$S = \overline{AB}C_I + \overline{A}B\overline{C}_I + A\overline{BC}_I + ABC_I$$

$$Co = AB + AC_I + BC_I$$

S 的表达式可变为：

$$S = A \oplus B \oplus C_I$$

（13）参考本书 4 选 1 数据选择器的设计，通过 if…else if 结构实现，并观察综合结果。

（14）设计数码显示译码器（共阴极）的 Verilog HDL 程序，并编写测试平台代码。

（15）请设计一个高速排序电路（组合逻辑），实现 4 个数（4 位并行输入）从小到大排列。

第 7 章 基于 EDA 的时序电路设计、综合及验证

学习基础

- 第 3 章介绍了时序逻辑电路的基础知识。学习本章前，应先掌握第 3 章的知识。
- 第 4 章介绍了 Verilog HDL 的基本语法及简单设计的建模方法。
- 5.5～5.7 节的综合实例介绍了 EDA 工具 Libero IDE 的使用。本章所有综合和验证均基于 Libero IDE 环境实现。

阅读指南

- 本章讲述内容对应第 3 章的知识，把相应功能通过 Verilog HDL 语言进行实现。
- 7.4 节、7.6 节、7.7 节中讨论了第 3 章中没有涉及的理论知识和多个综合实例，这些知识和实例综合性强，较难理解，但却是数字系统实际开发中非常重要和实用的内容，对于想进入数字系统设计实践阶段的读者来说很有实际意义。

7.1 锁存器

具体内容可扫描二维码查看。

锁存器

7.2 触发器

D 触发器是最简单、最常用且最具代表性的时序电路，它是数字系统设计中最基本的底层时序单元，JK 和 T 触发器都由 D 触发器构建而来。

7.2.1 D 触发器

1．使用 Verilog 进行描述

以下程序设计了一个 D 触发器。

```
module d_ff_1(D,Clk,Q);
    input D,Clk;
    output Q;
    reg Q;
    always @(posedge Clk)
        Q<=D;
endmodule
```

程序说明如下。

（1）当Clk的上升沿到达时，立即将D送往输出Q；若没有Clk的上升沿到达，Q的值保持不变。

（2）只要简单更改敏感事件，将上升沿敏感（posedge Clk）改为电平敏感（D or Clk），就可变为功能与D锁存器一致的电路了。

（3）本程序中没有Qn的输出。

2. 综合结果

综合结果如图7-1和图7-2所示。

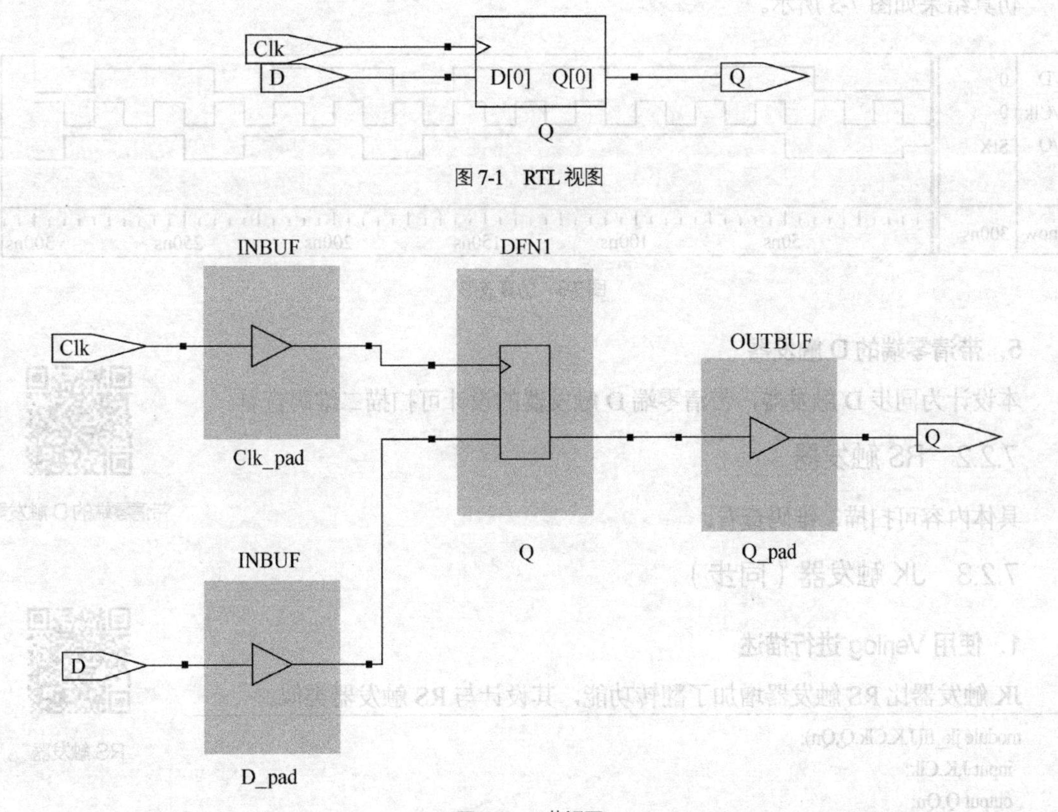

图7-1　RTL视图

图7-2　工艺视图

3. 测试平台设计

测试平台的代码设计如下：

```
`timescale 1ns/1ns
module testbench;
    reg D,Clk;
    wire Q;

    d_ff_1   testbench_d(D,Clk,Q);

    parameter clock_period=20;
    always #(clock_period/2) Clk= ~ Clk;

    initial
```

```
        begin
            Clk=0;D=0;
            repeat(20)
                #20    D=$random;
        end
    initial
        #300   $finish;
endmodule
```

4．功能验证

仿真结果如图 7-3 所示。

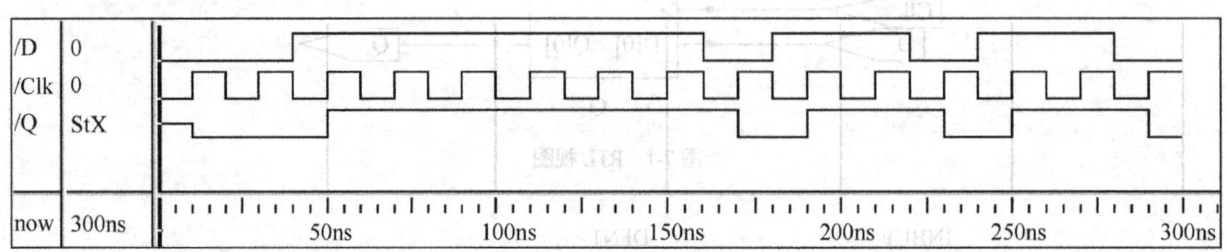

图 7-3　仿真波形

5．带清零端的 D 触发器

本设计为同步 D 触发器，带清零端 D 触发器的设计可扫描二维码查看。

带清零端的 D 触发器

7.2.2　RS 触发器

具体内容可扫描二维码查看。

RS 触发器

7.2.3　JK 触发器（同步）

1．使用 Verilog 进行描述

JK 触发器比 RS 触发器增加了翻转功能，其设计与 RS 触发器类似。

```
module jk_ff(J,K,Clk,Q,Qn);
 input J,K,Clk;
 output Q,Qn;
 reg Q;
 assign Qn= ~Q;
 always @(posedge Clk)
    case({J,K})
       2'b00:Q<=Q;
       2'b01:Q<=1'b0;
       2'b10:Q<=1'b1;
       2'b11:Q<= ~Q;
       default:Q<=1'bx;
    endcase
endmodule
```

2．综合结果

综合结果如图 7-4 所示。

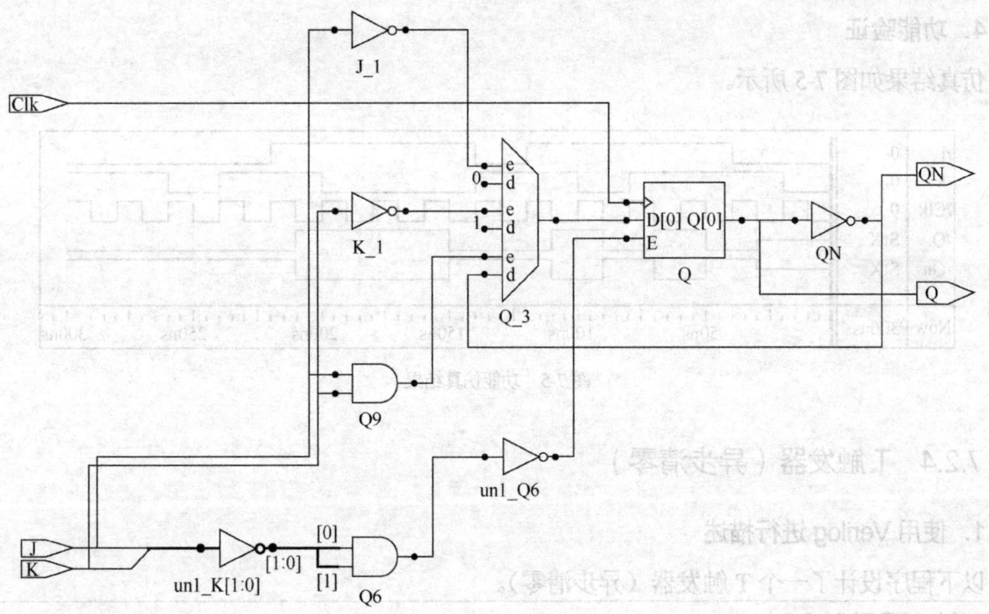

图7-4 RTL视图

3. 测试平台设计

测试平台的设计与RS触发器的方法一致，只需把R、S改成J、K，修改对接模块名称即可。

```
`timescale 1ns/1ns
module testbench;
    reg j,k,Clk;
    wire Q,Qn;

    initial
        Clk=0;

    parameter clock_period=20;
    always #(clock_period/2) Clk= ~ Clk;

    initial
     begin
       j=0;
       repeat(20)
         #20     j=$random;
     end

    initial
     begin
       k=0;
       repeat(20)
         #20     k=$random;
     end

    initial
      #300  $finish;

    jk_ff   testbench_jk(j,k,Clk,Q,Qn);

endmodule
```

4. 功能验证

仿真结果如图 7-5 所示。

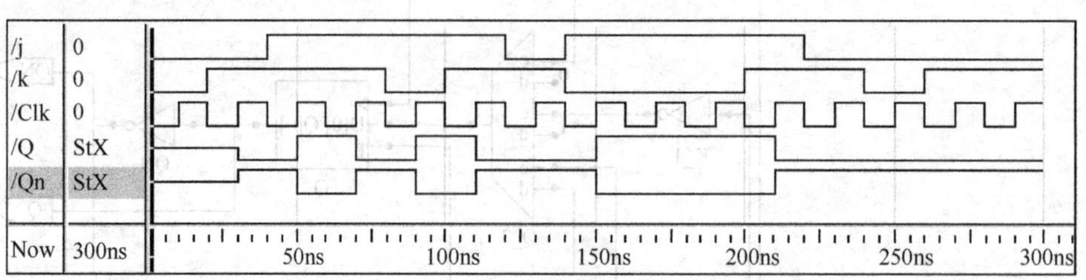

图 7-5 功能仿真结果

7.2.4 T 触发器（异步清零）

1. 使用 Verilog 进行描述

以下程序设计了一个 T 触发器（异步清零）。

```
module t_ff(T,Clk,Rst,Q,Qn);
 input T,Clk,Rst;
 output Q,Qn;
 reg Q;
 assign Qn= ~ Q;
 always @(posedge Clk or posedge Rst)
    if(Rst) Q<=0;
    else if(T) Q<= ~ Q;
 endmodule
```

2. 综合结果

综合结果如图 7-6 所示。

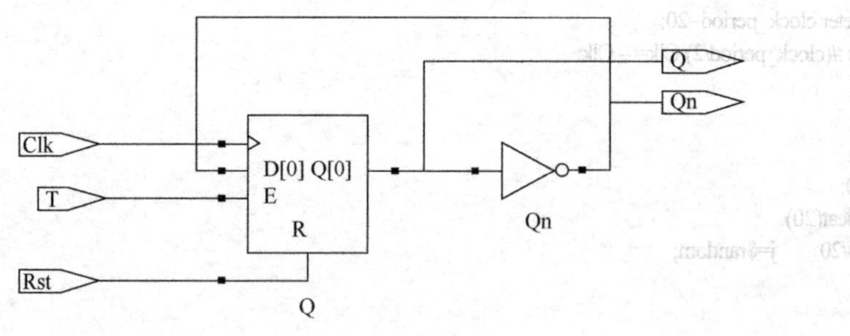

图 7-6 RTL 视图

3. 测试平台设计

测试平台的代码设计如下：

```
`timescale 1ns/1ns
module testbench;
   reg T,Clk,Rst;
   wire Q,Qn;

   parameter clock_period=20;
   initial
```

```
        Clk=0;
    always #(clock_period/2) Clk= ~Clk;

    initial
        begin
            Rst=0;
            #30     Rst=1;
            #30     Rst=0;
            #30     Rst=1;
            #30     Rst=0;
        end

    initial
        begin
          T=0;
          repeat(20)
              #20     T=$random;
        end

    t_ff    testbench_t(T,Clk,Rst,Q,Qn);

    initial
        #400    $finish;
endmodule
```

4．功能验证

仿真结果如图 7-7 所示。

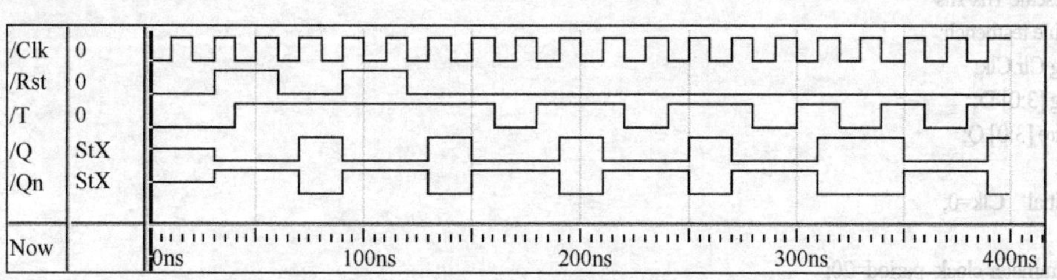

图 7-7　功能仿真结果

波形分析：假设 Rst 一直不产生上升沿变化，那么会发生什么事情呢？如果 Rst 不产生上升沿变化，则程序代码“Q<=0”不被执行，无论 T 和 Clk 如何变化，Q 和 Qn 将一直保持 x 值。故测试平台一般应进行数据的初始化处理。

7.3　寄存器

7.3.1　基本寄存器

本节讨论由 4 位 D 触发器构成的 4 位寄存器。

对于基本寄存器，数据或代码只能并行送入寄存器中，需要时也只能并行输出。

1．使用 Verilog 进行描述

以下程序设计了一个基本寄存器。

```
module reg4_1(Clr,Clk,D,Q);
  output [3:0]Q;
  input [3:0] D;
  input Clk,Clr;
  reg [3:0] Q;
  always@(posedge Clk or negedge Clr)
    begin
      if(!Clr) Q<=0;
      else Q<=D;
    end
endmodule
```

2．综合结果

综合结果如图 7-8 所示。

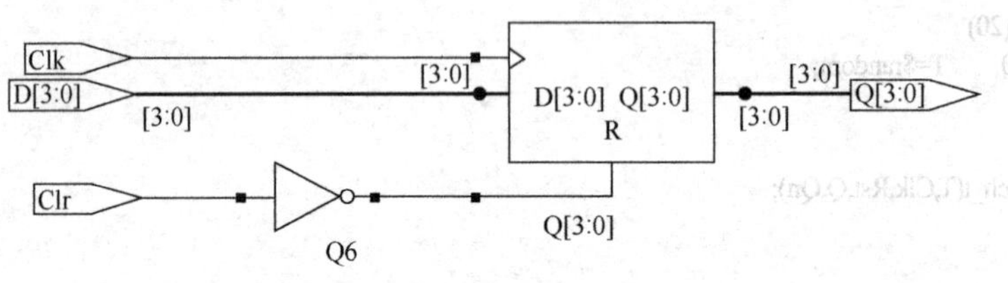

图 7-8 RTL 视图

3．测试平台设计

测试平台的代码设计如下：

```
`timescale 1ns/1ns
module testbench;
  reg Clr,Clk;
  reg [3:0] D;
  wire [3:0] Q;

  initial   Clk=0;

  parameter clock_period=20;
  always #(clock_period/2)
    Clk= ~ Clk;

  initial
    begin
     D=0;
     repeat(20)
       #20     D=$random;
    end

  initial
    begin
     Clr =0;
     repeat(20)
       #20     Clr =$random;
    end

  reg4_1   test_reg(Clr,Clk, D,Q);
```

```
  initial
    #400  $finish;
endmodule
```

4．功能验证

仿真结果如图 7-9 所示。

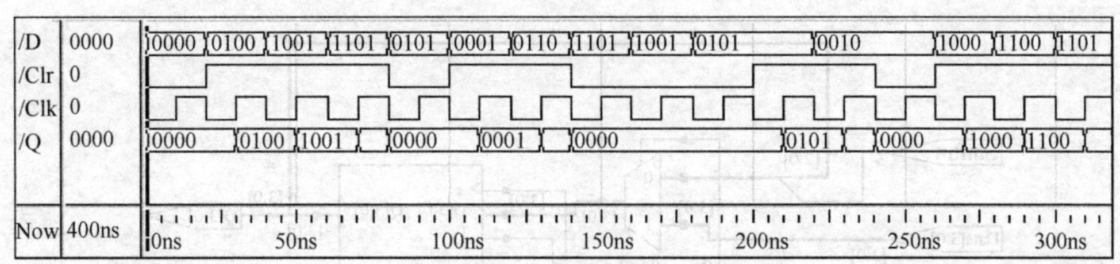

图 7-9　功能仿真结果

说明：图中 Q 的输出有些地方为空白，是由于不够位置显示，放大波形即可看到具体的值。

5．带置数端的寄存器设计

带置数端的寄存器设计可扫描二维码查看。

带置数端的寄存器设计

7.3.2　移位寄存器（并入并出单向左移）

1．使用 Verilog 进行描述

以下程序设计了一个移位寄存器（并入并出单向左移）。

```
module shift_reg_pipo (Data, Enable, Shiften, Shiftin, Aclr, Clock, Q);
  input [3:0] Data;                    // 4 位并行输入数据
  input Aclr;                          // 异步清 0 端
  input Enable;                        // 置数使能端
  input Shiften;                       // 移位使能控制
  input Shiftin;                       // 串行输入端
  input Clock;                         // 时钟信号，上升沿控制
  output [3:0] Q;                      // 并行输出端
  reg [3:0] Qaux;                      // 临时变量

  always @ (posedge Aclr or posedge Clock)
    begin
      if (Aclr)
        Qaux = 0;
      else if (Enable)
        Qaux = Data;
      else if (Shiften)
        Qaux = {Qaux[2:0], Shiftin};   // 通过连接运算符实现左移输入
    end

  assign Q = Qaux;
endmodule
```

程序说明如下。

（1）Aclr（异步清 0 端）的优先级最高，一旦 Aclr 变为低电平，则输出马上清 0。

（2）Enable（并行输入使能控制端）的优先级比 Shiften（移位使能控制端）高，当 Aclr 不为

1 时，时钟上升沿到来，只要 Enable 为 1，输出 Q 得到并行输入 Data 的值。

（3）当 Aclr 和 Enable 不为 1 时，时钟上升沿到来，如果 Shiften 为 1，则左移输入 Shiftin 的数据（串行输入）。

2. 综合结果

综合结果如图 7-10 和图 7-11 所示。

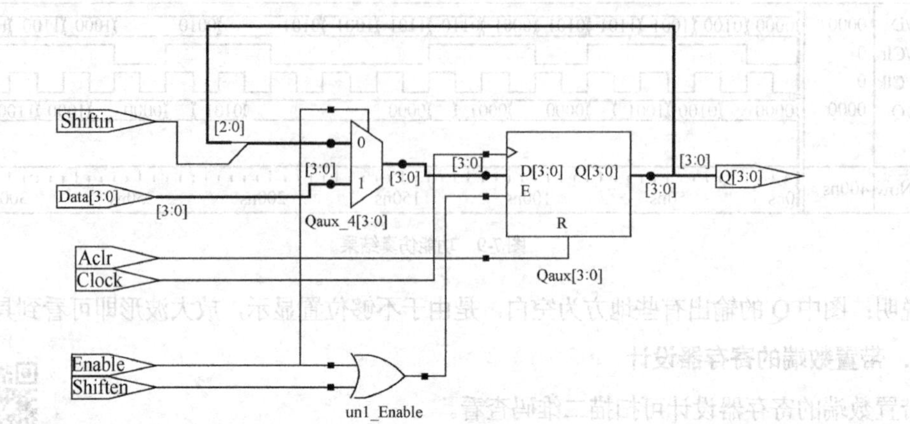

图 7-10 RTL 视图

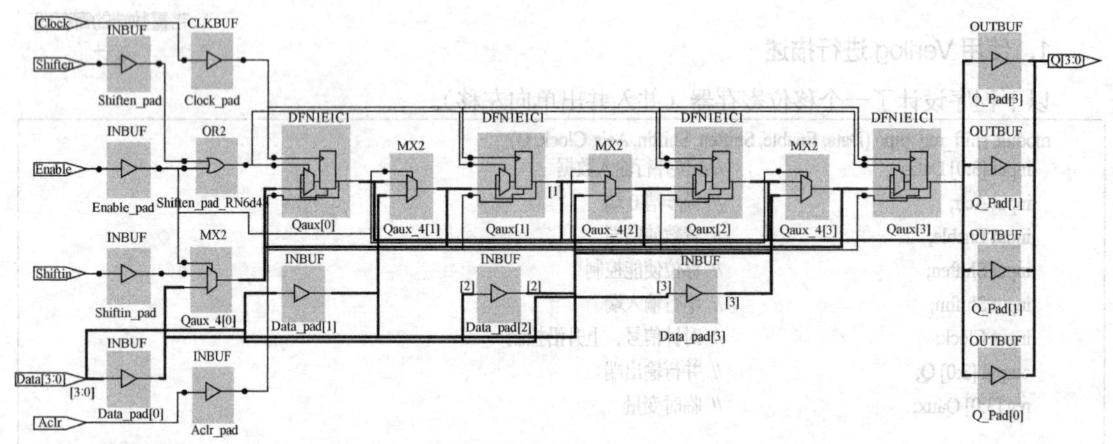

图 7-11 工艺视图

7.3.3 移位寄存器（并入串出单向左移）

具体内容可扫描二维码查看。

7.3.4 移位寄存器（串入并出单向左移）

具体内容可扫描二维码查看。

7.3.5 移位寄存器（串入串出单向左移）

具体内容可扫描二维码查看。

移位寄存器(并入串出单向左移)

移位寄存器(串入并出单向左移)

移位寄存器(串入串出单向左移)

7.4 寄存器传输

具体内容可扫描二维码查看。

寄存器传输

7.5 计数器

7.5.1 计数器（4位二进制加法）

1. 使用Verilog进行描述

以下程序设计了一个计数器（4位二进制加法）。

```
module    cnt4_1(qout,reset,clk);
   output [3:0] qout;
   input clk,reset;
   reg [3:0] qout;

   always @(posedge clk)
      begin
         if (reset) qout<=0;
         else            qout<=qout+1;
      end
endmodule
```

2. 综合结果

综合结果如图7-12所示。

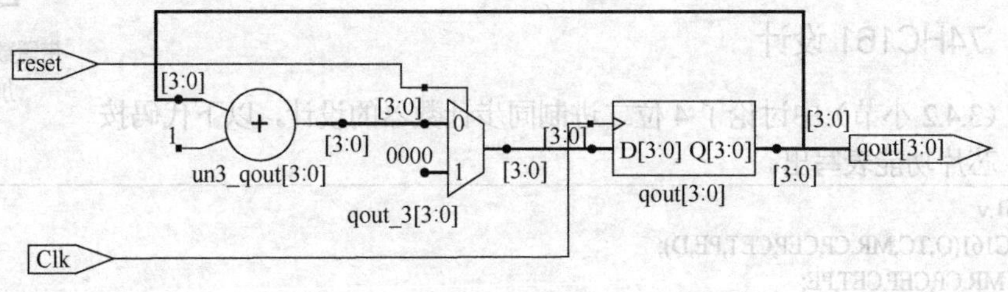

图7-12 RTL视图

3. 测试平台设计

测试平台的代码设计如下：

```
`timescale 1ns/1ns
module coun4_testbench;
   reg clk,reset;
```

```
    wire[3:0] out;
    parameter DELY=20;

    cnt4_1 test_count(out,reset,clk);

    always #(DELY/2) clk =  ~clk;

    initial
      begin
        clk =0; reset=0;
        #(DELY*2)  reset=1;
        # DELY      reset=0;
        #(DELY*18)    $finish;
      end
endmodule
```

4．功能验证

仿真结果如图 7-13 所示。

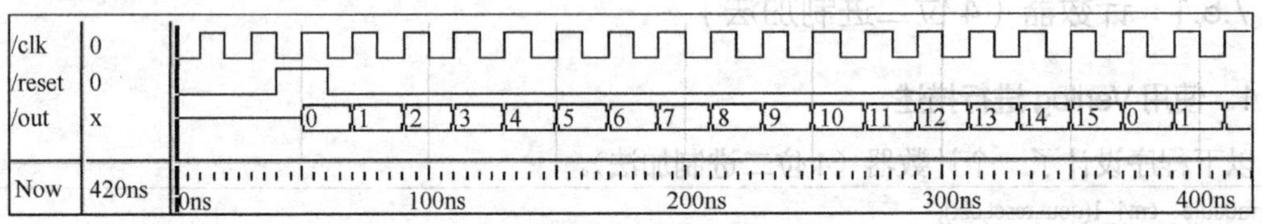

图 7-13　功能仿真结果

从波形图可看出如下几点。

（1）由于测试平台一开始没有给 out 赋值，故在没有 reset 上升沿信号来临前，out 的值一直为 x，没有进行计数。

（2）reset 为 1 时，qout 被清零。

（3）输出 qout 为 4 位向量，当计数到 4'b1111（即 15）后，再计数的话会产生高位溢出，重新变为 4'b0000。

5．带置数的 4 位二进制加法计数器

具体内容可扫描二维码查看。

带置数的 4 位二进制加法计数器

7.5.2　74HC161 设计

第 3 章（3.4.2 小节）中讨论了 4 位二进制同步计数器的设计，以下代码按照 74HC161 芯片功能表写出。

```
// 74HC161.v
module HC161(Q,TC,MR,CP,CEP,CET,PE,D);
    input MR,CP,CEP,CET,PE;
    input [3:0]D;
    output [3:0]Q;
    output TC;
    reg [3:0]Q;

    always @(negedge MR,posedge CP)
        if(!MR)
            begin
```

```
                    Q=0;
                end
            else if(CEP &CET & PE)
                Q=Q+1;
            else if(!PE)
                Q=D;

    assign TC=&{CET,Q};
endmodule
```

在后面章节的综合实例中（7.7.1 小节），该设计将作为基本模块进行调用。在此不列出测试平台和综合结果，读者可自行设计和验证。

其他设计方法的讨论可扫描二维码查看。

74HC161 程序设计

7.6 有限状态机

时序逻辑电路的显著特点是内部包含状态寄存器，电路在不同的状态之间切换。由于状态寄存器数目有限，电路可以达到的状态有限，因此，时序逻辑电路有时称为有限状态机（Finite State Machine，FSM）。

FSM 是表示实现有限个离散状态及其状态之间的转移等行为动作的数学模型。状态机主要包含状态及转移两方面的内容。有限状态机特别适合描述那些发生有先后顺序或者有逻辑规律的事情，状态机的本质就是对具有逻辑顺序或时序规律事件的一种描述方法。

有限状态机及其设计技术是数字逻辑电路设计中的重要组成部分，是实现高效率、高可靠性逻辑控制的重要途径。大部分数字逻辑电路都可以划分为控制单元和数据单元（存储单元）两个组成部分，通常，控制单元的主体是一个状态机，它接收外部信号以及数据单元产生的状态信息，产生控制信号序列。

状态机设计是时序逻辑电路设计的一个子集，在数字逻辑电路设计的范畴中应用面很广。小到一个简单的时序逻辑，大到复杂的微处理器，都适合用状态机方法进行描述。由于状态机不仅仅是一种电路描述工具，它更是一种思想方法，而且状态机的 HDL 表达方式比较规范，有章可循，因此很多设计者习惯用状态机思想进行逻辑设计，对各种复杂设计均套用状态机的设计理念，从而提高设计的效率和稳定性。

7.6.1 有限状态机概述

1．基本概念

1）状态

用于“记忆”在时钟边沿或相应脉冲边沿加载于电路的历史输入数据的组合情况，也叫状态变量，状态可以用名称定义，也可以不用名称。在逻辑设计中，使用状态划分逻辑顺序和时序规律。

2）状态转移

状态转移表示当发生指定事件且满足指定条件时，第 1 个状态中的对象将执行某些操作并进入第 2 个状态，即“触发”了转移。将触发转移之前的状态定义为“源状态”（当前状态，current_state），而触发转移之后的状态定义为“目标状态”（下一状态，next_state）。状态的转换由时钟信号驱动。如图 7-14 所示为状态转换图（State Transition Graph，STG）的例子。

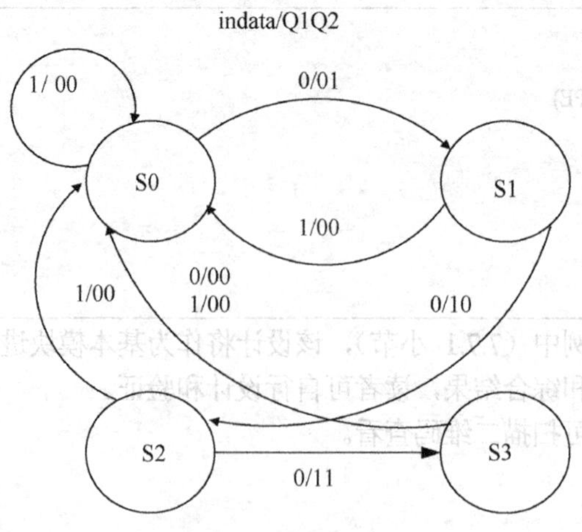

图 7-14　状态转换图

其中 indata 是转移条件，Q1Q2 是输出信号，箭头指向为转移方向，S0、S1、S2、S3 为状态名称（未作编码）。对应的状态转换表如表 7-1 所示。

表 7-1　　状态转换表

当前状态 / 转移条件	S0	S1	S2	S3
0（indata）	S1/01	S2/10	S3/11	S0/00
1（indata）	S0/00	S0/00	S0/00	S0/00

3）状态编码

状态机的 N 种状态通常需要用某种编码来表示，即状态编码，又称为状态分配。编码方式主要包括以下几种。

（1）顺序二进制码。

使用状态向量的位数最少，但从一个状态转移到相邻状态时，可能会有多个位同时发生变化，易产生毛刺。

（2）格雷码。

在相邻状态的转换中，每次只有一个比特位发生变化，消除了产生毛刺的问题，但不适用于有很多状态跳转的情况。

（3）独热码。

指对任意给定的状态，状态向量中仅有一位“1”，而其余为“0”，所以 N 状态的状态机需要 N 个触发器。

（4）直接输出型编码。

将状态码中的某些位直接输出作为控制信号，要求状态机各状态的编码作特殊的选择，以适应控制信号的要求，该编码需要根据输出变量来定制编码。

如上表中的 S0、S1、S2、S3 状态，可用 00、01、10、11（顺序二进制码），也可以用 00、01、11、10（格雷码），或 0001、0010、0100、1000（独热码）进行编码。

2．状态机的分类

根据不同的分类标准，状态机分为不同的种类。

1）摩尔型（Moore）状态机和米勒型（Mealy）状态机

（1）摩尔型状态机：利用组合逻辑链将当前状态译码转化为输出，其状态只在全局时钟信号改变时才改变。其最重要的特点就是将输入与输出信号隔离，所以输出稳定，能有效消除竞争冒险。如无特殊功能设计要求，摩尔状态机是设计首选。

图7-15中，“状态译码”部分采用组合逻辑，故称为“下一状态组合逻辑”；“输出译码”部分也采用组合逻辑，故称为“输出组合逻辑”。

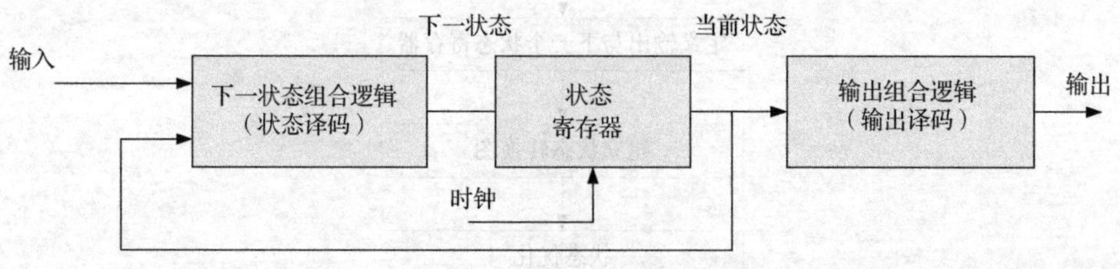

图7-15 摩尔型状态机

（2）米勒型状态机：其输出与当前状态和输入都有关，且对输入的响应发生在当前时钟周期，比摩尔型状态机对输入信号的响应要早一个周期。所以输入信号的噪声（毛刺）会直接影响输出信号，即有竞争冒险且不能消除。米勒型状态机如图7-16所示。

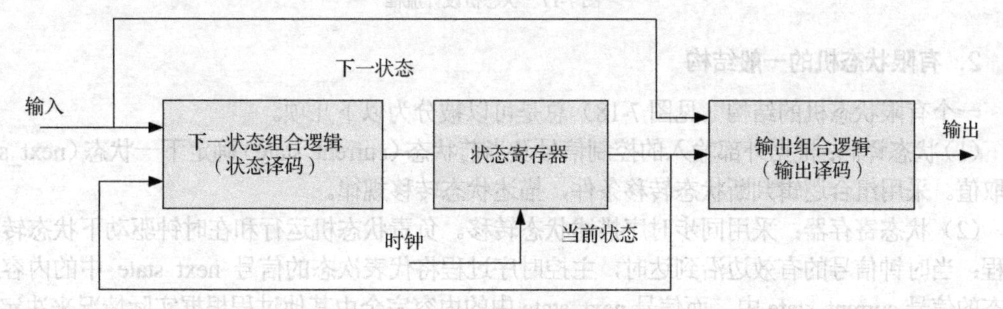

图7-16 米勒型状态机

2）同步状态机和异步状态机

异步状态机是没有确定时钟的状态机，其状态转移不由唯一的时钟边沿触发。因此，应尽量不要使用综合工具来设计异步状态机。

为了能综合出有效的电路，用Verilog HDL描述的状态机应明确地由唯一时钟触发，称之为同步状态机，它是设计复杂时序逻辑电路最有效、最常用的方法之一。

3）单进程、双进程和多进程状态机

可以有3种不同的方式实现对状态机的描述。

（1）3个模块用一个进程实现，也就是说3个模块均在一个always块内，这种状态机描述称为单进程有限状态机，它既描述状态转移，又描述状态的寄存和输出。

（2）每一个模块分别用一个进程实现，也就是说3个模块对应着3个always块，这种状态机描述称为三进程有限状态机。

（3）3个模块对应着2个always块，“状态译码”“输出译码”分配在一个进程中，“状态寄存器”用另一个进程描述。这种状态机描述称为双进程有限状态机。

7.6.2 有限状态机的设计方法

1. 有限状态机设计流程

状态机的设计流程分为 6 个步骤，如图 7-17 所示。

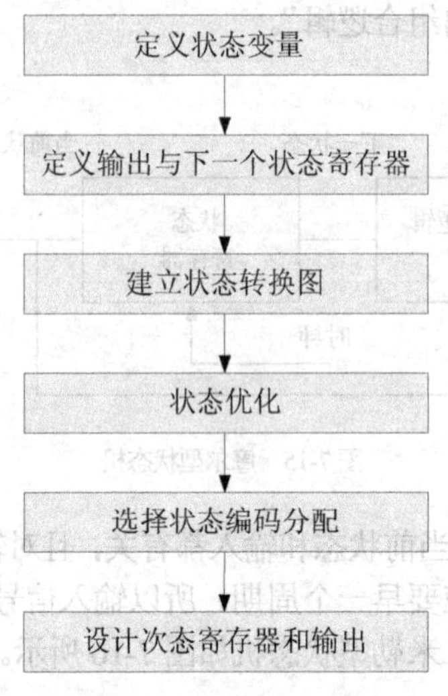

图 7-17 状态机设计流程

2. 有限状态机的一般结构

一个有限状态机的结构（见图 7-18）总是可以被分为以下几项。

（1）状态译码：根据外部输入的控制信号及当前状态（current_state）确定下一状态（next_state）的取值。采用组合逻辑判断状态转移条件，描述状态转移规律。

（2）状态寄存器：采用同步时序描述状态转移。负责状态机运行和在时钟驱动下状态转换的过程：当时钟信号的有效边沿到达时，主控时序过程将代表次态的信号 next_state 中的内容送入现态的信号 current_state 中，而信号 next_state 中的内容完全由其他过程根据实际情况来决定。

（3）输出译码：描述每个状态的输出。

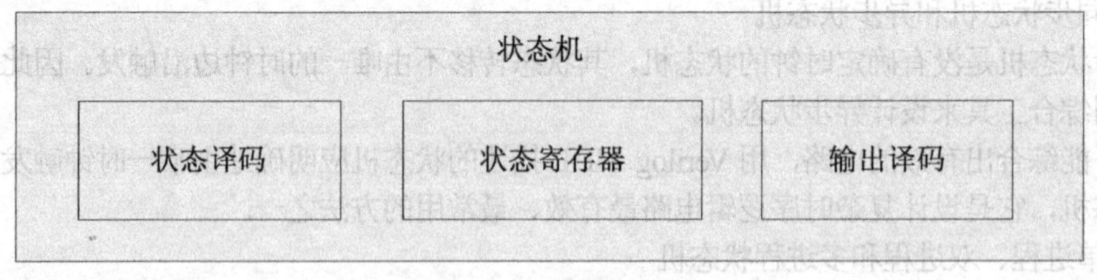

图 7-18 状态机一般结构

3. 基于 Verilog HDL 的有限状态机的进程设计

以下讨论如何通过单 always 模块方式、双 always 模块方式和三 always 模块方式，实现单进程、双进程和三进程状态机。

以下例子的设计要求与 3.5 节中例 3-8 相同（检测是否连续输入 3 个或以上的 1），其状态机的转换图如图 7-19 所示（按 Moore 机设计）。

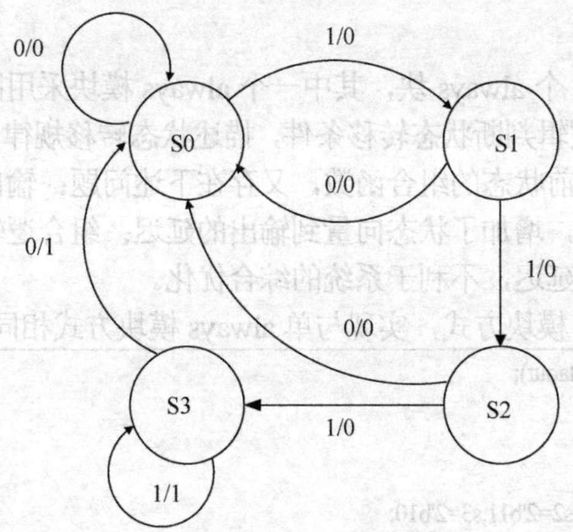

图 7-19　状态转换图

1）单 always 模块方式

将整个状态机的设计写到一个 always 模块中，既描述状态输入和输出，又描述状态转移，其特点是利用寄存器完成输出从而不易产生毛刺，易于进行逻辑综合，缺点是代码可读性差，不利于修改、完善及维护，且状态向量和输出向量均由寄存器实现，会消耗较大的芯片资源，无法实现 Mealy 状态机。

```
module fsm_single(clk,rst,ina,dataout);
  input clk,rst,ina;
  output dataout;
  reg dataout;
  parameter s0=2'b00,s1=2'b01,s2=2'b11,s3=2'b10;   //格雷码编码
  reg [1:0] state;
  always @(posedge clk or negedge rst)
     if(!rst)
       begin
         state<=s0;                        //起始状态
         dataout<=0;
       end
     else
      case(state)                          //根据条件定义状态转移及输出
        s0:begin
              state<=(ina)?s1:s0;
              dataout<=0;
           end
        s1:begin
              state<=(ina)?s2:s0;
              dataout<=0;
          end
        s2:begin
             state<=(ina)?s3:s0;
             dataout<=0;
          end
        s3:begin
             state<=(ina)?s3:s0;
             dataout<=1;
          end
     endcase
endmodule
```

2）双 always 模块方式

双 always 模块方式有 2 个 always 块，其中一个 always 模块采用同步时序描述状态转移，另一个 always 模块采用组合逻辑判断状态转移条件，描述状态转移规律及输出。其优点是面积和时序的优势，但由于输出是当前状态的组合函数，又存在下述问题：输出会产生毛刺；状态机的输出向量必须由状态向量译码，增加了状态向量到输出的延迟；组合逻辑占用了一定的传输时间，增加了驱动下一模块的输入延迟，不利于系统的综合优化。

以下设计采用双 always 模块方式，实现与单 always 模块方式相同的功能。

```
module fsm_double(clk,rst,ina,dataout);
    input clk,rst,ina;
    output dataout;
    reg dataout;
    parameter s0=2'b00,s1=2'b01,s2=2'b11,s3=2'b10;
    reg [1:0] current_state,next_state;

    always @(posedge clk or negedge rst)
        if(!rst)
            current_state<=s0;
        else
            current_state<=next_state;

    always @(current_state or ina)
      begin
        case(current_state)
          s0:begin
                dataout<=0;
                if(ina==1)
                    next_state<=s1;
                else
                    next_state<=s0;
             end
          s1:begin
                dataout<=0;
                if(ina==1)
                    next_state<=s2;
                else
                    next_state<=s0;
             end
          s2:begin
                dataout<=0;
                if(ina==1)
                    next_state<=s3;
                else
                    next_state<=s0;
             end
          s3:begin
                dataout<=1;
                if(ina==1)
                    next_state<=s3;
                else
                    next_state<=s0;
             end
        endcase
      end
endmodule
```

3）三 always 模块方式

将“状态译码”“状态寄存器”“输出译码”分别写出一个 always 模块，即称为“三 always 模块方式”。

3 个 always 模块中，一个 always 模块采用同步时序描述状态转移；一个 always 模块采用组合逻辑判断转移条件，描述转移规律；另一个 always 模块描述状态的输出。其优点是程序可读性强，占用芯片面积适中，无毛刺，有利于综合。

```
module fsm_tri(clk,rst,ina,dataout);
  input clk,rst,ina;
  output dataout;
  reg dataout;
  parameter s0=2'b00,s1=2'b01,s2=2'b11,s3=2'b10;
  reg [1:0] current_state,next_state;

  always @(current_state or ina)                    //组合逻辑判断
     begin
      case(current_state)
        s0:begin
             if(ina==1)
                next_state<=s1;
             else
                next_state<=s0;
          end
        s1:begin
             if(ina==1)
                next_state<=s2;
             else
                next_state<=s0;
          end
        s2:begin
             if(ina==1)
                next_state<=s3;
             else
                next_state<=s0;
          end
        s3:begin
             if(ina==1)
                next_state<=s3;
             else
                next_state<=s0;
          end
        default: next_state<=s0;
      endcase
     end

  always @(posedge clk or negedge rst)
     if(!rst)
       current_state<=s0;
     else
       current_state<=next_state;                  //时序状态转换

  always @(current_state)                          //摩尔型
     dataout=(current_state==s3);
endmodule
```

可以用相同的测试平台对以上3种设计方法进行验证，在此将3种设计方法的输入和输出都放于同一个项目设计中，并一起显示在同一个波形中以便对比分析。在SmartDesign画布中进行如图7-20所示的设计，保存名为“test_fsm_3”。

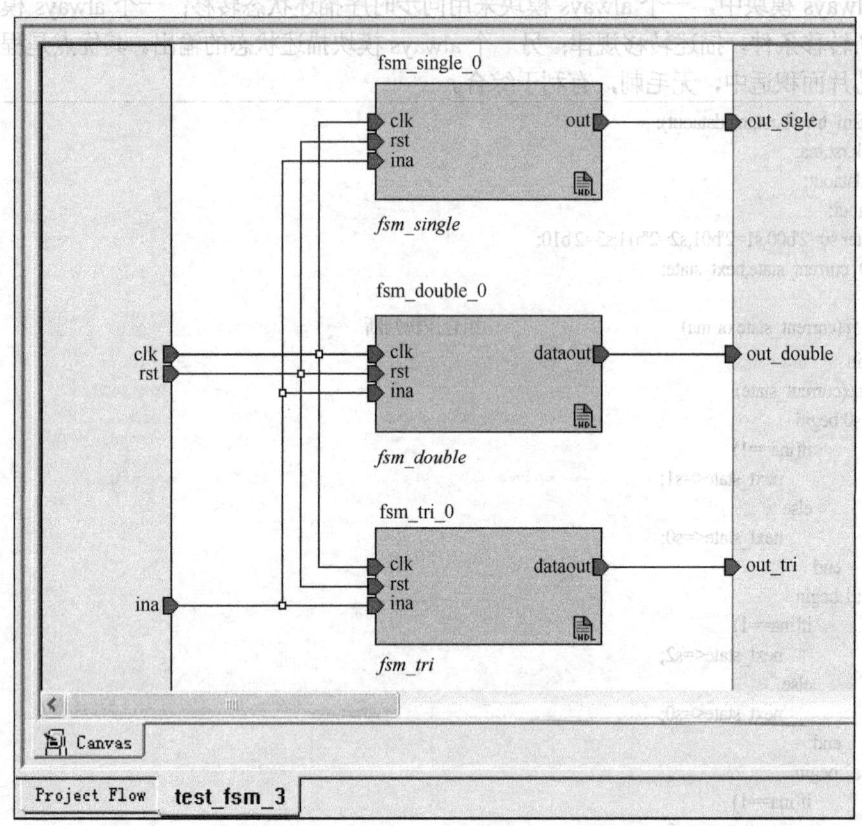

图7-20 设计并连线

测试平台如下：

```
`timescale 1ns/1ns
module testbench;
  reg ina,rst,clk;
  wire out_single, out_double, out_tri;

  parameter clock_period=20;
  always #(clock_period/2) clk= ~ clk;

  initial
      begin
       clk=0;
       rst=1;
       #25    rst=0;
       #75    rst=1;
       #200   $finish;
      end

  initial
      begin
```

```
        ina=0;
        #5;
        repeat(10)
            #30    ina=$random;
        end
    test_fsm_3  test (.clk(clk),.rst(rst),.ina(ina),
                .out_single(out_single),. out_double(out_double),. out_tri(out_tri));

endmodule
```

在图7-21中可看到，双always设计方式和三always设计方式的结果输出要比单always设计方式超前一个周期。

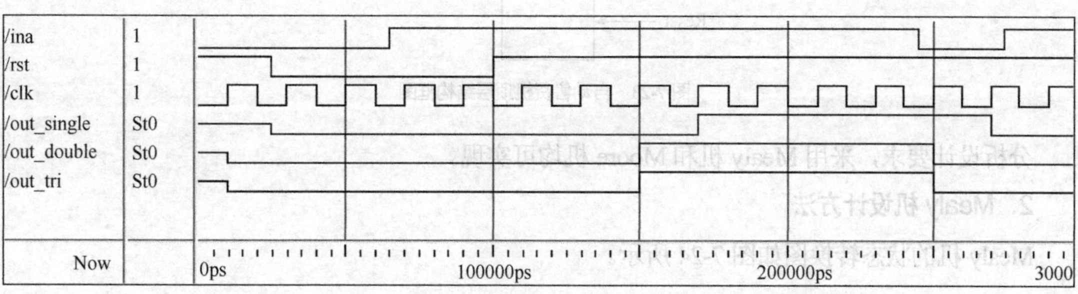

图7-21 仿真结果对比

如果需要对程序中状态的变化过程做更细化的分析，可将对应模块中的“current_state”和“next_state”也一并显示出来，如图7-22所示。

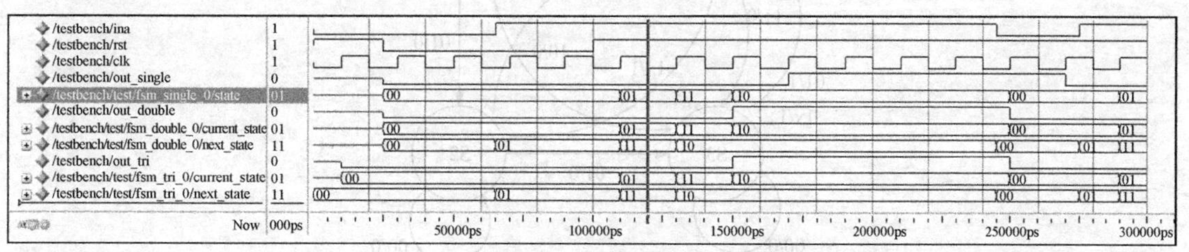

图7-22 仿真结果对比

在对比单always和三always方式写的代码时，不容易发现为何单always方式的代码会晚了一个时钟输出结果。读者可查看上图中每个状态机的状态变化，会发现单always方式在变为S3状态后，没有马上输出结果，而是要等下一时钟才能输出；而三always方式的代码中，通过一个单独的always监测状态的变换（组合电路），一旦变为S3状态，马上进行结果的输出，因此可以在第一时间输出正确结果。

在采用Verilog HDL语言设计状态机时，建议使用“三always模块”方式编程，相应在描述状态机的输出时，只需指定case敏感表为状态寄存器，然后直接在每个次态的case分支中描述该状态的输出即可，而不用考虑状态转移条件。但读者应该注意“三always模块”的状态机设计并不是不可更改的教条，实际的设计往往会有不同的指标要求。另外，使用不同的综合工具也会得到不同的结果。例如上例中的双always设计与三always设计，使用Simplify综合工具得到相同的物理级实现，这一点从仿真结果也可得出。

7.6.3 基于状态转换图（STG）的 FSM 设计实例

1. 设计要求

利用状态机实现一个简单自动售货机控制电路（顶层结构框图如图 7-23 所示）。该电路有两个投币口（1 元和 5 角），商品 2 元一件，不设找零。In[0]表示投入 5 角，In[1]表示投入 1 元，D_out 表示是否提供货品。

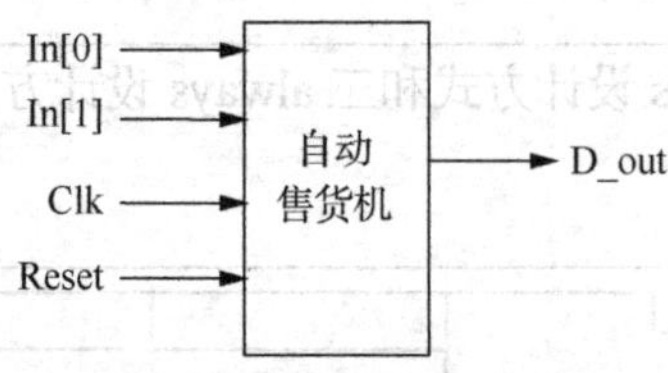

图 7-23 自动售货机顶层结构框图

分析设计要求，采用 Mealy 机和 Moore 机均可实现。

2. Mealy 机设计方法

Mealy 机的状态转换图如图 7-24 所示。

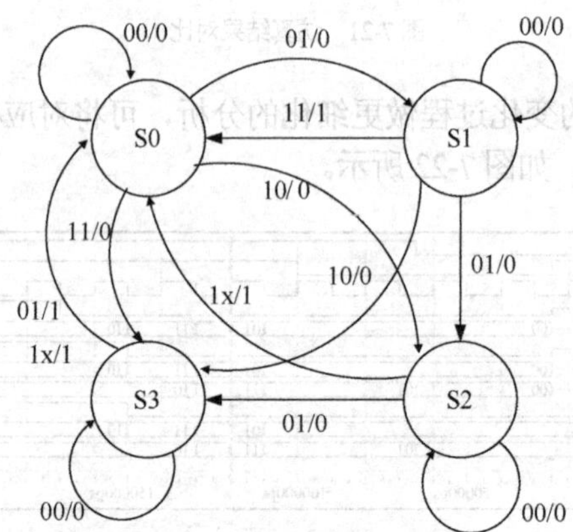

图 7-24 Mealy 机的状态转换图

Mealy 状态机的状态包括（用独热码表示状态编码）：

- S0（0001）：初始状态，未投币或已取商品；
- S1（0010）：投币 5 角；
- S2（0100）：投币 1 元；
- S3（1000）：投币 1.5 元。

Verilog HDL 代码设计如下：

```
module vend_mealy(Reset,Clk,D_in,D_out_mealy);
input Clk,Reset;
input [1:0] D_in;
output D_out_mealy;
reg D_out_mealy;
reg [3:0] current_state, next_state;
parameter S0=4'b0001, S1=4'b0010, S2=4'b0100, S3=4'b1000;
```

```
always @(posedge Clk or posedge Reset)
begin
  if (Reset)
      current_state<=S0;
  else
      current_state<=next_state;
end

always @(current_state or D_in)
begin
case(current_state)
    S0:begin
         if (D_in[1]&D_in[0])
            next_state<=S3;
         else if (D_in[1])
            next_state<=S2;
         else if(D_in[0])
            next_state<=S1;
         else
            next_state<=S0;
       end
    S1:begin
         if (D_in[1]&D_in[0])
            next_state<=S0;
         else if (D_in[1])
            next_state<=S3;
         else if(D_in[0])
            next_state<=S2;
         else
            next_state<=S1;
       end
    S2:begin
         if (D_in[1])
            next_state<=S0;
         else if(D_in[0])
            next_state<=S3;
         else
            next_state<=S2;
       end
    S3:begin
         if (D_in[0]|D_in[1])
            next_state<=S0;
         else
            next_state<=S3;
       end
    default:next_state<=S0;
  endcase
end

always @(current_state or D_in)
    D_out_mealy=(((current_state==S2)&&(D_in[1]==1))||((current_state==S3)&&
      (D_in[0]|D_in[1])==1)||((current_state==S1)&&(D_in[0]&D_in[1])==1)));
endmodule
```

Mealy 机综合结果如图 7-25 和图 7-26 所示。

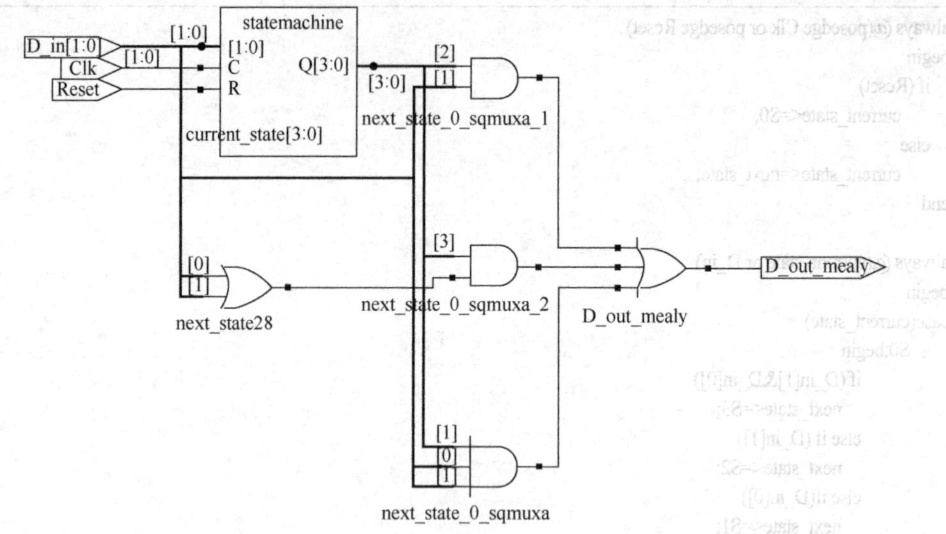

图 7-25　RTL 视图

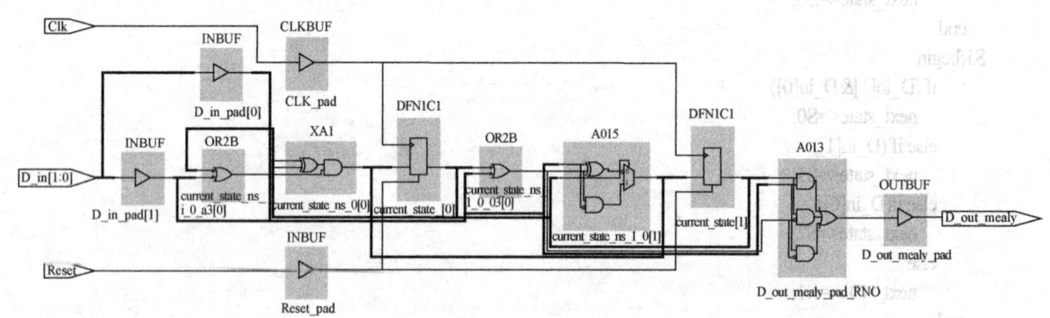

图 7-26　工艺视图

3. Moore 机设计方法

Moore 机的状态转换图如图 7-27 所示。

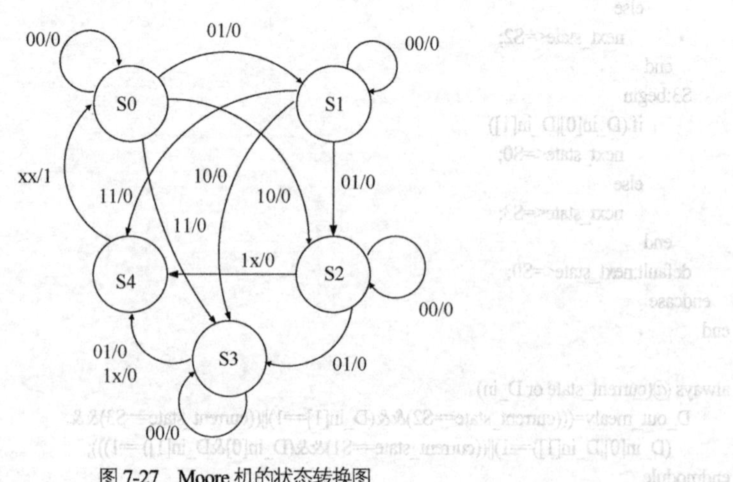

图 7-27　Moore 机的状态转换图

Moore 状态机的状态包括（用独热码表示状态编码）：

- S0（00001）：初始状态，未投币或已取商品；
- S1（00010）：投币 5 角；
- S2（00100）：投币 1 元；
- S3（01000）：投币 1.5 元；
- S4（10000）：投币 2 元或以上。

Verilog HDL 代码设计如下：

```
module vend_moore(Reset,Clk,D_in,D_out_moore);
input Clk,Reset;
input [1:0] D_in;
output D_out_moore;
reg D_out_moore;
reg [4:0] current_state, next_state;
parameter S0=5'b00001, S1=5'b00010, S2=5'b00100, S3=5'b01000,S4=5'b10000;

always @(current_state or D_in)
begin
  case(current_state)
    S0:begin
        if (D_in[1]&D_in[0])
          next_state<=S3;
        else if (D_in[1])
          next_state<=S2;
        else if(D_in[0])
          next_state<=S1;
        else
          next_state<=S0;
      end
    S1:begin
        if (D_in[1]&D_in[0])
          next_state<=S4;
        else if (D_in[1])
          next_state<=S3;
        else if(D_in[0])
          next_state<=S2;
        else
          next_state<=S1;
      end
    S2:begin
        if (D_in[1])
          next_state<=S4;
        else if(D_in[0])
          next_state<=S3;
        else
          next_state<=S2;
      end
    S3:begin
        if (D_in[0]|D_in[1])
          next_state<=S4;
        else
          next_state<=S3;
      end
    S4:begin
          next_state<=S0;
```

```
        end
      default:next_state<=S0;
    endcase
  end

  always @(posedge Clk or posedge Reset)
  begin
    if (Reset)
        current_state<=S0;
    else
        current_state<=next_state;
  end

  always @(current_state )                    //Moore 输出（组合电路）
     D_out_moore=(current_state==S4);
  endmodule
```

Moore 机综合结果如图 7-28 所示。

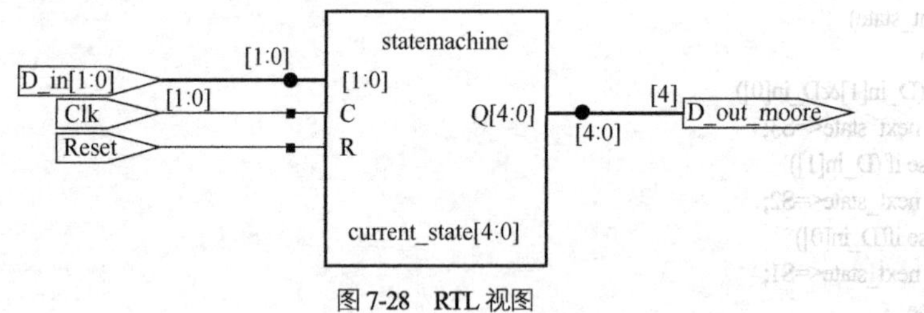

图 7-28　RTL 视图

4．测试设计

将 Mealy 机和 Moore 机设计放在同一个画布（vend_test）中，如图 7-29 所示。

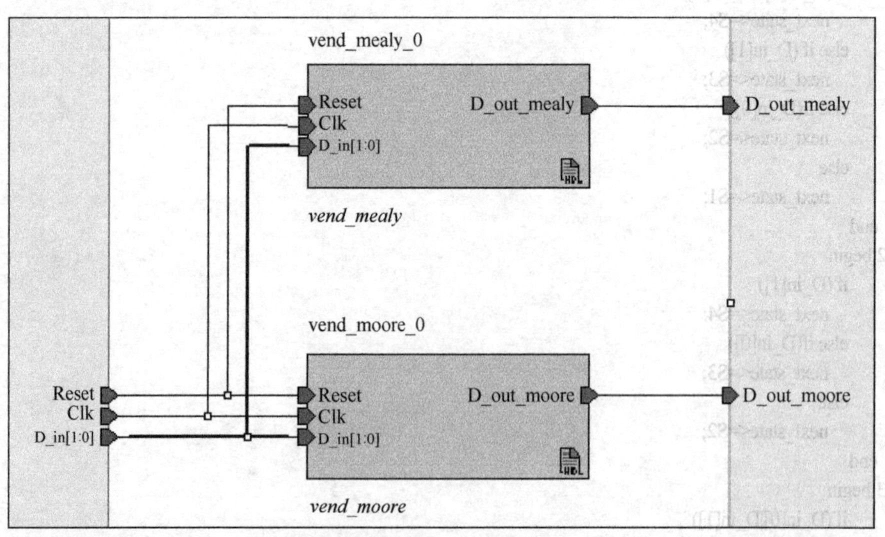

图 7-29　放在同一设计中并连线

编写测试平台如下：

```
`timescale 1ns/1ns
module testbench_vend;
reg clk,reset;
```

```
reg [1:0] d_in;
  wire d_out_mealy;
  wire d_out_moore;
  parameter DELY=32;

  vend_test tb(.Clk(clk),.Reset(reset),.D_in(d_in),.D_out_mealy(d_out_mealy),
                    .D_out_moore(d_out_moore));

  always #(DELY/2) clk =  ~ clk;

  initial
    begin
      clk=0;
      reset=0;
      #5 reset=1;
      #20 reset=0;
    end

  initial
    begin
                 d_in=0;
         #25     d_in=2'b01;
         #25     d_in=2'b00;
         #25     d_in=2'b11;
         #25     d_in=2'b00;
         #75     d_in=2'b10;
         #25     d_in=2'b00;
         #125    d_in=2'b10;
         #25     d_in=2'b00;
         #100    d_in=2'b01;
         #25     d_in=2'b00;
         #50     d_in=2'b01;
         #25     d_in=2'b00;
         #25     d_in=2'b10;
    end
  initial
    #600  $finish;
  endmodule
```

5. 仿真验证

图7-30所示为功能仿真的结果。在图中可看到：Mealy机的输出波形中，一旦满足投币条件，输出马上可以反映出来，如标记了①、②、③的位置；且输出的波形有长有短，输出的维持时间会根据距离时钟边沿的不同而有差别。Moore机则有所不同。

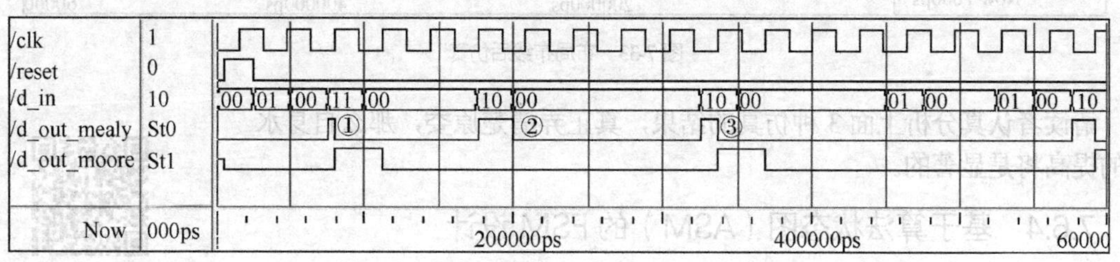

图7-30　功能仿真

读者可能会注意到，Mealy 机在标记了②的位置出现了有效的输出信号，而 Moore 机没有，按设计逻辑，该位置不应出现有效输出信号，是什么原因造成了这种现象？

如果要了解程序的运行情况，需添加更多变量数据显示在波形窗口，如图 7-31 所示。

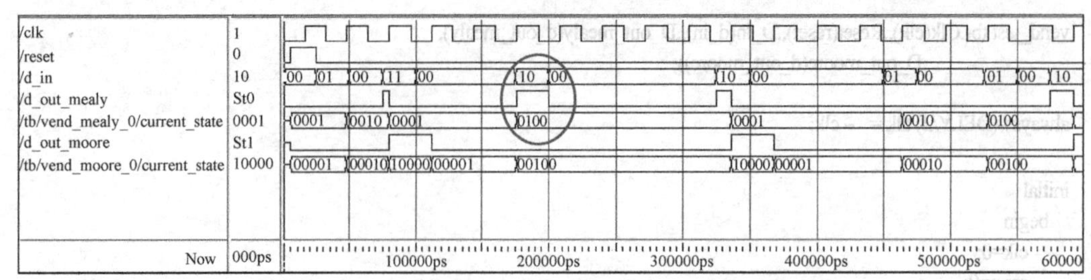

图 7-31 显示更多变量内容

在图中标记位置，发生了状态变化，状态变量组合从“0001”跳转到“0100”，而此时输入信号仍然有效，所以直接影响输出的状态，输出端输出了有效的信号！这是 Mealy 机设计中不可克服的问题。

图 7-32 为综合后仿真的结果，可看到 Mealy 机方式产生了新的毛刺，而 Moore 机没有这个问题。

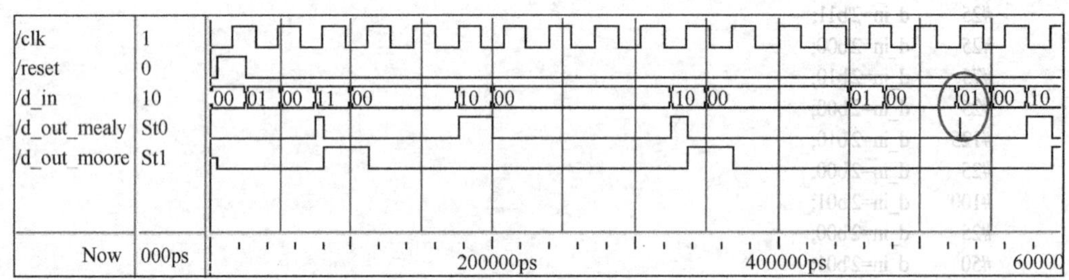

图 7-32 综合后仿真

图 7-33 所示为布局布线后仿真的结果，可见延迟和毛刺加大。

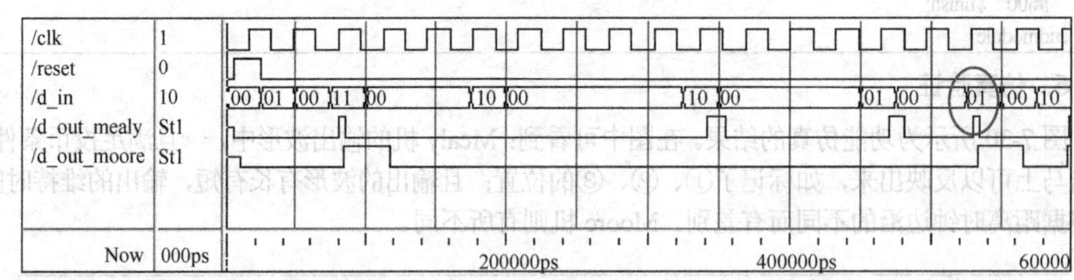

图 7-33 布局布线后仿真

请读者认真分析上面 3 种仿真的结果，真正弄清楚原委，那么自身水平的提高将是显著的。

7.6.4 基于算法状态图（ASM）的 FSM 设计

具体内容可扫描二维码查看。

基于算法状态图（ASM）的FSM设计

7.6.5　有限状态机设计总结

具体内容可扫描二维码查看。

有限状态机设计总结

7.7　时序逻辑电路的综合性实例

7.7.1　实例一：计数器数码管显示电路设计

1．设计要求

利用 6.3.2 小节讨论的数码显示译码器“74HC4511”及 7.5.2 小节讨论的计数器“74HC161”，设计电路显示计数器的计数过程（0～F）。

2．设计过程

（1）打开 Libero IDE 设计工具，新建工程，并导入设计文件“74HC161.v”及“74HC4511.v”。

（2）单击 HDL Editor 图标，选择“Verilog Source File”，新建“Cnt_Led.v”文件，输入以下顶层设计代码：

```
module cnt_led(MRN,TC, PEN,CET,CEP, CP,Dn,Seg);
  input   MRN, PEN, CET, CEP, CP;
  output TC;
  wire    LT_N,BI_N,LE;
  input    [3:0] Dn;
  output    [7:0] Seg;
  wire [3:0] HC161_0_Qn;
  assign        LT_N=1;
  assign        BI_N=1;
  assign        LE=0;

  HC161 HC161_0 (.CP(CP), .CEP(CEP), .CET(CET), .MRN(MRN), .PEN(PEN),
         .TC(TC), .Dn(Dn), .Qn(HC161_0_Qn));
  HC4511 HC4511_0 (.A(HC161_0_Qn), .Seg(Seg), .LT_N(LT_N), .BI_N(BI_N), .LE(LE));
endmodule
```

此处采用代码方式编写，读者也可用 SmartDesign 进行连线。

（3）新建测试平台文件，输入以下代码：

```
`timescale 1ns/1ns
module testbench_Cnt_Led;
  reg CP,CEP,CET,MRN,PEN;
  reg [3:0] Dn;
  wire TC;
  wire [7:0] Seg;
  parameter DELY=20;
  always #(DELY/2) CP =  ~CP;
  initial
    begin
     CP=0; CEP=0; CET=0; MRN=0; PEN=0; Dn=7;
     #26    CEP=1;
     #16    CET=1; MRN=1; PEN=1;
     #40    CEP=0;
     #20    CET=0;
     #20    PEN=0; CET=1; CEP=1;
```

```
        #40    PEN=1;
        #200   $finish;
      end
    cnt_led tb(      .Seg (Seg),.CP (CP ),.CEP (CEP),.CET (CET),.MRN (MRN),
                     .PEN (PEN),.Dn (Dn),.TC (TC));
endmodule
```

3．功能仿真

仿真结果如图 7-34 所示。

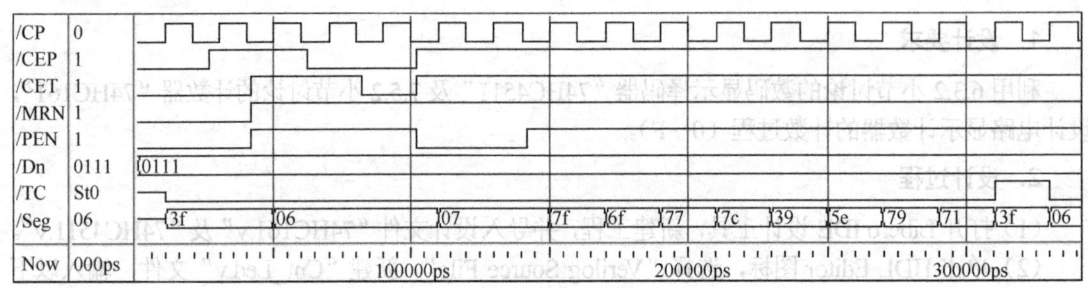

图 7-34 功能仿真结果

从波形中可看到，随着控制信号的变化，输出结果也相应发生复位、置数、计数等变化。

4．综合结果

综合结果如图 7-35 所示。

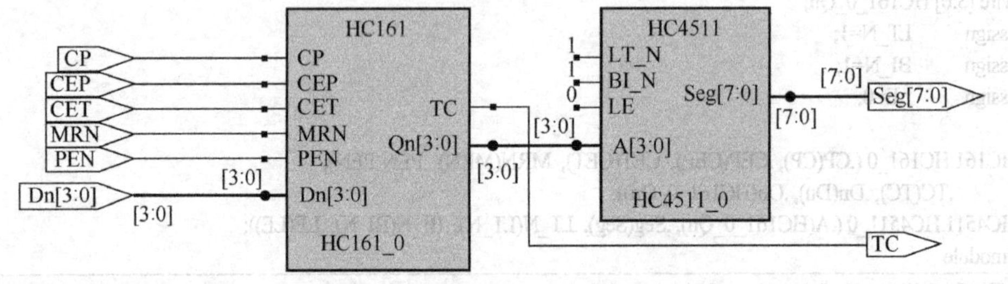

图 7-35 RTL 视图

利用与本书配套的实验箱可以完成芯片烧录及实际测试的步骤。

细心的读者会发现，设计中所导入的子模块均是按照实际的 74HC 系列芯片编写 Verilog HDL 程序的，在应用中往往可以根据实际情况酌情减少某些控制信号的设计，如本例中对 HC4511 的 LT_N、BI_N、LE 等控制信号的处理，读者可以自行修改和测试。

7.7.2 实例二：4 位数码管动态扫描显示电路的设计

1．设计要求及说明

要求设计一电路，可以在共阴极 4 位 8 段显示数码管上“同时”显示 4 个数字（如“8217”）。设计要求在每个数码管显示事先设定的数字，输入时钟信号的频率为 1kHz。4 位共阳极 LED 数码管 LN3461A 的结构如图 7-36 所示。

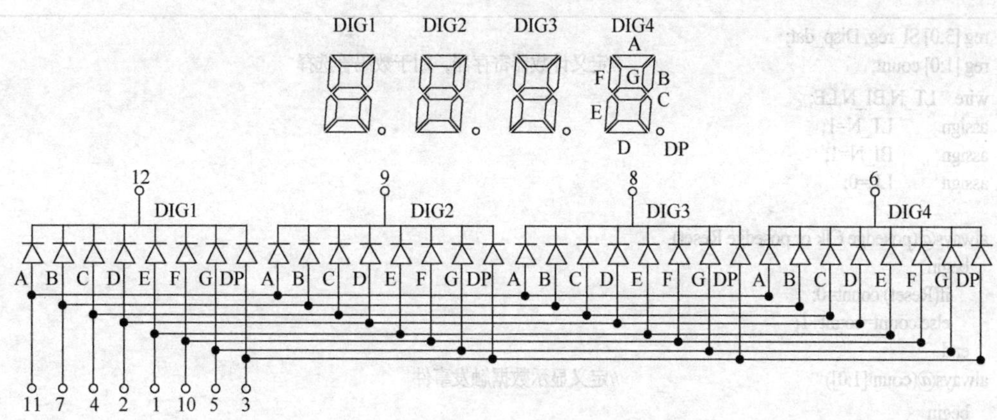

图 7-36　LN3461A

共阴极 4 位 8 段显示数码管结构如图 7-36 所示，每个数码管的 8 个段 A，B，C，D，E，F，G，DP 都分别连在一起，4 个数码管分别由 4 个选通信号 DIG1、DIG2、DIG3、DIG4 来选择。被选通的数码管显示数据，其余关闭。

如果要控制一位或多位显示相同的内容，设计相对简单。如在某一时刻，只有 DIG1 为低电平，那么仅 DIG1 对应的数码管显示来自段信号端的数据，而其他数码管均不显示；如果 DIG1、DIG2、DIG3、DIG4 中有多个为低电平，则相应的数码管会显示相同的内容。

但是，如果希望在 4 个数码管显示不同的数据，就必须使得 4 个选通信号 DIG1、DIG2、DIG3、DIG4 轮流被单独选通，同时，在段信号输入口加上希望在对应数码管上显示的数据，这样随着选通信号的变化，才能实现扫描显示的目的。只要轮流的速度足够快（每秒轮流 50 次以上，即 50Hz）由于人眼视觉暂留的特性，感觉不到数码管的闪动，所看到的就是连续的一组数字。

该模块的结构如图 7-37 所示。

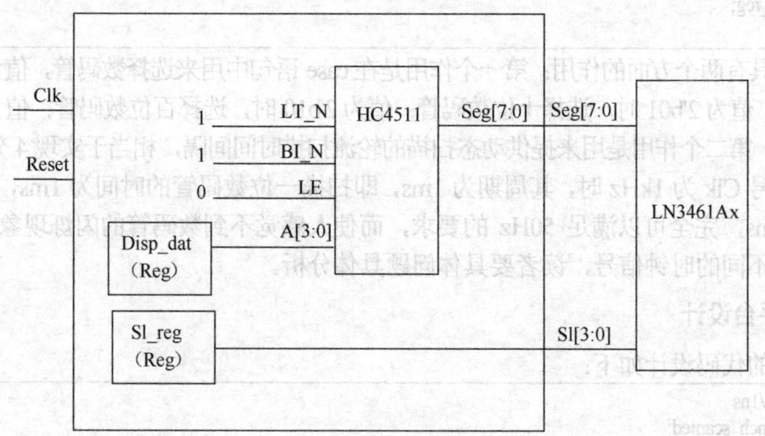

图 7-37　模块结构图

2．Verilog HDL 设计

以下程序设计实现了 4 位数码管动态扫描显示电路。

```
module dymamic_led(Seg,Sl,Clk,Reset);
 output [7:0] Seg;                              //定义数码管的输出引脚
 output [3:0] Sl;                               //定义数码管选择输出引脚
 input Clk,Reset;
```

```
reg [3:0] Sl_reg, Disp_dat;
reg [1:0] count;                              //定义计数器寄存器，用于数码管选择
wire   LT_N,BI_N,LE;
assign      LT_N=1;
assign      BI_N=1;
assign      LE=0;

always@(posedge Clk or posedge Reset)
  begin
    if(Reset) count=0;
    else count=count+1;
  end
always@(count[1:0])                           //定义显示数据触发事件
  begin
    case(count[1:0])
      2'b00:Disp_dat=4'b1000;                 //数码管个位显示固定数值 8
      2'b01:Disp_dat=4'b0010;                 //数码管十位显示固定数值 2
      2'b10:Disp_dat=4'b0001;                 //数码管百位显示固定数值 1
      2'b11:Disp_dat=4'b0111;                 //数码管千位显示固定数值 7
    endcase
    case(count[1:0])
      2'b00: Sl_reg =4'b1110;             //选择数码管个位
      2'b01: Sl_reg =4'b1101;             //选择数码管十位
      2'b10: Sl_reg =4'b1011;             //选择数码管百位
      2'b11: Sl_reg =4'b0111;             //选择数码管千位
    endcase
  end
HC4511 HC4511_0
(.A(Disp_dat), .Seg(Seg), .LT_N(LT_N), .BI_N(BI_N), .LE(LE));
                                      //调用显示驱动模块 HC4511
 assign Sl=Sl_reg;
endmodule
```

count[1:0]具有两个方面的作用：第一个作用是在 case 语句中用来选择数码管，值为 2'b00 时，选择个位数码管；值为 2'b01 时，选择十位数码管；值为 2'b10 时，选择百位数码管；值为 2'b11 时，选择千位数码管。第二个作用是用来提供动态扫描的轮流扫描时间间隔，相当于实现 4 分频的作用。

当时钟信号 Clk 为 1kHz 时，其周期为 1ms，即扫描一位数码管的时间为 1ms，扫描 4 个数码管的时间为 4ms，完全可以满足 50Hz 的要求，而使人感觉不到数码管的闪烁现象。当然，不同的设计会选用不同的时钟信号，读者要具体问题具体分析。

3．测试平台设计

测试平台的代码设计如下：

```
`timescale 1ns/1ns
module testbench_scanled;
 reg clk,reset;
 wire [7:0]seg;
 wire [3:0]sl;
 dymamic_led tb(.Clk(clk),.Reset(reset),.Seg(seg),.Sl(sl));

 parameter DELY=20;
 always #(DELY/2) clk =  ~clk;

 initial
   begin
```

```
        clk =0;reset=0;
        #(DELY*2)           reset=1;
        # DELY      reset=0;
        #(DELY*20)     $finish;
    end
endmodule
```

4．功能仿真

仿真结果如图 7-38 所示。

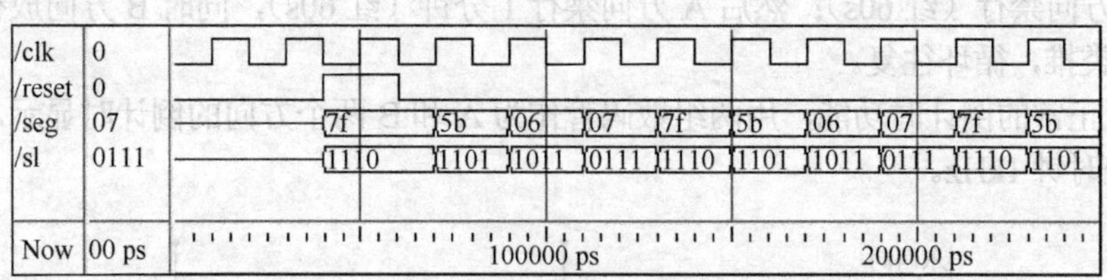

图 7-38　功能仿真结果

从图中可看到每位的显示时长为 20ns，因为该测试平台并不是按照 1kHz 设置时钟的，读者只需修改测试平台的周期参数，就可改变时钟周期。

5．综合结果

综合结果如图 7-39 所示。

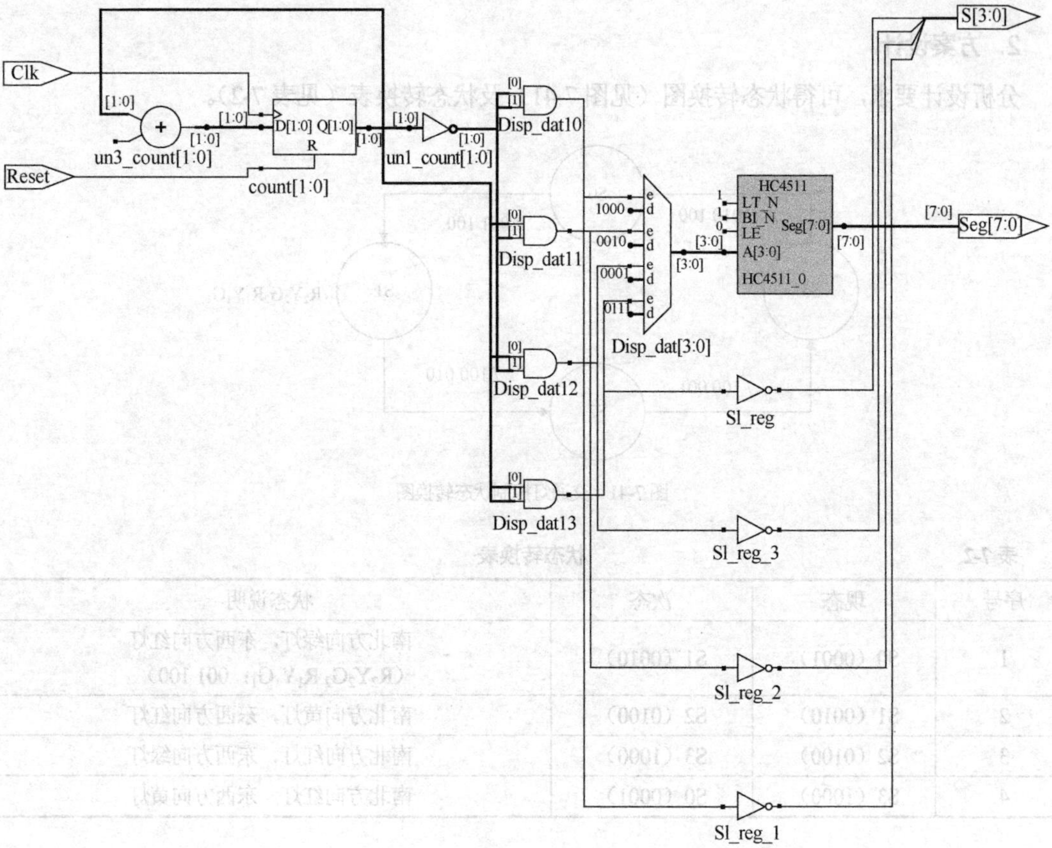

图 7-39　RTL 视图

7.7.3 实例三：交通灯控制器

1. 设计要求

一个十字路口的交通灯一般分为两个方向，每个方向有红灯、绿灯和黄灯 3 种（如图 7-40 所示）。实现一个常见的十字路口交通灯控制功能，具体要求如下。

（1）十字路口包含 A（南北）、B（东西）两个方向的车道。A 方向放行一分钟（绿 55s，黄 5s），同时 B 方向禁行（红 60s）；然后 A 方向禁行 1 分钟（红 60s），同时 B 方向放行（绿 55s，黄 5s）。依此类推，循环往复。

（2）实现正常的倒计时功能，用两组数码管作为 A 和 B 两个方向的倒计时显示。

（3）系统时钟 1kHz。

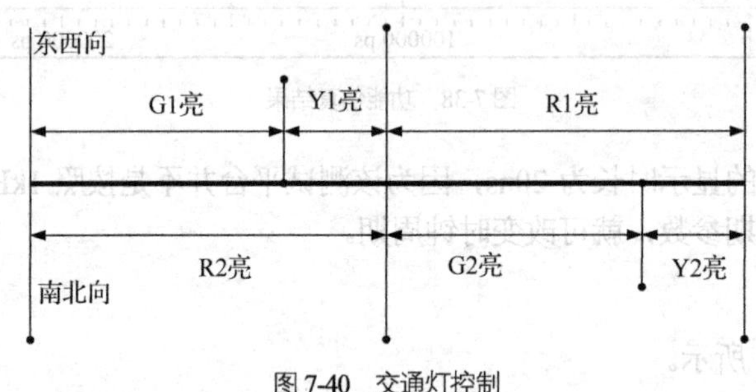

图 7-40 交通灯控制

2. 方案设计

分析设计要求，可得状态转换图（见图 7-41）及状态转换表（见表 7-2）。

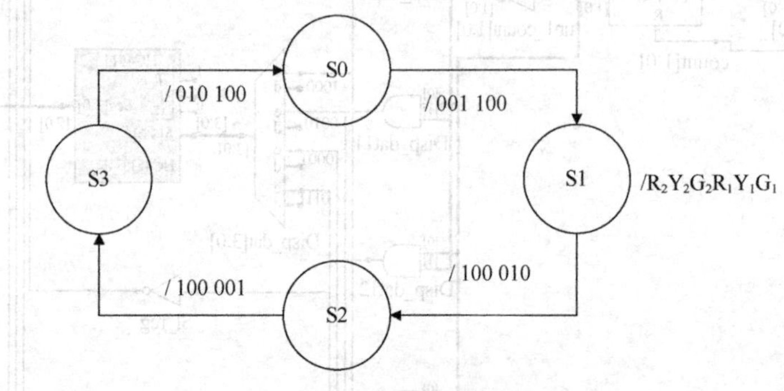

图 7-41 交通灯控制状态转换图

表 7-2 状态转换表

序号	现态	次态	状态说明
1	S0（0001）	S1（0010）	南北方向绿灯，东西方向红灯 （$R_2Y_2G_2\,R_1Y_1G_1$：001 100）
2	S1（0010）	S2（0100）	南北方向黄灯，东西方向红灯
3	S2（0100）	S3（1000）	南北方向红灯，东西方向绿灯
4	S3（1000）	S0（0001）	南北方向红灯，东西方向黄灯

基于子模块划分的方法实现，整个系统的组成结构图如图 7-42 所示。

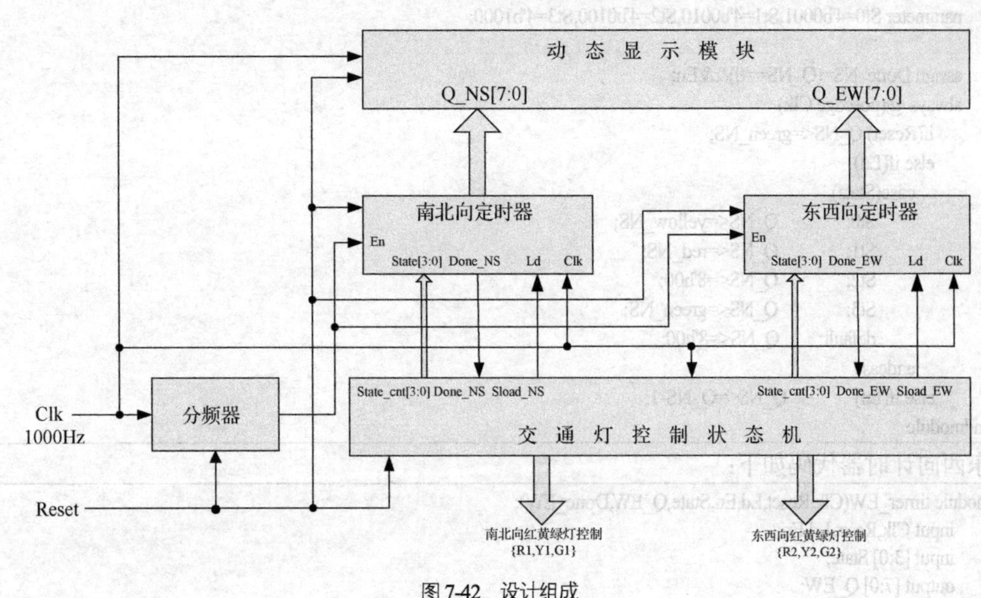

图 7-42　设计组成

其中分频器实现 1s 时钟信号的生成，交通灯控制状态机完成工作状态转换及协调各子系统的工作，南北向及东西向定时器（带同步置数功能 Ld）实现按设计要求的时间倒计时，动态显示模块包括数译码、显示驱动等功能。

3. 子模块设计

1）分频模块

分频模块的 Verilog HDL 代码如下：

```
module one_second_clk(Reset,Clk,Cout);
input Reset,Clk;
reg [9:0] Count;
output reg Cout;
always @(posedge Clk)
    if(Reset)
      begin Count=0;Cout=0;end
    else if(Count==999)
      begin Count=0;Cout=1;end
    else
      begin Count=Count+1;Cout=0;end
endmodule
```

2）定时器

系统使用两个定时器（南北/东西），该定时器接收控制状态机的控制信号（Clk,Reset,Ld）和分频模块的时钟信号（1Hz），计时完成后输出完成信号（Done_NS）及 Done_EW。

南北向定时器的 Verilog HDL 代码如下：

```
module timer_NS(Clk,Reset,Ld,En,State,Q_NS,Done_NS);
    input Clk,Reset,Ld,En;
    input [3:0] State;
    output [7:0] Q_NS;
    output Done_NS;
    reg [7:0] Q_NS;
```

```
    parameter red_NS=59,green_NS=54,yellow_NS=4;
    parameter St0=4'b0001,St1=4'b0010,St2=4'b0100,St3=4'b1000;

    assign Done_NS=(Q_NS==0)&&En;
    always @(posedge Clk)
      if(Reset) Q_NS<=green_NS;
      else if(Ld)
        case(State)
          St0:        Q_NS<=yellow_NS;
          St1:        Q_NS<=red_NS;
          St2:        Q_NS<=8'h00;
          St3:        Q_NS<=green_NS;
          default:    Q_NS<=8'h00;
        endcase
      else if(En)    Q_NS<=Q_NS-1;
endmodule
```

东西向计时器代码如下：

```
module timer_EW(Clk,Reset,Ld,En,State,Q_EW,Done_EW);
    input Clk,Reset,Ld,En;
    input [3:0] State;
    output [7:0] Q_EW;
    output Done_EW;
    reg [7:0] Q_EW;

    parameter red_EW=8'h3b,green_EW=8'h36,yellow_EW=8'h04;
    parameter St0=4'b0001,St1=4'b0010,St2=4'b0100,St3=4'b1000;

    assign Done_EW= ~ (|Q_EW)&&En;
    always @(posedge Clk)
      if(Reset) Q_EW<=green_EW;
      else if(Ld)
        case(State)
          St0:          Q_EW<=8'h00;
          St1:          Q_EW<=green_EW;
          St2:          Q_EW<=yellow_EW;
          St3:          Q_EW<=red_EW;
          default:      Q_EW<=8'h00;
        endcase
      else if(En)      Q_EW<=Q_EW-1;
endmodule
```

3）二—十进制转换模块

因为定时器输出的是 8 位二进制数（如 179 为'b1011 0011），动态显示模块（dymamic_led）接收的是十进制数每位所对应的二进制数（如需要显示 179，则该模块应接收'b0000 0001 0111 1001），因此需要一个模块将 8 位二进制转换为十进制数。

采用 6.9.4 小节（组合电路综合实例四）中的 8 位二进制转换为十进制电路模块，具体设计参考前述内容。

4）动态显示模块

7.7.2 小节实例二中的 4 位 LED 电路模块设计中，固定了显示的内容，在此不能直接调用。在此对代码进行了修改，但总体设计思路不变。

```
module dymamic_led(seg,sl,Clk,Reset,DataA,DataB,DataC,DataD);
    output [7:0] seg;
    output [3:0] sl;
```

```
        input Clk,reset;
        input [3:0] DataA,DataB,DataC,DataD;
        reg [7:0] seg_reg;
        reg [3:0] sl_reg, disp_dat;
        reg [1:0] count;
        assign seg=seg_reg;
        assign sl=sl_reg;

        always@(posedge Clk or posedge Reset)
           begin
              if(reset) count=0;
              else     count=count+1;
           end
        always@(*)
           begin
              case(count)                        //将 7.7.2 小节的代码中的两个 case 语句合在一起
                 2'b00:begin
                       disp_dat=DataA;
                       sl_reg =4'b1110;
                    end
                 2'b01:begin
                       disp_dat=DataB;
                       sl_reg =4'b1101;
                    end
                 2'b10: begin
                       disp_dat=DataC;
                       sl_reg =4'b1011;
                    end
                 2'b11: begin
                       disp_dat=DataD;
                       sl_reg =4'b0111;
                    end
              endcase
           end

       always@(disp_dat)                         // 将 4511 的显示译码也合并进来
           begin
              case(disp_dat)
                 4'h0:seg_reg=8'h3f;
                 4'h1:seg_reg=8'h06;
                 4'h2:seg_reg=8'h5b;
                 4'h3:seg_reg=8'h4f;
                 4'h4:seg_reg=8'h66;
                 4'h5:seg_reg=8'h6d;
                 4'h6:seg_reg=8'h7d;
                 4'h7:seg_reg=8'h07;
                 4'h8:seg_reg=8'h7f;
                 4'h9:seg_reg=8'h67;
                 4'ha:seg_reg=8'h77;
                 4'hb:seg_reg=8'h7c;
                 4'hc:seg_reg=8'h3c;
                 4'hd:seg_reg=8'h5e;
                 4'he:seg_reg=8'h79;
                 4'hf:seg_reg=8'h71;
              endcase
```

```
        end
endmodule
```

5）交通灯控制状态机（traffic_FSM.v）

以下代码采用三段式状态机设计。

```
module traffic_control (Clk, Reset,Done_NS,Done_EW,Red1, Yellow1, Green1, Red2, Yellow2, Green2,Sload_NS,Sload_EW,State_cnt);
input Clk, Reset;
input Done_NS,Done_EW;
output   Red1, Yellow1, Green1, Red2, Yellow2, Green2;
output Sload_NS,Sload_EW;
output [3:0] State_cnt;
// Define the states，定义状态
parameter S0 =4'b0001, S1 = 4'b0010, S2 = 4'b0100, S3 = 4'b1000;

reg [3:0] current_state, next_state;
reg Red1, Yellow1, Green1, Red2, Yellow2, Green2;
reg Sload_NS,Sload_EW;

assign State_cnt=current_state;

// state update，状态转移
always @(posedge Clk or posedge Reset)
  begin
    if (Reset)
          current_state<= S0;
    else
          current_state<= next_state;
  end

// Calculate the next state and the outputs,计算下一状态及输出
always @(current_state or Done_NS or Done_EW)
  begin:fsmtr
      case (current_state)
        S0: begin
              if (Done_NS) next_state<=S1;
              else next_state<= S0;
            end
        S1: begin
              if (Done_NS) next_state<=S2;
              else next_state<= S1;
            end
        S2: begin
              if (Done_EW) next_state<=S3;
              else next_state<= S2;
            end
        S3: begin
              if(Done_EW) next_state<=S0;
              else next_state<= S3;
            end
        default:next_state<= S0;
    endcase
  end

always @(*)
 begin
```

```
        Sload_NS<=1'b0;
        Sload_EW<=1'b0;
    case (current_state)
        S0: begin
            Green1 <= 1'b1;Yellow1<= 1'b0;Red1 <= 1'b0;
            Green2 <= 1'b0;Yellow2<= 1'b0;Red2 <= 1'b1;
            if (Done_NS)
              begin
                Sload_NS<=1'b1;
              end
          end
        S1: begin
            Green1 <= 1'b0;Yellow1<= 1'b1;Red1 <= 1'b0;
            Green2 <= 1'b0;Yellow2<= 1'b0;Red2 <= 1'b1;
             if (Done_NS)
               begin
                 Sload_NS<=1'b1;
                 Sload_EW<=1'b1;
               end
          end
        S2: begin
            Green1 <= 1'b0;Yellow1<= 1'b0;Red1 <= 1'b1;
            Green2 <= 1'b1;Yellow2<= 1'b0;Red2 <= 1'b0;
            if (Done_EW)
              begin
                Sload_EW<=1'b1;
              end
           end
         S3: begin
             Green1 <= 1'b0;Yellow1<= 1'b0;Red1 <= 1'b1;
             Green2 <= 1'b0;Yellow2<= 1'b1;Red2 <= 1'b0;
              if (Done_EW)
                begin
                  Sload_NS<=1'b1;
                  Sload_EW<=1'b1;
                end
           end
          default:
           begin
             Green1 <= 1'b1;Yellow1<= 1'b0;Red1 <= 1'b0;
             Green2 <= 1'b0;Yellow2<= 1'b0;Red2 <= 1'b1;
             Sload_NS<=1'b1;
             Sload_EW<=1'b1;
           end
      endcase
    end
endmodule
```

4．Smartdesign 设计

利用 Smartdesign 进行例化、布局和连线，设计的最后结果如图 7-43 所示。

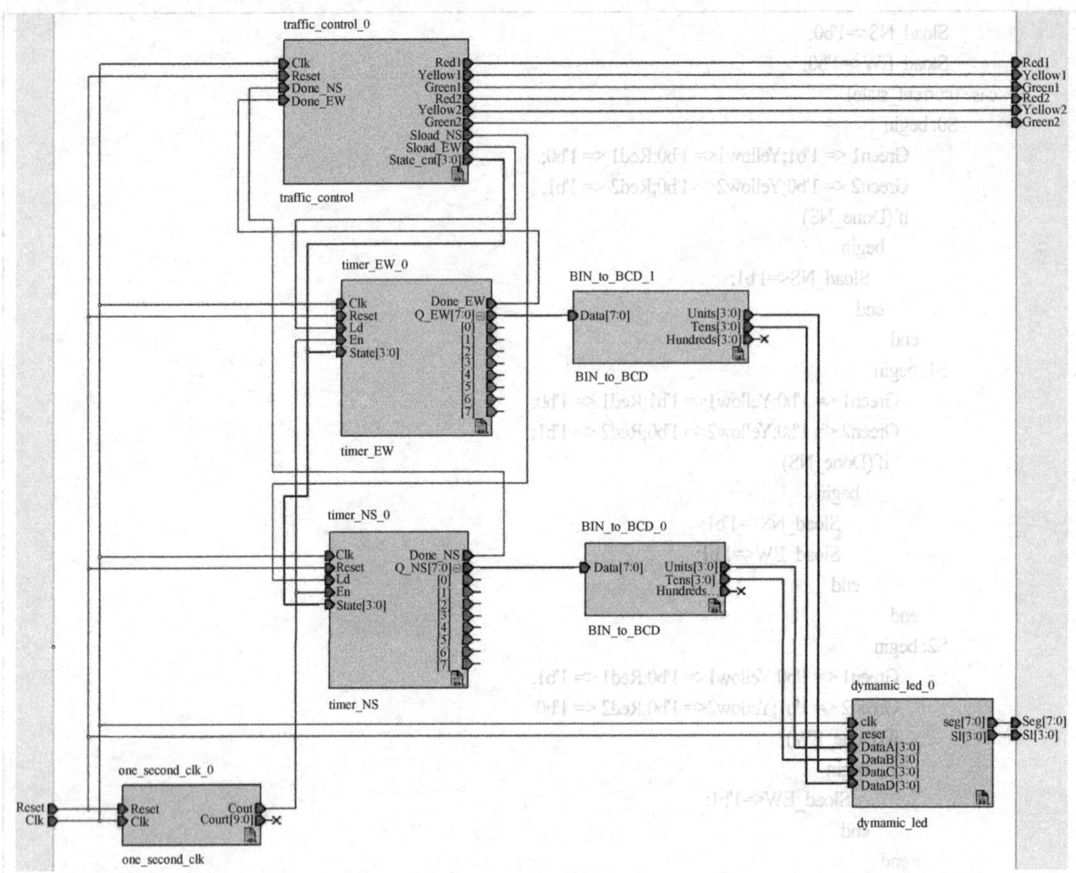

图 7-43 整体设计

5. 测试与仿真

测试平台的代码设计如下：

```
`timescale 1 ns/1ns
module tb_fsm_cnt;
reg clk,reset;
wire [7:0] seg;
wire [3:0] sl;
wire red1,green1,yellow1,red2,green2,yellow2;

parameter DELY=20;
always #(DELY/2) clk =  ~clk;

core_traffic tb(.Red1(red1),.Red2(red2),.Reset(reset),.Clk(clk),.Green1(green1),
       .Green2(green2),.Yellow1(yellow1),.Yellow2(yellow2),.Seg(seg),.Sl(sl));

initial
  begin
     clk =0; reset=0;
     #(DELY*2)      reset=1;
     # DELY         reset=0;
     #(DELY*500000)   $finish;
  end
endmodule
```

仿真结果如图 7-44 所示。

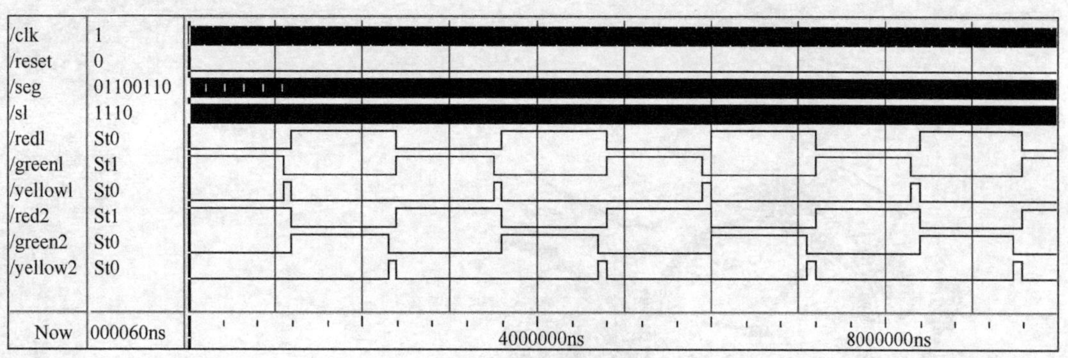

图 7-44　功能仿真结果

7.7.4　实例四：键盘扫描器和编码器

具体内容可扫描二维码查看。

7.7.5　实例五：短跑计时器

具体内容可扫描二维码查看。

实例四：键盘扫描器和编码器

实例五：短跑计时器

习题

（1）设计实现在时钟（上升沿）控制下，将输入数据按位逆序后输出，要求用函数实现。

（2）设计实现在时钟（上升沿）控制下，将输入数据按位逆序后输出，要求用任务实现。

（3）设计实现 74HC74 芯片功能的 Verilog 程序，并编写相应的测试平台。

（4）采用单 always 模块方式，设计一个状态机实现数字序列检测，检测 5 位二进制序列“10010”。

（5）设计计数器数码管显示电路：参考 7.7.1 小节实例一的设计要求，不使用现成模块拼装，直接通过 Verilog HDL 代码实现相应功能。

（6）设计实现 74HC161（4 位二进制同步加法计数器）芯片的功能代码。在 SmartDesign 中通过改变连线，改造为十三进制计数器。

（7）通过行为风格编写一个十三进制同步加法计数器模块。与上题的设计结果接入同一个时钟信号，设计测试平台并对比两个设计的仿真结果。

实验篇

第8章 实验

阅读指南

本章归纳了大量具有典型代表性的实验题目，并配有详细的分析及实验步骤。在内容上，既要完成经典的数字逻辑电路的验证与设计，又要实现现代流行的利用 EDA 工具进行系统设计与验证；在难度上，既有最基本的简单验证实验，又有难度较高且较为实用的综合设计实验，引导读者熟练掌握工具去设计更为复杂的电路。

8.1 节主要介绍自主研发的能完全满足本课程实验需求的实验箱。

8.2 节、8.3 节是基于实验箱的数字逻辑实验。

8.4 节、8.5 节是利用 EDA 工具进行数字逻辑实验的设计、仿真及其在实验箱上的验证。

8.1 数字逻辑及系统设计实验箱介绍

数字逻辑及系统设计实验箱是专门为“数字逻辑与 EDA 设计”课程开发的实验平台，它将传统的芯片验证及其电路设计与现代的基于 EDA 工具的数字逻辑设计实验整合到基于 FPGA 实现的实验平台中，并可以进行协同实验。

实验箱具备以下性能特点。

（1）按照数字电路的基本分类及功能模块优化布局，接插便利。

（2）所有芯片的引脚全部引出，便于进行测试，实验组合灵活多样。

（3）将基于 FPGA 的数字逻辑实验整合于实验箱内，可以一对一地进行相关验证及实验。

（4）基于 FPGA 的核心板可进行 10 万次烧录。

（5）板级可编程逻辑信号、时钟脉冲信号生成，使用更加方便。

（6）配有逻辑笔或万用表，方便实验测试。

（7）配有 Flash Pro 4 专用烧录工具，可方便地将设计好的程序写入 FPGA 核心板中。

（8）配备完整的使用说明书和实验例程。

实验箱的技术指标、各组成部分及使用说明，可扫描二维码，浏览相关资料。

实验-网上资源 1

8.2 基于实验箱的数字逻辑实验

8.2.1 基本门电路

一、实验目的

（1）了解基本门电路的主要用途以及验证它们的逻辑功能。
（2）熟悉数字电路实验箱的使用方法。

二、实验仪器及器件

（1）数字逻辑及系统设计实验箱。
（2）逻辑笔或万用表。
（3）器件：74HC00、74HC02、74HC04、74HC08、74HC32、74HC86。

三、实验原理

数字电路研究的对象是电路的输入与输出之间的逻辑关系，这些逻辑关系是由逻辑门电路的组合来实现的。门电路是数字电路的基本逻辑单元。要实现基本逻辑运算和复合逻辑运算，可用这些单元电路（门电路）进行搭建。门电路以输入量作为条件，输出量作为结果，输入与输出量之间满足某种逻辑关系（即“与、或、非、异或”等关系）。

电路输入与输出量均为二值逻辑的 1 和 0 两种逻辑状态。实验中用高低电平分别表示为正逻辑的 1 和 0 两种状态。

输出端的 1 和 0 两种逻辑状态可用两种方法判定：①将电路的输出端接实验箱的某一位 LED，当某一位的 LED 灯亮时，该位输出高电平，表示逻辑“1”；LED 灯不亮时，输出低电平，表示逻辑“0”；②用逻辑笔可以测量输出端的逻辑值。

四、实验内容

以下以 74HC00 为例说明实验内容。

在实验箱上找到 74HC00（四 2 输入与非门）芯片，输入端 1A、1B，即引脚 1 和 2，分别接逻辑输入部分的任两个拨码开关，拨动开关至 V_{CC} 侧，相应 LED 亮时表示输入为高电平，即逻辑“1”，拨动开关至 GND 侧，相应 LED 不亮时表示输入低电平，即逻辑“0”，输出端 1Y，即引脚 3 接逻辑输出部分任一 LED 灯（亮为高电平“1”，灭为低电平“0”）。芯片引脚与逻辑图参见第 1 章图 1-42。

将输入的开关按表 8-1 置位，观察输出端 LED 的状态，用逻辑笔测量输出状态（可以选用任意的输入输出组合）。

按照表 8-1 的要求，在输入端拨动拨码开关，记录输出端 1Y 结果并填入表中。

其他的 74HC02、74HC04、74HC08、74HC32、74HC86 芯片，参照以上 74HC00 的实验步骤，并按照表 8-2 至表 8-6 的形式记录实验结果。

表 8-1　　74HC00 输入/输出状态

输入端		输出端 Y	
A	B	LED（亮/灭）	逻辑状态
0	0		
0	1		
1	0		
1	1		

表 8-2　　74HC02 输入/输出状态

输入端		输出端 Y	
A	B	LED（亮/灭）	逻辑状态
0	0		
0	1		
1	0		
1	1		

表 8-3　　74HC04 输入/输出状态

输入端	输出端 Y	
A	LED（亮/灭）	逻辑状态
0		
1		

表 8-4　　74HC08 输入/输出状态

输入端		输出端 Y	
A	B	LED（亮/灭）	逻辑状态
0	0		
0	1		
1	0		
1	1		

表 8-5　　74HC32 输入/输出状态

输入端		输出端 Y	
A	B	LED（亮/灭）	逻辑状态
0	0		
0	1		
1	0		
1	1		

表 8-6　　74HC86 输入/输出状态

输入端		输出端 Y	
A	B	LED（亮/灭）	逻辑状态
0	0		
0	1		
1	0		
1	1		

五、实验报告要求

写出以上各个基本门电路的逻辑表达式并画出对应的真值表。

8.2.2　门电路综合实验

一、实验目的

（1）进一步理解基本门电路的逻辑功能。

（2）掌握利用基本门电路来实现具体电路的方法。

（3）掌握电路变换的方法。

二、实验仪器及器件

（1）数字逻辑及系统设计实验箱。

（2）逻辑笔或万用表。

（3）器件：74HC00、74HC02、74HC04、74HC08、74HC32、74HC86。

三、实验内容

1．举重比赛裁判表决电路

设计一举重比赛的裁判表决电路，见第 2 章例 2-6。举重比赛有 3 名裁判，以少数服从多数的原则确定最终判决。根据举重比赛的判决规则分析，将 3 名裁判的判决信号作为输入信号，最终判决结果作为输出信号。

设定变量：用 A、B、C 3 个变量作为输入变量，分别代表裁判 1、裁判 2、裁判 3，用 Y 代表最终判决结果。

状态赋值：对于输入变量的取值，用 0 表示失败，用 1 表示成功；对于输出值，用 0 表示失败，用 1 表示成功。

1）方案一

化简得出逻辑函数为 $Y = AB + BC + AC$ 。

若采用与门和或门，则逻辑图如图 8-1 所示。因为实验箱上的或门都是 2 输入门，所以该电路的逻辑图需要改成如图 8-2 所示。

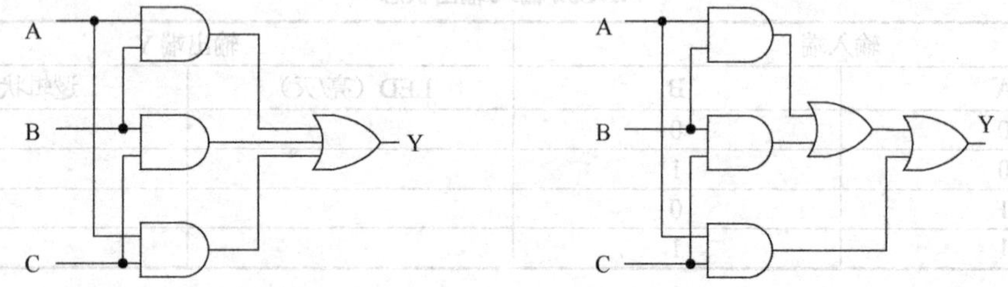

图 8-1　用与门和或门构成的逻辑图（1）　　图 8-2　用与门和或门构成的逻辑图（2）

拨码开关 SI1、SI2、SI3 分别表示电路中的 A、B、C 三个输入信号，拨动开关至 V_{CC} 侧，相应 LED 亮时表示输入为高电平，即逻辑“1”，拨动开关至 GND 侧，相应 LED 不亮时表示输入低电平，即逻辑“0”。拨码开关 SI1 分别接 74HC08（四 2 输入与门）芯片的 1A、3A（即引脚 1、9）。（要注意：拨码开关 SI1 同时要接到 74HC08 芯片的两个引脚，可分别用 SI1 的两个串联的接线铜柱，也可以用连线串接的方法来连接。在后边的实验中凡是涉及类似的接线需要，都可以采用这样的方法。）拨码开关 SI2 分别接 74HC08 芯片的 1B、2B（即引脚 2、5）。拨码开关 SI3 分别接 74HC08 芯片的 2A、3B（即引脚 4、10）。74HC08 芯片的 1Y、2Y（即引脚 3、6）分别接 74HC32（四 2 输入或门）芯片的 1A、1B（即引脚 1、2）。74HC08 芯片的 3Y（即引脚 8）、74HC32 芯片的 1Y（即引脚 3）分别接 74HC32 芯片的 2A、2B（即引脚 4、5）。74HC32 芯片的 2Y（即引脚 6）即本电路最终的输出 Y 信号，接 SO1，观察 LED 灯 LD_O1（亮为高电平“1”，灭为低电平“0”）。

将输入的开关按表 8-7 置位，观察输出端 LED 的状态，用逻辑笔测量输出状态（可以选用任意的输入输出组合）。

按照表 8-7 的要求，拨动拨码开关 SI1、SI2、SI3，记录 74HC32 芯片输出端 2Y 的结果并填入表中。

表 8-7　　举重比赛裁判表决电路输入输出状态（方案一）

输入端			输出端
A	B	C	Y
0	0	0	
0	0	1	
0	1	0	
0	1	1	
1	0	0	
1	0	1	
1	1	0	
1	1	1	

2）方案二

若采用与非门来实现该电路，可将逻辑函数的形式转换为

$$Y = \overline{\overline{AB + BC + AC}}$$

$$= \overline{\overline{AB} \cdot \overline{BC} \cdot \overline{AC}}$$

逻辑图如图 8-3 所示。因为实验箱上的 74HC00（四 2 输入与非门）芯片只有 4 个 2 输入与非门，所以该电路的逻辑图需要改成如图 8-4 所示。具体接线方法略。

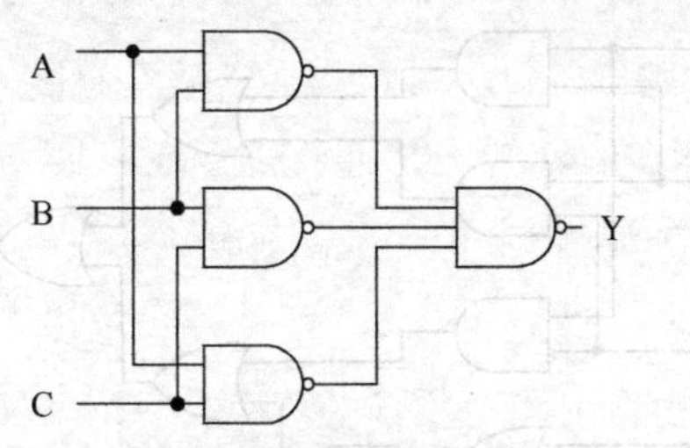

图 8-3　用与非门构成的逻辑图（1）

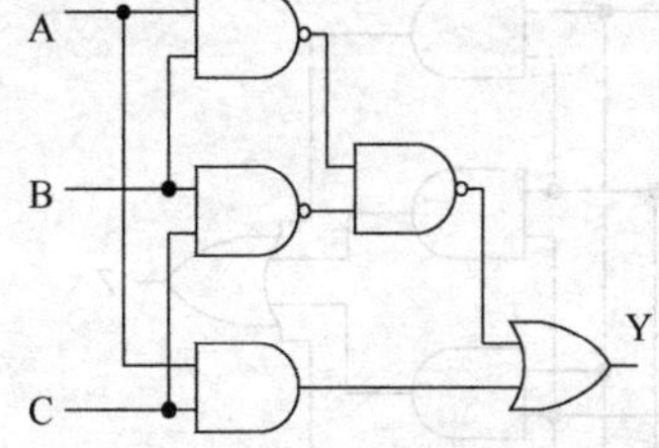

图 8-4　用与非门构成的逻辑图（2）

2．交通灯故障检测电路

设计一个道路交通信号灯故障检测电路，可参见第 2 章的例 2-7。根据道路交通灯的运行规则，正常情况下，红、黄、绿三个灯只有一个灯亮，当三盏灯全灭或两盏及两盏以上灯亮时，应产生故障报警，如图 8-5 所示。根据以上分析，可列出功能表如表 8-8 所示。

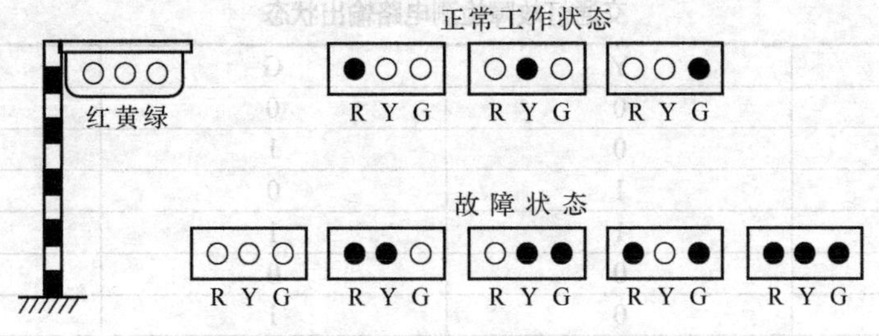

图 8-5　交通信号灯的正常工作状态与故障状态

表 8-8　　　　　　　　交通灯故障检测电路功能表

红灯（R）	黄灯（Y）	绿灯（G）	是否报警（Z）
灭	灭	灭	是
灭	灭	亮	否
灭	亮	灭	否
灭	亮	亮	是
亮	灭	灭	否
亮	灭	亮	是
亮	亮	灭	是
亮	亮	亮	是

设定变量：用 R（red）、Y（yellow）、G（green）三个变量作为输入变量分别代表红灯、黄灯、绿灯，用 Z 代表报警信号。

状态赋值：对于输入变量的取值，用 0 表示灯灭，用 1 表示灯亮；对于输出 Z 的取值，用 0 表示不报警，用 1 表示报警。

化简得出逻辑函数为

$$Z=\overline{R+Y+G}+RY+RG+YG$$

逻辑图如图 8-6 所示。因为实验箱上的 74HC02（四 2 输入或非门）芯片只有 4 个 2 输入或非门，74HC32（四 2 输入或门）芯片只有 4 个 2 输入或门，所以该电路的逻辑图需要改成如图 8-7 所示。

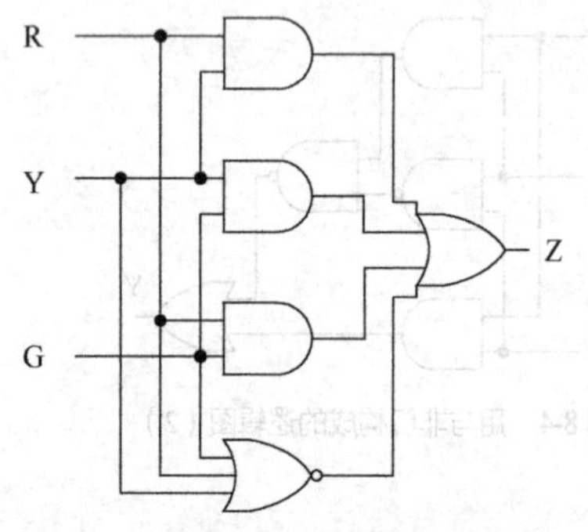

图 8-6　由逻辑函数得出的逻辑图

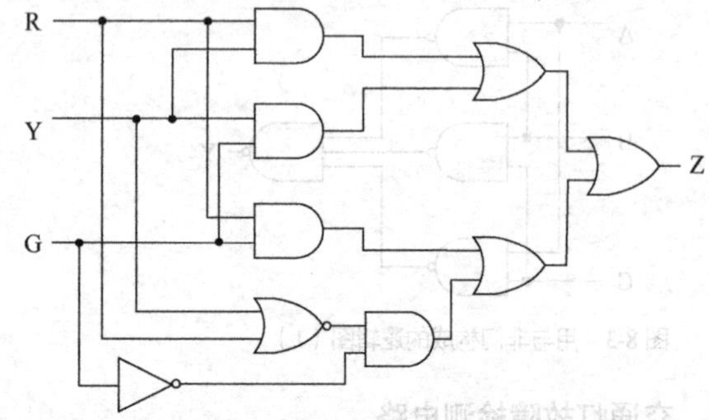

图 8-7　修改后的逻辑图

具体电路的连接可由读者自行实现，最终电路的输出信号为 Z 端。按照表 8-9 的要求，拨动相应的拨码开关，记录输出结果并填入表中。

表 8-9　　　　　　　　交通灯故障检测电路输出状态

R	Y	G	Z
0	0	0	
0	0	1	
0	1	0	
0	1	1	
1	0	0	
1	0	1	
1	1	0	
1	1	1	

8.2.3 组合逻辑电路

一、实验目的

（1）了解和掌握编码器的工作原理，并测试其逻辑单元。

（2）了解和掌握译码器的工作原理，并测试其逻辑功能。

（3）了解和掌握数据选择器的工作原理及逻辑功能。

（4）了解和掌握数值比较器的工作原理及如何比较大小。

（5）了解全加器的工作原理及其典型的应用，并验证4位全加器的功能。

（6）了解集成数码显示译码器的工作原理及其典型的应用，并实现7段数码管的驱动。

二、实验仪器及器件

（1）数字逻辑及系统设计实验箱。

（2）器件：8-3编码器74HC148、3-8译码器74HC138、4选1数据选择器74HC153、4位数值比较器74HC85、4位全加器74HC283、集成数码显示译码器74HC4511、4位共阴极8段显示数码管LN3461A。

三、实验内容

1．74HC148

验证8-3编码器74HC148的逻辑功能，引脚图参见第2章图2-10。

将74HC148的8个输入端$\overline{I}_0$～$\overline{I}_7$（即引脚10～13、1～4）分别接至拨码开关SI1～SI8，3个输出端$\overline{A}_2$～$\overline{A}_0$及$\overline{G}_S$、$\overline{E}_O$（即引脚6、7、9、14、15）接SO1～SO5，$\overline{E}_I$（即引脚5）接SI9。按照表8-10的要求，拨动拨码开关SI1～SI9记录输出端$\overline{A}_2$～$\overline{A}_0$及$\overline{G}_S$、$\overline{E}_O$的结果并填入表中。

表8-10　　74HC148输入/输出状态

控制	十进制数字信号输入								二进制数码输出			状态输出	
$\overline{E}_I$	$\overline{I}_0$	$\overline{I}_1$	$\overline{I}_2$	$\overline{I}_3$	$\overline{I}_4$	$\overline{I}_5$	$\overline{I}_6$	$\overline{I}_7$	$\overline{A}_2$	$\overline{A}_1$	$\overline{A}_0$	$\overline{G}_S$	$\overline{E}_O$
1	X	X	X	X	X	X	X	X					
0	1	1	1	1	1	1	1	1					
0	X	X	X	X	X	X	X	0					
0	X	X	X	X	X	X	0	1					
0	X	X	X	X	X	0	1	1					
0	X	X	X	X	0	1	1	1					
0	X	X	X	0	1	1	1	1					
0	X	X	0	1	1	1	1	1					
0	X	0	1	1	1	1	1	1					
0	0	1	1	1	1	1	1	1					

注：X为任意状态。

2．74HC138

验证3-8译码器74HC138的逻辑功能，引脚图参见第2章图2-19。

将74HC138的输入端$\overline{E}_1$、$\overline{E}_2$、E_3（即引脚4～6）、A_2、A_1、A_0、（即引脚1～3）分别接至拨码开关SI1～SI6，输出端$\overline{Y_0}$～$\overline{Y_7}$（即引脚15、14、13、12、11、10、9、7）接SO1～SO8，

验证其逻辑功能。

按照表 8-11 的要求，拨动拨码开关 SI1～SI6，记录输出端 $\overline{Y_0}$ ～ $\overline{Y_7}$ 的结果并填入表中。

表 8-11　　74HC138 输入/输出状态

使能输入			数据输入			译码输出							
$\overline{E_1}$	$\overline{E_2}$	E_3	A_2	A_1	A_0	$\overline{Y_0}$	$\overline{Y_1}$	$\overline{Y_2}$	$\overline{Y_3}$	$\overline{Y_4}$	$\overline{Y_5}$	$\overline{Y_6}$	$\overline{Y_7}$
1	X	X	X	X	X								
X	1	X	X	X	X								
X	X	0	X	X	X								
0	0	1	0	0	0								
0	0	1	0	0	1								
0	0	1	0	1	0								
0	0	1	0	1	1								
0	0	1	1	0	0								
0	0	1	1	0	1								
0	0	1	1	1	0								
0	0	1	1	1	1								

注：X 为任意状态。

3．74HC153

验证 4 选 1 数据选择器 74HC153 的逻辑功能，引脚图参见第 2 章图 2-24。

74HC153 用“1”组接线，$1I_0$～$1I_3$ 为数据输入端（即引脚 6、5、4、3），分别接至拨码开关 SI3～SI6；S_1、S_0（即引脚 2、14）为控制输入端，分别接至拨码开关 SI1～SI2；输出使能端 $1\overline{E}$（即引脚 1）接至拨码开关 SI7；将输出 1Y（即引脚 7）连至 SO1。

按照表 8-12 的要求，拨动拨码开关 SI1～SI7，记录输出端 1Y 的结果并填入表中。

表 8-12　　74 HC153 输入/输出状态

选择输入		数据输入				输出使能输入	输出
S_1	S_0	$1I_0$	$1I_1$	$1I_2$	$1I_3$	$1\overline{E}$	1Y
X	X	X	X	X	X	1	
0	0	0	X	X	X	0	
0	0	1	X	X	X	0	
1	0	X	X	0	X	0	
1	0	X	X	1	X	0	
0	1	X	0	X	X	0	
0	1	X	1	X	X	0	
1	1	X	X	X	0	0	
1	1	X	X	X	1	0	

注：X 为任意状态。

4．74HC85

验证 4 位数值比较器 74HC85 的逻辑功能，引脚图参见第 2 章图 2-29。

将 74HC85 的 A_3、A_2、A_1、A_0（即引脚 15、13、12、10）和 B_3、B_2、B_1、B_0（即引脚 1、

14、11、9）分别接至拨码开关 SI1～SI8。$I_{A>B}$、$I_{A<B}$和 $I_{A=B}$（即引脚 4、2、3）分别接至拨码开关 SI9～SI11。$Q_{A>B}$、$Q_{A<B}$和 $Q_{A=B}$（即引脚 5、7、6）分别接至 SO1～SO3。通过拨动开关来改变输入的状态，观察并测量输出的状态。

按照表 8-13 的要求，拨动拨码开关 SI1～SI11，记录输出端 $Q_{A>B}$、$Q_{A=B}$和 $Q_{A<B}$的结果并填入表中。

表 8-13　　74HC85 输入/输出状态

比较输入								级联输入			输出		
A_3	A_2	A_1	A_0	B_3	B_2	B_1	B_0	$I_{A>B}$	$I_{A=B}$	$I_{A<B}$	$Q_{A>B}$	$Q_{A=B}$	$Q_{A<B}$
1	X	X	X	0	X	X	X	X	X	X			
0	X	X	X	1	X	X	X	X	X	X			
1	1	X	X	1	0	X	X	X	X	X			
0	0	X	X	0	1	X	X	X	X	X			
1	0	1	X	1	0	0	X	X	X	X			
0	0	0	X	0	0	1	X	X	X	X			
1	1	0	1	1	1	0	0	X	X	X			
0	0	1	0	0	0	1	1	X	X	X			
1	1	0	1	1	1	0	1	0	0	0			
0	1	0	0	0	1	0	0	0	0	1			
1	1	0	1	1	1	0	1	1	0	0			
0	0	0	0	0	0	0	0	1	0	1			
0	0	0	0	0	0	0	0	0	0	1			
1	1	1	1	1	1	1	1	X	1	X			

注：X 为任意状态。

5. 74HC283

验证 4 位超前进位加法器 74HC283 的逻辑功能，引脚图参见第 2 章图 2-39。

将 A_3～A_0（即引脚 12、14、3、5）与 B_3～B_0（即引脚 11、15、2、6）分别接至拨码开关 SI1～SI8；C_{in}（即引脚 7）接地；C_{out}、S_3～S_0（即引脚 9、10、13、1、4）接 SO1～SO5。通过拨动开关来改变输入的状态，观察并测量输出的状态，填写下面的实验结果（列表记录）。

按表 8-14 的要求，拨动拨码开关 SI1～SI8，记录输出端 C_{out}、S_4～S_1 的结果并填入表中。

表 8-14　　74HC283 输入/输出状态

4 位被加数输入				4 位加数输入				输出加法结果和进位				
A_3	A_2	A_1	A_0	B_3	B_2	B_1	B_0	C_{out}	S_3	S_2	S_1	S_0
0	0	0	0	0	1	1	0					
1	1	1	1	1	1	1	1					
0	1	1	1	0	0	1	0					
0	1	0	0	0	1	1	0					
0	1	0	1	0	1	1	1					
1	0	0	0	0	1	1	1					
1	0	0	1	1	0	0	1					

思考：如增加 C_{in}，输出结果会如何？请自行在表上增加，并验证其他取值的加法结果，填入表中。

6. 74HC4511

验证集成数码显示译码器 74HC4511 的逻辑功能，引脚图参见第 2 章图 2-20，LN3461A 的逻辑图可参见 8.1 节的网上资源。

本实验需要用到段式 LED 显示驱动板，需将此驱动板接插至 FPGA 扩展实验板上，在此实验中只用到了 LN3461A 的 7 段，分别是 A～G，74HC4511 无法驱动数码管 LN3461A 的小数点。连接要求：将 74HC4511 的 D、C、B、A（即引脚 6、2、1、7）分别接至拨码开关 SI1～SI4，$\overline{LT}$、$\overline{BI}$、LE（即引脚 3、4、5）分别接至拨码开关 SI5～SI7；将数码管实验板的插针 DIG1（或 DIG2 或 DIG3 或 DIG4——对应相应的 LED 选通端）接至 JGND1。LED 显示驱动板中 74HC4511 的 a～g（即引脚 13、12、11、10、9、15、14）已经连接至 LN3461A 的 A～G（即引脚 11、7、4、2、1、10、5），此实验没有用到小数点的显示。

通过拨动拨码开关 SI1～SI4、SI5～SI7 改变输入的状态，观察并记录数码管的输出数码，将实验结果填写在表 8-15 中。改变数码管的选通信号端，重复上述实验，也可以同时选通多个数码管，观察显示结果。

表 8-15　　74HC4511 输入/输出状态

使能输入			数据输入				译码输出							字形
$\overline{LT}$	$\overline{BI}$	LE	D	C	B	A	a	b	c	d	e	f	g	
0	X	X	X	X	X	X								
1	0	X	X	X	X	X								
1	1	0	0	0	0	0								
1	1	0	0	0	0	1								
1	1	0	0	0	1	0								
1	1	0	0	0	1	1								
1	1	0	0	1	0	0								
1	1	0	0	1	0	1								
1	1	0	0	1	1	0								
1	1	0	0	1	1	1								
1	1	0	1	0	0	0								
1	1	0	1	0	0	1								
1	1	0	1	0	1	0								
1	1	0	1	0	1	1								
1	1	0	1	1	0	0								
1	1	0	1	1	0	1								
1	1	0	1	1	1	0								
1	1	0	1	1	1	1								

注：X 为任意状态。

思考：如果要同时显示 4 个数字，应如何设计？

四、实验报告要求

写出以上各个组合逻辑电路的逻辑表达式，并画出对应的真值表。

8.2.4　时序逻辑电路

一、实验目的

（1）掌握 D 触发器的逻辑功能和测试方法，熟悉 74HC74 的引脚排列及其功能。

（2）掌握 JK 触发器的逻辑功能和测试方法，熟悉 74HC112 的引脚排列及其功能。

（3）掌握移位寄存器的工作原理及其应用，熟悉 74HC194 的逻辑功能及实现各种移位功能的方法。

（4）掌握计数电路的工作原理和各控制端的作用，测试并验证 74HC161 的逻辑功能。

二、实验仪器及器件

（1）数字逻辑及系统设计实验箱。

（2）器件：双 D 触发器 74HC74、双 JK 触发器 74HC112、双向移位寄存器 74HC194、计数器 74HC161。

三、实验内容

1．74HC74

验证双 D 触发器 74HC74 的逻辑功能，引脚图参见第 3 章图 3-28。

将集成电路 74HC74 接入电源，取其中 1 组 D 触发器，将 $1\overline{S}_D$、$1\overline{R}_D$（即引脚 4、1）分别接至拨码开关 SI1、SI2，将 1Clk（即引脚 3）接至单个正脉冲 $LDPULSE_2$ 或连续的时钟信号（0.1Hz～1MHz 中任一路），将 1D（即引脚 2）接至拨码开关 SI3。分别将单个正脉冲及连续的时钟信号引入芯片，将 1Q 及 $1\overline{Q}$（即引脚 5、6）连至输出 LD_O1、LD_O2，观察输出 1Q 及 $1\overline{Q}$ 的波形。

按照表 8-16 的要求，拨动拨码开关 SI1、SI2 分别作为 $1\overline{S}_D$、$1\overline{R}_D$ 的输入，在引脚 3 上接入单个正脉冲或连续的时钟信号。拨动拨码开关 SI3 作为数据 D 的输入。记录输出端 1Q 及 $1\overline{Q}$ 的结果并填入表中。

表 8-16　D 触发器 74HC74 输入/输出状态

输入				输出		功能说明
置位输入 $1\overline{S}_D$	复位输入 $1\overline{R}_D$	1Clk	1D	Q^{n+1}	$\overline{Q}^{n+1}$	
0	1	X	X			
1	0	X	X			
1	1	↑	0			
1	1	↑	1			
0	0	X	X			

注：X 为任意状态。

思考：将 Clk 接至单个脉冲 $LDPULSE_1$ 或 $LDPULSE_2$，效果有没有不同？

2．74HC112

验证双 JK 触发器 74HC112 的逻辑功能，引脚图参见第 3 章图 3-29。

在集成电路 74HC112 上接入电源，取其中 1 组 JK 触发器，将 $1\overline{S}_D$、$1\overline{R}_D$（即引脚 4、15）分别接至拨码开关 SI1、SI2，将 $1\overline{Clk}$（即引脚 1）接至单个正脉冲 $LDPULSE_2$ 或连续的时钟信号（0.1Hz～1MHz 中任一路），将 1J、1K（即引脚 3、2）分别接至拨码开关 SI3、SI4，分别将单个负脉冲及连续的时钟信号引入芯片，将 1Q 及 $1\overline{Q}$（即引脚 5、6）连至输出 SO1、SO2，观察输出 1Q 及 $1\overline{Q}$ 的波形。

按照表 8-17 的要求，拨动拨码开关 SI1、SI2 分别作为 $1\overline{S}_D$、$1\overline{R}_D$ 的输入，在引脚 1 上接入单个正脉冲或连续的时钟信号。拨动拨码开关 SI3、SI4 分别作为数据 J、K 的输入。记录输出端 1Q 及 $1\overline{Q}$ 的结果并填入表中。

表 8-17　　　　　　　　JK 触发器 74HC112 输入/输出状态

输入					输出		功能说明
置位输入 $1\overline{S}_D$	复位输入 $1\overline{R}_D$	$1\overline{Clk}$	1J	1K	Q^{n+1}	$\overline{Q}^{n+1}$	
0	1	X	X	X			
1	0	X	X	X			
1	1	↓	1	1			
1	1	↓	0	1			
1	1	↓	1	0			
0	0	X	X	X			
1	1	↓	0	0			

注：X 为任意状态。

3．74HC194

验证双向移位寄存器 74HC194 的逻辑功能，引脚图参见第 3 章图 3-46。

将 $\overline{MR}$（引脚 1）连至拨码开关 SI1，D_{SR}（引脚 2）连至拨码开关 SI4，D_{SL}（引脚 7）连至拨码开关 SI5，Clk（引脚 11）接至单个正脉冲 $LDPULSE_2$ 或连续的时钟信号（0.1Hz～1MHz 中任一路），S_1（引脚 10）连至拨码开关 SI2，S_0（引脚 9）连至拨码开关 SI3，D_0～D_3（引脚 3～6）分别连至拨码开关 SI9～SI12，Q_0～Q_3（引脚 15～12）分别连至输出 SO1～SO4。

（1）清零：给 MR 低电平，则清除原寄存器中的数码，实现 Q_0、Q_1、Q_2、Q_3 清零。

（2）存数：当 S_1=S_0=1 时，$\overline{MR}$ =1，Clk 上升沿到达时，触发器被置为 $Q_0{}^{n+1}$=D_0、$Q_1{}^{n+1}$=D_1、$Q_2{}^{n+1}$=D_2、$Q_3{}^{n+1}$=D_3，移位寄存器处于“数据并行输入”状态或称“置数”。

（3）移位。如下所示。

① S_1=0、S_0=1，Clk 上升沿到达时，触发器被置为 $Q_0{}^{n+1}$=D_{SR}、$Q_1{}^{n+1}$=$Q_0{}^n$、$Q_2{}^{n+1}$=$Q_1{}^n$、$Q_3{}^{n+1}$=$Q_2{}^n$，这时移位寄存器处在“右移”工作状态。

② S_1=1、S_0=0，Clk 上升沿到达时，触发器被置为 $Q_0{}^{n+1}$=$Q_1{}^n$、$Q_1{}^{n+1}$=$Q_2{}^n$、$Q_2{}^{n+1}$=$Q_3{}^n$、$Q_3{}^{n+1}$=D_{SL}，这时移位寄存器处在“左移”工作状态。

（4）保持：当 S_1=S_0=0 时，$Q_i{}^{n+1}$=$Q_i{}^n$，移位寄存器处在“保持”工作状态。

按照表 8-18 的要求，拨动拨码开关 SI1～SI5 分别作为 $\overline{MR}$ 、D_{SR}、D_{SL}、S_1、S_0 的输入，在 Clk（引脚 11）上接入单个正脉冲或连续的时钟信号，拨动拨码开关 SI9～SI12 分别作为数据 D_0～D_3 的输入。记录输出端 Q_0～Q_3 的结果并填入表中。

表 8-18　　　　　　　　74HC194 输入/输出状态

输入										输出				功能说明
$\overline{MR}$	模式		串行		Clk	并行								
	S_1	S_0	D_{SR}	D_{SL}		D_0	D_1	D_2	D_3	$Q_0{}^{n+1}$	$Q_1{}^{n+1}$	$Q_2{}^{n+1}$	$Q_3{}^{n+1}$	
0	X	X	X	X	X	X	X	X	X					
1	1	1	X	X	↑	D_0	D_1	D_2	D_3					
1	0	0	X	X	↑	X	X	X	X					
1	0	1	0	X	↑	X	X	X	X					
1	0	1	1	X	↑	X	X	X	X					
1	1	0	X	0	↑	X	X	X	X					
1	1	0	X	1	↑	X	X	X	X					

注：X 为任意状态。

思考：输出值跟哪些输入量有关？Clk 接单个脉冲或连续的时钟信号有何区别？

4. 74HC161

验证异步清零、同步预置、同步二进制加法计数器 74HC161 的逻辑功能，引脚图参见第 3 章图 3-60。

将 74HC161 的 Clk（即引脚 2）接至单个正脉冲 $LDPULSE_2$ 或连续的时钟信号（0.1Hz～1MHz 中任一路），$\overline{MR}$（即引脚 1）连至拨码开关 SI1，C_{EP}（即引脚 7）连至拨码开关 SI2，C_{ET}（即引脚 10）连至拨码开关 SI3，$\overline{PE}$（即引脚 9）连至拨码开关 SI4，D_3～D_0（引脚 6～3）分别连至拨码开关 SI5～SI8，将 Q_3～Q_0（引脚 11～14）分别连至输出 SO5～SO8。TC（引脚 15）是终端计数进位输出，接 SO_4。

（1）复位功能测试。

根据逻辑功能表，将 74HC161 复位成 $Q_3Q_2Q_1Q_0$=0000，当 $\overline{MR}$=0 时，不管其他输入端的状态如何，计数器输出将直接置零，称为异步清零。

（2）置位功能测试。

根据逻辑功能表，自行连接电路，将 74HC161 置数成 $Q_3Q_2Q_1Q_0$=0000 和 $Q_3Q_2Q_1Q_0$=1110，在 $\overline{MR}$=1 的条件下，当 $\overline{PE}$=0 且时钟脉冲 Clk 的上升沿工作时 D_3～D_0 输入端的数据分别置入 Q_3～Q_0。

（3）理解 74HC161 的功能和各控制信号的时序关系。按照表 8-19 的要求，拨动拨码开关 SI_1～SI_4 分别作为 $\overline{MR}$、C_{EP}、C_{ET}、$\overline{PE}$ 的输入，在 Clk（引脚 2）上接入单个正脉冲或连续的时钟信号，拨动拨码开关 SI5～SI8 分别作为数据 D_3～D_0 的输入。记录输出端 Q_3～Q_0 及 TC 的结果并填入表中。

表 8-19　　74HC161 输入/输出状态

输入									输出					功能说明
$\overline{MR}$	Clk	C_{EP}	C_{ET}	$\overline{PE}$	D_3	D_2	D_1	D_0	Q_3	Q_2	Q_1	Q_0	TC	
0	X	X	X	X	X	X	X	X						
1	↑	X	X	0	0	0	0	0						
1	↑	1	1	0	D_3	D_2	D_1	D_0						
1	↑	1	1	1	X	X	X	X						
1	X	0	X	1	X	X	X	X						
1	X	X	0	1	X	X	X	X						

注：X 为任意状态。

思考：接连续的时钟信号中任何一路有何区别？

四、实验报告要求

（1）写出 74HC74 的逻辑表达式并填写状态表。

（2）写出 74HC112 的逻辑表达式并填写状态表。

（3）写出 74HC194 的逻辑表达式并填写状态表。观察输出状态，总结各种状态的功能，并在真值表旁标注出来。

（4）写出 74HC161 的逻辑表达式并填写状态表。画出 74HC161 完成一个计数周期的时序图，观察计数状态、进位输出端何时输出高电平。

8.3 数字逻辑综合实验

8.3.1 组合逻辑综合实验

一、实验目的

（1）综合运用各种典型组合电路，使其功能得到扩展。

（2）掌握综合逻辑的设计方法，并在实验箱上实现。

二、实验仪器及器件

（1）数字逻辑及系统设计实验箱。

（2）器件：74HC148、74HC4511、LN3461Ax、74HC08、74HC04、烧录器。

三、实验内容

1．译码器控制 4 位数码管实验

设计要求：设计一个电路，通过改变输入，令显示数码管的 4 个数位轮流显示数字。

本实验需要一个 3-8 译码器 74HC138、一个数码显示译码器 74HC4511、一个共阴极 8 段显示数码管 LN3461A（4 位数字轮流显示），连接电路如图 8-8 所示，具体芯片的引脚编号请查阅相应的芯片引脚图。

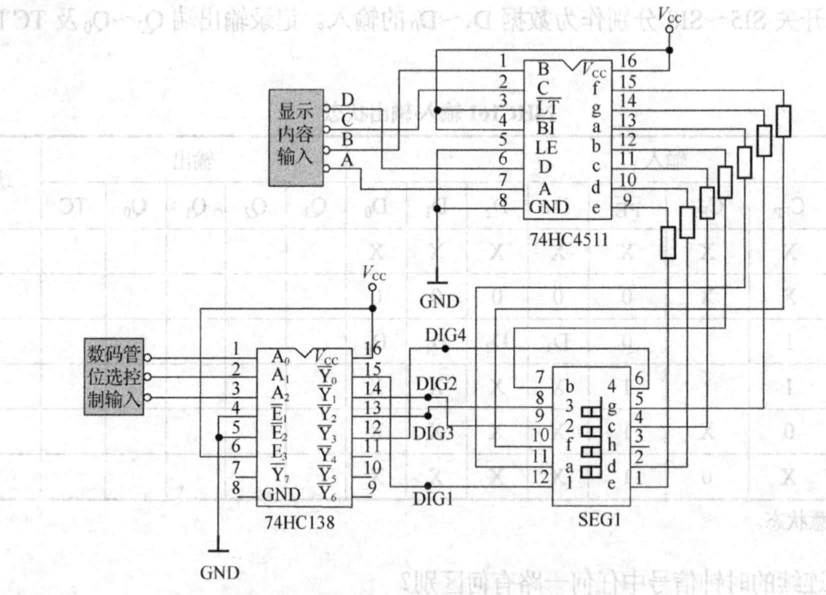

图 8-8　译码器控制 4 位数码管实验连接电路图

将 74HC138 的控制信号 $\overline{E_1}$、$\overline{E_2}$、E_3 分别接至拨码开关 SI1～SI3；将 74HC138 的输入信号 A_2、A_1、A_0 分别接至拨码开关 SI4～SI6；将 74HC138 的输出信号 $\overline{Y_0}$ ～ $\overline{Y_3}$ 分别接至数码管实验板的位选信号输入端；将 74HC4511 的 a～g 连接至 LN3461A 的 a～g（本实验不显示小数点）。

将 74HC4511 的 A、B、C、D 接至拨码开关 SI12～SI9，将 74HC4511 的 $\overline{LT}$ 、$\overline{BI}$、LE 分别接至 SI13、SI14、SI15，分别设置为 1、1、0。通过拨动输入信号的开关改变输入的状态，观察并记录显示数码管的输出数码，将实验结果填入表 8-20 中。

表 8-20 译码器扩展实验结果记录表

74HC138 使能输入			74HC138 数据输入			74HC138 译码输出				数码管显示数字的位置（1～4）
$\overline{E_1}$	$\overline{E_2}$	E_3	A_2	A_1	A_0	$\overline{Y_0}$	$\overline{Y_1}$	$\overline{Y_2}$	$\overline{Y_3}$	
1	X	X	X	X	X					
X	1	X	X	X	X					
X	X	0	X	X	X					
0	0	1	0	0	0					
0	0	1	0	0	1					
0	0	1	0	1	0					
0	0	1	0	1	1					
0	0	1	1	0	0					
0	0	1	1	0	1					
0	0	1	1	1	0					
0	0	1	1	1	1					

在表 8-20 中，最后 4 行的情况（即 $A_2A_1A_0$ 取值为 100～111 时）数码管是没有显示的，如果在这些情况下也想让数码管轮流选通，应如何改进？

本实验利用 4 选 1 数据选择器也可以实现，请读者自行设计。

2. 其他

其他内容可扫描二维码，浏览相关资料。

实验-网上资源 2

8.3.2 时序逻辑综合实验

一、实验目的

（1）综合运用各种典型时序电路，使其功能得到扩展。

（2）掌握综合逻辑的设计方法，并在实验箱上实现。

二、实验仪器及器件

（1）数字逻辑及系统设计实验箱。

（2）器件：74HC74、74HC161、74HC4511、LN3461A、74HC00、74HC04、74HC08、烧录器。

三、实验内容

1. 四人抢答器

设计要求：设计一个四人抢答器，每人均有一个抢答按键和一盏抢答指示灯。抢答前全部指示灯均不亮，抢答开始后最先按下抢答按键的人，相应的抢答指示灯亮，而其他没按键或按键比较慢的，指示灯不亮。

实现思路：本设计需要 4 个 D 触发器，74HC74 提供了 2 个，另外 2 个来自 FPGA 扩展实验板，FPGA 扩展实验板的设计方法详见 8.1 节的网上资源 1。4 个触发器的输入分别接 4 个拨码开关、输出分别接 4 个 LED 灯；时钟信号接至与门的 2Y 输出端，该输出端即为 $\overline{A+B+C+D}$ 的结果，只要 A、B、C、D 中任何一个为 1，$\overline{A+B+C+D}$ 的结果即为 0，从而使得时钟脉冲 Clk 被屏蔽；异步清零端接负脉冲。如图 8-9 所示是四人参加智力竞赛的抢答电路，电路的主要器件是 74HC74 双上升沿 D 触发器。

抢答前先清零，4 个触发器的输出 Q 均为 0，相应的发光二极管都不亮。抢答开始，若抢答按键 SW1 首先被按下，相应的发光二极管亮。同时，74HC08 的 2Y 输出低电平使得时钟脉冲 Clk

被屏蔽，所以，即使再接着按其他抢答按键，也不会起作用了，触发器的状态不会改变。抢答完毕后，给异步清零端一个负脉冲，即清零，准备下次抢答。

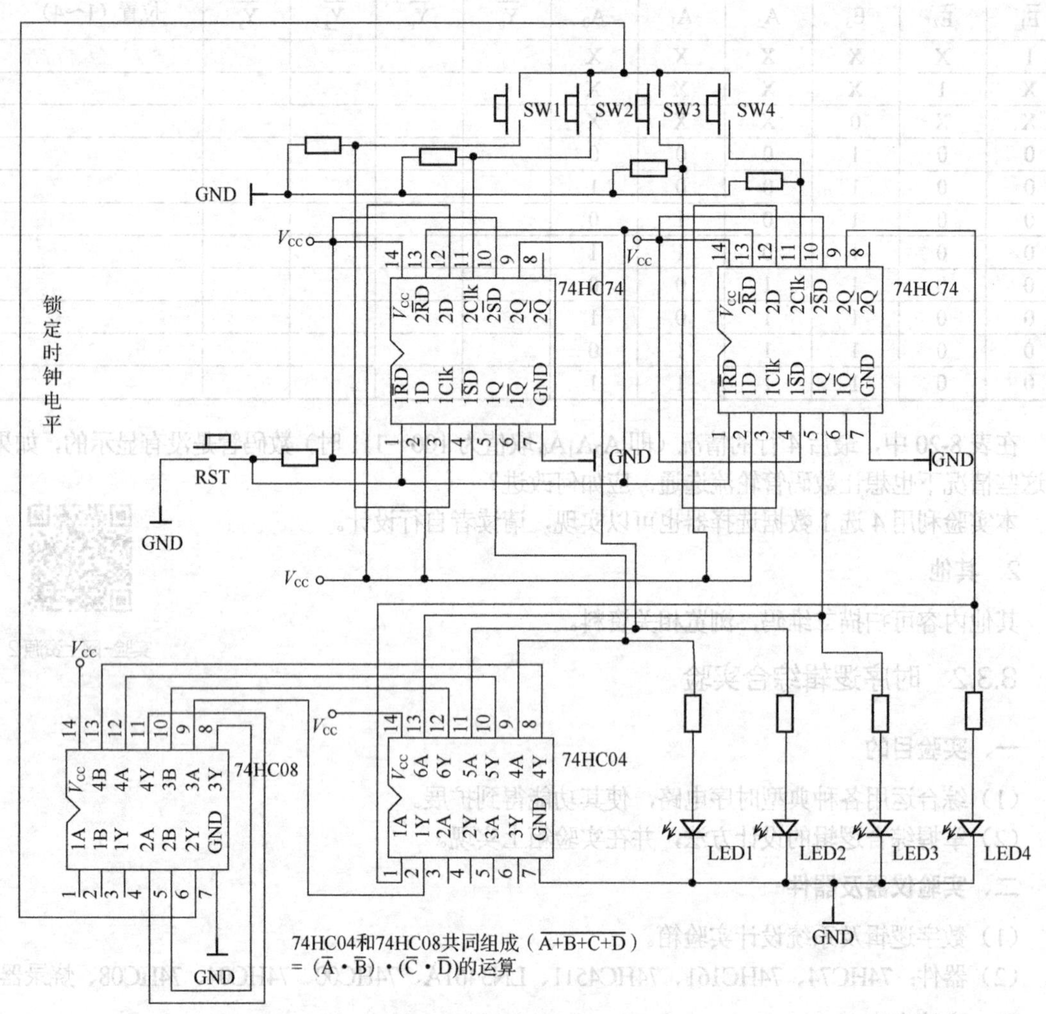

图 8-9　四人抢答器连接电路图

具体实现步骤请读者自行完成，并将实验结果填入表 8-21 中。

表 8-21　　　　四人抢答器实验结果记录表

$\overline{RST}$（清零信号）	抢答顺序	亮灯情况（1~4 亮或灭）
0	X X X X	
1	1 2 3 4	
1	3 1 2 4	
1	4 1 2 3	
1		
1		
1		
1		
1		

2. 数控分频器

设计要求：设计一个数控分频器，它的功能就是在输入端输入不同的数据时，产生不同的分频比，从而产生不同的频率值。数控分频器被广泛应用在家庭数字音响、通信设备时序电路、数字频率计中。

实现思路：本实验需要计数器 74HC161、显示译码器 74HC4511 及 8 段显示数码管 LN3461A。数控分频器利用计数值可并行预置的加法计数器设计实现，方法是将计数进位位与预置数加载输入信号相连，这样，当输入端给定不同的输入数据时，对输入的时钟信号有不同的分频比。连接电路图如图 8-10 所示，将实验结果填入表 8-22 中。

表 8-22　　数控分频器实验结果记录表

输入信号频率	预置数	分频比	输出信号频率
100	2		
10	4		
1000	8		
100	10		
10	14		

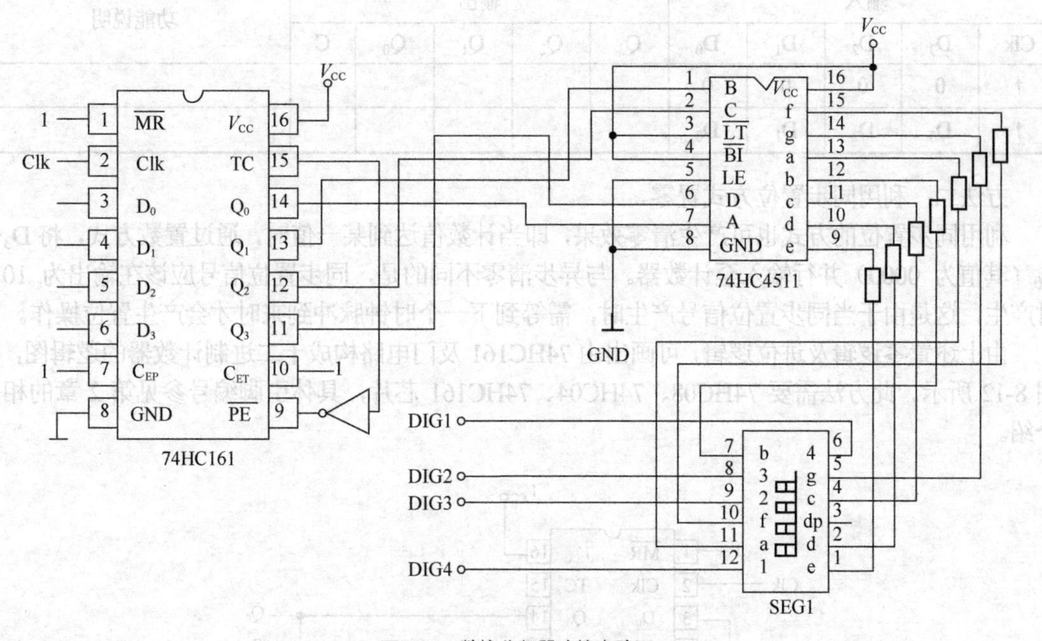

图 8-10　数控分频器连接电路图

3. 用 74HC161 设计十二进制计数器

设计要求：使用 4 位二进制计数器 74HC161 设计十二进制计数器，可采用清零法或置数法来实现。

方法一：利用异步清零方式清零。

由于异步清零端（$\overline{MR}$）的清零是立即执行的，所以只要在计数值达到 1100 时，立刻产生清零信号，即可使输出状态由 1100 变为 0000。由上述清零逻辑及进位逻辑，可画出由 74HC161 及门电路构成十二进制计数器的逻辑图，如图 8-11 所示。此方法需要 74HC00、74HC08、74HC161

芯片，具体引脚编号参见第 2 章的相关介绍。

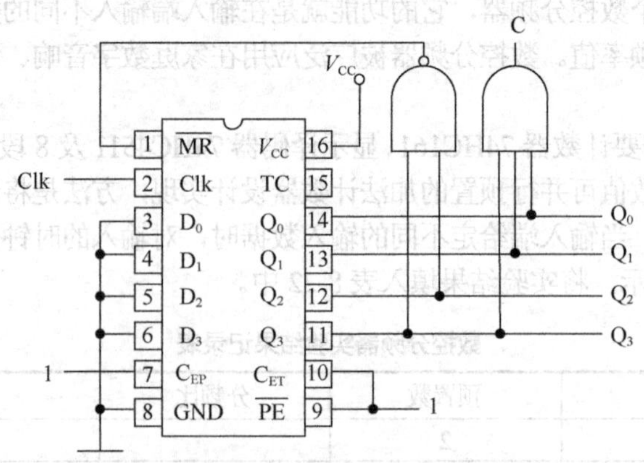

图 8-11 用 74HC161 构造十二进制计数器方法一连线图

具体实现步骤请读者自行完成，并将实验结果填入表 8-23 中。

表 8-23 用 74HC161 构造十二进制计数器输入/输出状态

输入					输出					功能说明
Clk	D_3	D_2	D_1	D_0	Q_3	Q_2	Q_1	Q_0	C	
↑	0	0	0	0						
↑	D_3	D_2	D_1	D_0						

方法二：利用同步置位方式置零。

利用同步置位的方式也可产生清零效果，即当计数值达到某一值时，通过置数方式，将 D_3～D_0（其值为 0000）并行输入至计数器。与异步清零不同的是，同步置位信号应该在输出为 1011 时产生，这是由于当同步置位信号产生时，需等到下一个时钟脉冲到来时才会产生置位操作。

由上述置零逻辑及进位逻辑，可画出由 74HC161 及门电路构成十二进制计数器的逻辑图，如图 8-12 所示。此方法需要 74HC08、74HC04、74HC161 芯片，具体引脚编号参见第 2 章的相关介绍。

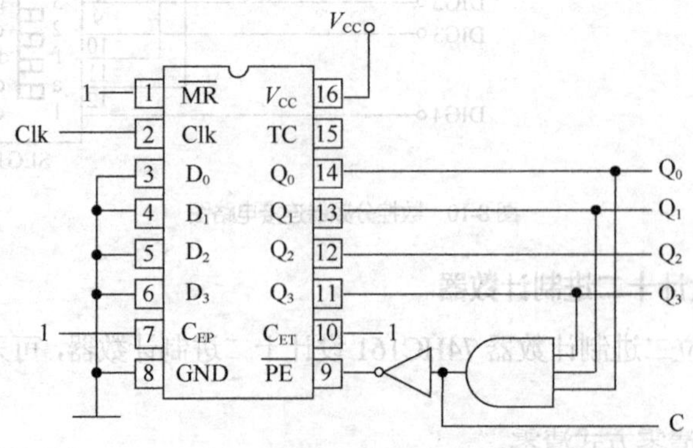

图 8-12 用 74HC161 构造十二进制计数器方法二连线图

具体实现步骤请读者自行完成，并将实验结果填入表 8-24 中。

表 8-24　　用 74HC161 构造十二进制计数器输入/输出状态

输入					输出					功能说明
Clk	D_3	D_2	D_1	D_0	Q_3	Q_2	Q_1	Q_0	C	
↑	0	0	0	0						
↑	D_3	D_2	D_1	D_0						

方法三：利用置数法构造。

采用置数法设置 N 进制计数器的原理是，通过设置初始状态，改变计数的容量。十二进制计数器的计数容量是 12，而计数器 74HC161 的计数容量为 16，显然，如使 74HC161 的计数初值由 4（对应二进制数为 0100）开始，即可将计数容量由 16 变为 12，从而得到十二进制计数器。

由于需要在每次计数值达到 1111 后，下一个状态从 0100 开始，应使 $D_3D_2D_1D_0$=0100。此外，还需生成置位 $\overline{PE}$ 信号，置位信号可通过将进位输出（TC）取反获得。

根据以上逻辑关系绘制出十二进制计数器的逻辑图，如图 8-13 所示。此方法需要 74HC04、74HC161 芯片，具体引脚编号参见第 2 章的相关介绍。

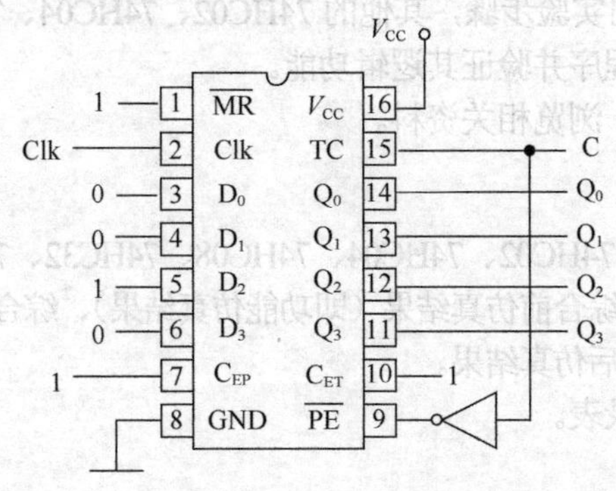

图 8-13　由 74HC161 构造十二进制计数器方法三连线图

具体实现步骤请读者自行完成，并将实验结果填入表 8-25 中。

表 8-25　　用 74HC161 构造十二进制计数器输入/输出状态

输入					输出					功能说明
Clk	D_3	D_2	D_1	D_0	Q_3	Q_2	Q_1	Q_0	C	
↑	0	0	0	0						
↑	D_3	D_2	D_1	D_0						

8.4　数字逻辑基础设计仿真及验证

8.4.1　基本门电路

一、实验目的

（1）了解基于 Verilog HDL 的基本门电路的设计及其验证。

（2）熟悉利用 EDA 工具进行设计及仿真的流程。

（3）熟悉实验箱的使用和程序下载及测试的方法。

（4）学习针对实际门电路芯片 74HC00、74HC02、74HC04、74HC08、74HC32、74HC86 进行 Verilog HDL 设计的方法。

二、实验环境及仪器

（1）集成开发环境 Libero IDE。

（2）数字逻辑及系统设计实验箱及烧录器。

三、实验内容

（1）掌握 Libero IDE 软件的使用方法。

（2）进行针对 74 系列基本门电路的设计，并完成相应的仿真实验。

（3）参考第 6 章的设计代码、测试平台代码（可自行编程），完成 74HC00、74HC02、74HC04、74HC08、74HC32、74HC86 相应的设计、综合及仿真。

（4）将程序通过烧录器烧录至 FPGA 核心板上，并实测相应功能。

四、实验步骤

在此以 74HC00 为例列出实验步骤，其他的 74HC02、74HC04、74HC08、74HC32、74HC86 芯片请读者自行设计、烧录程序并验证其逻辑功能。

详细步骤可扫描二维码，浏览相关资料。

实验-网上资源 3

五、实验报告要求

（1）提交针对 74HC00、74HC02、74HC04、74HC08、74HC32、74HC86 的模块代码、测试平台代码、综合前仿真结果（即功能仿真结果）、综合结果、综合后仿真结果以及布局布线后仿真结果。

（2）提交实测的结果记录表。

8.4.2 组合逻辑电路

一、实验目的

（1）了解基于 Verilog HDL 的组合逻辑电路的设计及其验证。

（2）熟悉利用 EDA 工具进行设计及仿真的流程。

（3）熟悉实验箱的使用和程序下载及测试的方法。

（4）学习针对实际组合逻辑电路芯片 74HC148、74HC138、74HC153、74HC85、74HC283、74HC4511 进行 Verilog HDL 设计的方法。

二、实验环境及仪器

（1）集成开发环境 Libero IDE。

（2）数字逻辑及系统设计实验箱及烧录器。

三、实验内容

（1）掌握 Libero IDE 软件的使用方法。

（2）进行针对 74 系列基本组合逻辑电路的设计，并完成相应的仿真实验。

（3）参考第 6 章的设计代码、测试平台代码（可自行编程），完成 74HC148、74HC138、74HC153、74HC85、74HC283、74HC4511 相应的设计、综合及仿真。

（4）将程序通过烧录器烧录至 FPGA 核心板上，并实测相应功能。

四、实验步骤

在此以 74HC4511 为例列出主要实验步骤，其他的 74HC148、74HC138、74HC153、74HC85、74HC283 芯片请读者自行设计、烧录程序并验证其逻辑功能。

（1）新建工程及输入代码，模块代码及测试平台代码可参考第 6 章，也可自行设计。

（2）综合前仿真结果如图 8-14 所示。

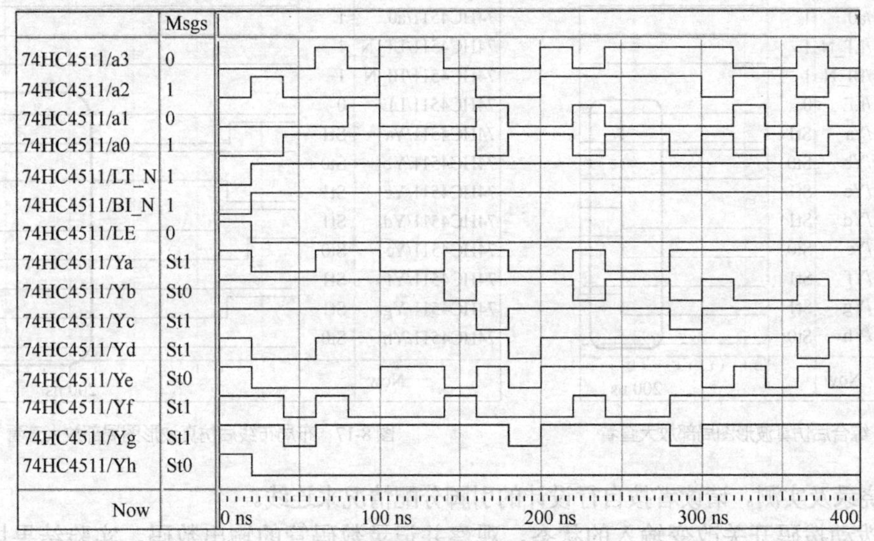

图 8-14 综合前仿真结果

（3）综合结果的 RTL 图如图 8-15 所示。

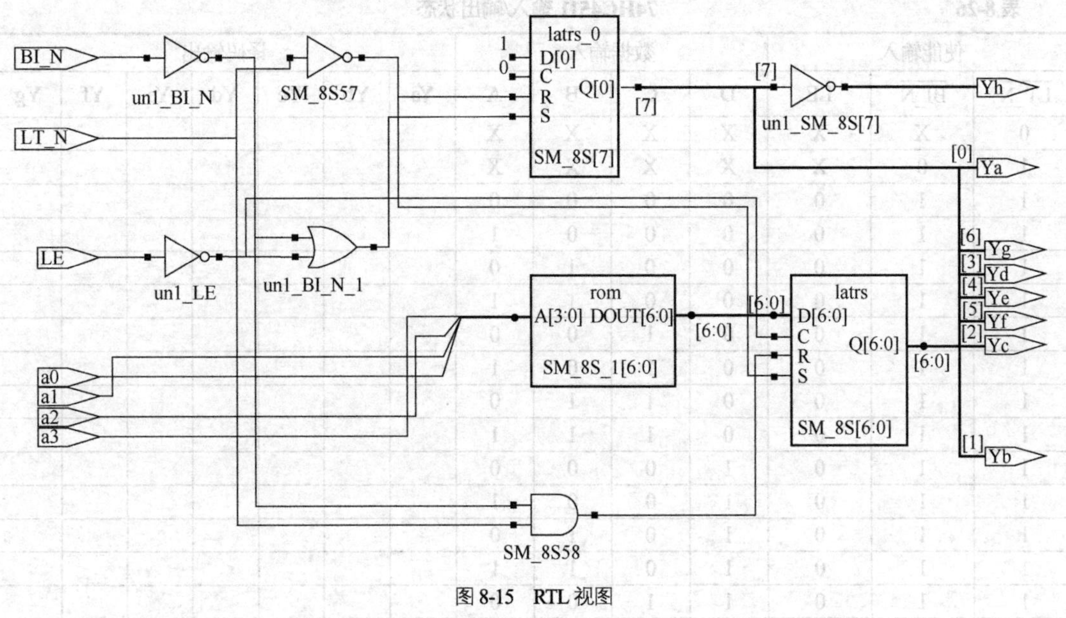

图 8-15 RTL 视图

（4）综合后仿真结果的局部放大图如图 8-16 所示，可见已有延迟出现。

（5）布局布线时一定要注意检查引脚分配的情况，避免出现占用 FPGA 核心板预留引脚的情况，并且要按照 8.1 节网上资源 1 所述的段式 LED 显示驱动板引脚分配要求进行。

（6）布局布线后仿真结果的局部放大图如图 8-17 所示，注意到延迟更大了，有些毛刺也更大了，但有些毛刺却没有了。

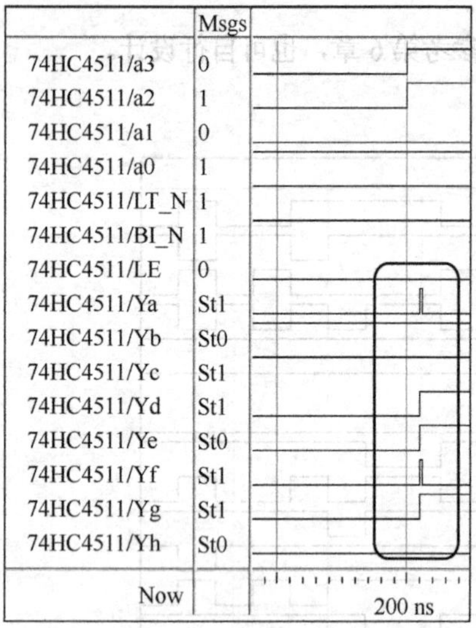

图 8-16　综合后仿真波形图局部放大查看

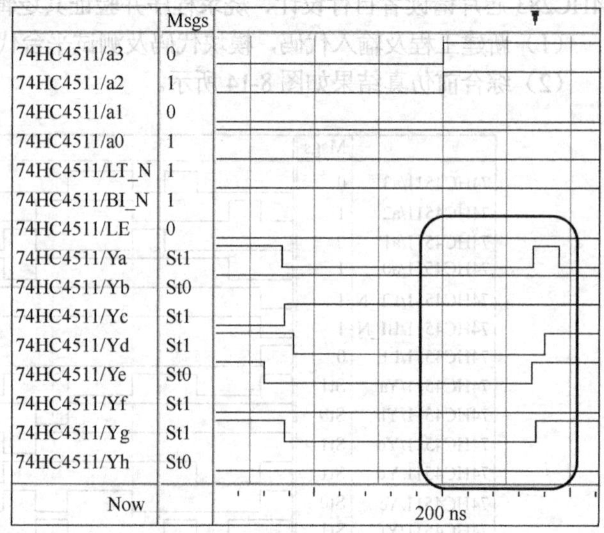

图 8-17　布局布线后仿真波形图局部放大查看

（7）烧录及实测。请读者按自行设计的引脚分配情况来连线。

通过拨动拨码开关改变输入的状态，观察并记录数码管的输出数码，实验结果填写在表 8-26 中。改变数码管的选通信号端，重复上述实验，也可以同时选通多个数码管，观察显示结果。

表 8-26　74HC4511 输入/输出状态

使能输入			数据输入				译码输出						
$\overline{LT\_N}$	$\overline{BI\_N}$	LE	D	C	B	A	Ya	Yb	Yc	Yd	Ye	Yf	Yg
0	X	X	X	X	X	X							
1	0	X	X	X	X	X							
1	1	0	0	0	0	0							
1	1	0	0	0	0	1							
1	1	0	0	0	1	0							
1	1	0	0	0	1	1							
1	1	0	0	1	0	0							
1	1	0	0	1	0	1							
1	1	0	0	1	1	0							
1	1	0	0	1	1	1							
1	1	0	1	0	0	0							
1	1	0	1	0	0	1							
1	1	0	1	0	1	0							
1	1	0	1	0	1	1							
1	1	0	1	1	0	0							
1	1	0	1	1	0	1							
1	1	0	1	1	1	0							
1	1	0	1	1	1	1							

注：X 为任意状态。

五、实验报告要求

（1）提交针对 74HC148、74HC138、74HC153、74HC85、74HC283、74HC4511 的模块代码、测试平台代码、综合前仿真结果（即功能仿真结果）、综合结果、综合后仿真结果以及布局布线后仿真结果。

（2）提交实测的结果记录表。

8.4.3 时序逻辑电路

一、实验目的

（1）了解基于 Verilog HDL 的组合逻辑电路的设计及其验证。

（2）熟悉利用 EDA 工具进行设计及仿真的流程。

（3）熟悉实验箱的使用和程序下载及测试的方法。

（4）学习针对实际时序逻辑电路芯片 74HC74、74HC112、74HC194、74HC161 进行 Verilog HDL 设计的方法。

二、实验环境及仪器

（1）集成开发环境 Libero IDE。

（2）数字逻辑及系统设计实验箱及烧录器。

三、实验内容

（1）掌握 Libero IDE 软件的使用方法。

（2）进行针对 74 系列基本时序电路的设计，并完成相应的仿真实验。

（3）参考第 7 章的设计代码、测试平台代码（可自行编程），完成 74HC74、74HC112、74HC194、74HC161 相应的设计、综合及仿真。

（4）将程序通过烧录器烧录至 FPGA 核心板上，并实测相应功能。

四、主要实验步骤

1．74HC74

（1）新建工程及输入代码。

模块代码及测试平台代码可参考第 7 章，也可自行设计。

（2）综合前仿真结果如图 8-18 所示。

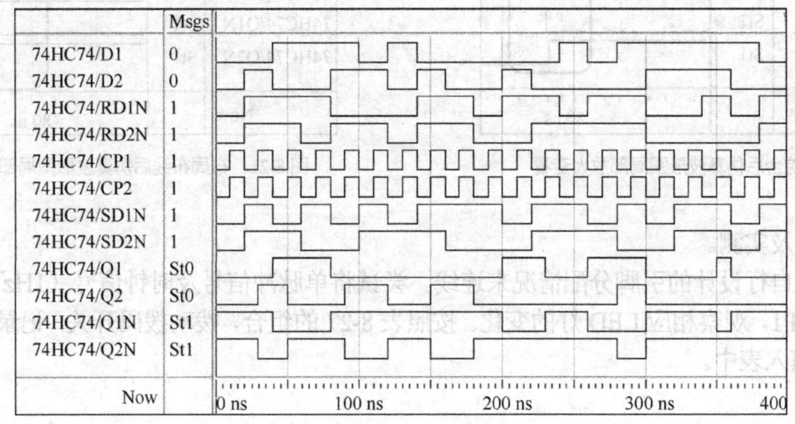

图 8-18 综合前仿真结果

（3）综合结果的 RTL 视图如图 8-19 所示。

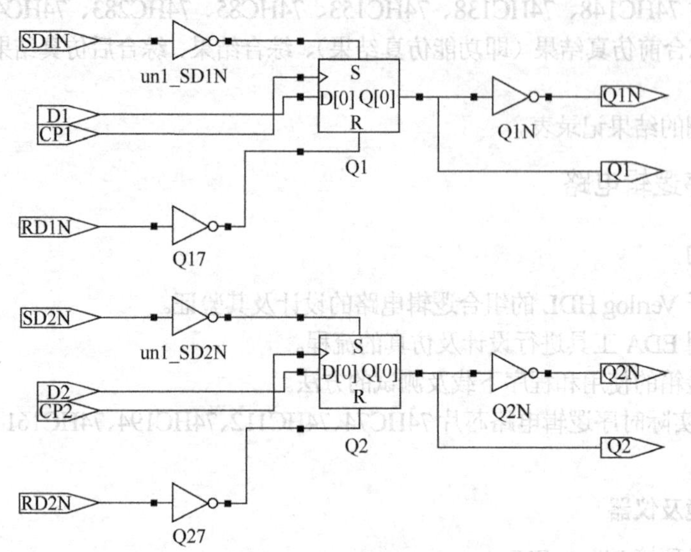

图 8-19 RTL 视图

（4）综合后仿真结果的局部放大图如图 8-20 所示，可见已有延迟出现。

（5）布局布线后仿真结果的局部放大图如图 8-21 所示，注意到延迟更大了。

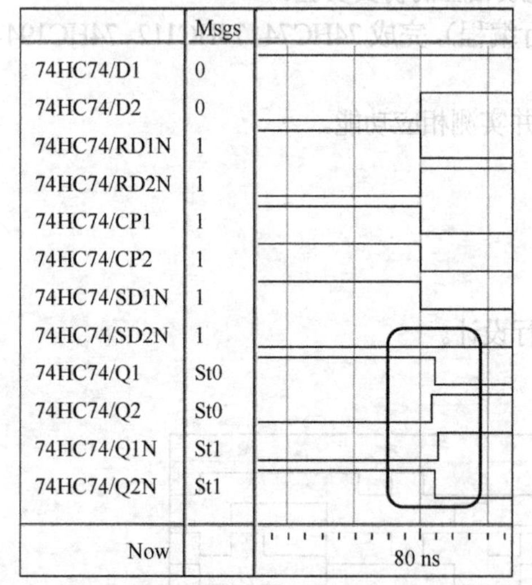

图 8-20 综合后仿真波形图局部放大查看

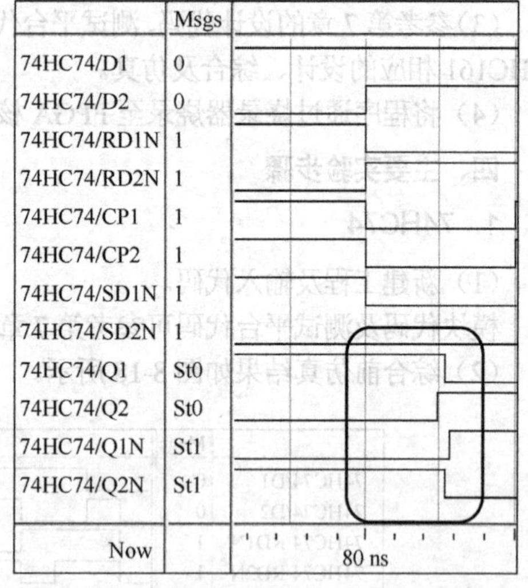

图 8-21 布局布线后仿真波形图局部放大查看

（6）烧录及实测。

请读者按自行设计的引脚分配情况来连线。尝试将单脉冲信号及时钟信号（1Hz 或 0.1Hz）接至输入端 CP1，观察相应 LED 灯的变化。按照表 8-27 的组合，拨动拨码开关，记录输出端 Q1、Q1N 结果并填入表中。

表 8-27　　74HC74 输入/输出状态

输入				输出	
置位输入 SD1N	复位输入 RD1N	CP1	D1	Q1	Q1N
0	1	X	X		
1	0	X	X		
1	1	↑	0		
1	1	↑	1		
0	0	X	X		

注：X 为任意状态。

2. 74HC112

（1）新建工程及输入代码。

模块代码及测试平台代码可参考第 7 章，也可自行设计。

（2）综合前仿真结果如图 8-22 所示。

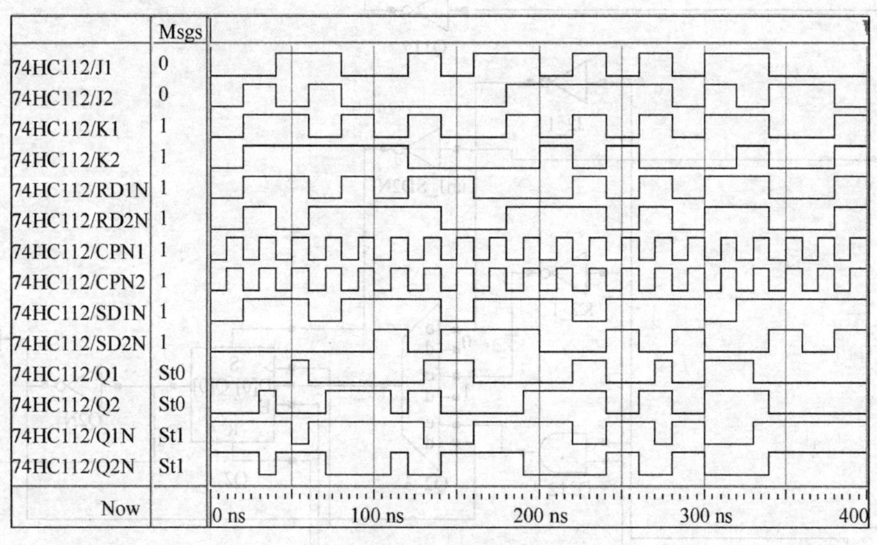

图 8-22　综合前仿真结果

（3）综合结果的 RTL 视图如图 8-23 所示。

（4）综合后仿真结果的局部放大图如图 8-24 所示，可见已有延迟出现。

（5）布局布线后仿真结果的局部放大图如图 8-25 所示，注意到延迟更大了。

（6）烧录及实测。

请读者按自行设计的引脚分配情况来连线。尝试将单脉冲信号及时钟信号（1Hz 或 0.1Hz）接至输入端 CPN1，观察相应 LED 灯的变化。按照表 8-28 的组合，拨动拨码开关，记录输出端 Q1、Q1N 的结果并填入表中。

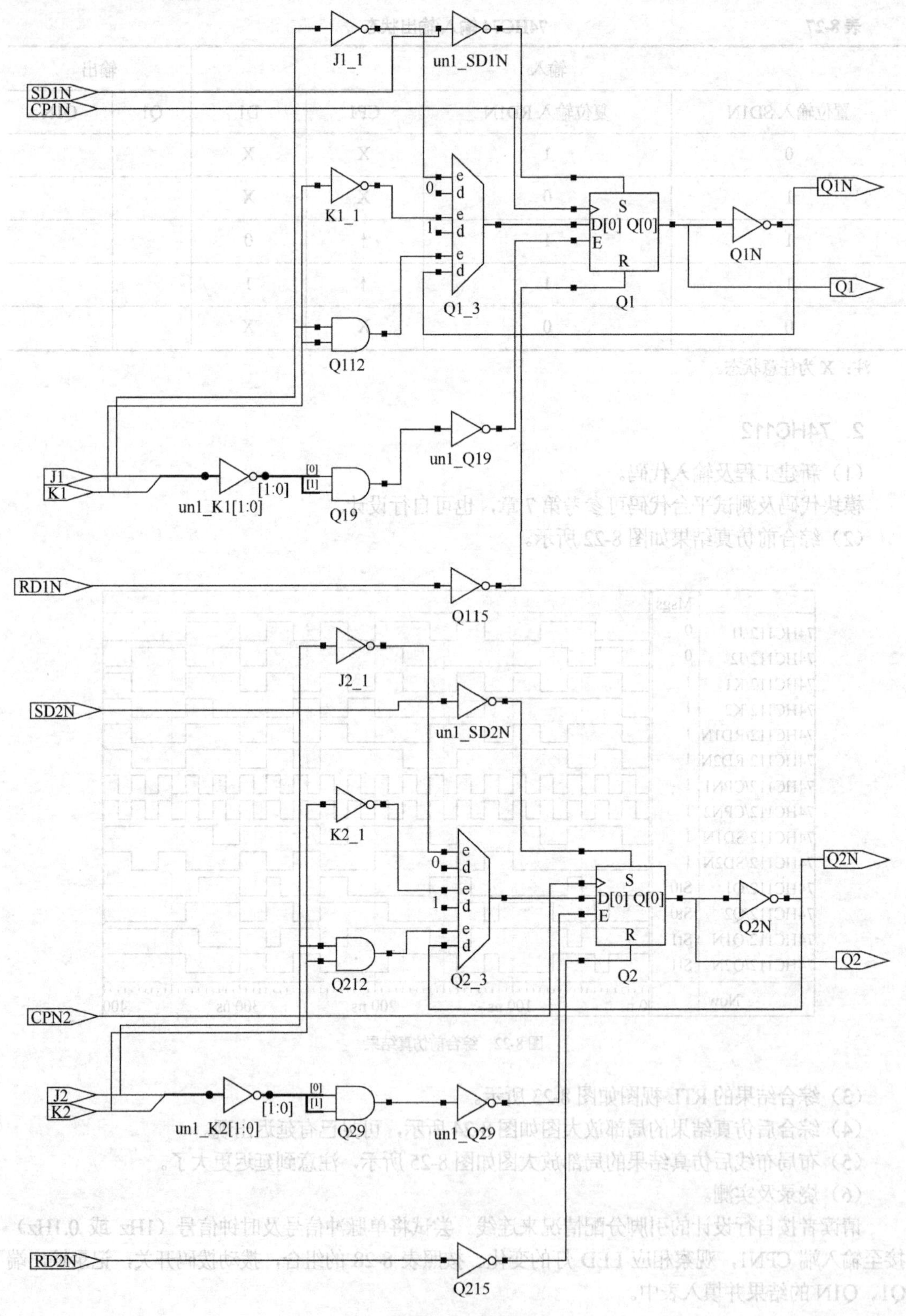
J1_1
un1_SD1N
SD1N
CP1N
K1_1
Q1_3
Q1
Q1N
Q1
Q112
un1_Q19
J1
K1
un1_K1[1:0]
[1:0]
Q19
RD1N
Q115
J2_1
SD2N
un1_SD2N
K2_1
Q2_3
Q2
Q2N
Q2
Q212
CPN2
J2
K2
un1_K2[1:0]
[1:0]
Q29
un1_Q29
RD2N
Q215

图 8-23 RTL 视图

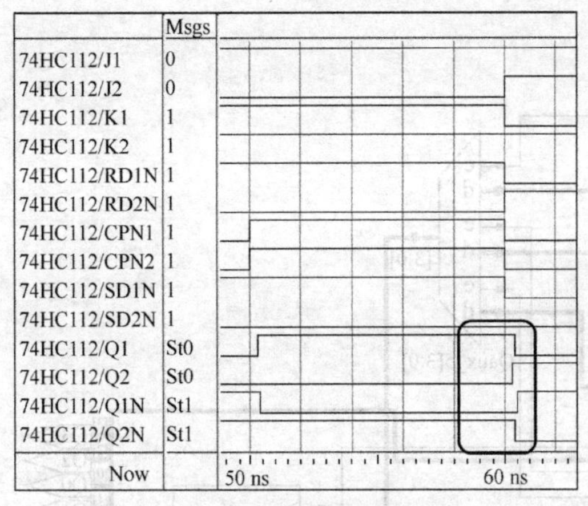

图 8-24 综合后仿真波形图局部放大查看

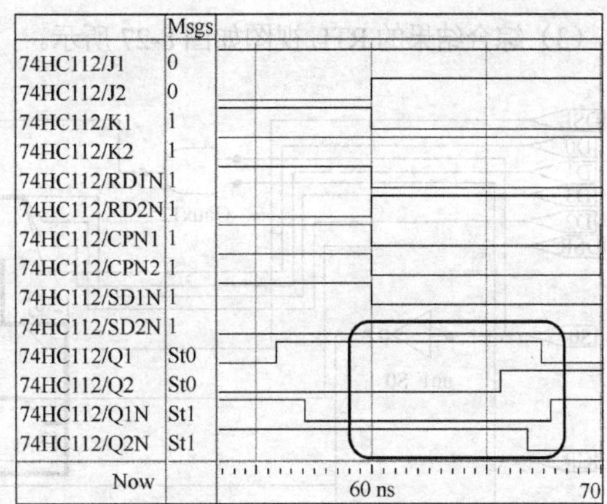

图 8-25 布局布线后仿真波形图局部放大查看

表 8-28　　74HC112 输入/输出状态

输入					输出	
置位输入 SD1N	复位输入 RD1N	CPN1	J1	K1	Q1	Q1N
0	1	X	X	X		
1	0	X	X	X		
1	1	↓	1	1		
1	1	↓	0	1		
1	1	↓	1	0		
0	0	X	X	X		

注：X 为任意状态。

3. 74HC194

（1）新建工程及输入代码。

模块代码及测试平台代码可参考第 7 章，也可自行设计。

（2）综合前仿真结果如图 8-26 所示。

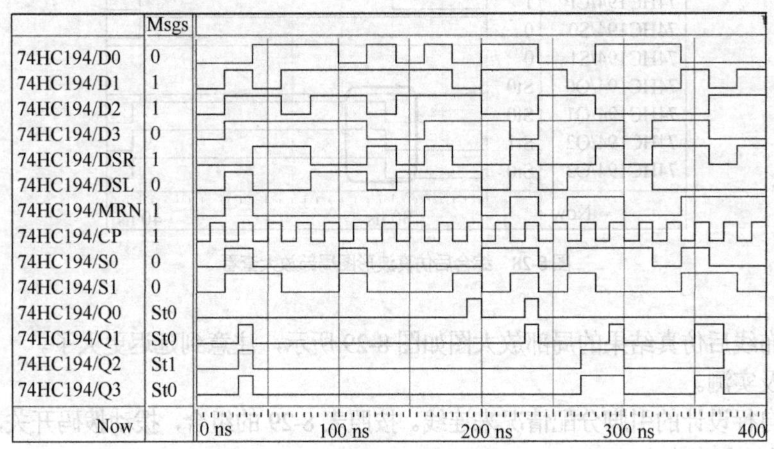

图 8-26 综合前仿真结果

（3）综合结果的 RTL 视图如图 8-27 所示。

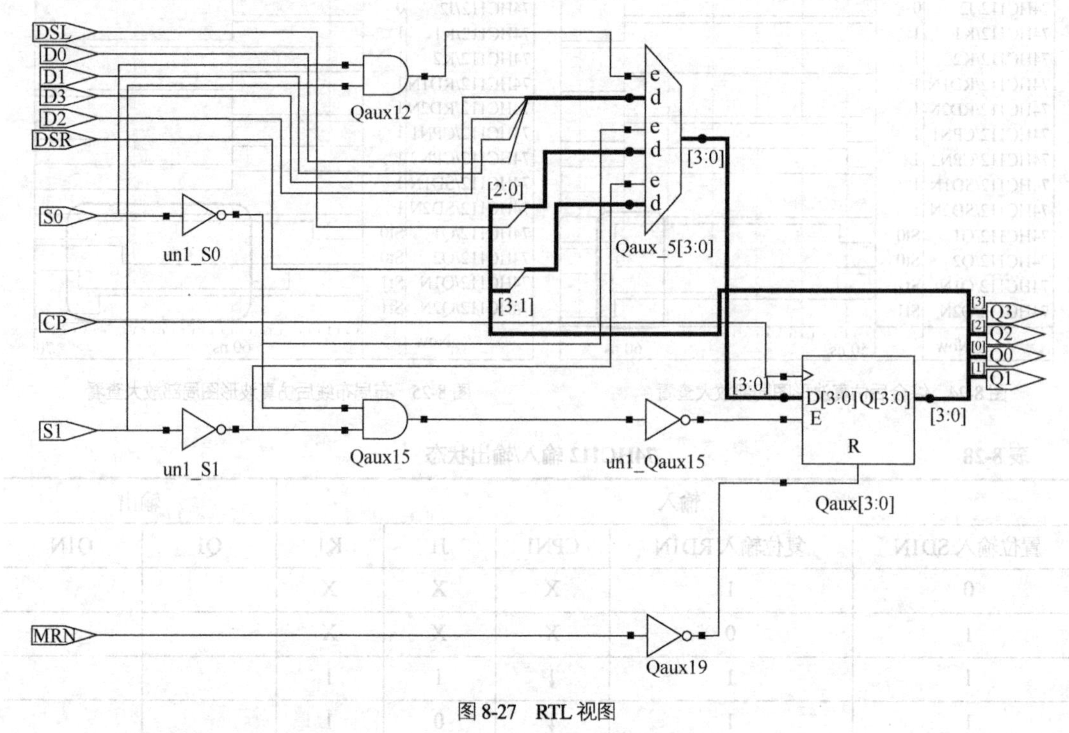

图 8-27 RTL 视图

（4）综合后仿真结果的局部放大图如图 8-28 所示，可见已有延迟出现。

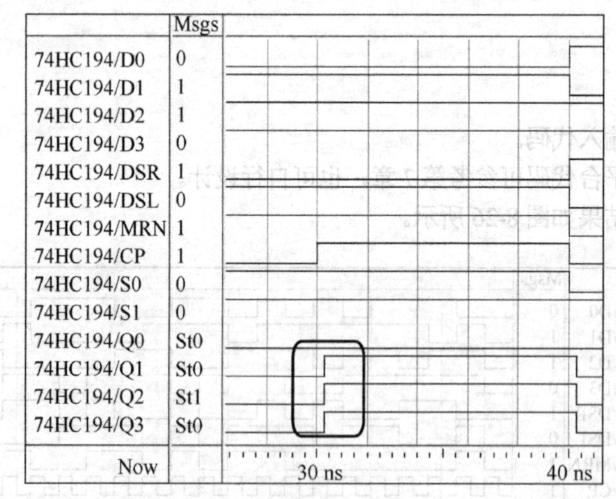

图 8-28 综合后仿真波形图局部放大查看

（5）布局布线后仿真结果的局部放大图如图 8-29 所示，注意到延迟更大了。

（6）烧录及实测。

请读者按自行设计的引脚分配情况来连线。按照表 8-29 的组合，拨动拨码开关，记录输出端 Q0～Q3 结果并填入表中。

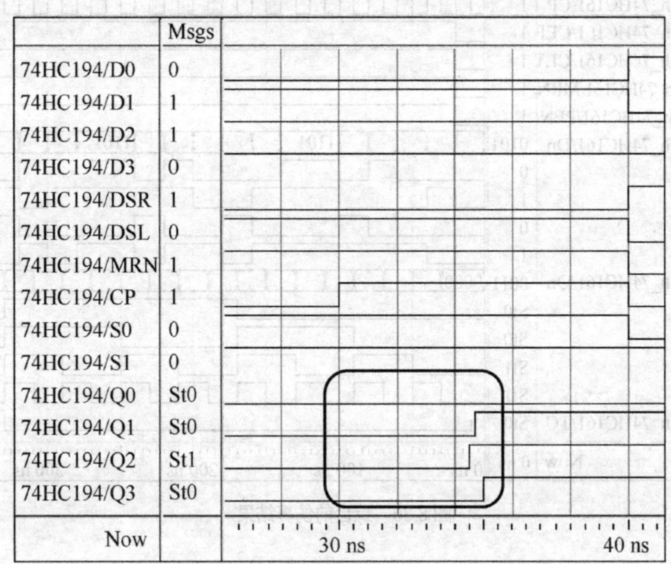

图 8-29 布局布线后仿真波形图局部放大查看

表 8-29 **74HC194 输入/输出状态**

输入										输出			
$\overline{MR}$	模式		串行		CP	并行							
	S_1	S_0	D_{SR}	D_{SL}		D_0	D_1	D_2	D_3	Q_0^{n+1}	Q_1^{n+1}	Q_2^{n+1}	Q_3^{n+1}
0	X	X	X	X	X	X	X	X	X				
1	1	1	X	X	↑	D_0	D_1	D_2	D_3				
1	0	0	X	X	↑	X	X	X	X				
1	0	1	0	X	↑	X	X	X	X				
1	0	1	1	X	↑	X	X	X	X				
1	1	0	X	0	↑	X	X	X	X				
1	1	0	X	1	↑	X	X	X	X				

注：X 为任意状态。

4．74HC161

（1）新建工程及输入代码。

模块代码及测试平台代码可参考第 7 章，也可自行设计。

（2）综合前仿真结果如图 8-30 所示。

（3）综合结果的 RTL 视图如图 8-31 所示。

（4）综合后仿真结果的局部放大图如图 8-32 所示，可见已有延迟出现。

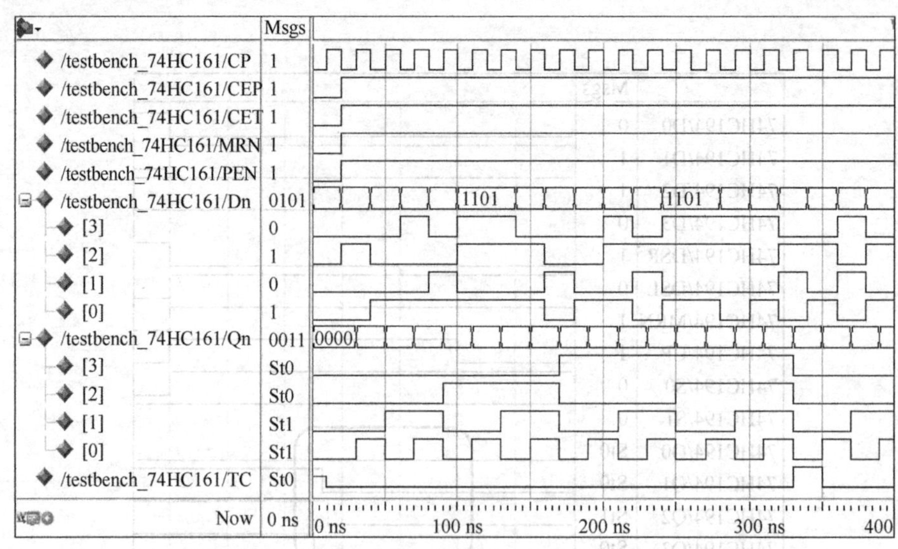

图 8-30　综合前仿真结果

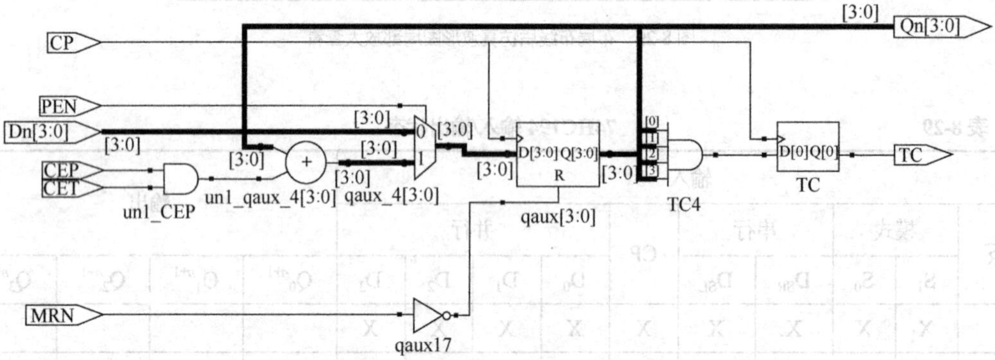

图 8-31　RTL 视图

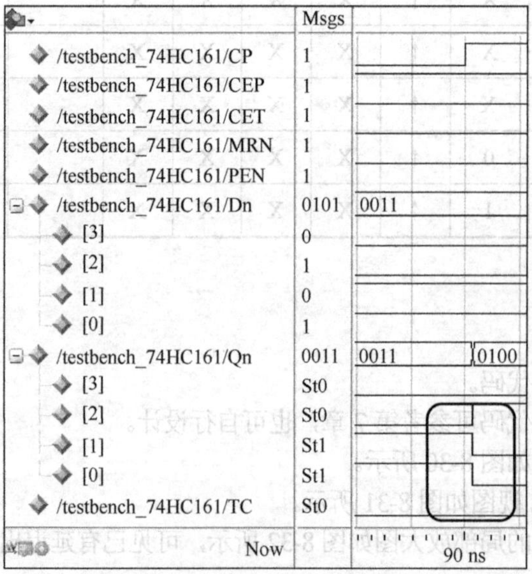

图 8-32　综合后仿真波形图局部放大查看

（5）布局布线后仿真结果的局部放大图如图 8-33 所示，注意到延迟更大了。

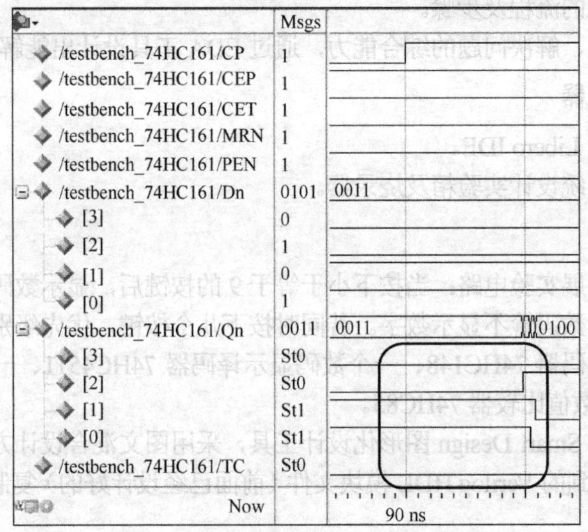

图 8-33　布局布线后仿真波形图局部放大查看

（6）烧录及实测。

请读者按自行设计的引脚分配情况来连线。按照表 8-30 的组合，拨动拨码开关，记录输出端 Q_3～Q_0 及 TC 结果并填入表中。

表 8-30　　74HC161 输入/输出状态

输入									输出				
MRN	CP	CEP	CET	PEN	$D_n[3]$	$D_n[2]$	$D_n[1]$	$D_n[0]$	$Q_n[3]$	$Q_n[2]$	$Q_n[1]$	$Q_n[0]$	TC
0	X	X	X	X	X	X	X	X					
1	↑	X	X	0	0	0	0	0					
1	↑	1	1	0	D_3	D_2	D_1	D_0					
1	↑	1	1	1	X	X	X	X					
1	X	0	X	1	X	X	X	X					
1	X	X	0	1	X	X	X	X					

注：X 为任意状态。

五、实验报告要求

（1）提交针对 74HC74、74HC112、74HC194、74HC161 的模块代码、测试平台代码、综合前仿真结果（即功能仿真结果）、综合结果、综合后仿真结果以及布局布线后仿真结果。

（2）提交实测的结果记录表。

8.5　数字逻辑综合设计仿真及验证

8.5.1　基于 Verilog HDL 的组合逻辑综合实验

一、实验目的

（1）进一步熟悉利用 EDA 工具进行设计及仿真的流程。

（2）了解利用 EDA 工具中的图形化设计界面进行综合设计。

（3）了解芯片烧录的流程及步骤。

（4）掌握分析问题、解决问题的综合能力，通过 EDA 工具设计出能解决实际问题的电路。

二、实验环境及仪器

（1）集成开发环境 Libero IDE。

（2）数字逻辑及系统设计实验箱及烧录器。

三、实验内容

设计一个编码器扩展实验电路：当按下小于等于 9 的按键后，显示数码管显示数字，当按下大于 9 的按键后，显示数码管不显示数字。若同时按下几个按键，优先级别的顺序是 9 到 0。

本实验需要两个编码器 74HC148、一个数码显示译码器 74HC4511、一个共阴极 8 段显示数码管 LN3461A 和一个数值比较器 74HC85。

本设计利用 Libero Smart Design 图形化设计工具，采用图文混合设计方法进行设计。设计开始前，先将本设计需用到的 Verilog HDL 模块文件（前面已经设计好的）复制至“...\extend_coder\”目录下。

主要设计步骤可扫描二维码，浏览相关资料。

实验-网上资源 4

8.5.2　基于 Verilog HDL 的时序逻辑综合实验

一、实验目的

（1）深入了解基于 EDA 工具的复杂时序逻辑电路的设计。

（2）理解并熟练利用 EDA 工具中的图形化设计界面进行综合设计。

（3）熟练掌握芯片烧录的流程及步骤。

（4）熟练掌握基于 FPGA 的测试的实验方法。

二、实验环境及仪器

（1）集成开发环境 Libero IDE。

（2）数字逻辑及系统设计实验箱及烧录器。

三、实验内容

与寄存器结合的有限状态机。

根据实际应用，将寄存器逻辑（利用时钟信号同步进行赋值）与 Mealy（米勒）或 Moore（摩尔）状态机组合起来，可以得出以下解决方案。

（1）带有寄存器输出的摩尔状态机（当前状态），结构图如图 8-34 所示。

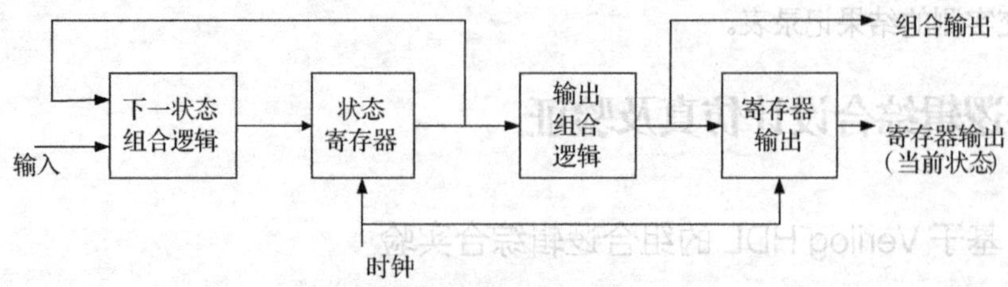

图 8-34　带有寄存器输出的摩尔状态机（延迟一拍）

（2）带有寄存器输出的米勒状态机（当前状态），结构图如图 8-35 所示。

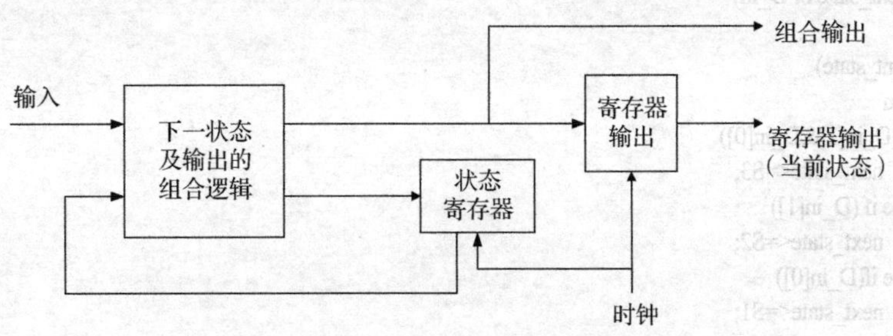

图 8-35　带有寄存器输出的米勒状态机（延迟一拍）

以上两种方案中寄存器输出比组合逻辑的输出延迟一个时钟周期，即寄存器输出对应于状态机的当前状态。

设计要求：针对第 7 章 7.6.3 小节的例子，分别添加简单的代码，实现上述两种状态机。

在 SmartDesign 中的连线图如图 8-36 所示。

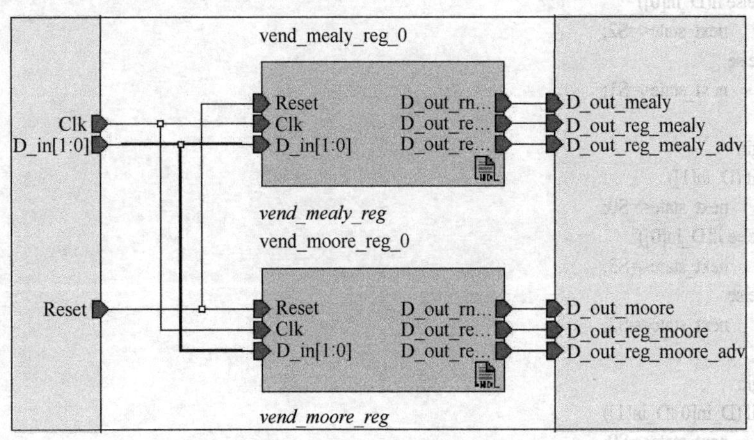

图 8-36　连线图

实例 vend_mealy_reg 的代码如下：

```
module vend_mealy_reg(Reset,Clk,D_in,D_out_mealy,D_out_reg_mealy,
                    D_out_reg_mealy_adv);
  input Clk,Reset;
  input [1:0] D_in;
  output D_out_mealy;
  output D_out_reg_mealy,D_out_reg_mealy_adv;
  reg [3:0] current_state, next_state;
  reg D_out_reg_mealy,D_out_reg_mealy_adv;
  reg D_out_mealy;
  parameter S0=4'b0001, S1=4'b0010, S2=4'b0100, S3=4'b1000;
  always @(posedge Clk or posedge Reset)
    begin
      if (Reset)
        current_state<=S0;
      else
        current_state<=next_state;
  end
```

```
always @(current_state or D_in)
  begin
    case(current_state)
      S0:begin
          if (D_in[1]&D_in[0])
              next_state<=S3;
          else if (D_in[1])
              next_state<=S2;
          else if(D_in[0])
              next_state<=S1;
          else
              next_state<=S0;
        end
      S1:begin
           if (D_in[1]&D_in[0])
              next_state<=S0;
           else if (D_in[1])
              next_state<=S3;
           else if(D_in[0])
              next_state<=S2;
           else
              next_state<=S1;
        end
      S2:begin
           if (D_in[1])
              next_state<=S0;
           else if(D_in[0])
              next_state<=S3;
           else
              next_state<=S2;
        end
      S3:begin
           if (D_in[0]|D_in[1])
              next_state<=S0;
           else
              next_state<=S3;
        end
      default:next_state<=S0;
    endcase
  end
always @(current_state or D_in)                         //不带寄存器的 Mealy 输出（组合电路）
  D_out_mealy=(((current_state==S2)&&(D_in[1]==1)||((current_state==S3)&&
                (D_in[0]|D_in[1])==1)||((current_state==S1)&&(D_in[0]&D_in[1])==1)));

always @(posedge Clk or posedge Reset)                  //带寄存器的 Mealy 输出（滞后一拍）
  begin
    if (Reset)
      D_out_reg_mealy=0;
    else
      D_out_reg_mealy=(((current_state==S2)&&(D_in[1]==1)||((current_state==S3)&&
               (D_in[0]|D_in[1])==1)||((current_state==S1)&&(D_in[0]&D_in[1])==1)));
  end

always @(posedge Clk or posedge Reset)              //带寄存器的 Mealy 输出（不滞后）
```

```
    begin
      if (Reset)
        D_out_reg_mealy_adv=0;
      else
        D_out_reg_mealy_adv=(((next_state==S2)&&(D_in[1]==1)||((next_state==S3)&&
                    (D_in[0]|D_in[1])==1)||((next_state==S1)&&(D_in[0]&D_in[1])==1)));
    end
endmodule
```

实例 vend_moore_reg 的代码如下：

```
module vend_moore_reg(Reset,Clk,D_in,D_out_moore,D_out_reg_moore,
                      D_out_reg_moore_adv);
  input Clk,Reset;
  input [1:0] D_in;
  output D_out_moore;
  output D_out_reg_moore,D_out_reg_moore_adv;
  reg D_out_moore;
  reg D_out_reg_moore,D_out_reg_moore_adv;
  reg [4:0] current_state, next_state;
  parameter S0=5'b00001, S1=5'b00010, S2=5'b00100, S3=5'b01000,S4=5'b10000;
  always @(posedge Clk or posedge Reset)
   begin
     if (Reset)
       current_state<=S0;
     else
       current_state<=next_state;
   end

  always @(current_state or D_in)
   begin
     case(current_state)
      S0:begin
           if (D_in[1]&D_in[0])
             next_state<=S3;
           else if (D_in[1])
             next_state<=S2;
           else if(D_in[0])
             next_state<=S1;
           else
             next_state<=S0;
       end
     S1:begin
           if (D_in[1]&D_in[0])
             next_state<=S4;
           else if (D_in[1])
             next_state<=S3;
           else if(D_in[0])
             next_state<=S2;
           else
             next_state<=S1;
        end
      S2:begin
           if (D_in[1])
             next_state<=S4;
           else if(D_in[0])
```

```
                    next_state<=S3;
                else
                    next_state<=S2;
            end
          S3:begin
                if (D_in[0]||D_in[1])
                  next_state<=S4;
                else
                  next_state<=S3;
            end
          S4:begin
                  next_state<=S0;
            end
          default:next_state<=S0;
        endcase
   end

   always @(current_state )                          //不带寄存器的 Moore 输出（组合电路）
    D_out_moore=(current_state==S4);

   always @(posedge Clk or posedge Reset)       //带寄存器的 Moore 输出（滞后一拍）
    begin
      if (Reset)
         D_out_reg_moore=0;
      else
         D_out_reg_moore=(current_state==S4);
    end

   always @(posedge Clk or posedge Reset)       //带寄存器的 Moore 输出（不滞后）
    begin
      if (Reset)
         D_out_reg_moore_adv=0;
      else
         D_out_reg_moore_adv=(next_state==S4);
   end
endmodule
```

测试平台代码：

```
`timescale 1ns/1ns
module testbench_vend_reg;
   reg clk,reset;
   reg [1:0] d_in;
   wire d_out_mealy,d_out_moore;
   wire d_out_reg_mealy,d_out_reg_mealy_adv;
   wire d_out_reg_moore,d_out_reg_moore_adv;
   parameter DELY=32;

   vend_reg tb(.Clk(clk),.Reset(reset),.D_in(d_in),
               .D_out_mealy(d_out_mealy),.D_out_moore(d_out_moore),
               .D_out_reg_mealy(d_out_reg_mealy),
               .D_out_reg_mealy_adv(d_out_reg_mealy_adv),
               .D_out_reg_moore(d_out_reg_moore),
               .D_out_reg_moore_adv(d_out_reg_moore_adv));    //Vend_reg 为画布名称
```

```
always #(DELY/2) clk = ~clk;
initial
  begin
    clk=0;
    reset=0;
    #5 reset=1;
    #20 reset=0;
  end
initial
  begin
    d_in=0;
    #25  d_in=2'b01;
    #25  d_in=2'b00;
    #25  d_in=2'b11;
    #25  d_in=2'b00;
    #25  d_in=2'b00;
    #25  d_in=2'b00;
    #25  d_in=2'b10;
    #25  d_in=2'b00;
    #25  d_in=2'b00;
    #25  d_in=2'b00;
    #25  d_in=2'b00;
    #25  d_in=2'b00;
    #25  d_in=2'b10;
    #25  d_in=2'b00;
    #25  d_in=2'b00;
    #25  d_in=2'b00;
    #25  d_in=2'b00;
    #25  d_in=2'b01;
    #25  d_in=2'b00;
    #25  d_in=2'b00;
    #25  d_in=2'b01;
    #25  d_in=2'b00;
    #25  d_in=2'b10;
  end
initial
  #600  $finish;
endmodule
```

功能仿真结果如图 8-37 所示。

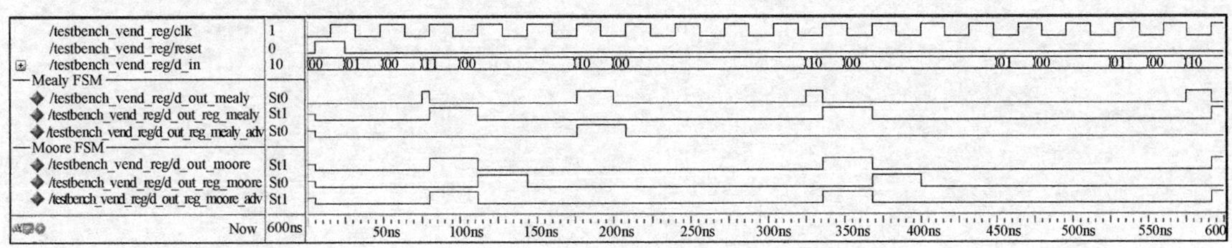

图 8-37 功能仿真结果

综合后仿真结果如图 8-38 所示。

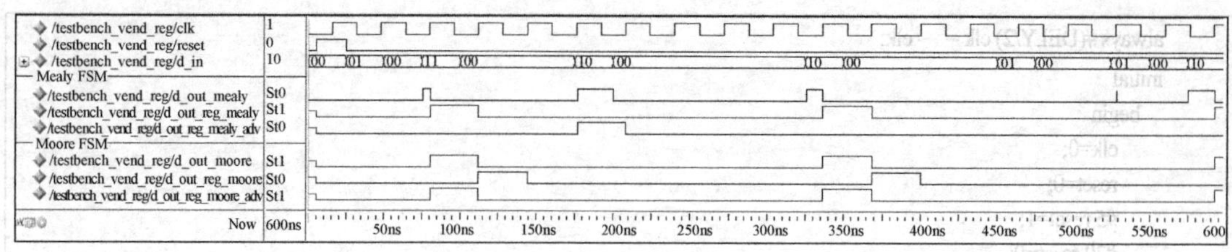

图 8-38　综合后仿真结果

布局布线后仿真结果如图 8-39 所示。

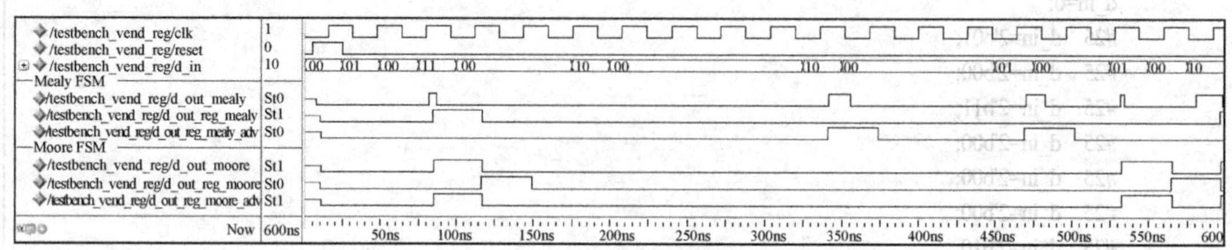

图 8-39　布局布线后仿真结果

三次的仿真结果稍有不同，请读者认真分析其中的原因。

参考文献

David Money Harris，Sarah L. Harris．数字设计和计算机体系结构[M]．陈虎，译．北京：机械工业出版社，2009．

EDA 先锋工作室．Altera FPGA/CPLD 设计（高级篇）[M]．北京：人民邮电出版社，2005．

EDA 先锋工作室．Altera FPGA/CPLD 设计（基础篇）[M]．北京：人民邮电出版社，2005．

Greg Osbom．嵌入式微控制器与处理器设计（英文版）[M]．北京：机械工业出版社，2010．

J. BHASKER．Verilog HDL 入门：第 3 版[M]．夏宇闻，甘伟，译．北京：北京航空航天大学出版社，2008．

M. Morris Mano，Charles R. Kime．逻辑与计算机设计基础：第 4 版[M]．邝继顺，译．北京：机械工业出版社，2010．

Michael D. Ciletti．Verilog HDL 高级数字设计[M]．张雅绮，李锵，译．北京：电子工业出版社，2005．

Stephen Brown，Zvonko Vranesic．数字逻辑基础与 Verilog 设计：第 2 版[M]．夏宇闻，译．北京：机械工业出版社，2008．

Uwe Meyer-Baese．数字信号处理的 FPGA 实现[M]．刘凌，译．北京：清华大学出版社，2006．

谷萩隆嗣．VLSI 与数字信号处理[M]．北京：科学出版社，2003．

贺敬凯．Verilog HDL 数字设计教程[M]．西安：西安电子科技大学出版社，2010．

黄智伟．FPGA 系统设计与实践[M]．北京：电子工业出版社，2005．

蒋立平．数字逻辑电路与系统设计[M]．北京：电子工业出版社．2008．

李方明．电子设计自动化技术及应用[M]．北京：清华大学出版社，2006．

李洪革．FPGA/ASIC 高性能数字系统设计[M]．北京：电子工业出版社，2011．

李庆常，王美玲．数字电子技术基础[M]．3 版．北京：机械工业出版社，2008．

廖裕评，陆瑞强．CPLD 数字电路设计——使用 Max+plus II[M]．北京：清华大学出版社，2001．

林容益．CPU/SOC 及外围电路应用设计——基于 FPGA/CPLD[M]．北京：北京航空航天大学出版社，2004．

刘福奇，刘波．Verilog HDL 应用程序设计实例精讲[M]．北京：电子工业出版社，2009.

刘秋云，王佳．Verilog HDL 设计实践与指导[M]．北京：机械工业出版社，2005.

马光胜，冯刚．Soc 设计与 IP 核重用技术[M]．北京：国防工业出版社，2006.

孟宪元，钱伟康．FPGA 嵌入式系统设计[M]．北京：电子工业出版社，2007.

牛风举，刘元成，朱明程．基于 IP 复用的数字 IC 设计技术[M]．北京：电子工业出版社，2003.

潘松，黄继业，陈龙．EDA 技术与 Verilog HDL[M]．北京：清华大学出版社，2010.

乔庐峰．Verilog HDL 数字系统设计与验证[M]．北京：电子工业出版社，2009.

秦曾煌，姜三勇．电工学（下册，电子技术）[M]．7 版．北京：高等教育出版社，2009.

求是科技．CPLD/FPGA 应用开发技术与工程实践[M]．北京：人民邮电出版社，2005.

施国勇．数字信号处理 FPGA 电路设计[M]．北京：高等教育出版社，2010.

田耘，徐文波，张延伟．无线通信 FPGA 设计[M]．北京：电子工业出版社，2008.

王玉龙．数字逻辑[M]．北京：高等教育出版社，2001.

王志功，朱恩．VLSI 设计[M]．北京：电子工业出版社，2005.

夏宇闻．Verilog 数字系统设计教程[M]．2 版．北京：北京航空航天大学出版社，2008.

徐光辉，程东旭，黄如．基于 FPGA 的嵌入式开发与应用[M]．北京：电子工业出版社，2006.

杨刚，龙海燕．现代电子技术——VHDL 与数字系统设计[M]．北京：电子工业出版社，2004.

余孟尝．数字电子技术基础简明教程[M]．3 版．北京：高等教育出版社，2006.

张洪润，张亚凡．FPGA/CPLD 应用设计 200 例[M]．北京：北京航空航天大学出版社，2009.

邹雪城，雷鑑铭．VLSI 设计方法与项目实施[M]．北京：科学出版社，2007.

Actel Corporation . Libero IDE v9.1 User's guide [M/OL]. [2011-10-30]. http://www.actel.com/documents/libero_ug.pdf.

Synopsys, Inc. Synopsys FPGA Synthesis Synplify Pro for Actel Edition Reference[M/OL] . [2011-10-30].http://www.actel.com/documents/Synplify%20Pro%20SE%20Reference%20Manual.pdf.

Actel Corporation . ProASIC3 Flash Family FPGAs with Optional Soft ARM Support[M/OL] . [2011-10-30]. http://www.actel.com/documents/PA3_DS.pdf.

Synopsys, Inc [EB/OL] .[2011-10-30].http://www.synopsys.com/home.aspx.

Mentor Graphics [EB/OL] .[2011-10-30].http://www.mentor.com/.

Geeknet,Inc [EB/OL].[2011-10-30].http://sourceforge.net/.

北京交通大学．国家电工电子实验教学示范中心[EB/OL] . [2011-10-30].http://202.112.146.13/sfzx/index.htm.

可编程逻辑器件中文网站.freeIP 与参考设计. [EB/OL]. [2003-4-14].http://www.fpga.com.cn/freeip.htm.

University of Colorado at Colorado Springs.Michael D.Ciletti. [EB/OL]. [2011-10-30]. http://www.eas.uccs.edu/ciletti/.